增强人类

吕家俊◎著

光明日报出版社

图书在版编目（CIP）数据

增强人类/吕家俊著． -- 北京：光明日报出版社，2022.8

ISBN 978-7-5194-6730-2

Ⅰ.①增… Ⅱ.①吕… Ⅲ.①虚拟现实—普及读物 Ⅳ.①TP391.98-49

中国版本图书馆 CIP 数据核字（2022）第 140422 号

增强人类
ZENGQIANG RENLEI

著　　者：吕家俊	
责任编辑：许黛如　曲建文	策　划：张　杰
封面设计：回归线视觉传达	责任校对：李学萍
责任印制：曹　净	

出版发行：光明日报出版社
地　　址：北京市西城区永安路106号，100050
电　　话：010-63169890（咨询），010-63131930（邮购）
传　　真：010-63131930
网　　址：http://book.gmw.cn
E - mail：gmrbcbs@gmw.cn
法律顾问：北京市兰台律师事务所龚柳方律师
印　　刷：香河县宏润印刷有限公司
装　　订：香河县宏润印刷有限公司
本书如有破损、缺页、装订错误，请与本社联系调换，电话：010-63131930
开　　本：170mm×240mm
字　　数：400千字　　　　　　　印　张：25
版　　次：2022年8月第1版　　　印　次：2022年8月第1次印刷
书　　号：ISBN 978-7-5194-6730-2
定　　价：98.00元

版权所有　翻印必究

前 言

人类在疾病、战争、灾难、死亡面前是如此的脆弱，从有历史记载以来到21世纪，科技与社会已经发生了翻天覆地的变化，然而一个新冠肺炎就让人类面临巨大的挑战。几次工业革命让人们的物质生活变得极大丰富，而人类自身的变化与增强则相对慢了很多，人类的脆弱在几万年的发展中并没有得到显著改善，反而在很多方面有所退化。

现代社会越来越便捷，人们都变得越来越"宅"，随之身体素质和运动能力也越来越弱，甚至连记忆力都开始衰退。大大小小的疾病，一轮又一轮地袭来，让人们身心疲惫。人们的思想都是自由而勇敢的，却受困于肉体的边界。而死亡，依旧是人们要面对的终极命题。我经常跟身边的人开玩笑说，最后悔的事情是没有晚出生一万年，也许那时候的人类已经战胜了死亡，成为宇宙种族，开启了全宇宙的扩张，用无限的资源来承载永生的人类。

我们总是热衷于追捧超级英雄的故事，期望自己也可以获得各种各样的超能力。其实，很多超能力可以不来自天生或者意外，而来自增强人类技术的进步。比如，神力可以通过外骨骼技术的发展来实现，机械控制可以通过远程控制的发展来实现，身体快速修复可以通过生物技术的发展来实现，永生可以通过意识上传的发展来实现。其实，有部分人认为，超级英雄和故事中的神，都是来自宇宙中其他文明掌握了更高科技的智慧生物。

我是做人工智能与信息技术的，也有商业背景，既热衷于科幻，又期望可以为改变人类的历史进程做出贡献。纵观人类发展的历史，以及现阶段的宏观科技发展现状，我认为增强人类技术是未来几百年甚至几千年最为重要的技术类别之一。这类技术的发展，既将深刻影响到每一个个体，也将改变社会的组织形式和人类的发展进程。

  增强人类的技术如此之重要，对全人类会产生如此深远的影响，甚至会根本性地改变人类的命运。但是在现实生活中，它们受到重视的程度远远低于其重要性，甚至很多人都不知道这个领域的存在。其中原因有技术的困难性、伦理的复杂性等，但归根结底，还是回报周期较长，没有引起人们足够的重视，没有获得足够的资源投入。本书的目的就是唤醒大家对于增强人类技术的兴趣，让更多的人参与到这个产业中来，通过技术创新与商业化，让增强人类技术造福全人类，让全人类迈上一个历史的新台阶。

目 录

第一部分　信息科技

第1章　难以置信的力量：机械外骨骼 / 2
　　1. 赖以生存的本领 / 2
　　2. 征服世界的利器 / 4
　　3. 机械外骨骼的市场 / 9
　　4. 机械外骨骼的未来 / 12

第2章　不再残缺：增强肢体 / 14
　　1. 让生命再次起舞 / 14
　　2. 代替身体的科技 / 17
　　3. 智能义肢的市场 / 21
　　4. 机械身体的未来 / 22

第3章　更加生动的世界：AR技术 / 26
　　1. 巧妙的远见 / 26
　　2. 强化的世界 / 28
　　3. AR 技术的市场 / 33
　　4. AR 技术的未来 / 35

第4章　虚假与真实：VR技术 / 38
　　1. 再拥抱你一次 / 38
　　2. 美好的幻想与动人的现实 / 41
　　3. VR 技术的市场 / 44
　　4. VR 技术的未来 / 47

第5章　改变世界的密码：5G技术与信息通信

1. 从故障中诞生的发明 / 49
2. 跨越空间的密码 / 51
3. 5G与通信的市场 / 55
4. 信息时代的未来 / 58

第6章　人与人不再有距离：智能手机 / 62

1. 另一条路 / 62
2. 智能手机的蜕变 / 66
3. 智能手机的行业市场 / 68
4. 智能手机的未来 / 70

第7章　让科技如影随形：穿戴式设备 / 73

1. 功能与轻便，妥协与合作 / 73
2. 穿在身上的科技 / 76
3. 穿戴式设备的市场 / 79
4. 穿戴式设备的未来 / 82

第8章　身体的保护伞：智能服装 / 84

1. 神奇的燕尾服 / 84
2. 技术 / 86
3. 市场 / 89
4. 社会与未来 / 92

第9章　让自己"置身事外"：远程操控 / 94

1. 千里之外的支援 / 94
2. 在安全距离之外 / 96
3. 远程控制技术的市场 / 98
4. 远程控制技术的未来 / 101

第10章　听到每一个细节：增强耳机 / 104

1. "我需要一个更大的电台" / 104
2. 欺骗你的耳朵 / 108
3. 耳机产品的市场 / 110
4. 不要做科技的奴隶 / 113

第二部分　生物科技

第11章　身体的维修与更换：人造器官 / 116
1. 没有心跳的男人 / 116
2. 人工器官的相关技术 / 119
3. 市场 / 123
4. 社会与未来 / 126

第12章　捍卫灵魂：大脑药物 / 128
1. 肉体之上 / 128
2. 想方设法 / 131
3. 大脑药物的市场 / 134
4. 大脑药物对社会与未来的影响 / 135

第13章　治疗的艺术：微观治疗 / 138
1. 生命仍未屈服 / 138
2. 越来越精细的艺术 / 142
3. 微观治疗的市场 / 145
4. 未来的医疗技术 / 146

第14章　健康与强大：药品 / 149
1. 歪打正着的新发现 / 149
2. 微小的武器 / 153
3. 药品的市场 / 155
4. 药品与我们的未来 / 158

第15章　熬过漫长的旅途：冷冻与休眠 / 161
1. 孤单的旅途 / 161
2. 入眠的诀窍 / 165
3. 冷冻技术能够带来的价值 / 169
4. 冷冻技术对社会的影响 / 170

第16章　挣脱基因的锁链：身体改造 / 173

1. 改造一下你的身体 / 173

2. 怎样改造一下你的身体 / 178

3. 身体改造技术的经济价值 / 181

4. 身体改造技术的未来 / 183

第17章 再造身体：自体器官克隆 / 185

1. 林肯·6·E / 185

2. 克隆技术的前世今生 / 190

3. 器官克隆的价值 / 193

4. 器官克隆对社会的影响 / 194

第18章 进化的分岔路：动物基因 / 198

1. 多来些"技能点" / 198

2. 动物基因技术 / 202

3. 动物基因技术的价值 / 206

4. 动物基因技术的未来 / 208

第19章 快人一步的卓越：基因编辑 / 212

1. "机会" / 212

2. 手动选择基因 / 216

3. 基因编辑技术的应用与价值 / 218

4. 基因编辑技术对人类社会的影响 / 221

第20章 超越生命：永生技术 / 226

1. 人满为患的派对 / 226

2. 生命的锁 / 231

3. 永生技术的价值 / 234

4. 永生技术对人类社会的影响 / 236

第三部分　未来科技

第21章 电力充足：戴森球与能源技术 / 240

1. 重新点燃太阳 / 240

  2. 文明跃进的充足后备 / 244

  3. 能源技术的市场与价值 / 248

  4. 能源技术与人类的未来 / 250

第22章 智慧的终点：人工智能 / 253

  1. "机器人"的一生 / 253

  2. 智能化的道路 / 257

  3. 人工智能的价值 / 260

  4. 人工智能对社会的影响 / 263

第23章 最强大脑：超级计算机 / 266

  1. 未来的战争形式 / 266

  2. 懒惰带来的这一切 / 270

  3. 超级计算机的价值 / 274

  4. 超级计算机的未来 / 276

第24章 速度的尽头：超光速与跃迁 / 279

  1. 15 分钟以外 / 279

  2. 速度的尽头 / 283

  3. 超越光速的价值 / 287

  4. 超光速技术对人类社会的影响 / 289

第25章 倒转的沙漏：时空穿梭 / 292

  1. 读档，试错，游戏通关 / 292

  2. 维度之上 / 297

  3. 时空穿梭技术的价值 / 300

  4. 时空穿梭技术对社会的影响 / 302

第26章 重构万物：物质合成 / 305

  1. 改变生产方式 / 305

  2. 打印机的第三维 / 308

  3. 3D 打印的价值 / 312

  4. 3D 打印对社会的影响 / 315

第27章 干净的世界：污染治理 / 318

  1. 风暴过后 / 318

2. 改造家园的技术 / 322
　　3. 环境保护行业的市场 / 326
　　4. 关于环境保护与人类的未来 / 327

第28章　善意的谎言：记忆修改 / 330
　　1. 实验都是有欺骗性的 / 330
　　2. 偷天换日 / 334
　　3. 记忆修改的价值 / 338
　　4. 记忆修改对社会的影响 / 341

第29章　文明的新形态：意识上传 / 343
　　1. 死后的世界 / 343
　　2. 新大脑的原理 / 347
　　3. 意识上传能带来的价值 / 351
　　4. 意识上传对社会的影响 / 353

第30章　亚当的旅行 / 356
　　1. 最漫长的旅途 / 356
　　2. 一千年前的伙伴 / 361
　　3. 第二次生命 / 366
　　4. 新时代的身份 / 371
　　5. 我们的星系 / 375
　　6. 生命的步伐 / 378
　　7. 新世界 / 384

后　记 / 387

第一部分 信息科技

第1章 难以置信的力量：机械外骨骼

成为钢铁侠，没有你想象得那么难

1. 赖以生存的本领

作为万物之灵的人类，我们的牙齿并不尖锐，指甲十分脆弱，全身的皮肤直接暴露在外。没有护甲，没有鳞片，甚至用来保暖的毛发也不多；没有致命的毒液，没有强力的双翼，很容易受伤……偏偏就是这样一个脆弱的物种，统治了这个庞大的星球。

这到底是为什么呢？敌人个个都有一身好装备，人类究竟是怎么战胜它们的？

用掌握着各种科技的现代人类来做对比，显然很不公平。让我们把目光转回 200 万年前，回到那个野蛮的时代，看看脆弱的人类，是怎么在残酷的竞争中生存下来的。

在漫长的岁月长河里，自然界演化出了南方古猿这种普普通通的生物——故事需要一个主角，我们就叫它小南吧。小南的体形不小，肉很多，偏偏又没有什么战斗能力。因此，它的生态位很低很低，处于随便什么肉食动物都能把它猎杀的位置。

但大自然并不偏心。小南虽然没有天生的好装备，却拥有非常灵活的前肢，别的物种需要用嘴巴才能携带物体进行移动，小南用前爪就可以，并且可以握得很牢固，只要足够用力，是不会掉的。看上去似乎没什么用，因为前肢再灵活也是脆弱的，怎么能杀死猎物呢？

别急。小南拥有比其他动物高出许多的脑容量，聪明的它想到了双手各自拿着一块石头，相互磕碰、摩擦。久而久之，石头就会被打磨得十分锋利，这样就能轻松刺穿猎物的皮肤了，而且伤口可以很深很深，比它那短短的牙齿更有杀伤力。

十分有趣的是，小南的肩关节十分特殊，可以让它做出投掷的动作，比如，把手上的长矛扔出去。如此一来，小南就能够在更远的距离上攻击敌人，不管是躲避还是追击都十分方便。整个生物圈浩浩荡荡数亿个物种，只有它的肩关节符合要求。小南用投掷长矛的方式，成功地捕捉了一些大型草食动物，并且学会了如何捕捉其他的动物。

如何捕猎毒蛇呢？用灵活的双手拿起一根长长的棍子，在安全距离敲死就可以了。

如何捕猎乌龟呢？用石头猛砸就可以了。甲壳再坚固，能抵挡住坚固的石头吗？

如何捕猎飞鸟呢？把弯曲的木棍和藤条组合起来，就可以把小型的长矛射出去了，这个东西叫作弓箭。弓箭是小南智慧进一步延伸的产物，但原理也是一样的——利用自然界的其他东西，来强化自己的战斗能力。一段时间过后，小南成了它所在的平原上最强大的捕食者。

有一天，天上下起了瓢泼大雨，还有闪电。小南在山洞里躲雨的时候，看见远处的一棵树被闪电击中，燃烧了起来。雨停了之后，小南发现树上的几只鸟被火烧过，但饥饿的它哪里顾得上这么多？它张嘴就啃了下去，发现被火灼烧过的肉，竟然更加美味，但其他的野兽十分害怕火焰。

了解了火焰的奥妙后，小南懂得了储存食物，到了要吃的时候再拿出来加工。有一天，它在搬运植物果实的时候，不小心撒了一些在地上。没过几天，这里竟然长出了新苗，后来又长成了完整的植物，给它带来了更多的粮食。

学会了种植之后，小南的食物越来越多，山洞甚至容纳不下。小南只好往食物上堆放树叶和枝条来遮风挡雨。后来，它慢慢地学会了用树枝搭建一个中空的结构，不只可以用来储存食物，还能让它在里面休息。渐渐地，小南再也不需要露天睡觉，活动范围再也不被山洞限制，只要有树木，它就可以把自己的家移动到任何一个地方。

就这样，小南把自然界的各种东西收集起来，哪怕是弱小的身体，也能够拥有强大的战斗力，能够在这片大地上安然地生活下去，甚至不断地征服一片又一片土地……

不知多少年过去了，小南所属的南方古猿已经灭绝，但它的后代人类，一步步成了整颗星球的主人。

人类的身体素质确实很平庸，在某些方面看甚至可以说是脆弱的，占劣势

的。但人类强大的地方在于,他们可以利用那些本不属于自己身体的东西来强化自己。武器、护甲、房屋、食物……任何你想要的东西,都可以把自然界的东西加工一下来得到。

为什么说人类是大自然最优秀的作品呢?别的物种只能利用自己的身体,长出尖牙利爪和强健的身体并且维持代谢,要消耗大量营养物质,这就需要不断地进食;拥有坚硬的甲壳,你就牺牲了快速移动的能力,毕竟驮着这么沉重的护甲谁都跑不快;想要飞行,就必须保证身体轻盈,把大部分能量供应给翅膀,这样一来身体其他方面的素质就得大大降低……

大自然向来残酷,它从不仁慈,从不宽容,从不偏心,它不会给任何物种优待。它给了你某些方面的天分,就会在其他方面削弱你。当你玩游戏的时候,系统会允许你创建一个各方面属性都十分优秀的角色吗?显然不会。

人类的优势是身体很灵活,劣势是身体很脆弱。

但在"物竞天择"这场游戏里,人类仿佛是一个漏洞。他们会用不属于自己的东西来加强自己,如此一来,身体脆弱这个弱点也就失去了。大自然给人类的那双灵巧的前肢,实在是太强了,能够让他们利用不属于自己的东西,甚至是来自敌人的东西。

说得形象一点,人类是可以打怪爆装备的。再弱小的角色,只要戴上强力的装备之后,也能战胜强大的敌人。这一切都归功于他们灵巧的双手,然而,他们的优势并不仅限于双手,他们还有一个更加强大的武器——智慧。

他们会通过了解敌人的行动规律从而想出对策,会模仿敌人的优秀之处并加以学习,甚至敌人本身的身体结构,人类没办法改变自己的身体,但能在学习之后做出优秀的工具,在数十万年之后,有一门学科叫作仿生学。人类从来都不强大,只是擅长让自己变得更强。

大自然一不小心,创造出了这个伟大的物种。

2. 征服世界的利器

让我们把目光转回现在。

如今,人类再也用不着和其他物种战斗了,便将目光转向更广阔的天地——荒原、深海、天空甚至宇宙。

新的挑战摆在了面前,新的问题也随之而来。深海有庞大的水压,人类的身体承受不住这样的压力；天空虽然没有敌人，但人类本身并不会飞行；太空没有空气，是生命的禁地；而人类内部的战争则更加残酷——科技发展带来的是各种威力强大的武器，它们对动物而言是致命的，杀死一个人类也更加迅速。

人类的身体终归是脆弱的。因此，人类开始用各种方法来强化自己。最简单的方法，就是在身体的外面裹上一层钢铁，这样就能够应对任何危险。但是，钢铁毕竟是有重量的。就像乌龟一样，一个人穿着厚重的盔甲就失去了灵活性和速度。因此，在不同的场合，这套盔甲有不同的设计和功能，以应对不同的任务和需求。有时候，这套盔甲还必须带有动力系统，在肌肉不够用的时候，动力系统也能够驱使盔甲完成各种各样的动作。

它有一个名字，叫机械外骨骼。

举一个非常通俗的例子，电影《钢铁侠》，准确地说是"钢铁战甲"。"钢铁战甲"里的托尼·史塔克，并不像雷神或者绿巨人那样拥有超能力，也没有接受过任何军事训练，他是个和你我一样的普通人。但就是这么一个普通人，穿上钢铁战甲之后就变得无比强大，战甲外层厚厚的合金可以抵御敌人的子弹，脚下的喷气口让钢铁侠能够飞行，掌心的激光发射器可以发动致命的攻击来摧毁敌人。

《钢铁侠》毕竟是一部科幻片，钢铁战衣按照现在的技术手段是做不出来的，但并不是永远做不出来。坚固的外壳？只要合金硬度够高就行。喷气飞行器？目前已经有单人飞行器了，很小，要做成电影中那种体积也并不难。激光发射器？也已经有了，只是要再做小一点，动力再大一点就可以。胸口的能源核心？只要能源技术足够高，也不是做不出来。

让我们回顾一下机械外骨骼的发展历史，回顾一下各项科技的发展历史，或许你就可以感受到，成为钢铁侠并不是什么遥远的事情。机械外骨骼的发展之路，就是人类各项科技的发展之路，它涉及太多的学科。这些学科驱动着机械外骨骼的进步，但它们的瓶颈也限制着机械外骨骼的发展。

机械外骨骼这个概念，在 200 年前的蒸汽时代就已经被提出了。蒸汽机是一种可以提供动力的人工造物，而武士们穿着的盔甲十分笨重，就有人萌生了能否在盔甲上增加蒸汽动力系统，一来二去，外骨骼的概念就形成了。只不过因为当时的技术水平过低，这一奇妙的想法最终也只是停留在纸面上，并没有被制造出来。

在这个节点上，人们能够摸索的只有材料学，而这也是对于机械外骨骼非常重要的一个学科。人类最早是利用藤条来编织衣服，后来开始使用木板，最后使用金属制成板甲来保护自己。但金属盔甲也是盔甲，它毕竟是衣服，做得太厚就会很重，并且影响灵活性，但若是太单薄了的话，又难以提供足够的保护，也容易破裂。

人们为了兼顾强度和轻便做出了不少努力，甚至发明了锁甲这种充满艺术气息的东西。而材料学的进步反映在机械外骨骼身上，便是使用材料的一次次升级——钢铁、合金、合成纤维。每当科技到达一个新的水平，人类就可以制造出更先进的材料，材料学驱动着机械外骨骼的进步。或者说，材料学的进步，也反映了人类科技水平的进步。

在机械外骨骼的概念被提出来的100年之后，第一个可以称得上机械外骨骼的东西才出现。蒸汽机无法用于制造机械外骨骼的原因是它实在太笨重了，直到今日，动力系统的轻便性仍然是机械外骨骼亟待解决的问题之一。而在20世纪二三十年代，人类完成了第二次科技革命。蒸汽机退出历史舞台，取而代之的是体积小、动力足、安全性高的电力、内燃机、液压马达等新动力，人类社会进入电气时代。这个时候，美国通用电气研制出Hardiman全身动力外骨骼，它体积笨重、造价昂贵、操作困难，而且仅是一个类似手套的东西。但是，这毕竟是人类对机械外骨骼的第一次尝试。

在这个节点上，人们进步的是动力系统。人类能够制造出很多对外做功的机械，造得越大，能够输出的功率就越高，但值得注意的是，有些时候这个动力机械本身也要占用功率。比如，飞机的引擎，它也有重量，它产生的动力总要有一部分被自己浪费掉，因此太大的引擎反而会影响飞机整体的飞行效率。要知道，机械外骨骼还有另外一个名字——动力外骨骼，它并不只是用来保护身体，有时候还需要为使用者提供更大的力量。

机械外骨骼毕竟是要穿在人身上的，为了不影响人体行动的灵活性，机械外骨骼势必不能做得太笨重。这意味着什么呢？意味着一方面机械外骨骼的装甲不能太厚重，材料学已经勉强解决了这个问题；另一方面，在轻便的空间内还需要安装一套动力系统，足以驱使机械外骨骼本身运动，甚至还要输出更大的动力，就像要一个身体瘦小的人举起重物一样。

在材料学和动力学上，人类总是表现得十分贪婪，一方面希望它们尽量轻便，另一方面又希望它们足够坚固且有力。这二者通常是矛盾的条件，但人类总能用自己的智慧去解决一个个的问题。比如，从蒸汽机进化到电机，体积和重量减小了，但动力输出功率提高了。人类的这份贪婪，也促使着科技的进步。

20世纪中期，战争带来了对核弹的需求，核弹制造产生了对庞大计算能力的需求，而这一需求最终诞生了计算机——可以独自向机械下达指令的人工造物，减少大量的人工操作。计算机的出现意味着许许多多的机械从此可以在脱离人类控制的状态下运行。在计算机电路控制的帮助下，20世纪80年代的人们制造出了能够灵活行动的机械外骨骼，尽管它们仍然很粗糙，但已经比先祖优秀太多了。

在这个节点上，人类进步的是计算机和电路控制。人们可以制造各种各样的工具，但最后都需要用自己的手去使用这些工具，可能会有危险，可能会很疲惫，并且生物的感官和肢体控制并不会特别精准。计算机的出现改变了这一局面，在详尽的计算和精准的电路下，计算机可以代替人类，控制机械做出任何事情——比人为操控得更快、更平稳、更精准，而且不需要休息。上了点年纪的人便很难穿针引线，然而，计算机可以轻松地在一粒米上刻下一整篇文章，这是人类不可能做到的。

计算机十分聪敏、忠诚、精准可靠、永不疲劳，它能够脱离人类的控制自主做出精准的电路指令，如果说大自然创造的人类是完美和全面，那么人类所创造的计算机便是强大而精准。

材料学、动力系统、计算机，机械外骨骼涉及的这三类科学技术，无一不在人类文明中发挥着重要的作用，甚至可以说，机械外骨骼便是人类文明发展的缩影——并且还不止于此。

到了21世纪，随着上述三类学科的高速发展，机械外骨骼技术已经趋于成熟，从充满未来感和理想化的试验品，逐渐变成了真正能够投入使用的科技产物。此时的人们又遇到了一个新的问题：造一个能够灵活行动的机器人并不难，但是要造一个能够穿在身上的盔甲，还要保证动作的灵活和迅捷，这可是个难题。

机械外骨骼毕竟不是机器人，它是要贴合人的动作去行动的，并且还要足够灵敏。比如，使用者抬起手，机械外骨骼应该马上感应到，并且也做出抬手的动作。而在这个过程中，机械外骨骼必须保证每个地方都贴合人的身体，可人身体的每一块肌肉，在运动中都是在变化着的。这个问题，一直让研究者们头疼不已。此时，仿生学便登上了这个舞台。

仿生学也是十分热门的一个科技类目，它的应用随处可见：模仿蜻蜓翅膀的轻便机翼，模仿鲨鱼鳞片的高速泳衣，模仿鱼鳔的潜艇潜浮系统，模仿蝴蝶翅膀鳞片的航天器温控系统……数都数不过来。每一个物种都有自己得天独厚的生理构造，这些优秀之处被人类理解、学习、掌握、应用，成了一项项有用的技术。那么，如果仿生学用在人类身上是什么样的呢？人类的优秀之处是什么呢？

人类最优秀的三样武器：一是智慧，二是双手，三是身体。不可否认，人类的身体是十分灵活的，肢体比例、关节构造、躯体构造，都十分完美。还记得之前说过的小南的投掷吗？整个地球上只有人类（小南）这一物种能够做出投掷动作。而机械外骨骼要能够穿在人的身上，还能够配合使用者的动作，那就必须要模仿人类的关节和肢体构造，平衡重量，分散压力，贴合人体外形等。

人类纵然是地球上最成功的物种，也从未忘记谦卑，仍然会学习其他物种的优秀之处。当仿生学用在人类自己身上时，受益最大的便是机械外骨骼，而机械外骨骼进步了，受益最大的便是使用它的人类。生物永远是机械的老师。

接下来，话题又回到计算机上。诚然，计算机是人类最强大、最忠诚的仆人，但电路是没有生命的。你家里的用人只需要打个招呼就会开始清洁厨房，一个眼神就会去替你收拾书桌，甚至能从你和朋友的对话中猜出你要出门，提前去帮你备好雨伞。但计算机不会这么聪明，它需要你手动输入指令才会开始工作。

这个问题在机械外骨骼上被放大了，穿着机械外骨骼的人难道要把手抽出来，在键盘上输入指令，机械外骨骼才会进行动作？既然如此，为什么不直接控制一个机器人呢？因此，机械外骨骼，或者说所有的计算机，都应该具有迅速识别使用者的命令，并且根据命令灵活做出行为的能力（图1-1）。

图1-1　仓库中，工人运用机械外骨骼来帮助搬运货物

以我们常见的手机为例，最开始的时候我们需要按键盘来进行解锁，十分麻烦。后来便有了生物识别如指纹解锁、虹膜扫描等，部分手机甚至可以根据声音来判断使用者是不是主人。近年来，人们又发展出了神经信号识别技术——别急，我们在接下来的智能义肢章节中会介绍它。它和机械外骨骼

面临着同样的技术问题，并且作用也和机械外骨骼有些类似，甚至可以二者结合。

生物识别技术可以让机械外骨骼迅速识别使用者的动作，比如，动一下手指，机械手套就会跟着握拳；转动眼球，武器的准心就会瞄准使用者视线对准的地方；说出一声指令，机械外骨骼便会打开通信模块，或者关闭身上所有的照明灯……

至于在识别了使用者的指令之后，如何做出最佳的举动来配合使用者，这就是人工智能的工作了——我们会在之后详细讲述这一项技术。

上述这6项科技，从来没有停下发展的脚步。可以预见，将来的人类士兵，一定会和钢铁侠相似——用结实的装甲保护身体，能够飞行，全身上下都装配着武器，头盔里的通信系统让指挥官能够做出精准的指令，哪怕受伤了，盔甲里也有急救药物，可以止住严重的伤势。不仅如此，密封的盔甲还能够让士兵们前往深海或者太空，利用动力系统来去自如，如果拆掉武器装置，它甚至可以进入民用领域，成为普通民众娱乐消遣、寻求刺激的玩具。科技的门槛便是机械外骨骼的门槛，但随着科技的进步，机械外骨骼自然而然会走进我们的生活。

还是要再说一遍，机械外骨骼的进步，就是人类文明的进步，它涉及太多的科技门类，它的发展便是人类科技发展的缩影。

人类的身体只是灵活，并不强大，没有尖牙利爪，没有健硕的肌肉和致命的毒液，它一直都很脆弱。但人类就是这样一个聪明的物种，懂得利用自然界的一切，懂得制造一些有用的东西，来让自己变得更加强大，让人类文明变得强大。

3. 机械外骨骼的市场

机械外骨骼在军事方面的发展，出于国防安全考虑，普通民众不可能知道。但机械外骨骼在民用领域，倒也大放异彩。美国哈佛大学维斯研究所已经研制出了一款辅助功能型的机械外骨骼，它的全套重量只有7.5千克，以特殊的纤维物质制成，没有任何硬质结构，但仍然能够帮助人体进行更有力、更高效的运动。它能够在人行走时积蓄力量，并且在合适的时刻为人体增加额外的动力。而最有趣的是，5名健康的成年男性体验者在进行了3天的适应训练之后，都表

示已经将它们当成了身体的一部分——它们是如此舒适，又如此有效。

在军用领域，机械外骨骼可以帮助士兵高速移动、携带重物、抵御攻击和提供火力；在医疗方面，它可以帮助肢体残疾者恢复健康；在工作领域，它可以为无数的工作人员提供便利……

已经不再需要更多的例子来佐证机械外骨骼的重要性了吧？那么，接下来，让我们看看最近几年，机械外骨骼在市面上的表现。

中国产业信息网全球数据预估显示，在2013年时，中国的机械外骨骼市场规模仅仅80万元，在2015年是240万元，在2017年是620万元。但是在2018年，这个数字猛然增长到了4498万元，是上一年的7倍多，是5年前的5623%。其中，军用机械外骨骼机器人市场规模占据600万元，而民用领域的规模占据了剩下的3900万元。这个数字，直至今日仍然在增长，并且随着技术的完善和经济水平的提高，机械外骨骼会越来越广泛地被应用到工业领域，甚至走进民用领域成为消费品，到那时市场规模只会大到令人难以估量。

若深究市场规模在2018年的暴增，主要的民用领域可以分为两个部分。首先是人口老龄化发展、人类寿命的延长、科技和医疗水平的提高，导致那一年的医用机械外骨骼迎来了一个小爆发期。其次，在医疗领域，机械外骨骼主要用于截瘫患者、中风、脊髓损伤，而脑瘫患者是重要的适用对象，机械外骨骼可以帮助他们恢复正常的行动。或许有些残疾人士已经失去了肢体而无法使用机械外骨骼，但接下来将要讲述的智能义肢会为他们解决这个问题。

在工业领域，人口红利的消失也促进了工业领域机械外骨骼的应用，尤其是在国内物流巨头的推动之下，辅助搬运的机械外骨骼机器人被大规模地使用。在2017年，国内的机械外骨骼销量仅为34台，而2018年就猛然增加到了292台。

在军用领域，机械外骨骼也开始进入士兵们的日常训练中，成了十分有用的工具。

机械外骨骼一点点走进医学、康复治疗、工程施工、救援等领域，未来还会渗透到人类文明的各个领域。这些因素导致市场规模在2018年出现令人吃惊的暴涨。而这个增长，在很长一段时间内都不会停止。

说完了国内市场，我们再将目光放宽一些，看看整个世界。

尽管人们在20世纪六七十年代开始便着手制造能够使用的机械外骨骼，但是真正将机械外骨骼作为商品面向大众出售，是最近10年才有的事。也就是这短短的几年，机械外骨骼这一昂贵而稀奇的科技产物，销量却并不低。截至

2018年，全球机械外骨骼出货量为7000台，硬件销售总额为1.92亿美元。根据最近几年的市场趋势来看，预计到2023年，全球机械外骨骼出货量将接近10万台，到2028年将超过30万台。

ABIResearch是一家市场前瞻性咨询公司，为技术创新型行业企业提供战略指导。根据ABIResearch的预测，机械外骨骼领域的全球收入将在2028年增加至58亿美元。

国际上领跑的几家机械外骨骼企业分别是美国Sarcos、德国Bionic、中国傲鲨智能等。Sarcos开始专注于研究全身性的、功能全面的机械外骨骼；Bionic专门制造上身动力外套，并且采用可更换的锂离子电池，可以持续工作8小时；中国傲鲨智能于2019年推出其上肢机械外骨骼，目标以工业市场为主，从工业流水线、物流到物流搬运等，并且效果显著。其他大大小小的企业也都有各自的特色，产出的机械外骨骼也在不断进入社会的各个角落，发挥自己的作用。

说完了明面上的资金收入，再来说说我们看不见的资金节约。

众所周知，发达国家一直存在人口老龄化和技术人才短缺的问题，企业都需要更多地投资自己的员工队伍，而人是会老会生病的，总会有所损耗。机械外骨骼不仅可以提高生产力，还能够让工人们摆脱繁重的体力工作，降低伤病概率。从长远来看，机械外骨骼的应用，每年能够为大型的企业节约数亿美元的资金。这些资金全都是由人身损伤造成的，是财务人员根本难以注意到的。

那么，这里就不得不面对一件很重要的事情了：机械外骨骼的成本控制。

现在的科学技术，能够仿造出一套哪怕是最原始的钢铁侠战衣吗？集结整个世界的顶尖科技力量，应该能模仿个七七八八，但是所消耗的资金也是难以想象的。而做出来这样一套战衣，它能用来做什么呢？它的观赏价值，远远高于它的实用价值，更别说军队使用的钢铁战衣还需要量产，那就势必要把成本控制得非常低，否则便失去了意义。

哪怕是在民用领域，成本控制也非常重要。一套精密的腿部机械外骨骼，造价可比一辆轮椅要高得多，因此，大多数人仍然会选择价格更加便宜的轮椅。统计数据显示，在2013年时，民用机械外骨骼的平均价格是16万元一台，在2014年时涨到了26.5万元一台。在之后的几年中价格慢慢降低，终于在2018年降至15.4万元一台。尽管如此，十几万元一套的价格仍然是大部分家庭都难以承受的，尤其是残疾人士的工作能力通常不如健康人。在这种情况下，大部分经济实力不足的家庭，通常都会选择轮椅等廉价的替代品。

与此情况相类似，其他领域的机械外骨骼尽管有，但人们也会因为成本的问题，转而去选择那些效果没这么好，却便宜得多的解决方案。机械外骨骼不应该是某个工程师用来炫技的宝贝，它应该能够造福大众才对。如何控制机械外骨骼的成本，让它成为大部分人都买得起的东西，是将机械外骨骼商品化的当务之急。只要成本能够控制下来，其市场潜力是无限的。

甚哪怕脱离实用，单纯作为奢侈的玩具，机械外骨骼的销量也不会低。可想而知，在娱乐领域，机械外骨骼也拥有着极大的潜力（见图1-2）。

图1-2　机械外骨骼使用场景

4. 机械外骨骼的未来

之前已经两次提到了智能义肢这个东西，这二者之间的关系非常紧密，它们涉及的科技类目几乎相同，彼此之间有相同点也有不同点。一个是根据健康的人去批量设计的，一个是针对肢体残疾人士去个性化设计的；一个是为了让个体的能力变得更加强大，一个是为了让有缺陷的个体恢复正常。

但它们都有一个十分鲜明的特征：依附于人体的，聪明而灵活的机械，能够给人体带来许多帮助。

这一点，就将机械外骨骼和智能义肢紧紧联系在了一起。无论如何，它们都是人类科技和智慧的产物，都能够给人们的生活带来极大的增益（见图1-3）。

机械外骨骼和智能义肢都拥有着美好的未来，它们可以极大地改变人们的日常生活，人们对这一切充满幻想，但也都心知肚明一件事：哪怕是最夸张的科幻小说作家,他的想象力也追不上科学技术发展的脚步。

机械外骨骼的未来将在接下来的智能义肢章节中讲述,或许我们没有足够的想象力去描述它们的未来,但至少可以略窥一二,一睹它们未来的风采。

图1-3　工人使用机械外骨骼帮助安装太阳能板

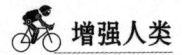 增强人类

第2章 不再残缺：增强肢体

用冰冷的机械代替温暖的身体

1. 让生命再次起舞

1988年2月25日，在拉脱维亚的多加皮尔斯，一个漂亮的小女孩出生了。她的父母为她取名维多利亚·莫德斯塔。就如同这个名字一样，父母希望她成为一个成功的人，一个征服者，并且能够细心、有灵性，能够拥有一个美好的人生。

但生活总是充满了意外，维多利亚在出生的那一天，就注定了她的人生不会一帆风顺。

那个时候的拉脱维亚还未脱离苏联。社会动荡之下，维多利亚的父母日子并不好过——他们只能找一个不那么高明的医生来负责接生工作。而这个不称职的医生在接生的时候，因为操作失误，导致维多利亚的左小腿受力过重，完全脱臼了。

刚刚出生的婴儿只会啼哭，没法说出自己哪里不舒服，因此这个脱臼没能及时得到治疗，甚至过了很久才被发现。而此时，维多利亚的左小腿已经受到了很大的损伤。

在6周大的时候，父母再一次带着可怜的维多利亚去了医院，医生检查过后，决定为维多利亚的小腿打上石膏。然而，这又是一个错误的决策——石膏虽然阻止了左小腿的变形和伤势恶化，但也阻止了左小腿的生长，正是这个举动导致了维多利亚的终身残疾。

接下来的几年之内，父母先后带维多利亚去做了几次手术，但都没有什么效果。维多利亚的身体一直是健康的——除了这条看上去有些奇怪的腿。她像别的

小孩子一样成长，和他们一起玩耍，她似乎并没有什么不同，只是跑不快罢了。

维多利亚从小就很喜欢音乐，每天都会唱歌，会看一些音乐方面的书籍，也很珍惜能够接触乐器的机会。虽然年龄很小，但她已经对音乐产生了深深的热爱，音乐成了她最好的朋友，总是陪伴着她度过所有孤单和低落的时间。

可随着年龄的增长，这条腿的毛病也越来越大，维多利亚跑得越来越慢，最后甚至连走路都有些困难。在她6岁大的时候，小腿完全变形，比例也完全失调，哪怕父母再怎么安慰她，她也知道自己和别人不一样。她的腿动过15次大大小小的手术，问题仍然没有得到解决。苏联解体之后，独立的拉脱维亚处于发展中期，所有有残疾的人都被歧视，也不被社会接受。她有一条带有缺陷的腿，这让她和小伙伴们格格不入，处处都受到歧视。尽管也有朋友不介意她的怪异之处，愿意和她一起玩，但她早已产生了深深的自卑心理。

医生建议维多利亚住进儿童福利院，脱离社会，远离世俗的目光，在社会的角落里安静地活下去。对一个残疾的小孩来说，这似乎是最好的选择，也是唯一的选择。

维多利亚的母亲仍然不愿意放弃，她坚决反对将维多利亚送进福利院，而是让维多利亚继续上普通的学校，让维多利亚接受社会的教育，并处处鼓励着维多利亚。但社会和大众始终无法接受这样一个残疾人，维多利亚在学校仍然会受到不公正的待遇和各种各样的歧视，头上永远都顶着"残疾儿童"这样一个令人烦恼的名字。

长年累月地遭到歧视和排挤，让维多利亚幼小的心灵也变得封闭起来。她再也不出门玩了，对学校也产生了厌烦，甚至不喜欢与人说话。

维多利亚的父母决定让维多利亚换个地方生活，于是在维多利亚14岁的那一年，父母带着她移民到了英国。即便如此，维多利亚的生活状况仍然没有好转——她在英国的同学也会歧视她的残疾，会嘲笑她，欺负她，这样的生活仿佛没有尽头，她每天都在痛苦之中度过。并且，她左小腿的畸形越来越严重了。

很多年后，在媒体对维多利亚的单独采访中，维多利亚终于能够大胆地向大众袒露心声。她说："我自小受到不公平的待遇，每个人都用很奇怪、很藐视的眼光看我，每天如此，那段时间我的生活完全就是地狱，我有时经常会想到给自己痛快的一下，了结自己悲催的命运。那个时候，你必须在大众的视线中隐藏起来，那时的社会就是如此残酷，我的母亲很不理解为什么大众和社会会如此的不包容，但她从来没有认为我不完美，反而给我更多的爱。"

正是因为母亲对她的爱，她才能够从一次又一次的绝望和崩溃之中坚持下来。

由于生活压力的增大，维多利亚决定不再上学了，父母也支持她的这个决定。离开学校之后，维多利亚获得了更多独处的时间。而此时的维多利亚仍然热爱音乐，从小就喜欢音乐的她，身上的音乐才华也随着年龄的增长在逐渐展露。于是，她决定专心研究音乐，并且开始试着接触时尚。

音乐成为维多利亚沟通社会的桥梁。在音乐的世界里，人们根本不知道这是一个残疾的人，因此也不存在什么歧视，人们只知道她有着动人又充满力量的歌声。来自他人的赞许让维多利亚找回了一些自信心，她甚至尝试着参加了一些音乐演出。

生活逐渐好转了起来，人们开始因为她的音乐才华而包容她的残疾，听众从不会对她的腿指指点点，维多利亚也渐渐能够直面自己的缺陷了。但是，残疾总会有许多不方便的地方。维多利亚不能跑步，不能运动，不能长时间走路。有些公司看中维多利亚的才华，请她拍摄广告，但维多利亚甚至不能在拍摄的时候穿高跟鞋，也不能穿裙子——因为她的腿实在是太不好看了。如果没有这一阻碍，维多利亚凭借自己的才华，完全可以有更好的事业发展。

于是，维多利亚做出了一个勇敢的决定：截肢。

医生一开始是拒绝为她做手术的，但是在维多利亚的坚持下，还是为她进行了截肢。让维多利亚没想到的是，失去了这截残缺的小腿之后，她的生命迎来了奇迹般的转变。

义肢通常都象征着身体的残缺，象征着一个人的不完整，而维多利亚大胆地接受了这个残缺，并且为自己挑选了各种不同的义肢——蒸汽朋克、冰雪皇后、立体声主义。年轻的少女拥有一条与众不同的小腿，这并不是她的缺陷，反而让维多利亚看起来是如此的与众不同。

在发现人们喜欢她的义肢之后，维多利亚更加自信了，她开始了音乐和时尚事业的全新尝试，她缺失的小腿忽然成了她的巨大优势。别人最多只能更换妆容或者服装，而维多利亚可以更换自己的腿，这让她在时尚艺术上有了别人难以企及的创作空间。最终，她被Channel4相中，并得到了20万英镑的投资，量身拍摄了MV《prototype》，并在英国著名选秀节目X-Factor的决赛黄金档播出，一夜爆红。

在这支MV中，导演虚构了一个政治背景和战争背景，维多利亚出演一名残疾人，用她的视角去看这个社会，观察残疾人在当今社会中遇到的种种不公。文明在进步，更开明的思想让人们包容和善待残疾人，这支MV引起了无数人的共鸣，也让政府对残疾人的一系列不作为赤裸裸地暴露在公众眼前，引爆了人们心中的不甘和愤怒。

维多利亚说，她希望能够借此 MV，让人们关注残疾人士受到歧视与不公待遇，她更希望能够由此鼓励那些和她曾经一样遭受到不公平待遇的残疾人。

再后来，维多利亚凭借自己的才华积累了不少财富，而科学技术也在不断地发展，因此维多利亚在义肢的装配上有了更多的选择。除了美观和艺术性之外，义肢还装上了电子元件，能够配合大腿的运动做出走路的姿势，甚至让这个女孩能够再一次奔跑，不只是时尚艺术，在生活上也能够给予维多利亚许多帮助。越来越多的人受到维多利亚的鼓励，自信地面对自身的不完整，利用自己的义肢去奔跑、起舞、写诗作画，找回自己的生命（见图2-1）。

图2-1　安装义肢后的女孩在运动

2.代替身体的科技

最高精尖的技术也无法完全代替人类原本的器官。如果是内脏出了问题，一个人也就离死亡不远了，没有补救的机会；如果是四肢出了问题，人还能活着，但生活会受到极大的影响。在这种情况下，人们就会想出各种办法，来修补那残缺的肢体，保证生活的质量。因此，义肢便出现了。

据史料记载，我国早在春秋战国时期就出现了义肢。但在那个年代的义肢，代表的并不是人道，而是社会的残酷，因为当时齐景公使用的刑法很严酷，国家的税收本身就重，而交不起赋税的人就要把脚砍掉，并且受刑者通常是家里的劳动力，是必须要下地干活的。为了继续劳动，人们就开始制造义肢，因为受刑的人很多，后来还出现了专门制造义肢的商人。在某段时间里，市场上售卖义肢的商贩甚至多过了售卖鞋子的商贩。

而希腊、罗马等国家，也在差不多的时期出现了义肢，最早使用义肢的人，主要是在战斗中失去肢体的士兵或者受到惩罚的罪犯。2000多年前的义肢结构非常简单，只要能固定在四肢上，起简单的支撑作用就可以了，并没有什么特殊的功能。手部义肢可以做出缺口，安装不同的工具，但远不及真实的手那样灵活，因此，主要的义肢仍然是下肢义肢。

此后义肢的发展便经历了长达2000年的停滞期。如果硬要说什么发展，那也就是换上了耐用的材料，多了些装饰性罢了。一直到20世纪，义肢技术才得到了比较大的发展，而促使义肢技术进步的原因，仍然是战争。两次世界大战带来了大量的残疾士兵，义肢的需求量猛增，有需求就有市场，就有人去琢磨，因此义肢变得越来越轻便，越来越贴合身体。

20世纪50年代，义肢技术开始朝着现代义肢技术过渡，最大的区别就是采用了符合生理解剖原理的吸着式接受腔，让义肢能够稳稳地固定在身体上。这个技术一直沿用至今，它让义肢佩戴者感到舒适和自然，相比于以往直接将义肢捆绑或者粗暴地固定在身体上的方式，这一技术显得十分人性化。

20世纪60年代，下肢义肢出现了具有革命性的组件式技术，同时兼顾了使用者的定制需求，以及工业生产的效率，其技术的合理性和生产的高效性，逐渐取代了传统的一体式木义肢、皮义肢和铝义肢，开始在世界各地推广。还记得在机械外骨骼章节中提到的，机械外骨骼的进步便是人类科技的进步吗？在这里，智能义肢的进步，也表明了材料学的进步。

到了20世纪70年代，义肢就不再是单纯的一个硬疙瘩了。人们在不断改进义肢关节机械结构，由于人体的关节并不像机械关节那样简单直接，两段骨骼之间的衔接和运动十分微妙，才能带给人体如此之高的灵活性和精准性，单说膝盖关节，在支撑时和摆动时的关节状态都不一样。人们努力研究了人体的膝盖关节，将结构原理应用到了义肢上。从此人造的义肢就能够更好地还原腿部动作，让使用者走路的时候感觉更加自然，就像是自己的腿还在一样。除此之外，人们还将电子、气压、液压等技术引入义肢领域，使义肢不断变得更加有力量，更加灵活，更加随心所欲。

在20世纪90年代，下肢义肢的技术越发完善，产品也越来越丰富，残疾人的年龄、性别、体重和活动度都被纳入义肢定制的考虑范围，矩阵式分类标准和分类组合方式也进一步充实了现有的产品体系，并为其提供了新的发展框架。同时，在80年代出现的一些新产品新技术，如钛合金、碳纤维、储能器、气压、液压、计算机控制系统，此时也被人们用在了义肢上。尤其是计算机的出现，使得义肢的制造更为高效，热塑板接受腔、硅橡胶内衬套、接受腔气囊和多连杆膝关节等部件也得到了普及。从这个角度看，智能义肢也见证了计算机的进步。

终于，人类文明进入21世纪。

进入21世纪后，人类的各项技术迅速发展，义肢技术自然也不甘愿落伍，迎来了它的变革。

在此之前，那漫长的2000多年里，义肢一直是一个"物理组件"。不管是粗糙的木腿还是镶嵌着宝石的合金腿，不管是简单的插入式还是结合了无数优秀技术的虹吸式，义肢的全部功能就是物理支撑。下肢义肢能够支撑起身体的重量并且行走，上肢义肢能够安装工具应付一些工作，就足够了，人们对此也感到满足。

但在信息时代，这一局面被打破了。尤其是人们发现了神经系统的电信号，并且能够做出检测之后，义肢就变得有趣了起来。肢体就算残缺了，但控制它的神经系统还在，大脑仍然可以向"右手信号线"下达一个"握拳"的指令，只不过这个指令只能传输到断肢的末端，却没有手来完成这个指令而已。

这个过程，就像镇守边关的将军已经牺牲时，皇帝仍然可以派出信使向将军下达命令。而人们仍然可以传达圣旨，但是让另一位将军去执行，只要这位将军的军事才能足够优秀，那么，战斗的结果就是一样的。

是的，就是这么简单的过程。现在，人们可以检测并破译大脑向残肢发送的命令，然后让电子义肢完成相应的动作。虽然过程就是这么简单，但这小小的动作凝聚了无数科学家的智慧。

目前，智能义肢行业的领跑者——美国的强脑科技公司，已经研发出这样的技术并且用在智能义肢上。它们的产品可以识别使用者残肢上的电脉冲，在经过大量的信息采集和编码之后，就能够随时理解使用者的动作意图，并且实时地将使用者想做的动作还原出来。该产品已经进行了量产，相信未来会成为残疾人士的福音。除了强脑科技公司，世界上其他地方，包括国内，都已经有了这样的技术，并且还在不断完善、进步，等待着有一天能够造福社会。

在上一个章节中我们已经提到，生物识别可以让人们更好地控制电子产品和机械,从肢体控制、指纹、虹膜检测到声音识别,然而这些都只是在机械外骨骼上适用。智能义肢毕竟不是额外的机械配件,而是要代替某个肢体的,它的反应必须足够快,足够精准,因此必须要使用神经信号识别技术。甚至在未来,人们还能破译脑电波,让人和电子、机械的联系更加紧密。

至此,智能义肢再一次见证了高精尖科技的进步。

市面上已经出现了不少智能义肢,在许多顶尖的实验室里,可以看到残疾人佩戴着义肢行走自如,义肢的脚腕可以灵活扭动,稳稳地站在任何地形上,甚至可以看到双手残疾的音乐家利用义肢在钢琴上进行简单曲目的演奏……以往的义肢只能靠着外界事物的物理碰撞或者重力来做出动作,十分被动,使用者只能去适应环境,但现在使用者通过自己的大脑就可以下达指令,让义肢做出各种动作。对残疾人而言,这无疑是一份巨大的礼物(见图2-2)。

图2-2　安装义肢后的女孩有了正常的生活

不过,这样的义肢虽然精妙无比,却仍然难以替代真正的肢体,要做到这一点,它还有一些问题需要解决。

首先,是动力源。生物的肌肉是非常高效的动力来源,裸重只有几千克的肌肉能在几百毫秒内就产生上百N的拉力。这样的体积能够产生如此的发力效率,目前世界上的任何一种动力源都达不到,要在不影响正常活动的情况下,保持轻便的义肢很难产生与人体相当的力量和发力速度,机械外骨骼也面临着这样的问题。

其次,便是控制算法。人们对于神经信号的研究目前还不算深入,要让神经信号控制机械，更是难上加难。它需要检测到信号，精准地识别出信号中的力度等因素，然后转码成电子语言，再控制电子肢体做出动作，这个过程考验着所有的研究者。

再次，便是灵活性。人最灵活的关节是手腕，你的手腕转向区域是一个半球，而机械关节的转向区域，仅是一条弧线罢了。如果要达到和手腕一样的180度转向，那需要再加一个关节，这难度又大大提高了。并且人的关节并不是严丝合缝地固定在一起，也有一定的柔韧度，不说杂技演员，普通人就可以做出无数复杂而灵活的动作，智能义肢要完全代替人的肢体，这是必须要克服的困难。

最后，也是最重要的，就是感觉反馈。

你的脚现在摆在哪里？它或许穿着鞋子和袜子，或者干脆就摆在你看不见的地方，现在动动你的脚趾，或者随便动几下，你能否感觉到你的鞋子，以及你踢到了什么东西？然后闭上眼睛，再来一次。

你发现了吗？哪怕你根本看不到，触觉也能给你带来精准的反馈，因为人的手是最敏锐的触觉器官，手指的皮肤甚至可以感觉到0.5毫米的区别，普通人稍加练习也能用指腹摸出麻将的牌面，身体其他部位的皮肤感知能力有高有低，但都有一个共同的特点——它能告诉大脑，这里的皮肤碰到东西了。

这就是触觉的强大之处。智能肢体即使再智能，它也不能告诉使用者踩到了什么东西，使用者仍然会自顾自地走下去，直到摔倒。

智能肢体要更好地帮助残疾人，除了要能够依照残疾人的意志完美地做出各种动作之外，还要有足够的触觉反馈能力，不求像手指那么精细，至少要能让使用者知道碰到了什么东西，才能够调整自己的动作。然而，这就需要用电子器件对神经系统进行精准的信号输入，又涉及对于神经信号和大脑的研究，而在这方面，就人类现有的研究成果而言几乎可以说是没有。

但是无论如何，随着人类科技的进步，这些问题都会逐一得到解决，到那时候，残疾人可以利用智能肢体得到完整的身体，拥有自己的第二次生命。

3. 智能义肢的市场

智能义肢是一种比较特殊的刚需。大部分人根本用不到它，只有少部分人会需要，而且非常需要，否则就完全无法拥有正常的生活。

义肢行业在政策上得到了相当大的支持。2010年9月，人力资源和社会保障部、民政部等相关部门发布《关于将部分医疗康复项目纳入基本医疗保障范围的通知》；2015年9月，国家制造强国建设战略咨询委员会发布《〈中国制造2025〉重点领域技术路线图》；2017年5月，科技部办公厅发布《"十三五"医疗器械科技创新专项规划》；2018年9月，国务院发布《残疾预防和残疾人康复条例》……这些为残疾人士谋求权益的政策无一不在照顾义肢行业。

义肢的需求量是非常大的。根据民政部的统计，2012年我国的下肢截肢人数为130万人，在2018年已经达到170万人，每年都有六七万的增长。这还只是下肢截肢人士，算上不同的肢体残缺，全国需要配备义肢等辅助器具的残疾人士，如今已达到930万人。根据不完全统计，目前全国600多家各类义肢生产装配机构，主要的义肢产品年产量仅仅6.5万件。再结合义肢的平均使用寿命进行计算，相当于只有80多万份义肢产品正在被使用，这只满足了930万残疾人士需求的不到10%。

而它们之中大部分都是功能简单的义肢，智能义肢的占比微乎其微。世界上每天都有灾难和疾病发生，人们对义肢的需求永远不会消失，因此义肢，尤其是智能义肢，永远都有庞大的市场。

那么，义肢在市场上的实际表现如何呢？

义肢的门类千变万化，单说一种义肢的销售情况，难以让人们准确感受到整个义肢行业的利润，而若要详细统计每一种义肢的销售情况，这又不太现实。不过，义肢毕竟属于一种医疗器械，我们可以从这里得到一定的参考。

在2013年时，全国医疗器械的销售总额就达到了2120亿元，而到了2020年，这个数字变成7655亿元，相比于2019年增加了17.9%。智能义肢在其中只占据一小部分，但既然医疗器械整体市场在不断上升，那么智能义肢的市场肯定也不会少。无论什么年代，健康的身体永远是人们的需求，义肢产业永远是个拥有巨大前景的医疗产业。

4. 机械身体的未来

机械外骨骼的技术重点在于动力系统和功能性，智能义肢的技术重点在于生物识别和使用者的控制感受，这二者结合在一起，就能够给使用者带来无比强大的增益。我们可以想象，未来的士兵、工人或者其他特殊行业的人，一定会全身穿着可靠的机械外骨骼，哪怕肢体有残缺也可以用智能义肢代替，而义肢会比原本的肢体更加强大，带来更多的功能。

或许我们可以给这二者起一个统一的名字，比如，机械身体。目前并没有相关的技术出现，所以这个名字只是一种幻想。但尽管只是幻想，我们仍然可以预见"机械身体"在未来数十年内对社会的影响，以及它是怎么改善我们的生活的。

首先是人们的日常生活。即使是现在，也已经有这样的技术了：通过在腿上加装动力外骨骼，让腿部残疾的人能够重新站起来行走，甚至奔跑。动力外骨骼就可以代替肌肉产生动力，让双腿做出各种各样的动作，从而实现行走、奔跑等动作。代替手臂的机械身体，也并不难实现，它们给无数身体残缺的人带来了第二次生命。智能义肢也能完成同样的事情。

其次是机械外骨骼多变的功能。按照目前的科技水平，我们制造不出能够完美替代人类的机器人，就算某个研究院制造出了力量强大、关节灵活的机器人，它也缺乏人的创造力和思考能力。因此，在某些需要临场反应的情况下，仍然需要人类去完成。人类的双手虽然灵巧，但只能用来使用工具，本身并不是工具，而机械身体可以很好地弥补这个缺点。比如，深海作业，机械外骨骼可以附带各种各样的工具，帮助潜水员完成各种工作；比如，宇航员被包裹在宇航服内，动作并不灵活，此时机械身体就可以成为他的第三只手，让他能够顺利地完成任务。若是使用智能义肢的人，义肢本身就相当于一个工具箱，在保证灵活的情况下也能够带来无限的便利性。

最后是对人体的强化。并不是要覆盖整个身体才能叫作机械外骨骼，有些机械外骨骼可以做得很小，只覆盖身体的一部分，从而帮助人们完成各种各样的事情。帮助人们重新站起来的腿部机械外骨骼只是很基础的应用。比如，医生们可以在手上装配机械外骨骼，机械外骨骼事先知道医生的动作顺序，在医生做出计划之外的动作时施加阻力，这样可以保证他的手不会抖，从而精准地完成一场手术（见图2-3）；在灾难救援或者工程建设中，平时由人的思考能力和灵活性来处理事件，遇到人力难以完成的工作，机械身体可以提供庞大的动力来搬运重物；再比如，遇到危险的时候，机械外骨骼可以载入奔跑的动作程序，让人尽快地逃离。

机械外骨骼相当于给人体附加的额外机械器官或肢体,有些任务智能义肢也可以完成。但智能义肢和机械外骨骼的结合,能产生"1+1>2"的效果。

图2-3　义肢机械手与真手协同合作

即使不是工作领域,在人们平时的娱乐中,机械身体也能够大放异彩。并不是要每个人都成为钢铁侠,小型的飞行器也非常有用。比如,安装在背部和腿部的喷气机,能够提供强大的动力,能够随着使用者的身体动作而灵活地调整功率和角度,只要熟练使用,它就可以让人飞上天空,在城市里穿行,而且它轻便得就像衣服一样。

能够让人飞行的小型飞行器已经有了,甚至民间都有这方面的发明,但它们总是比较笨重的。如果有朝一日,它们真的能像衣服一样穿在身上,靠着肢体的动作就能调整飞行姿态,那么,人类从此便不会再羡慕飞鸟。

而机械身体的作用远不止于此。你甚至可以给自己加装第三条手臂,在进行精细工作时为你提供辅助;你可以在背部装上8根触手,像电影《蜘蛛侠》中的章鱼博士一样飞檐走壁;你可以在缺失的左腿里装上弹簧,跑起来比健康人还要快……

人的身体不能随意改动,但科技产物可以。这一件衣服能够保护我们,能够代替肢体,能够提供额外的工具、力量、通信手段,能够让人的动作更加精准,更加迅速,或者更有力量。虽然它们不会说话,但是可以让一个普普通通的人变得无所不能。

还记得数十万年前,弱小的人类是怎么战胜大自然的吗?他们制造了各种工具,然后用这些工具去完成了身体不可能完成的事情。如今人类在面对更强大的挑战时,再一次用上了这招。

人毕竟是血肉之躯,已经发展出如此文明的人类,再也不需要像别的动物那样，进化自己的身体去适应环境了。人们可以制造出第二层身体，让这层坚硬、强大、灵活的身体帮助自己战胜这个世界。

如今的人类在地球上生活得很好，但总有一天，地球满足不了人类，目前的生活也满足不了人类。我们需要新的生活方式，更好的娱乐活动，更强大的军队，更广阔的生存空间。

人类是不会止步于地球的。

在空间技术日益发展的时代，哪怕是此时此刻的我们，都可以预见将来会有那么一天，人类会离开地球，去探索太阳系里的其他星球，甚至离开太阳系，去探索那浩瀚的星海。谁知道在地球之外的地方，人类会面临什么样的挑战呢？人类征服一个孕育了他们的星球都花了数十万年，又如何去征服那些根本不适宜人类生存的星球呢？

有些星球没有氧气，人在这样的环境下撑不了一分钟。

有些星球的引力高出地球很多倍，在这样的引力下，人的肌肉根本不足以支撑身体。

有些星球的表面有狂乱的风暴和严酷的烈日，人暴露在这样的环境下，生命力会肉眼可见地流失。

有些星球上存在着生命，它们有可能很危险。而数十万年过去了，人类的皮肤仍然柔软，牙齿仍然短而平，根本无法战胜它们。

有些星球没有臭氧层，甚至大气非常稀薄，就和星际空间一样。而在星际空间中，X射线会将人的基因一点点切断，让你无法繁育后代，甚至无法活着回到地球。

有些星球的表面会下冰雹，会下甲烷雨，会下钻石雨，会下各种奇奇怪怪的东西，它们都会把你砸成一摊烂泥。

让我们的想象力再飞得更遥远些，在数百年后，人类与外星文明爆发了战争……

我们的大脑再聪明，双手再灵巧，能够应对这一切吗？

幸运的是，我们有这些神奇的机械。

第3章　更加生动的世界：AR技术

看！那里有一只小火龙

1. 巧妙的远见

半年之后就是建国300周年纪念日，为了准备纪念庆典，国王想要装修一下自己的礼堂。礼堂别的地方可以摆放桌椅、地毯、挂画等饰品，但穹顶只能用壁画来装饰。壁画可是个大工程，消耗的人力、物力都很大，而且不能清洗，画完了就难以更改，除非拆掉穹顶重建。也就是说，画师们并没有再来一次的机会。为了选出最好的壁画内容，国王马上召集了大臣们进行讨论。

大臣们议论纷纷，各抒己见，他们的意见并不统一。国王焦头烂额，甚至为此发布了悬赏，希望有人能给出尽快挑选好穹顶图画的方法。重金之下，果然有一个画家来到了皇宫，说可以帮助国王尽快挑选出最适合的图画，但需要3天的时间进行准备。国王问他需不需要什么帮助，画家只要求国王为他准备一些玻璃。国王虽然不理解，但还是吩咐大臣去提供了画家所需要的东西。而后，画家便马上开工了。

国王在紧张之中等待了3天，其间派人去看过画师的工作进度，得知画师仅仅在玻璃上画来画去，这让国王觉得很奇怪。但目前也没有别的办法，不管那个画师是真的有办法，还是只是个招摇撞骗的人，国王都只能选择相信他。于是，国王便耐心地等待着。

3天之后，国王来到了礼堂，发现礼堂的门口挡着一块巨大的玻璃。画家让国王站在玻璃前特定的位置，朝着礼堂内看，国王惊讶地发现礼堂的穹顶上画了一幅画。国王还在惊叹画家画画的速度，但是画家命令士兵把玻璃撤掉了，换上了另外一块玻璃——国王惊讶得眼珠子都要掉出来了，因为穹顶上的画已经换了。

这时候国王才发现,原来那些画只是画在玻璃上的,只不过画家巧妙地利用透视,在玻璃上画出了透视扭曲过后的穹顶图像。在国王的视角看去,玻璃上的图像正好和穹顶重合,于是国王就误以为穹顶已经画满了画,并且直观地看出了效果。

得益于画家精湛的技艺,玻璃上的假壁画能够以假乱真,让国王直接看到穹顶上铺满不同图画的效果,除了最开始的几个方案以外,画家甚至还准备了许多不同的方案给国王选择。国王对此大为满意,并且提出要看看礼堂内部的效果。

画家显然早有准备。他让卫兵们撤掉这些玻璃,带上了另外一些玻璃走进教堂,并且让国王等人一起进去。来到了礼堂中央的空地上,画家在地上铺了一张毯子,在一个特殊的位置放了枕头,让国王躺在毯子上,头要枕着那个枕头。而后,画家在国王的周围放置了一些架子,并且让士兵们搬了一块玻璃放到这个架子上,这块玻璃也以同样的方式进行了伪装。如此一来,呈现在国王面前的就不是干净的穹顶,而是一个填满了装饰画的穹顶了。

尽管国王知道穹顶是干净的,但得益于画家精湛的技艺,眼前玻璃上的图画还是能够以假乱真,仿佛这幅画是画在穹顶上的。国王开心地拍手大笑,他从来没想到过玻璃还能有如此妙用——因为透视的关系,玻璃上只需要画很小的画,就能把远处的穹顶整个遮住,如此画家才能在短短 3 天的时间内,让国王看到穹顶壁画的最终效果。

而后,画家还带着国王参观了不同角度的礼堂景观,比如,从礼堂角落里看到的壁画,在礼堂窗户上看到的壁画,在礼台上看到的壁画……

不仅如此,画家还准备了一些小型的玻璃,上面画着不同的家具、地毯,不同的装修风格,利用大大小小的玻璃进行不同的组合,国王就可以轻松地看到不同的搭配最终会产生什么样的效果。以前如果想要重新装修,要让士兵花上 1 天的时间把礼堂里的东西全部搬出去,再花 1 天的时间搬进来,如果不满意的话,还得再来一次……

在这些玻璃的帮助下,国王敲定了最终的装修方案,重赏了这个画家,而礼堂的装修工作也得以及时进行,最终圆满地举行了纪念庆典。

在庆典之后,国王也非常喜欢这些奇妙的玻璃,他还想利用这些玻璃做更多的事情,比如,装修一下自己的卧室。他发现,如果在玻璃上画一张沙发,并且举着玻璃在房间内四处移动的话,他就可以判断出这个沙发怎么摆放最合适——如果多准备几张玻璃画，那就可以做出更好的选择了。而如果没有这些玻璃，每一次的搬动、更换都需要士兵进行搬运，费时又费力。如果是建筑装修，比如，穹顶壁画这种工作，那要浪费的资源可就更多了。

最终这些神奇的玻璃，准确地说，是这种利用玻璃进行设计预览的功能，慢慢地在这个国家流行了起来，并且成为许多人的得力工具。

2. 强化的世界

故事中的画家，所使用的就是一种十分原始，但效果仍然不错的增强现实技术，简称 AR。

AR 技术的核心，并不在于科学技术，而在于人类本身，或者说所有利用视觉来观察这个世界的个体。AR 技术，就是一种通过欺骗眼睛来产生正面作用的技术。

就以人类为对象吧。人如何感知一个物体的存在？靠眼睛看，或者靠双手去触摸。触摸是一定正确的，但仅限于物体离自己特别近的时候。而视觉虽然更迅速、更方便、范围更大，但有一个致命的缺陷——它是可以被欺骗的。比如下面这张照片，书本上真的有一辆车吗？（图3-1）

图3-1 用增强现实技术展示汽车的设计

人类的眼睛素质非常之高。一只正常的眼睛，它看到的画面有 4 亿左右的分辨率，可以看到波长在 390～760 纳米的光波，可以轻松地改变对焦，还能够灵活地转动。更厉害的是，两眼的距离导致它们看到的画面不完全一致，这细小的差别就可以让人感知某个物体的远近。眼睛是人最强大的感知器官，与绝大部分生物对比也是如此。

但眼睛并不是直接知道物体的存在，而是通过收集光线，转变成神经信号，再由大脑还原出眼前的景象。所以，它是间接地感知世界的，并不像触摸那样直接感知。

即使是间接感知，也让科学家们有了可乘之机，AR技术应运而生。你自己就可以做个实验：找到一张飞碟的照片，沿着边缘把它剪下来，贴在窗玻璃的外侧，然后后退一些；这时候你就无法分辨飞碟是贴在窗户上，还是真的悬浮在空中。如果你掏出手机拍一张照片，就可以在社交网络上炫耀你的"奇遇"了，之前真的有人这么做过，而且效果不错。

那位国王的故事，也是如此。画家利用视觉的缺陷，让国王以为穹顶上真的有壁画。其基本的原理，就是在视野中放置一个物体的图像，人眼看到了这个物体，就会以为它真的在那个地方。这个图像越逼真，人眼就越容易被骗过去。

画家利用了玻璃来达成这个效果。但玻璃上的图画毕竟是不会动的，人稍微晃一下脑袋，这个骗局就失败了。不过随着时代的发展，人们发明了一种很神奇的东西——电子显示屏。电子显示屏上的图画，在计算机的控制下，可以轻松地发生变化。传统的显示器毕竟不像玻璃那样透明，它们会挡住后面的景物，因此需要相机来辅助成像。但是现在已经有一种全透明的显示器，平时不会遮挡视野，在需要的时候，它才会在特定的地方显示图像，而剩下的地方仍然是透明的，人们仍然可以看到这个世界。

我们甚至可以说，透明显示器的出现，就是为了辅助AR技术进步的。它所有的功能，都是某种AR技术的表现形式，尽管发明者的初衷或许并不是如此。透明显示器可以做得很小，甚至做成眼镜。因为透视的原理，眼球前方的AR眼镜，它的显示区域几乎占据了整个视野，但它可以被戴在眼睛上。而普通的设备，哪怕是最大尺寸的iPad，它也是重重的一块板子，根本无法放进口袋。

在很多年后，个人电子设备的显示器，有极大的概率会以AR眼镜的形式存在，它同时拥有最小的重量和最大的显示区域，这是传统显示器永远无法赶超的差距。这小小的眼镜却能显示无数的信息，给你带来极大的便利。

让我们从头开始，讲述一下AR这个神奇的东西究竟是怎么来的。

当然，它的起源并不是国王的故事，而是来自一个科学实验室。1968年的一天，虚拟现实之父杰伦·拉尼尔研发了一个头戴式的显示系统来呈现3D透视图，这个设备能够在某种程度上实现 AR 和 VR 的效果。AR 和 VR 算是兄弟，名字也只有一字之差，而它们确实都诞生在同一个实验室，拥有同一个父亲。VR 的故事，我们会在下一个章节讲到。

这一个同时包含着 AR 和 VR 的技术并不实用，因为当时的硬件技术落后，这个设备实在是太沉重了，如果单纯地佩戴它，会导致使用者颈骨折断，因此只能把它悬挂在空中，使用者从下方把头伸进去。不能头戴它也就不能伴随使用者的头部进行运动，也不能随时切换画面，达到代替视野的效果。但是，它至少为人类打开了虚拟世界的大门。

时间来到了 1974 年，计算机艺术家迈伦·克鲁格设立了"人工现实实验室"，打算制造一种利用摄像机、投影仪和其他硬件来创造虚拟现实的方案。可惜这个想法最终未能如愿，否则你现在所使用的 VR 和 AR 设备就不是戴在头上的轻便眼镜，而是一整个家庭影院了。不过这一次的失败也并不是毫无用处，它启示着人们要将虚拟现实设备往轻便的方向发展。

不知不觉到了 1990 年，波音公司的工程师汤姆·考德尔首次提出了"augmented reality"（增强现实）这一词汇，终于 AR 从概念上得到了独立，和它的兄弟 VR 分开成不同的领域。两兄弟在接下来的数十年都不断地发展着，给人们的生活带来了巨大的改变。

仅仅两年之后，发明家路易斯·罗森伯格研发了一套叫作"虚拟装置"的 AR 系统，为美国空军提供远程操作体验。有趣的是，这个发明家的想象力实在太丰富了，以至于当时的科学技术根本不能实现他的想法，最后他改行去写科幻小说了。

普通民众第一次从 AR 技术上受惠，是在一个电视节目里。那是一场橄榄球比赛，由摄像机拍下赛场上的盛况——卫星传递信号——家用电视机播出，然而在卫星传递信号之前，电视台就使用了一款叫作 1st & Ten 的软件来处理这个画面，在赛场上画出了一条黄线。这样一来，观众们就对赛场上需要进攻的距离一目了然。

这就是增强现实，哪怕只是一条线，就能让人体验到更好的视觉，轻松获得有用的信息。从此以后，尽管人们不太了解技术原理，也不懂那么多专业名词，但已经对这种奇妙的技术产生了兴趣。

以上内容，属于 AR 的第一个时代。AR 的第二个时代，在 20 世纪的末尾来临。

以往的 AR 大多是人们事先预制好的画面，比如，那一场橄榄球比赛转播，从技术上来讲，它和在电影胶片中加入特效元素没有什么不同，没什么难度可言。难道每一次 AR 体验，都需要开发者站在边上，选择播放什么内容给体验者观看吗？这太愚蠢了。

让 AR 变得智能化的 ARToolkit 技术，来自日本奈良先端科学技术大学院大学的加藤博一。他创造的这个技术，能够让设备识别出带有特征码的纸片，根据纸片上的特征码播放相应的 AR 内容，这个过程由计算机完成，不需要人为干预。

我们今日所体验到的 AR 内容，都沿用着这个在 1999 年就被开发出来的系统，它能够在脱离开发者操作的情况下，识别场景中的元素，识别使用者的指令。通过智能分析之后，展现相应的内容，这就让使用者能够自由地与虚拟世界进行互动，而不是看到一段预先做好特效的影片。

还记得在之前章节中讲到的，计算机是人类最优秀的仆人吗？它们再一次出色地替主人完成了工作。

新世纪的来临，紧接着就带来了 AR 技术的第三个时代：移动 AR。

随着技术的提高，人们不再满足于在笨重的显示设备上体验 AR，人怎么可以顺从于 AR 呢？应该让 AR 像仆人一样服务于人类才对，它应该轻巧、便携，随时随地给生活带来辅助、放松或者娱乐。因此，人们日常生活中最常用的终端设备——手机，开始出现越来越多的 AR 应用，并且穿戴式 AR 设备也在不断地被研发出来。

2009 年，得益于 ARToolkit 的强大功能，AR 技术被应用于浏览器上，从此人们不必到实验室里去，只要坐在家里就可以体验到 AR 技术的美好。同年，美联社在纸质媒体上使用了 AR。比如，《绅士》杂志就出了一期 AR 特别刊。具体做法是在杂志上的某些页面添加一些特殊的标识码，读者扫描这些标识码就可以在自己的设备上显示动态图像。虽然很简朴，但是如此有趣的科技互动，仍然向人们展示了科技的魅力和强大。

2013 年，大众汽车发布 MARTA APP 来协助技术人员修理车辆，并且后来这样的技术也被应用到了车辆本身，让驾驶员从中受益。

2014 年，谷歌发布了谷歌眼镜（Google Glass），小小的眼镜能够支持许多种 AR 应用，这不得不说是跨时代的创举——不过这款产品也遭到了跨时代的失败。原因不是 AR 不够好，而是工业技术还不够好，这让谷歌眼镜有很多缺点，电池小、发热量高、只有一只眼睛可以看到 AR 内容，最重要的是 AR 眼镜的软件生态几乎为零。手机平台有丰富的软件生态，几乎是什么功能都有，AR 眼镜也就不是必需品了，仅仅成了富人们追求新鲜刺激的玩具。这款眼镜作为商品是失败的，但不可否认，它作为科学技术的探索产物则是伟大的（图3-2）。

图3-2 增强现实眼镜能看到的信息叠加

谷歌眼镜作为商品很失败，但仍然启发了人们。AR 技术需要面对一些技术难点，解决了它们说不定新一代谷歌眼镜就能大获成功。鉴于 VR 和 AR 这两兄弟的关系实在太过紧密，不妨在这里也讨论一下 VR。

首先是移动性。AR 最终的表现形式肯定是类似谷歌眼镜这样的穿戴式设备，它需要解决数据传输的问题，解决待机功能，并且要轻便。而 VR 不适合在大街上玩，大多是连接在高性能主机上使用，因此，对移动性的要求不高，只要佩戴舒适就可以了。

其次是视觉性。AR 为了达到三维的虚实结合，至少需要占据使用者 60 度的视野，并且分辨率要达到 1920×1080。而 VR 技术为了完全模拟现实，就需要达到 2560×1440 的分辨率才能骗过眼睛。你可能会注意到，这两组分辨率数据，都有一个共同的比值 16 比 9。事实上，人眼的视野就是一个近似长方形的区域，16 比 9 是它的长宽比。

最后是沉浸感。AR 眼镜必须要实现位置追踪，以及达到足够高的刷新率才能防止显示内容抖动，而 VR 技术的要求更高，除了精准的位置追踪以外，刷新率必须达到 120hz。

至于计算机运算能力的问题便十分简单明了，算力越强，能够展现的画面就越精致，功能就越多，越能给使用者好的体验。这一对被赋予对未来的期待的兄弟，各自走了不同的发展道路。最后又结合在一起，共同为人们带来更美好的生活。

3.AR 技术的市场

在 AR 技术的应用上,人们并不满足于对现实世界进行修改,还想要创造那些不存在的东西。比如,照相机拍下了一片草地,计算机在这片草地上选取了一些像素点,将它们替换成了一只恐龙的图像,那么人们就可以通过照相机,看到草地上有一只健硕凶猛的恐龙。

还记得风靡一时的游戏《宝可梦 GO》吗?以往玩家们需要操控游戏人物去寻找小精灵,哪怕路途再遥远,玩家们也只是把手指放在键盘上动了动而已,游戏角色也仅仅是电脑里的一串代码与屏幕上的一些像素罢了。但是现在,玩家们需要走出家门,靠自己的双腿行走,去不同的地方寻找精灵,这个过程充满了乐趣。而那些生动的小精灵更是神来之笔:草地上本来什么都没有,但是 AR 技术让我们看到了小精灵,让玩家们在真实世界里,见到了这些来自二次元的伙伴。

用流行文化的词汇来说,就是次元壁被打破了,这对游戏玩家们而言是无比震撼的感受。宝可梦毕竟来自日本文化。如果按照我们的视角来看,你拿出手机,看到草地上有一位齐天大圣正在挥舞金箍棒,并且还能与你互动,想必你也会很激动。

以往的电子游戏,人们只能坐在显示器面前,操作着键盘、鼠标或者手柄,游戏内容也只是开发商预先设置好的,就算是玩家之间的战斗,也都在游戏规则之下进行。游戏再精彩,游戏剧情再怎么引人入胜,一切也都只在小小的显示器里,都是一个个像素罢了。

但是《宝可梦 GO》让玩家们的游戏场地变成现实世界,让人们摆脱了小小的显示屏,走出家门,去各种各样的地方寻找小精灵。再帅气的游戏人物,控制它行走也只是键盘上的几个按键而已,但玩家们在抓精灵的时候,他们依靠的是自己的双脚,他们真正成了游戏的一部分,真正成了游戏角色,真正地进入游戏。《宝可梦 GO》的成功和影响力是有目共睹的,玩家们也能进行锻炼,一举两得。

光是在娱乐领域,AR 技术就有无穷的价值。而且 AR 技术所需要的东西并不复杂,计算机、算法、摄像机、显示屏,它的成本非常低。而低成本换来的,

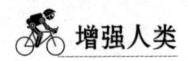

是极佳的用户体验。

那么，如此便利的技术，在市场上的表现如何呢？

首先，看看AR行业在金融投资方面的统计。在2013年时，国内AR行业投资融资事件数量为4起，总金额仅仅2.04亿元。在2017年时，投资数量达到了最高峰，全年一共有70起，总投资金额也达到了69.93亿元，平均每一起投资事件都会产生1亿元的资金注入。不过在2017年之后，这两个数字都反常地降低了。在2019年，全国的行业投资融资事件只有13起，总金额也只有26.87亿元，不过令人欣慰的是，这样计算下来每一场投资融资事件都带来了2亿元的资金注入。

也就是说，虽然投资事件减少了，但投资方对于行业的信心增加了，这样才有可能给每一笔投资都注入更多的资金。

其次，哪怕投资减少也不用担心，我们还有另外一个重要的数据：行业利润。

在2020年8月16日，美国市场研究公司ADC发布的最新报告中给出了一个预测，AR/VR行业在过去5年内的营收，从2016年的52亿美元，一路增长，在2020年时预计可以达到1620美元的全年收入。按照这一预期来计算，虚拟现实和增强现实市场将在2015年至2020年间实现181.3的复合年增长率。增强现实和虚拟现实硬件在2015年至2020年的预测期内将产生超过50%的收入，软件收入也将快速增长，2016年增速超过200%，但是，很快就将在预测期内被服务收入超越，原因是物流和制造企业需要获得企业级支持。

从区域来看，亚太（不包括日本）、美国、西欧将贡献全球增强现实和虚拟现实收入的3/4。这3个地区2016年的收入相似，但美国到2020年将全面领先另外两个地区。由于增强现实和虚拟现实仍处于普及初期，所以每个地区都有望在预测期内实现超过100%的年度增长。

技术能够极大地提升这二者的性能，所产生的价值也是难以估量的。

市面上已经有一些以AR为核心业务的企业出现，并且AR眼镜也有了雏形。或许最开始的一段时间会有所亏损，但只要他们的技术足够优秀，给使用者的体验足够好，那么，盈利自然也是少不了的。

距离科幻作品中那种强大而方便的AR技术，以我们目前的科技水平来看，还有很长一段路要走。而且，AR这个庞大的市场，仍然有着十分广阔的发展空间等着新的企业去探索。市面上的AR设备、AR技术已经不少了，但如果某一家企业能够将AR发展到一个更高的高度，所有人都会记住这个企业——因为AR与我们生活的联系，实在是太紧密了。

4.AR 技术的未来

让我们来畅想一下，AR 技术发展成熟的时候，人们的生活是什么样的。

你一定玩过游戏，或者见过游戏的界面吧？现代的各种网游，都有大量的辅助界面，用来显示角色的生命值，你可以使用的道具，敌人的数量，或者任务目标之类的东西。这些辅助菜单有一个名字叫作 HUD（抬头显示器），游戏世界里并不存在这些东西，是开发商为了让玩家有更好的体验，故意设计在画面里的。这样，玩家就不用一次次地打开游戏菜单去查看这些数据了，十分方便（见图 3-3）。

图 3-3　增强现实的汽车驾驶抬头显示

退一步讲，哪怕是扑克牌这种简单的游戏，也会有计分板，先后手顺序，玩家还需要记忆对手出过什么牌，这些都需要记在脑子里。如果你的手边有纸笔，你就可以很方便地记录这些信息，只不过会被对手耻笑。但是，如果你视野的边缘部分悬浮着一串文字，帮你记录着这些信息，岂不是非常方便吗？

一部手机或者一个笔记本就可以解决这些问题。但手机的屏幕尺寸毕竟有限，操作也麻烦，有没有更加方便和快捷的工具呢？

那就是 AR 眼镜。只要 AR 眼镜和手机等电子设备连接起来，它就成为这个设备的显示屏，把你的操作界面，从小小的显示器上，放大到你的整个视野。

你拥有更大的操作空间，也不用一直低着头，它还能随着你的视野移动。就像游戏的 HUD 一样，你可以一眼就看到自己目的地的路径，看到现在的天气、时间，看到你出门之前写的备忘录，看到朋友的来信。以往需要低头操作

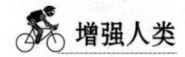

手机,现在你只需要动动眼珠就可以了。

你甚至还能与它互动:将手指伸到视野中的"播放音乐"按钮上,AR设备可以通过你的动作识别出这个操作,然后开始播放音乐。你还可以轻松地给朋友发消息,查看新闻,甚至玩一场小游戏。眼前这些小小的HUD,在不占据太多视野的情况下,可以给你带来难以想象的便利。甚至这些HUD本身就是视野内很不错的装饰品。

如果你利用AR眼镜进行拍照或者录像,因为摄像机与眼睛几乎在同一个位置,它拍下的图像将和你的视野一模一样。

简单来说,AR技术将你所需要处理的所有信息,都集中到了你的眼镜上,拿手机的手现在可以腾出来,去做其他的事情了。而你的眼睛,只要稍微动一动,就可以知道所有的事情;你的手指稍微动一动,就可以轻松完成十分复杂的操作。

到那个时候,你用一个舒服的姿势躺在床上,就可以操作电脑完成复杂的工作;双手抱着零食走在街上,就可以轻松回复朋友的信息,你所需要的一切,都在你的眼前……

AR技术的应用远不止于此。AR设备不只是AR眼镜,也可以是其他的东西。但原理是一样的——将你视野中的某些东西替换成另一些东西,在视觉上改变这个世界。

比如,覆盖着显示屏的镜子,现在只要站在镜子面前,就可以看到你穿上这套衣服是什么样的,在短时间内试穿完一整家商店的衣服。

你只要拿起手机对着客厅进行拍摄,就可以看到家具的装修效果是什么,不满意的话就可以换一套,甚至还能自己设计。

在开车的时候,车窗上会显示路线、路况、天气、时间等信息,帮助你更好地驾驶;而在得到这些信息的同时你可以一直盯着车辆的正前方,避免了因为低头看手机、看地图而发生的意外。

医生可以不切开病人的皮肤就讨论手术方案;在AR显示屏后面,病人的骨骼、肌肉、血管、器官都一览无余。

教师可以只利用一块黑板就让学生们更好地理解知识,尤其是在向学生们讲解某些事物的内部构造的时候。

在博物馆里,残缺的艺术品可以利用AR技术,让游客看到它原本的模样。

就像玩游戏一样,你的视线凝聚在某个事物之上时,你的视野里就会出现关于它的一切。

和之前的机械外骨骼比起来,AR显得没那么帅气,没那么有科技感,但是，它对普通人生活的帮助会更大。美颜相机、户外游戏、汽车司机的路况导航、采购员的商品助手、设计师的先见之明、科学家的分析工具……它就在你我身边，已经改善了我们生活的方方面面，并且还在不断变得更好（见图3-4）。

图3-4　佩戴微软的Hololens进行机械设计

　　AR技术在将来可能会有更先进的存在形式，比如，全透明的显示器，以及电子眼镜上的微型显示器，AR的算法也会随着人工智能的进步而进步——不过到了那个时候，它对人们生活的帮助只会越来越大。AR将永远伴随人类，永远做人类得力的工具。

　　在过去，AR是摄像机与显示器的组合；现在AR通常是一大块透明的显示屏；在不久之后，AR很可能是轻盈便携的眼镜；在很多年以后，AR可能是隐形眼镜，甚至更加神奇的东西。

　　但无论AR以什么形式存在，有一点是不会变的。在以前，人们需要生存，需要战胜自然，需要征服这颗星球，所以讲究格物致知，要对这个世界有清晰而真实的了解，因此要用眼睛看，要用耳朵听，要用手摸，要把一切事情都弄清楚。但现如今人类已然是地球的主人，所追求的也从"生存"变成了"生活"，希望能够让自己活得更加舒适、便利。因此，人们便利用了AR技术，让人们将虚幻和现实重叠在一起，让原本单调的真实世界得到强化，变得更加适合人生存。真实世界从来就没有被改变，但在我们的眼里，它更加美好了。而AR做了什么呢？它只不过是用一些像素，暂时欺骗了我们的眼睛而已。

　　视觉是一种存在缺陷的感官，但聪明的人类利用了这一缺陷，让自己的生活变得更加美好。再一次赞美我们的智慧吧。

第4章 虚假与真实：VR技术

为你构建一个更美好的世界

1. 再拥抱你一次

3年之前，她最爱的那个女儿去世了。

那个孩子才4岁，名字叫作娜妍，本是4个孩子中最健康的那一个。一开始娜妍只是觉得喉咙有些不舒服，于是她带着娜妍前往医院，结果查出来是白血病。年幼的娜妍夏天便住进了医院，直到秋天也没有出院，并且永远留在那个秋天。

她一直很自责，觉得是自己没有照顾好女儿，没有及时带女儿去治疗。她抱着娜妍的照片，从此再也没有睡过一个安稳觉。在梦里，娜妍从来没有笑过。梦醒时分，她总是听见其他几个孩子的呼唤。

"想娜妍姐了。"

"娜妍姐特别爱我，还陪我玩。她因为生病去天国了。"

可是，天国是什么地方呢？孩子们当然不知道天国在哪里，只知道那是一个很遥远的地方，可爱的人，亲爱的人，去了那么远的地方，就会一直待在那里。

她也不知道，天国究竟在什么地方。她和娜妍只隔着一张照片的距离，她的手在照片上抚摸，她的眼泪会在四下无人的时候悄悄落下，滴在娜妍的脸上，她怎么也无法穿过这张薄薄的照片，摸到女儿的脸。天气晴朗的时候会想起娜妍，天色阴沉的时候会想起娜妍，开车的时候抬头看到天上的云，她也会想，云的后面是天国吗？娜妍在那里看着她吗？

但是她知道，娜妍不在云里。她已经走了。

3年之后，有一个纪录片团队找到了她，问起了娜妍的故事。她拿出了娜妍的照片，苦笑着说起了自己曾经有一个这样可爱的女儿。她翻出了视频，就是她经常看的那些，里面有一个活泼好动的小女孩，一举一动都让人觉得，原来这个世界上还有如此美好的存在。

她说，这个可爱的孩子确实存在，曾经来到这个世界走了一遭，曾经带来了许多快乐的时光。娜妍现在应该在天空上，藏在某一朵云后面睡觉。

纪录片团队采访了她，并带走了一些娜妍的照片和视频，说想给她准备一份礼物。8个月之后他们回来了，给了她一个奇奇怪怪的眼镜，说娜妍就在里面。

她搞不清楚他们葫芦里卖的什么药，笑着戴上了眼镜。眼镜遮住了她的整个眼眶，封闭了她全部的视野，但眼镜里还有一块显示屏，上面的图像会随着她头部的运动而呈现动态变化。如此一来，她眼前看到的就不是自己原本所属的环境了，而是一个公园。

她一眼就认出了这个公园，她以前经常来这里玩——和娜妍一起。自从娜妍走了以后，她来这里的次数越来越少，她担心某一天会承受不住对娜妍的思念，所以不敢多来这里。但是没想到，今天会以这样的方式来到这个地方。

她想起刚才工作人员对她说，娜妍就在这里面。重重的眼镜下，她的眼睛忽然就有点发热。她试探性地喊了一声："妍儿？"

"妈妈？"

她听到石头后面有个熟悉的声音，关于这份声音的记忆一直被她压在心里，如今一下子涌了出来。她循着声音望去，石头后面有一个娇小的身影。那是一个女孩子，穿着紫色的连衣裙，戴着亮闪闪的发卡，短发俏丽地落在肩膀上。尽管尚未看清女孩的长相，她已经说不出话来了。

那个女孩子站起来，绕过石头跑到了她面前："妈妈！"

是她的妍儿，和记忆中的一样。娜妍睁着大大的眼睛，抬头看着她，说："妈妈去哪儿了？"

她开始哽咽。她努力地想举起手，却发现浑身都没有力气。她颤抖地说："妈妈，一直都……"

"妈妈想我了吗？"娜妍说。与她不同，娜妍显得非常平静，脸上看不到一丝悲伤的神色，还是如同当年一样单纯。她说："一直一直在想你啊……每天都在想你……"

她终于有了足够的力气，抬起手抚摸娜妍的小脑袋。娜妍只是一个幻影，但她觉得，自己真的摸到了娜妍的头发。

娜妍也向着她伸出了手，说："妈妈，我一直在想你。"

她回答道："妈妈也很想你啊……我的妍儿……"

她的手在空气中上下翻动，抚摸着女儿的脸颊。身边的整个世界，此时此刻都安静了下来，耳边只有娜妍的一声声呼唤。

她有好多话想要对娜妍说。这3年来的每一个夜晚，每一个梦境，她都在对娜妍说话。然而此时此刻，心头的百般思念说不出来，到了嘴边只有简简单单的一句："妈妈一直在想你……"

娜妍静静地看着她，脸上仍然是平静的表情，仿佛她从来没有去那个遥远的天国，从来没有离开过，一直在这里等待着妈妈。

"妍儿，过得好吗？"她问，"我的妍儿……妈妈想再抱一次妍儿，妈妈一直想跟你再见一次……"

她的声音早已开始颤抖，一句话都说不利索。

妍儿把手托在下巴上，假装自己是一朵花，问："妈妈，我漂亮吗？"

她立刻回答道："我的妍儿是最漂亮的……"

此时此刻，在她面前，娜妍就是世界上最漂亮的人，这是上天赐给她的一份礼物，一个短暂的女儿，一个小小的天使。

"想再拥抱你一次……"

之前想好的那些话全都不重要了，她一句都不想说。她现在只想好好看着自己的女儿，好好地拥抱她，希望时间就停在这一瞬间。娜妍仍旧是平静地看着她，干净的大眼睛里闪烁着明亮的光芒。

娜妍眨了眨眼，冲着她笑了起来。而时间也真的在此刻停止。

纪录片团队花了8个月的时间来还原娜妍的容貌。他们动用了一切能够用得上的技术，摄影测量、动作捕捉、虚拟现实技术，消耗了大量的时间和人力、物力。而做这一切是没有任何回报的，他们只是希望帮助这个可怜的母亲再次见到她的女儿。他们把娜妍的模型做得十分逼真，精细得可以看见眼睫毛，还请了专业的配音演员，结合电子技术还原了娜妍的声音。

他们所做的这些，就只是为了这短短的几分钟，为了这场短暂的相聚。

妈妈说过，娜妍现在在天国里。于是除了公园之外，团队还建造了一个天国的场景，这里有高大的树木，树枝上挂着秋千，有一张属于公主的床，有小飞马和遍地的花朵，这就是一个女孩子应该去的地方。

爸爸说过，娜妍很喜欢吃一种叫一口吞的小点心，一口咬下去会流出糖水，娜妍说过特别想吃这个，出院以后一定要吃，可惜后来并没有出院，爸爸也没能帮助娜妍完成这个小小的心愿。于是，天国的餐桌上出现了这种点心。

娜妍的哥哥和姐姐小时候经常打架，弟弟的身体也不好，娜妍曾在生日蛋糕前许愿，她希望哥哥和姐姐不要再打架，弟弟的身体也要好好的，她还希望爸爸不再抽烟，还希望妈妈不要再哭泣。

一切的一切都是为了还原真实的娜妍，为了让娜妍脱离幻影，成为一个真正存在的人。

妈妈还和娜妍承诺过，下一次见到娜妍一定要好好玩。于是，在戴上眼镜之后，她见到了娜妍，并且兑现诺言，和娜妍度过了一段美好的时光。整个片段最美妙的细节是：娜妍生病的时候是 4 岁，而妈妈和娜妍吃生日蛋糕的时候，蛋糕上只有 4 根蜡烛，但是，妈妈亲手往上面又插了 3 根。

"妍儿还是像当初一样，"她说，"最喜欢吃妈妈做的菜了。"

"妈妈做的海带汤一直都很好吃！"娜妍说着，端起碗来一饮而尽。

而后，她们来到了草地上，进入那片花田，娜妍去采了一朵花送给她，要她永远不再伤痛，也再也不要哭了。娜妍还给她写了一封信。

"妈妈，我们永远会在一起的，对吧！我们下次再见面的话也要一起玩，我也会永远记住妈妈的！"

最后，娜妍感到困倦，于是她守在女儿的身边，轻声细语地哄着娜妍入睡。她说："妍儿无论在哪里，我都会去找你的。但妈妈现在有些事必须得完成，等我做完这些事一定会去找你的，那时候我们母女俩一定要好好相聚。我爱你。"

最后的最后，妍儿化作一只蝴蝶，飞向天国。

妈妈摘下眼镜，手上的那朵花还在。

2. 美好的幻想与动人的现实

这是一个发生在韩国的真实故事，纪录片团队让已经去世的小女孩重现，整个过程运用了很多技术，但其中最重要的是视觉的模拟，也就是 VR 技术。VR 眼镜里所展现的小娜妍，其实只是一个模型，没有任何智能，只会按照事先写好的程序做出动作，并且与妈妈说话而已。

但对一个失去女儿的母亲来说，能够利用 VR 技术再一次见到女儿，已经是非常幸福的事了。

在游戏玩家们以及大部分人的眼里，2016 年被称为 VR 元年。这一年里，VR 设备日新月异，各种 VR 游戏也如雨后春笋般涌现，诸多科技公司也纷纷加入这一浪潮。尽管2016年之后VR的热度有所下跌，但人们仍然能够回想起几年以前，那铺天盖地的VR热潮。它几乎可以说是一场未完成的游戏革命。

VR的全称为virtualreality，中文意思为虚拟现实，或者叫灵境技术、人工环境。主要是利用计算机的模拟，通过视觉、听觉甚至触觉等感官的影响，VR设备让使用者感受到一个三维空间的虚拟世界，令使用者身临其境地观察和感受那些被模拟出来的，并不存在的事物和环境（图4-1）。光听名字就是个充满未来科技感的东西，然而VR设备的出现，以及VR概念的出现，要追溯到很多年以前。

图4-1　一家人佩戴VR眼镜进入新的世界

早在1838年，VR头盔的原型机就已经被发明出来了，叫作立体镜。不过它还称不上是VR设备，只能说拥有有限的VR功能而已。原理就是将两张相似但不同的图片放在离眼睛很近的地方，分别占据两只眼睛的视野。这样双眼分别看到不同的画面，大脑就会以为自己看到了立体的东西。从技术层面来讲，这个设备也是3D电影技术的先祖。

第二次世界大战，曼哈顿计划带来了计算机。计算机强大的性能，让人们能够在显示器上输出多变而复杂的图像。在20世纪50年代，摩登·海里戈发明了Sensorama，将振动椅、味觉接收器和一个显示屏组合在一起，创造了世界上第一个真正的VR环境，也实现了斯坦利预言的一小部分。几年后，海里戈发明了世界上第一款可以头戴的VR显示器，名为Telesphere Mask——不过也只能单纯地显示图像而已。而一年之后发布的Headsight已经支持动作追踪了。这一切都是在20世纪50年代出现的，实在令人惊叹。

而VR这个概念，反而在1965年才被人提出来，那是在一篇题为《终极显示》的论文中，年轻的伊凡·苏泽兰提出了虚拟现实的可能性，震惊了世界。20年后，杰伦·拉尼尔创造了virtualreality这个词，虚拟现实技术与相关产业才得到发展，并被大众关注。

第一款头戴式VR设备，早在1995年就由任天堂推出。它叫作Virtual Boy，由横井军平设计，是游戏界对于虚拟现实的第一次尝试。由于这个理念过于前卫，并且那个年代的计算机性能有限，这个独特的玩具并没能斩获成功，但仍然震撼了整个世界，人们意识到原来游戏还可以这样玩。

引爆VR热潮的科技产物，是2015年谷歌开发者大会上发布的Cardboard，无论是产品本身，还是销售方式都是革命性的。时至今日，大部分VR设备都只是在对Cardbaord进行修改和调整，核心玩法并没有太大的变化（图4-2）。

图4-2 佩戴VR眼镜体验赛车

时间一晃眼到了2018年，或许是为了紧随时代的浪潮，著名导演斯皮尔伯格拍摄了一部以VR游戏为核心设定的电影《头号玩家》，惹得无数游戏爱好者欢呼喝彩。文字是苍白的，想要了解VR真正的魅力，要么去体验一把专业的VR设备，要么就看一看这部电影，实实在在地展现了VR技术彻底成熟之后的模样。

我们这一代人站在科技进步的浪潮之巅，有幸见证了VR技术的蓬勃发展，哪怕如今VR的热度并不如以往，也仍然有无数的科技工作者在默默地努力着。VR，看起来简单的两个字母，却是许多先进的科学技术结合的产物。

首先，是VR显示器。人眼是世界上最强大的摄像机，手机屏幕的分辨率再高，拿近一点也能看到像素点，更别提近在眼前的VR显示屏了。并且为了足够流畅以模拟真实的视觉，VR显示屏的刷新率也必须非常高——电竞选手使用的屏幕，通常都能达到240hz。它还必须做得足够小，甚至贴合人的头部结构和VR设备的结构做出特殊的形状，这也是一大难点。

其次，是计算机的性能。这一点，仍然是游戏玩家最有发言权。任何一款游戏，画面越精致，游戏的帧数就越低，甚至会卡顿。而相同的游戏，性能越高的电脑运行起来就越流畅。为了模拟出足够逼真的视野，VR 设备的计算机也必须足够强大，以应付视野模拟和其他内容的计算需求。

最后，便是动态捕捉系统。这一项技术已经相当成熟，科幻电影中很多角色都是让动作演员进行动作捕捉，加上计算机的模型共同制作出来的画面。问题是电影制作中使用的动作捕捉技术十分复杂，不仅需要许多设备，演员还得穿上特殊的衣服，浑身上下贴满感应点，才能进行动作捕捉。而市面上普通大众能够体验到的动作捕捉，最多也就是手套或者游戏中的武器而已，对身体其他部位的动作捕捉几乎没有。这或许不是什么严重的问题，但如果要尽可能地做出真实感，捕捉全身的动作还是很重要的。

人工智能技术不是必不可少的，但可以极大地提升使用者的体验。VR 的特点就是尽可能地还原真实，因此，使用者会和虚拟世界的任何事物进行互动，环境、物体，甚至是虚拟出来的人，而这些事物在与使用者进行互动时会发生什么样的反应，会说什么样的话，以及使用者的动作会在虚拟世界产生什么影响，这些都需要人工智能来处理。

VR 设备也不只是模拟视觉，为了创造出一个逼真的世界，触觉、听觉甚至嗅觉也需要被模拟，而嗅觉是最难的一个部分。很多人会忽略嗅觉模拟，认为它并不重要，但如果能够在虚拟世界闻到花香，那一定是非常棒的体验。

时代在不断进步，VR 技术历经 200 年的变化，如今已经趋于成熟。它最终的模样就是在电影《头号玩家》中所展现的那样，斯皮尔伯格是一个艺术家，却将这一科技的产物描绘得淋漓尽致——或许未来会有更加先进的技术，但一定不会与电影中所描绘的相差太多。

3.VR 技术的市场

《中国 VR 行为用户行为研究报告》显示，仅仅在中国，VR 的潜在用户规模就已经达到了 2.86 亿人，而整个 2018 年，体验或接触过 VR 设备的用户则达到了 1700 万人次，购买各种 VR 设备的消费者也达到了 96 万人——这仅仅是中国的数据。

更进一步的统计显示，VR 重度用户大部分是 26～34 岁的年轻人，男性占比超过七成，并且有个比较新潮的特性——"宅"。这个很好理解，对那些不喜欢出门的人来说，VR 成了他们周游世界的相当得力的工具。哪怕是喜欢出门的人，他们也可以利用 VR 技术去看看地球另一端的景色。年轻人的消费能力和消费欲望都比较高，对于高新技术产物也有更高的热情，可想而知，VR 产业未来的路只会越走越宽。

另一项统计显示，在所有的 VR 设备中，最受欢迎的种类是 VR 眼镜，一是便携和方便操作，二是便宜；排行第二的是 VR 头盔，第三则是 VR 一体机。按照 VR 设备的消费总额来计算，中国 VR 产业的市场潜量已经超过万亿元。

一项又一项的数据都在告诉我们，VR 是一个非常有前景的产业，它在给普通大众的生活增添姿色的同时，也能给行业带来巨大的利润。

目前，国际上涉足 VR 的科技企业主要有谷歌、微软、苹果、三星、高通、Facebook、英特尔、索尼、惠普等，甚至迪士尼和福克斯也看到了 VR 产业美好前景而加入进来。

而国内 VR 行业的发展，也丝毫不弱。

2016 年 3 月 17 日，阿里巴巴宣布成立 VR 实验室，决心发挥平台优势，同步推动 VR 内容培育和硬件研发。在内容方面，阿里已经全面启动 Buy+ 计划以引领未来的消费体验，并协同阿里巴巴旗下的影视、音乐、视频网站等子企业，推动优质 VR 内容的产出。而在硬件方面，阿里巴巴将依托全球最大的电商平台，搭建 VR 商业生态，并且不断加速 VR 设备的普及，以及助力硬件厂商发展等。

腾讯也推出 Tencent-VR-SDK 及开发者支持计划，首次公开了腾讯在 VR 产业方面的计划，并且预计在 2016 年的第三季度推出针对手机的移动 VR，以及 VR 一体机的方案。并且在 2015 年 12 月，赞那度精品旅行网获得由腾讯领投的 8000 多万元 A+ 轮投资，这是腾讯投身 VR+ 旅游行业的第一步。

小米以 1.8 亿元入股虚拟现实公司上海乐相，后更名大朋 VR。这个团队成立于 2015 年 4 月，专注于头戴式 VR 显示产品的开发，以及虚拟现实内容平台的建设，并且拥有 PC 端、移动端的全沉浸式虚拟现实头戴设备。该团队还拥有内容发布平台 3D 播播，其用户总量已累计超过 150 万。

有了这些互联网老大哥的领头，国内的中小企业也纷纷加入 VR 产业中。仅仅是 2015 年，国内 29 家 VR 企业的融资总额就超过了 10 亿元。紧接着便是被称为 VR 元年的 2016 年，难以想象这些资产在 VR 爆火的 2016 年内带来了多少利润。

从融资案例和行业角度分析，2015 年至 2016 年这两年间，显示设备行业的融资案例只占总数的 30%，但是融资金额达到了 69%。显然，显示设备行业是整个

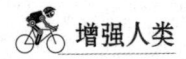

VR 行业中最吃香的部分。而软件行业和输入设备也各自占据了不小的份额。

现在，我们需要面对一个很现实的问题：已经有如此多的互联网公司和科技巨头进入 VR 产业，那么这个庞大的市场，后来人还能够分一杯羹吗？

当然能。原因主要有两点。

一是市场的广度。现在的 VR 技术已经相当成熟，各种新奇的设备也频频出现，但纵观整个世界，VR 产业仍然处于起步阶段——是的，它仍然处在起步阶段，未来的市场依然有无限的潜力，前景十分诱人。根据著名研究分析公司 Digi-Capital 的预测，VR/AR 硬件和软件的市场潜力将达到 1500 亿美元的规模，预计未来 5 年复合增长率将超过 100%。而根据 TrendForce（全球电子产业市场情报的领先提供者）的预测，若苹果公司直接涉足 VR 行业，而不是像之前那样只是并购小型的 VR 企业的话，那么，整个虚拟现实的市场总价值将高达 700 亿美元。VR 产业还远远没有饱和，仍然在不断发展当中，总会有越来越多的人投身其中，而它的市场，是整个世界。这样大的一块蛋糕，任何时候参与进来都不会晚，包括现在。

二是技术的难点。不得不承认，在科技水平如此发达的今天，VR 技术仍然存在一些痛点。

首先是设备元器件的要求高，限制了产品的升级。目前最先进的 VR 设备也远远达不到"模拟真实世界"的精度，使用者只能够看到游戏级别的模拟画面，用来游玩没问题，却难以更进一步；抛开真实度不说，VR 设备的佩戴也比较麻烦，舒适度欠佳，也很容易让使用者产生视觉疲劳甚至是晕动病。简而言之，提高 VR 设备的精度、舒适度和安全性，是拓张用户市场最直接的跳板，提升模拟画面的显示延迟，强化听觉、触觉等方面的反馈，降低使用者的晕眩感，这些也都是 VR 产业迫切需要解决的问题。对科技企业而言，这些方面便是它们进军 VR 产业的一条路。

其次是内容方面。目前市面上能够体验到的 VR 内容，基本都是宣传短片和 VR 游戏，没有其他形式的内容了，这难免会让使用者感到审美疲劳。造成这一情况的主要原因是创作难度太高，相关的投入也不足。并且，人人都在做 VR，竞争如此强大，而 VR 又是很难通过广告来宣传的，毕竟大家都是 VR，即使你的内容再优秀，也必须亲自去体验了才知道。似乎 VR 企业都将重心放在了硬件研发和推广上，但是对于 VR 的本质，那个"虚拟世界"，显得不够重视了。而这也是创业者脱颖而出的一个跳板。

最后是 VR 的使用局限。VR 技术应用最多的是游戏行业，可是全套的 VR

游戏设备价格高昂；与之相比，个人电脑不仅便宜得多，也能很好地体验游戏内容，并且在游戏之外也能很好地辅助人们的日常生活，这就限制了 VR 的普及。影视产业与主题公园也紧随其后，但有多少投资方会花大钱去拍一部纯 VR 的影视作品，又有多少消费者会放弃已经十分成熟的传统观影方式去选择 VR 呢？在旅游行业、教育行业、医疗行业，甚至是航空航天行业、军工行业，VR 技术都在不断地得到应用，但仍然绕不开这三个问题——成本较高、设备使用较复杂、使用场景受到局限。

市面上的各个 VR 企业至今都没有解决这些问题。VR 确实是好，但提升产品的科技水平、增加内容、降低成本、提高实用性，这些亟待解决的问题仍然是后来者进入这片市场的好门路。

4.VR 技术的未来

人类确实变懒了，但这个懒并非颓废消沉，而是将花在繁重工作上的时间节省了下来，去做更有意义的事情——开拓宇宙，传授知识，探索真理，艺术创作，或者享受生活。毕竟有的事情机器可以完成，有的事情，只能由人去做。

科技，只是让我们短暂的一生，变得更有效率，更加幸福。而 VR，则是这诸多科技产物之中，最能让人们的生活变得幸福的那个。因此，VR 技术一定会随着科技的进步，变成普通人也能够轻松使用的东西，并且一定会让我们的生活变得更加美好。

最开始的那个故事中，小女孩得了白血病，人类的科技其实是能够治愈这个病的，但因为时间和机遇等种种原因，小女孩错过了治疗的机会，最终撒手人寰，留给家人的只有无尽的悲痛。但 VR 技术让小女孩再一次出现，让家人能够和她团聚。

虚拟现实，就是一个虚拟的东西，妈妈也知道女儿是假的，但在那个模拟出来的世界里，她再一次见到了自己的女儿，说出了心里想说的话，圆了数年来日日夜夜的思念，对她来说，这就已经足够了。

造物主是虚构的事物，这个宇宙也不是为人类而设计的，我们只是恰好诞生在这颗星球上，又侥幸战胜了大自然而已。我们或许征服了这颗星球，但这个世界，有些东西是人类无法改变的——时间流逝，生离死别，未能完成的梦想，无处释放的压力，再也见不到的人，再也不敢做的事。人类再强大也不是神仙，很多事情都是做不到的，死去的人再也无法相见，笔下的虚构人物永远不会出现在自己面前，地牢里永远不会有怪兽，普通人永远也不会有探索宇宙的机会。

更别提很多人连解决自己的衣食住行都成问题，哪有能力去活成自己想要成为的样子？文明是在不断进步，但很多人的生活其实并不如意。

而虚拟现实改变了这一切。它是人类给自己创造的世界。为什么艺术作品会被大众喜爱？因为小说为我们展现了一个光怪陆离的世界，电影让我们能感受到一段精彩纷呈的时光，音乐让我们疲惫的身心得到放松，游戏让我们拯救公主，当一回英雄。它们都能让我们暂时离开生活，去一个自己所喜欢的世界里，度过一段快乐的时光。

VR技术远超上述这些形式，只要改变一些代码，它就可以让我们完全来到另外一个世界里，一个人类为自己设计的世界。不管现实生活过得有多么不如意，此时此刻你都可以抛下自己原来的生活，去体验一些现实世界永远不可能体验得到的东西，哪怕只是一小会儿，也能让人获得极大的放松和幸福（见图4-3）。

科技不只是推动文明发展，也可以用来帮助人们过上更美好的生活。毕竟我们活这一世，不都想要过得幸福一些吗？而VR技术，则是打破了现实世界的种种规则，让母亲可以再一次见到自己的女儿，哪怕只是一会儿。

这才是科技应该带给我们的东西。

图4-3　应用VR技术进入全新的世界

第5章　改变世界的密码：5G技术与信息通信

未来世界属于信息

1. 从故障中诞生的发明

那是 1875 年 6 月 2 日下午，贝尔和他的助手华生正在做着调和音信的研究。

贝尔是著名的发明家、企业家，对电报也十分感兴趣，在大学时代就已经是一个精通电气知识的人。他脑海里关于调和音信的点子得到了企业家桑德士的赞赏，桑德士因此给了贝尔一间工作室和充足的研究资金，还雇用了华生来做他的助手。并且这些年来，贝尔在调和音信方面的发明和创造已经有了不小的成就，他能够让单独的一条电线，通过电压的不同来同时发出 10~12 种摩尔斯电码（也被称为"摩斯密码"），极大地提升了电码通信的效率。但贝尔对这样的通信方式并不满意，他希望电路能够传递人的声音。

贝尔是这样想的：摩尔斯电码是将文字内容编译成简单的电路信息，通过电路传递出去，接收端再将收到的信息翻译成文字；而人说话的声音只是声调、音量、音节在不断地变化，能否也能编译成电路信息，再翻译出来呢？这当然是一件很困难的事，资助他们的桑德士也不看好这个点子，但是贝尔的内心一直坚持着这个想法。

我们让目光回到那个下午。那时候他们正在研究能够记录和播放声音的设备，忽然设备出现了故障，华生在调试的时候触碰到了仪器上的一个金属板元件。意外的是，这让金属板产生了振动，金属板上的电流在磁场中振动导致电压发生变化，顺着电路传递出去，让隔壁房间里的贝尔听见了很奇怪的声音。

这其实就是简单的电磁感应现象，但给了贝尔极大的灵感。他马上想到，声音其实就是震荡波，对着薄铁片说话，声波也会引起薄铁片的振动。振动导致铁片在磁场中间移动,带来电压变化,那么如果薄铁片能够完美地随着声波而振动,不就等于将声音给"编码"了吗?另一端的发声元件将这个编码翻译出来并进行振动,不就可以像人的嘴一样发出声音了吗?

这就是贝尔对于电话最初的构想。这一构想得到了当时美国著名的物理学家约瑟夫·亨利的鼓励,这让贝尔信心满满,于是他全身心投入新设备的研发中。

他们又遇到了志同道合的电气工程师沃森特。两年之后,历经无数次的失败,他们制造出了两台粗糙的原型机:其中一台用于录音,录音的元件是一个极易被声音影响产生振动的薄膜,连接着导体,一旦振动就会产生电压的变化,电流也会随之变化并且沿着电路传递出去;另一台用于播放声音,主体是一个电磁铁,不同强弱的电流会让电磁铁产生不同的磁性,高低不等的磁性会让薄铁片产生振动从而发出声音。这一套原型机做得十分粗糙,因此需要贝尔不停地调试。在调试过程中,贝尔不慎将仪器用到的硫酸洒到自己的腿上,他马上痛苦地喊了起来:"华生先生,我需要你,快来帮帮我啊!"

厚厚的墙体阻止了他声音的传播,但面前的仪器记录下了他的声音,而几乎同时,另一间房间里的沃森特也听见了贝尔的这句话。不过,这话是从仪器里发出来的。

就这样,他们关于电话机的尝试终于成功了。那一年,贝尔只有28岁,沃森特才21岁,两个年轻人就这样创造出了划时代的发明。

在贝尔之前,其实也有许多人尝试过电话的发明,并且做出过能够传递声音的仪器。只不过大抵就像两个纸杯用细线连起来一样,只能当玩具用,没有太高的实用价值。甚至贝尔的电话机,尽管意义非凡,但最开始也只是被当作玩具。在贝尔等人组成电话公司,为用户在家中安装电话机,并且极大地改良了电话机的音质之后,这一项伟大的发明才迅速地推广开来。

还有一件趣事:经常会有人争论究竟是谁发明了电话,有的人说是埃莱歇·格雷。他发明的电话机与贝尔发明的电话机,采用的是相同的原理,收音部分几乎一模一样,但播放声音的部分做得更好,单从发明本身来看,格雷制作的电话机是要更优秀一点的,他甚至是与贝尔同一天申请的专利。

不过,贝尔申请专利的时间比格雷早了两小时,就是这两小时的时间,让电话发明者的头衔归了贝尔。并且贝尔创立的电话公司,将这个发明推广开来,让人们都能享受到科技的便捷,让便利的通信真正走进了千家万户。科学发明不仅仅是天才们的创造,它应该对大众有所帮助才对,因此我们可以认为电话的发明者是贝尔，但也不能否认格雷的成就。

2. 跨越空间的密码

这两年有一个特别有话题度的词汇——5G，它也是我们今天的主角。在 5G 之前，包括现在的大部分地区，5G 基站还没铺设完成的地方，人们都还在使用 4G，再往前还有 3G、2G，以及没多少人接触过的 1G。其中，1G 和它的后辈们都不太一样，而 5G 和它的前辈们也都不太一样。它们之间的区别，说起来也十分有趣。

1G，正式名称是第一代模拟移动通信技术。老一辈的人一般都见过"大哥大"，那个像砖头一样笨重的手机，是 20 世纪八九十年代的一个符号，它使用的就是 1G 技术。

1G 时代，人们使用的办法很笨很简单。比如，用 100Hz 表示 1，110hz 表示 0；第二个电话拨通时，用 105Hz 表示 1，用 115Hz 表示 2，以此类推。两个电话占用了从 100Hz 至 150Hz 的频率，那么我们就说，这一组信号的"带宽"是 15Hz。但由于每个信号中转设备只支持某个频段的电磁波，所能提供的带宽是有上限的，随着手机的数量越来越多，1G 技术渐渐地不够用了。于是，人们创造了 2G。

2G，正式名称是第二代数字移动通信技术。注意到区别没有？1G 是"模拟"移动通信技术，2G 则是"数字"移动通信技术。这就是 1G 与它的后辈们的区别，它是用模拟信号来进行数据传输的，因此效率不高，而 2G 以及之后的通信技术全都采用数字信号。

2G 的思路是，同一个带宽，这一毫秒给手机甲用，下一毫秒给手机乙用，就好比汽车根据车牌号的单双分日出行。这个方法不错，缺点是有很严重的延迟。再加上通话质量要求越来越高，2G 也逐渐不够用了，人们只能不断摸索新的技术。

到了 3G 时代，人们使用了一种比较有趣的方式：在每个用户发送的数据面前加上序列码，然后揉成一串一起发送，而接收端会识别序列码，并且将需要的数据记录下来。如此一来，就极大地提高了数据传输的效率。

4G 时代，人们采用了正交频率多分址技术，这里面涉及比较深奥的物理学知识，简单来讲就是把两个不会彼此干扰的正交信号一起发送出去，和量子力学的叠加态有点类似（见图5-1）。

图5-1　手机的发展历程

最后，便是这一章的主角，新时代的宠儿——5G。

就像2016年被叫作VR元年一样，人们称2019年为5G元年。记不记得华为与高通的5G技术专利争夺战？相信大多数人都对这一场没有硝烟的战争记忆犹新。

5G极有可能是最后一代电磁波通信技术，就算还有新技术出现，它也有可能被命名为5G+。前面已经说过，1G技术与后辈们都有所不同，因为它是模拟信号通信，而5G技术也与前辈们有所不同，这一个不同之处，在于波长。

我们先来看看，无线电波是怎么传递信息的。所有的波都有两个特性，波长、波速，以及振幅。电磁波的波速是恒定的，即光速，因此只考虑剩下的两个条件，波长和振幅。

人们是如何利用电磁波来通信的呢？这个世界的每个角落都充斥着电磁波，怎么知道哪些电磁波是对方发来的呢？首先，两边的人们会约定一个频率范围，这个范围内的电磁波就是双方所使用的电磁波，发射器和接收器都会忽略掉限定频率之外的电磁波。当然了，如果恰好有频率接近的电磁波在附近，那么接收器就会得到额外的、没有用的电磁波信息，这样就造成了信号干扰。

其次，选定了电磁波频率之后，人们就要开始设计怎么利用电磁波携带信息了。电磁波毕竟只是波浪线，人们只能分析它的波长和振幅，于是就从这两点下手：一种是在限定频率内，发射波长较长的波代表1，发射波长较短的波代表0，发射方依次发射，接收方再将接收到的信息，像翻译摩尔斯电码那样翻译出来，就可以了，例如，收音机使用的FM；还有一种方法是发射振幅较大的波代表1，振幅较小的波代表0，也能够传递二进制信息。

显然，波长越小的电磁波，频率就越高，它在单位时间内产生的波就越多，更多的波可以携带更多次的信息。以频率为800MHz的电磁波为例，它一秒钟可以产生800个波，共计800万个二进制信息，也就意味着100M的数据——但现实远远没有这么美好，因为电磁波在传输过程中是会出现损耗的，楼房的墙体会吸收很多电磁波，街上的一切金属物体都会吸收电磁波。为什么下雨天信号会差？因为雨云中有大量的电子和离子，它们形成的带电磁场，吸收和散射电磁波的能力非常强。一旦某个波被散射或者吸收掉了，这个信息就丢失了，会导致一个信息串出错，累积起来这一次通信就完全失效了。

那么，怎么办呢？既然单个信号容易丢失，那就多来一些。比如，用连续1万个高频波或者高振幅波代表1，这样就算丢失了一部分数据，接收器仍然可以识别出它代表数字1。而高频率的电磁波，能够传输的信号自然也就越多了，通俗地讲就是网速更快。

既然波长越短、频率越高的电磁波，单位时间内传输的信息越多，那么是不是波长最短的电磁波就是通信的最佳工具呢？并不是。电磁波的波长越短，就越容易被折射和吸收，丢失信息的概率也随之提高，这就好比一支箭，箭头做得越尖细，就越容易刺穿皮肤，但箭头也越容易出现磨损和折断，因此，人们必须在传输能力和稳定性之间找到一个平衡。

1G至4G所使用的波段，波长在1米至1厘米之间。一方面，传输距离已经衰减得比较明显了，但仍然能够达到几十或者100多公里；另一方面，频率已经来到GHz级别，能够携带足够多的信息，甚至还能允许你对信息进行一定的加密。卫星和雷达，使用的也都是这个频率的电磁波，1G至4G也只是技术上的不同而已。

波长1厘米以下的电磁波，称为毫米波。毫米波不容易发散，但太容易被物体反射或者吸收了，穿透性差，因此难以进行超长距离的传输，障碍物也会阻碍通信效果。不过，如果是飞机雷达这种周围空无一物的环境，那么毫米波就能大显身手了，微波炉也一样。同时，毫米波的频率达到了30GHz，携带的信息量实在是太大了，科学家们怎么也不愿意放弃它。

于是，5G诞生了。

为什么说5G技术有可能是最后一代电磁波通信技术？因为电磁波的传输性和携带信息的能力是成反比的，波长越长，传输距离和穿透性就越强，但能够携带的信息就越少，反之亦然，而毫米波正好处于中间地带，再往下就不适合作为通信工具了。又要满足长距离通信，又要满足大量的信息携带，毫米波似乎是最好的工具了。可能会有其他波段的电磁波作为辅助通信手段，但毫无疑问的是，毫米波是其中最全面、最实用的了。基于毫米波而研发的通信手段，便是5G技术。

然而，5G并不是换了个波段那么简单。人们在5G上采用了它的4位前辈所积累下来的所有技术和经验，并且还采用了许多量身打造的技术——交织子载波索引调制、迭代多用户检测的比特交织编码调制、多用户共享接入、资源拓展多址接入、稀疏码多址接入、非正交多址接入、图分多址接入……物理学、信息与电子技术、数学、材料学，为了一种看不见的创造共同努力着。

5G相比于4G有着难以想象的数据传输量提升，但网速快仅仅是5G的其中一个优点而已，并且与其他优点相比，网速快其实显得黯然失色。事实上，5G与4G的差距，并不亚于4G与1G之间的差距。

5G不只是一项技术，它更是一项伟大的技术。

目前，5G技术已经投入商用，许多城市建立起了5G基站，让人们能够享受到科技进步带来的便利。但是，这样的便利是非常浅层的，要让5G的全部潜力发挥出来，要让5G技术本身继续进步，人们还是面临着很多问题。

首先，是毫米波高频以及高频器件。5G信号确实有庞大的数据传输量，但同时也对信号传输元件提出了要求，5G所使用的毫米波，比4G技术所使用的电磁波，波长更短，频率更高。那么，信号元件就必须做得更好，才能发射或者接收如此精密的信号。目前，人们确实能够做出这样的元件，国内也规划了26GHz和39GHz作为高频试验频段，但这两个频段目前较少应用于民用通信领域，因此相关的配套产业十分不成熟。反观4G，它和1G用着同样的频段，1G时代的信号设备和配套工具可是一直流传、发展到了现在，稍做调整就能用，5G却需要人们从零开始建造它的配套生态。并且，5G信号的强度远不如它的前辈们，在城市这种楼房密集的地方很容易被散射或者吸收，如何解决这个问题也让研究员们头疼不已。

其次，是5G芯片。芯片的作用是将接收到的5G信号转换成计算机语言，让电子设备的处理器进行处理，而5G信号的信息传输量是如此之大，如果芯片的算力不够强，前面的数据还没解码完，后面的数据又传输进来了，那就会很尴尬。技术方面，国外的射频芯片和器件技术已经非常成熟，尤其是面向高频应用的BAW和FBAR滤波器，而国内的相关专利储备十分薄弱，这是其一；材料方面，砷化镓、氮化镓等化合物半导体代工市场主要集中在我国台湾地区。锗硅和绝缘硅材料工艺方面主要被格罗方德、TowerJazz等大厂掌控，精密电子元件对材料的要求是非常严苛的，材料也是一个很大的问题，这是其二；产业方面，国内的5G技术产业链上下游协同其实相当不足，5G芯片与软件、整机设备、系统及软件、测试仪器仪表灯生产环节是需要紧密互动的，这是其三。

如果能解决这三个问题,国内的 5G 芯片也会随之发展,包括华为的巴龙系列芯片也可以做得更好。

最后,也是最重要的,与 5G 搭配使用的云计算相关软件硬件。就像一柄上好的宝剑,也要在优秀的剑客手里才能发挥出威力,5G 技术如果没有云计算的加持,那它就只剩下网速快这一个优点了。5G 最大的作用在于万物互联,万物互联会在之后的小节中提到,我们现在要弄清楚的是,万物互联是必须要依靠云计算才能发挥效果的,并且还需要占用大量的存储。但是,云计算的服务器、存储系统、云终端及虚拟化软件、中间件、云调度、软件定义网络等关键技术和设备的生产被国外企业 VMware、EMC、OpenStack、IBM 等掌控。在云服务方面,亚马逊占领全球一半以上的市场份额;在海量存储方面,国内市场一直被 EMC、三星、SK 海力士、美光、东芝等国际存储器巨头垄断,国内存储器的发展一直比较缓慢。

如果我们能够拥有属于自己的,成熟的云计算体系,那么,被每一个消费者拿在手上的 5G 手机,城市里方方面面的 5G 应用,都能完全发挥它原本的潜力。

3.5G 与通信的市场

我们先来看看,5G 技术的出现,让通信技术的市场变得有多大(见图 5-2)。

图5-2　5G技术的抽象图

高通公司委托全球研究咨询机构埃信华迈完成的《5G 经济》显示,到 2035 年,5G 将实现 13.2 万亿美元的经济产出,与其在 2017 年的预测数字相比增加了 1 万亿美元。截止到 2019 年 11 月,全球已经部署了 46 个 5G 商用网络。并且该报告指出,5G 技术的价值链将影响全球的经济,到 2035 年左右将带来超过 2000

万个就业岗位，是目前类似水平的经济产出所支持的就业岗位的 3 至 4 倍。

ReportsnReports 也提出预测：将虚拟化、云计算、边缘和功能拆分在内的所有 5G 市场考虑上之后，全球 5G 市场将从 2020 年的 310 亿美元增长到 2026 年的 11 万亿美元。

并且根据 Ovum 的预测，到 2023 年时，全球 5G 用户将达到 13 亿。

5G 或许就是第四次工业革命，它已经在影响这个世界了。

首先，5G 带来了固定无线接入的方案。光纤固定接入是非常昂贵的，而 5G 的固定无线接入（FWA）方式能节约成本，可以作为家庭或商业宽带的替代或补充。这些解决方案为无线宽带接入提供了多种选择，可以实现比现有 4G 网络多 10 倍到 100 倍的容量。据 sns telecom & it 预测：到 2019 年年底，全球 5G 固定无线接入收入将达到 10 亿美元；至 2025 年全球市场价值将超过 400 亿美元，2019 年至 2015 年间的复合年增长率将达到 84%。

其次，5G 技术改变了云游戏。云游戏也是个很新潮的东西，许多人的计算机图形渲染能力不强，因此便将游戏数据发送至云计算机，云计算机利用强大的图形卡处理好画面之后再发送至使用者的电脑上，这样只要网络质量足够好，任何人的电脑都可以玩到画面精美的游戏。而云游戏，也必须要 5G 技术的支持。根据预测，2021 年全球游戏市场预计将增长至 1800 亿美元，其中移动游戏的份额将增至 59%，价值 1060 亿美元。另据 ABIResearch 的数据显示，到 2024 年，将有超过 4200 万的活跃云游戏用户，2018 年至 2024 年间的复合年增长率为 61.7%。

再次，是智能电网。智能电网市场的快速发展同样离不开 5G 技术的支持。例如，电网的双向通信网络将允许无线连接设备远程检测、监控和调整用电量。在此过程中，5G 将成为一种催化剂，使网络能够提供智能电网应用所需的吞吐量和超低延迟。根据 Reports and Data 近期的报告预测，随着投资的稳定增长，到 2026 年，智能电网市场预计将达到 929.7 亿美元，预测期内复合年增长率为 19.4%。

最后，是拓展现实 XR。这是业界正在开发的一些关键的边缘应用，5G 将为扩展现实（XR）市场提供新的动力。据数据统计网站 SuperDataResearch 的数据，到 2022 年年底，该市场的规模将达到 339 亿美元——这还只是消费端市场的数据。同时，截至 2018 年，虚拟现实设备安装量已达 1400 万台，到 2022 年这一数字将增至 5100 万台。

5G 非地面网络也是一个很重要的领域。由于在近地轨道（LEO）和高空平台站（HAPS）系统领域的创新和投资，航空航天业正处于一场革命的边缘，这将使5G运营商能够到达全球传统地面网络通常难以到达的地区。例如，全球海事卫星通信市场在2017年价值18.4亿美元，预计到2024年将达到34亿美元，复合年增长率为9.2%。

除此之外，无人机和健康医疗行业也都得到了5G技术的刺激并增长。据预测，2019年无人机市场规模为193亿美元，到2025年将达到458亿美元，2019—2025年的复合年增长率为15.5%。而在医疗领域，5G的影响也是无处不在的，医疗感应检测和物联网应用是其中最主要的内容，预计在2019—2024年的预测期内，支出增长最快，复合年增长率约为21%。根据爱立信的预测，到2026年，电信运营商在5G医疗领域的潜力总收入将达到758亿美元。这包括患者应用492亿美元，医院应用198亿美元，医疗保健其他领域52亿美元，以及医疗数据管理领域16亿美元。

太多了，数都数不过来。这一连串的数据，已经令人眼花缭乱。5G技术带来的市场是远超我们想象的。

那么，对普通创业者或者中小企业而言，其实也有以下3条路可以走。

第一是通信设备。手机的重要性和庞大的市场需求量，已经不用多说了。

手机制造也不是非要有自己的品牌和技术。我们所熟知的华硕以电脑作为主要业务，但前两年也开始做手机，主打"电竞"手机的概念，推出了电竞之眼系列手机，它的价格并不比普通的手机低，能够保证利润，并且因为产品定位和形象、营销都好，也得到了用户的好评。格力和美图、360也进行过跨界业务，不过它们制造的手机倒是不怎么成功，但至少也证明了手机业务并不是十分难做的东西。

如今绝大部分的手机厂商都是没有独立生产手机的能力的，纵然是苹果手机，除了处理器之外的其他零件也大多是来自中国的生产商，而中国的手机品牌也都使用着外国的零件，比如，来自三星或夏普的屏幕，来自高通的处理器，来自LG的电池等。看看别的东西，汽车、飞机等，也都是集成了全世界科技的结晶，才能做出一款好产品的。

第二是通信服务领域。通信服务指的是直接向通信服务消费者提供服务的产业群。截至2019年，国内移动数据接入量达到1220亿GB，电信业务总收入达到13100亿元。其中，固定通信业务收入超过4000亿元，移动通信业务收入接近9000亿元。可以看到，通信服务产业也是一个非常广阔的市场，并且门槛也并不算高。

第三是软件领域。这个领域就更简单了，你只要拥有好的策划、好的工程师，就能够创造自己的 5G 软件，而不是像通信设备或者通信服务那样，在一开始就需要投入大量的资金。

在软件厂商主导的模式下，微软在内的一些龙头企业，通过拓展桌面软件、系统功能的方法，来实现一个更加统一的通信平台。如此一来，就可以在原有的软件、系统的基础上建立更加统一的通信模式。其中比较有代表性的产品，是微软的 Lync 解决方案，它通过与 Office 的联动与集成，加强了通信能力与企业办公系统之间的协作能力。

根据统计，2011 年我国统一通信软件市场规模为 3.1 亿元，到了 2018 年，就已经增长到了 25.7 亿元。与前面两个领域比起来，这个数字似乎有点不够好看，不过仔细想一想，几十亿元的市场难道算是小的吗？它也可以作为一个入手通信领域的接口，并且在之后也可以作为一个跳板，从软件到硬件，从生产到服务，一步步地做大做强。

4. 信息时代的未来

人们提到 5G 最先会想起什么？网速快、信号广、延时少，然而，5G 带来的改变远远不止如此，因为科学技术带来的改变，有时候连最疯狂的科幻作家都想象不到。

相比于 4 位前辈，5G 技术有 6 个巨大的优势。

一是高速度。这是最直观的，也是普通用户最容易接触到的。在理想的状况下，4G 网络的上传速度为 6Mbps，下载速度为 50Mbps，通过载波聚合技术可以达到 150Mbps，而 5G 理论上可以做到每一个信号基站的传输速度都在 20Gbps 左右，每一个用户的数据传输速度可能接近 1Gbps。这些都是理想状况下的数据，根据所在的位置、环境、设备不同，实际体验会有所降低，但我们仍然能看出 5G 的巨大优势。

二是泛在网。说简单点，就是网络的覆盖能力，它包括两个方面：一方面是广泛覆盖；另一方面是纵深覆盖。

广泛覆盖，指的是覆盖的广度，只要是人类会踏足的位置都应该有网络的存在，比如，深山、密林、荒漠等人迹罕至的地方，如果能有可靠的通信网络，不管是探险者还是科考队，护林员还是工程队，都能够提升工作效率。

纵深覆盖，指的是已经被网络覆盖的地方，需要尽可能地提高网络质量。

目前的网络环境已经能满足大部分人的日常需求，但是在地下停车场之类的地方完全没有信号，这就会给人带来很大的困扰，停车的时候，哪怕是会议电话也必须切断，十分麻烦。在家里、卫生间之类的地方网络信号也比较差，很影响体验。而5G就能够解决这些问题，可以给人们带来更好的使用体验。

三是低功耗，这也是一个非常容易理解的特性。对普通用户来说，低功耗可以让你的移动设备拥有更久的续航。

对企业或者机构来说，低功耗就更加重要了，它们都有着数不清的用电器，每个用电器稍微节省一点点电能，加起来就十分可观了，哪怕是普通用户，想想看整个地球有多少人在使用手机？而手机是一定会搭载通信技术的，5G这个低功耗的特性，即便人们没有刻意去节省电量，也能够不声不响地为环保做出贡献。

四是低延迟。3G网络的延迟约为100毫秒，4G网络的延迟为20～80毫秒，而5G技术的延迟，是1～10毫秒。低延迟的意义是什么？比如，游戏玩家，更低的延迟可以让他们拥有更好的游戏体验；比如，车辆的自动驾驶，更低的网络延迟可以让自动驾驶系统尽早做出反应，规避路面危险；比如，体育赛事，运动员冲过终点线的一瞬间可以被更准确地记录下来；至于精密仪器操作、车间加工、飞机飞行编队、航天器对接等，更是一丁点差错都不允许发生。这种情况下，信号传输就必须追求尽可能低的延迟了，人们甚至希望没有延迟。

五是重构安全体系。网络通信能够丰富和优化人们的生活，但也能够造成伤害。通话被监听、电子设备被入侵、数据文件被偷走，你的电子账户被盗取支付密码甚至直接盗取财产，自动驾驶状态下的车辆、无人机被控制着撞向行人，这都是有可能发生的。万物互联的出现，使得网络的安全性变得更加重要。

传统互联网的TCP/IP协议也面临着考验，它们的安全机制非常薄弱，信息通常不经过加密就直接传输，这实在是太危险了，绝不能在万物互联的时代发生，而5G的诞生也会带来更多的网络安全问题。不过5G技术带来了更强大的信息传输量，因此大数据、云计算和人工智能有了更大的发挥空间，网络安全问题也在逐一被解决，只要用户自己提高防范意识，做好安全措施，黑客便难以入侵用户的电子设备。

六是万物互联，这是最重要的一点。

我们可以这么说，5G就是为了万物互联而诞生的，万物互联也是为了5G而存在的。

这个特点，普通用户目前可能不理解，但它实实在在地影响了每个人的生活。

　　万物互联的具体定义，是将人、流程、数据和事物结合在一起，使得网络连接变得更加相关，更有价值。4G网络再强大，应用到普通消费者身上，也只是手机、笔记本电脑等随身电子产品进行联网。然而，5G能够让你家里的每一样家具都进行联网，冰箱、空调、电磁炉、电视、每一盏灯，都可以在"电子管家"的控制下为你服务，甚至你的书桌、床、鞋子、笔、书本都可以添加智能组件。在5G技术的帮助下，让你随心所欲地使用它们。当你走到门外，街道上的长椅、垃圾桶、电线杆、广告牌，甚至下水道井盖，都可以连上互联网，成为智能设施（见图5-3）。

图5-3　5G技术对于城市互联的使用前景巨大

　　如果我们说，所谓互联网是将人和人通过网络连接在一起，那么，"物联网"便是将万事万物都连接在一起，也包括人。

　　可以设想一下这样的场景：当你下班回家时，刚刚走进单元楼，手机定位就通知家里的智能管家主人回家了，智能管家便打开了大门上的电子门锁，让微波炉开始加热晚餐，通风了一整天的窗户自动关闭，空调也开始工作让室温变成你最喜欢的温度；在你吃完晚饭之后，电视自动打开，书房的灯也会亮起；晚一些时候，浴缸里会放满热水让你舒舒服服地泡个澡；在你入睡之后，窗帘会自动拉上，所有的门窗都会锁紧，房间里的智能设备会监测你的睡眠质量，并且早上及时叫你起床。

　　当你离开家时，门窗会自动上锁，你的手机或者智能手表会规划好出行路线，指引你去最近的公交车站。如果你有自己的汽车，那么你可以看报纸、玩游戏，汽车会自动进行驾驶，你完全不必担心出车祸，因为交通控制中心正牢牢监视着每一辆车的位置、方向、速度，随时下达指令做出调整，确保每一辆车都不会相撞。

哪怕你长时间不回家,智能喂食器也可以定时给你的宠物喂食倒水,窗户会自动通风,扫地机会每天清洁你的房子,电器会智能关闭以节省电能,让你完全不用担心。万物互联,指的就是让一切事物都拥有智慧,那些以前在不联网状态下工作的物品,现在都可以接入网络变得更加智能、更加强大,获得新的功能,让人们日常生活的每一个细节都变得更好(见图5-4)。

图5-4　5G技术极大地方便生活

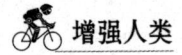

第6章　人与人不再有距离：智能手机

号码不代表地点，它指向具体的人

1. 另一条路

那是 20 世纪 50 年代的某一天，在一个风和日丽的下午，一个叫马丁·库珀的小伙子满面愁容地走在曼哈顿的街道上。他正在为自己的工作发愁。

他已经取得了伊利诺伊理工学院的硕士学位，但这个文凭并没有给他带来好运气，好像这个硕士学位根本不是什么值钱的东西一样。他在毕业以后参加了美国海军，但退役军人的身份也没有让公司面试官对他产生好感。逐渐失去斗志的他想起了无线电通信技术的著名人物乔治就住在这座城市里，于是他打算去碰碰运气，说不定乔治愿意收他为助手——哪怕只是让他干一点杂活，也能让他维持生计。

库珀从小就热爱无线电技术，经常自学相关的知识，大学期间也积累了充足的知识和技术。如果能在乔治身边工作，不仅能够解决吃饭问题，还能够向乔治学习，一举两得。如果能被乔治赏识，进入乔治的公司工作，那么他将来肯定也能在无线电领域大有作为。

库珀整理好自己的仪容，信心满满地敲开了乔治的家门，此时的乔治看上去很严肃。库珀早有准备，他已经想好了要如何自我介绍了。可是，他并没来得及开口——乔治只是上下看了库珀一眼，就把门关上了，在门里面对库珀说："我正在攻关一项很重要的研究，不想被人打扰，现在请你赶紧离开！"

库珀吃了个闭门羹。但他也清楚，技术人员在攻关研究项目时是万万不能被打扰的，他也不希望自己的到来干扰了乔治的思路。乔治现在正在研究无线电话，如果因为接待客人而错过了灵感，那自己可就是罪人了！于是便折返回去，打算第二天再来。

次日上午，库珀又来到了乔治的家门口，再一次敲开了门。这回的乔治看上去仍然很严肃，甚至还有点不开心，不过库珀有了昨天的教训，便抢在乔治前面开了口："乔治先生，我知道您正在研究，也许我能帮助你，我对这项研究也很感兴趣。"

库珀本以为乔治会接受他这个助手，可惜他打错了算盘。此时的乔治正因为研究迟迟没有进展而烦恼，听到库珀这样说，他马上就生气地说道："兴趣有用吗？你感兴趣就能研究出来吗？我努力了这么多年都没有进展，你凭着兴趣就想研究出来？那我的努力又算什么呢？"

说完，乔治用力地关上了门。库珀见状，着急地喊道："乔治先生，请给我一个证明自己的机会！我虽然今年才刚刚大学毕业，还没干过无线电工作，但我从小就喜欢无线电，我会认真地帮助您的！"

可库珀这么一说反而让情况变得更糟糕了。乔治本来就烦闷，更何况他的傲气不允许他接受一个刚刚毕业的人，于是向库珀发出了逐客令。库珀也没办法，只能对着门大声说道："乔治先生，总有一天，我会让您另眼相看的。"

但梦想是一回事，生活是另一回事，库珀还是得先找份工作养活自己。在他的努力之下，不久之后，摩托罗拉公司终于给了他一个研究岗位，库珀十分珍惜这个机会，将全部的时间和精力都投入研究中。他看遍了乔治发布的研究成果，仔细学习，憋着一股劲儿，发誓要做得比乔治更好。可是，他也和乔治一样迟迟没有进展。进公司面试时的雄心壮志，现在看起来就像是个笑话，领导也严厉地批评了他，指责他工作不努力，并且打算将他从研究负责人的岗位上撤下来，让别人接替他，任凭库珀苦苦哀求也没有用。

乔治的拒绝，领导的不信任，工作的失败，这一切都让乔治感到痛苦，他打翻了自己办公室里的东西，嘶吼着发泄了一阵子，然后瘫倒在椅子上。

就在库珀万念俱灰的时候，他的姐姐走过来抱住了他，说："别难过，库珀。别人拒绝你，你也有拒绝的权利。这条路既然走不通，换一条路试试看？"

姐姐的本意是希望库珀放弃无线电的研究，换一份其他工作，至少生活可以有保障。但她的话无意间启发了库珀。库珀想到，乔治可是这方面的专家，但是他努力了这么多年都毫无进展，说不定这个研究方向本来就是错误的呢？自己为什么不能另辟蹊径呢？

与姐姐的交谈给了库珀勇气，也给了他灵感，第二天他就转换了自己的研究方向。

无线电话的概念早在20世纪40年代就出现了，由贝尔实验室最先开始研制。在1946年时，贝尔实验室造出了世界上第一台"无线电话"。但这个无线电话的体积实在是太庞大了，它确实拥有无线通话的功能，但完全不能随身携带，只能放在固定的办公地点，或者由车辆载着，利用车上的蓄电池提供能源，从而进行通话。

某种意义上讲，它就是把贝尔发明的通话系统，植入了无线电报机上而已，并不是"无线电话"。但库珀一直认为，无线电话的意义并不是让人们能与某个地点进行通话，而是与具体的某个人进行通话，地点是固定的，而人是在活动的，要让人们无论身处何方都能够进行通话，这才是无线电话的意义。

库珀决定从贝尔实验室制造的"无线电话"入手，毕竟这个东西实现了无线通话的功能，唯一的缺点就是太笨重了而已。那么，将它轻量化，直到能够被人拿在手中，但是又保留通话的功能，这样不就行了吗？库珀觉得这个想法可行，于是马上投入研究。

库珀想到，可以从降低设备的功率入手，比如，将移动通信设备的功率降低为1瓦，最大也不能超过3瓦。如此一来，就不需要太庞大的电池或者固定能源了，电子元件为了降低功耗也必须做小，整个无线电话的体积就会跟着缩小……他甚至建议公司向美国联邦通讯委员会提出申请，希望他们出台相关的规定。

事实上，今天人们所使用的各种手机，拥有如此强大的数据传输能力，无线电元件的功率也不过才500毫瓦而已。但在那个年代，人们无法将电子元件加工得如此精细，因此库珀这个巧妙的想法，说起来容易，做起来可就难了。好在库珀的这个想法终于得到了领导的认可，公司也决定支持他继续进行研究。而这一干，就是十几年。

库珀将自己最美好的青春年华都用在无线通信设备的轻量化上。十几年过去了，当年那个意气风发的小伙子，如今已经成了一个沉稳而博学的中年人，并且成功地将沉重的无线通信设备，轻量化到了只有寥寥几千克的程度。此时，库珀和他的研究小组都认为，是时候做一个成品出来了。

成品和试验品不一样，它要作为商品出售，就不能是实验台上的一堆电路板，而是应该有一个坚固的外壳和漂亮的外观。公司也下达了命令，要求在6个星期之内提交第一代产品的设计方案。

当时，电视剧《星际迷航》正在热播，考克船长所使用的无线电话，就成了库珀设计手机的灵感——不管是形式还是外观。5个工业小组分别提交了各自的设计方案，而后库珀选择了其中最简单的那个——它的基础设计流行了差不多 15 年。有意思的是，这个设计方案原本十分小巧，但最后做出来的成品是设计的整整 5 倍大，重量也要大很多。这也是没办法的事情，因为工程师们要将上百个零部件全部整合到一起，光是电路板就有整整 30 层。

但无论如何，库珀为之奋斗了接近 20 年的梦想，终于实现了。

1973 年 4 月 3 日，库珀走上曼哈顿的街头。他手上举着一个笨重的东西，看起来就像砖头一样，引得路人纷纷驻足观看。库珀的手有些颤抖，他慢慢地按下了一串数字，然后，将这个奇怪的"大砖头"举到了耳朵边上。

不多时，大砖头里传出了一句说话声："你好，这里是尤尔·恩格尔。"

库珀浑身都颤抖了起来，他兴奋地说："尤尔，我是库珀！我正在大街上，用一个真正的移动电话和你通话！这是一个真正的手提电话！"

尤尔是库珀的竞争对手，贝尔实验室里的一名科学家，也在研究无线通信设备。库珀原本想打给乔治，但后来他想了想，乔治毕竟已经是旧时代的人了，研究方向也是错的，那还不如打给在同一条道路上努力的竞争对手，让世界上第一通无线电话，作为自己胜利的号角。

就这样，世界上第一步无线电话诞生了。库珀的这一发明，彻底改变了人们的生活（见图 6-1）。

图 6-1　老式手机

1992 年，库珀创办了爱瑞通信公司，并且带着自己的技术团队创造了"智能天线"技术。大多数时候，无线电都是用一根单独的天线来收发信号，为了产生清晰而稳定的信号，天线的功率就得加大，造成电量的浪费和体积的增大。而爱瑞通信公司的这个智能天线技术，能在手机里集成多个天线元件，收发信号时可以利用 4 根至 12 根天线来产生定向波束，使得天线主波对准信号应该到达的方向，如此一来，便充分地利用了每一分电量，也能产生足够稳定的信号，并且消除、抑制干扰信号。

到 2009 年为止，ArrayComm 公司已经在中国、日本等 17 个国家有了业务，智能天线技术主要使用在 2G、2.5G 及 3G 无线标准上。马丁·库珀表示："智能天线技术能为 2G、2.5G 和 3G 构筑一个更为强劲、服务质量更令人满意的无线通信网络，并为网络系统运营商和无线用户节省上万亿美元的费用与成本。"

不过，库珀对 2013 年的无线网络质量仍然感到不满意。他说："我们一直听到这样的承诺，让每一个人都享受价格合理且无处不在的无线宽带网络。但这个承诺还只是一个承诺。"

2. 智能手机的蜕变

让我们先把精美的外观放在一边，看看它的内在：小小的一部手机，是怎么装下这么多功能的？怎么在有限的体积和重量之内，让手机变得更加有用的呢？人们往手机里添加了很多"非必要"功能，而正是这越来越多的功能，让手机一步步蜕变，变成了另外一种东西——智能手机。

1999 年，汉诺佳 CH9771 诞生了，它将天线内置在手机里而不是暴露在外，使得整体非常美观。天线的改动不仅影响外形，也关乎技术。后来的智能手机为了更好的通信质量，除了增强通信元件本身的规格之外，还需要在天线上花心思。比如，iPhone 经典的三段式机身，两条分割线就是暴露在外的天线，既美观，又不影响信号。再后来通信技术进一步发展，人们已经无法在手机表面看到天线了，它们都隐藏在机身内部，由漂亮而又不会影响信号传播的特殊材质外壳包裹着。

2000 年 9 月底，夏普联合日本当时的移动运营商 j-phone 发布了一款搭载了摄像头的手机：夏普 J-SH40，可以拍摄出 11 万像素的照片。现在看来，这样的照片只是一堆马赛克而已，哪怕在当时也没有引起多大的轰动，但看看现在的智能手机，机身背面基本都有两个摄像头，多的有 4 个，甚至某些型号前置摄像头也有两个。这说明拍照对用户来说是很实用的一个功能，不仅要能拍，而且还要拍得好。

第一台可以上网的手机，比照相手机还早一年问世，它是诺基亚公司在 1999 年推出的诺基亚 7110。它的出现标志着手机进入网络时代，人们可以利用手机随时随地上网，不需要坐在电脑面前。想想看，今天的你拿起智能手机，不管是聊天社交、炒股办公，还是看电影、听音乐、玩游戏，不都是在利用网络吗？

这三款诞生于世纪更迭之际的手机，代表了人们对于手机最强的三个需求：轻便与外观、额外功能、网络，而这也是智能手机最大的三个发展方向。

2019年年初，三星与华为先后发布了可以折叠的手机，与以往的翻盖手机不同，这两款折叠手机连屏幕都是可以折叠的。也就是说，看起来十分小巧，但展开以后就可以拥有一块特别大的屏幕，不管是办公软件还是影音娱乐，这块大屏幕都可以带给你更好的体验。而简简单单的一个折叠动作，凝聚着无数科技的结晶（见图6-2）。

图6-2 折叠屏手机

最直观的便是屏幕。最早的电视是个笨重的大箱子，光是显示屏就有一本书那么厚，然而如今的显示屏已经能够薄得像一张纸一样，可以大幅度地弯曲，甚至弯曲过程中也能正常地显示画面，并且在这小小的区域内可以实现4K的分辨率和100多HZ的刷新率，至于色彩质量更是每一块显示屏都要经受得住考验。除此之外，手机折叠过程使用到的铰链，也考验着机械工程师们的设计能力。平板电脑的出现满足了人们对于大屏幕的需求，但屏幕的面积也影响了便携性，而折叠手机完美地解决了这个问题——电子设备太大了，你把它折叠起来就好了。

至于额外功能，那便不胜枚举了。手机增加了拍照功能之后，人们便可以随时随地记录生活中美好的瞬间；增加了防水功能后，人们便可以用手机进行水下拍摄而无须借助专业设备；增加了红外线功能后，就可以把手机当作遥控

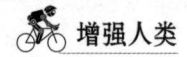

器使用；增加了 NFC 功能之后，出门再也不用带公交卡和门禁卡；增加生物识别功能之后，安全解锁变得十分方便，各种实名认证也可以通过手机就完成。你现在能在房间里找到小说、钱包、手电筒、MP3、闹钟、计算器、录音机、记事本、日历本吗？以前它们总需要占用你的桌面，而现在人们几乎都不把这些当作手机的额外功能了，人们都认为，这不就是手机应该有的功能吗！

在信息时代，人们有越来越多的事情需要通过网络来完成，电脑会将你禁锢在书桌前，笔记本电脑也有不小的重量，而手机可以让你不管身处何方，都能随时接入网络，不管是在马桶上还是在床上，在郊区还是在离家千里之外的异国他乡。人是社会性动物，生活的方方面面都需要与社会接轨，网络能够帮助人们更方便地接触整个世界，智能手机就是人们接入网络最便捷的工具。

智能手机并不是一项技术，而是许多种技术结合在一起的产物。上一章节中已经讲到，不同的手机厂商，其实大多是专注于品牌、设计和营销，只有少数几个厂商有自己的独家技术。以 iPhone12 为例，它的屏幕由三星和 LG 分别提供，内存来自镁光，闪存来自三星，5G 模块来自高通，摄像头来自索尼，镜头来自大立光电，PCB 来自臻鼎和索尼，陀螺仪、红外感应、电池、机身等也来自不同的厂商，最后由中国的富士康进行组装。哪怕是独门绝技 A 系列处理器，也是和三星合作，并且由三星代工的。

同时，以上这些零件，并不是只有一家企业在生产，全球有许许多多的厂商将大笔的资金投入研发中，只为钻研出更好的技术，生产出更好的零件，然后，潜移默化地影响每一部手机，让它们变得更好。

智能手机目前并没有遇到什么技术瓶颈，如果有，那就是人类科技水平共同的技术瓶颈。而科技是不断进步的，每一个零件，每一项技术的进步，都会让新款手机变得更棒。所以，不用纠结什么时候能用上更好的手机——它是一定会变好的，每一天都会。

3. 智能手机的行业市场

智能手机在整个市场中的表现，一共分为两个部分：一部分是智能手机本身；另一部分是因手机而衍生的相关业务。

先说手机本身。手机有个很显著的特点，更换率很高。

第一是硬性更换。任何商品都是有使用寿命上限的。就以电池为例，若一部手机的电池经过 N 次满充电、满放电后，容量下降到 70%，那么就说 N 是这个电池的循环寿命。国标规定循环寿命不得小于 300 次。假如你早上出门时手机电量是满的，回家以后电量用光，睡前插上充电器充满，10 个月以后手机的电池容量会因为自然损耗而降至出厂时的 70%。这个是技术问题，再好的电池都会有损耗，尤其是近年来出现的快充、闪充技术，其实对电池的伤害是很大的。尽管所有品牌的手机，电池循环寿命都高于 300 次，尽管大部分手机都设置了电量充裕时降低充电速度等方法来延长循环寿命，但电池损耗是无法避免的。

电池如此，其他元件也是如此。或者说生活中的所有东西都是在损耗的，只不过手机作为人们使用频率最高的物品之一，它的寿命消耗是非常快的。统计数据显示，人们印象中最耐用的苹果手机，平均寿命也在 3 年左右，确实有人能够一部手机用 10 年，但那只是个例。随着技术的提升，手机的使用寿命会更长，但同时人口也是在增多的，因此手机永远不缺市场。

第二是软性更换。现如今手机相机的像素越来越高，导致一张照片也需要数 M 的容量；一个手机游戏动辄几个 G 的容量，画面也越来越精美，对处理器的要求越来越高；越来越多的功能让手机通常需要在后台同时运行数十个软件，如此多的因素导致了一个共同的结果：哪怕手机还很耐用，人们也会觉得性能落后了，愿意掏钱买最新款的手机。因为它们性能更棒、外观更好看、电池容量更大，又或者增加了许多新功能。本身并没有 5G 网络需求，单冲着新鲜感购买 5G 手机的人，难道还少吗？

许多人因为特殊的需要会购买多部手机，工作室甚至会一次性购买数百台手机用于游戏或者直播等。看看电脑市场，系统厂商与各大游戏厂商，它们与硬件厂商都有一个默契：让软件对电脑性能的需求越来越强，驱使用户购买更棒的硬件。iPhone5s 到现在也能用，但是它能让你在畅玩时下载最热门的游戏吗？肯定不行，于是你就会去买更好的手机。

第三是意外更换。首先，作为使用频率最高的电子产品，出意外的概率是非常大的，走神没拿稳都会摔坏屏幕，更别提精细的内部元件有多容易因为意外而损坏了；其次，还是因为使用频率高，手机出现故障是最难以忍受的，椅子上面有一块污迹或许很多人都不会在意，但衣服上面有一块污迹，那就难以忍受了。

诸多的原因加起来，便导致手机成了更换最频繁的电子产品。而手机的价格在 1000 多元到三四千元居多，贵重的手机要上万元，最便宜的手机也要数百元。而全世界目前正在使用中的智能手机约为36亿部。到这里，我们已经可以想象智能手机本身的庞大市场了。

2010年时，国内智能手机市场规模只有11.2亿元。到了2017年，这个数字超过1000亿元，2018年已经抵近1500亿元。预计整个2020年的市场将会超过2000亿元大关。

至于出货量，因为各个国家之间的手机品牌是互相出口的，所以只统计世界市场。2010年，全球智能手机出货量为3亿部，到2019年已经达到13亿部。2020年上半年，出货量因为疫情的影响有所下跌，但数字也非常可观。预计2020年全年出货量将达到16亿部，这相当于其他所有消费类电子产品的预期销售数量的总和，全球预期销售收入达到94590亿美元。

说到因为手机而衍生的其他业务，就更有趣了。第一是配件，比如，保护套及保护膜、充电器、耳机、穿戴设备；第二是软件内容，比如，游戏收入、移动广告、媒体订阅以及各种各样的应用会员；第三则是维修和云储存等服务。德勤在《2020年TMT预测报告》中指出，以上这些衍生内容加起来，收入规模也会有5000亿美元左右，也就是说，整个智能手机的生态市场将达到1万亿美元。

而要进军手机市场也并不是件困难的事情。OPPO和VIVO靠着优秀的营销模式，抢下了国内手机市场总共36%的份额；小米公司成立于2010年，不像苹果、华为、三星那样有自己的独家技术，只是专心做好产品，主打性价比，仅仅10年的时间便在全球500强企业中排行第422位；在国内名不见经传的传音，主打低端机及功能机，便抢下了全球功能机市场25%的份额；华硕、360、格力甚至美图秀秀也都涉足了智能手机市场，分了一杯羹。

至于那些不擅长营销，专注于技术开发的企业，它们研制出的显示屏、摄像头、传感器、电池、钢化玻璃等，这些上游产业链并没有计算在内，但也都有不小的营业收入，并且他们的产品也不只可以用在手机上。简而言之，智能手机的整个生态市场，可不止万亿元。

4. 智能手机的未来

从笨重的大板砖到轻巧的小灵通，从全是屏幕的iPhone到如今的折叠屏，甚至已经有厂商做出了卷轴屏概念手机，半个多世纪的时间，手机经历了太多的变化。那么，将来的智能手机会是什么样子呢？

很难想象，或许未来每个人的手机都是不同的。人们需要的并不是一个拿在手上的小平板，手机做成这个样子，是因为技术有限，为了保证有足够大的屏幕，只能做成平板的模样。如果屏幕柔软得可以卷曲，甚至用虚拟屏幕等别的视觉方式，那手机的外形就再也不受限制了，可以做成任何样子。可以卷成一支笔，需要的时候就展开屏幕；或者做成眼镜戴在头上，同时兼顾AR的功能；甚至做成一个漂亮的小玩具，用投影仪实现视觉输出，用动作感应、语音、光线虚拟键盘实现输入；或者干脆做成穿戴在身上的某个东西，平时根本感觉不到它的存在，但是需要的时候，它可以随时出现，给你带来帮助……

人的身体能做的事情是有限的，所以人们创造了各种科技产物来帮助自己；人又是需要经常活动的，于是身上的人工造物必须少、轻便，又能够提供足够的功能。随着科学技术的进步，这是一种必然的趋势。耳机，不就是人们将音乐戴在身体上的一种人工造物？

如果当年库珀发明的是随身耳机，后来才给它加上通话功能，人们今天所使用的随身电子设备，就是智能耳机了；如果当年库珀发明的是能够在眼镜镜片上显示日程安排和笔迹的东西，那今天人们的随身电子设备就是AR眼镜了。

简单地讲，人们必然需要越来越多的科技造物。手机作为最早的随身电子设备，自然承担起了搭载更多功能的责任，习惯使然，将来的人们如果想到了新的功能，还会将它继续集成到手机上。或许那个时候智能手机不再被称为手机，而有了新的名字，但智能手机的性质是不会变的——一个可以随身携带的，帮助你处理各种事情的电子产品。

也有人畅想过，将来人们可以把笔记本电脑做得足够轻便，轻便到可以穿在身上，甚至植入身体。不过这样一来，和手机未来的形式是一样的，都是一套穿在身上的设备，需要电源来提供能量，需要处理器来完成任务，需要视觉、听觉上的输出与输入来进行操作，需要摄像机等辅助性的工具，以及其他的一些功能。把手机放大之后，不就是平板电脑吗？给平板电脑接上键盘，不就是笔记本吗？区别就在于，更大的体积可以提供更强的性能，人们自由取舍罢了。

真要说的话，将来的智能手机可能是组合式的，它有一副AR眼镜，最大限度地利用视野；眼镜上集成照相机，所见即所拍；身上各处都穿戴着健康监测设备（比如，后面会讲到的智能文身）以及各种小功能组件，而这些部分都由处理器进行管理，处理器和电源可以放在任何一个口袋里，不用随时拿出来。上一个章节提到的，5G技术带来的万物互联，使得这一结构拥有了可能性。更妙的是，分体式的结构可以让处理器和电源放在床头好好充电，而你则带着其他部分做自己想做的事，不用受到数据线的限制，无线充电技术的诞生则让这一过程变得更加自由。

如果可行的话，出门在外时你只带着轻量化的小型处理器，回到家之后，你身上的设备自动连接上家中的高性能计算机，就可以给你带来更好的体验……

如果习惯了将手机拿在手上操作的触感，厂商也可以满足你，或者根据你的喜好去定制。除此之外，智能手机的性能会越来越强，信号会越来越好，越来越耐用。受限于当下的技术，智能手机在很长一段时间内仍然是拿在手上的小平板，但我们绝对猜不到它将来会是什么样子的，又会给人们的生活带来多大的便利。

人们将繁重的体力劳动交给了工业机械，日常休闲娱乐也越来越多地在网络平台上进行，脑力工作与会议也可以在电子产品上完成，而且更加高效。台式机、笔记本电脑、手机，它们改变了人们生活、娱乐、工作的方式，手机因为其便携性，能够被主人永远随身携带，它的意义远超前两者。

大概就相当于，人类用科技的力量，让自己长出了一个新的器官。无线通信让人们进入一个全新的时代。而智能手机，它是人类的天线。

第7章　让科技如影随形：穿戴式设备

腾出手来做更多的事情

1. 功能与轻便，妥协与合作

相信喜欢科幻电影的人，一定多多少少看过一两部《变形金刚》。《变形金刚》一共分为两个势力：一个是擎天柱领导的博派；另一个是威震天领导的狂派。根据背景设定，博派成员最开始是被作为工业机械制造出来的，因此它们通常都是运输用的车辆；狂派成员则是作为战斗机器人被制造出来的，因此它们通常都是战斗机。记住这一点，这个微妙的细节十分重要——不同的用途设计，决定了它们不同的外在，而外在又影响了它们生活的方方面面。

而且两种机器人是被同一个远古文明生产的，这个文明创造它们的目的并不是让它们互相战斗，而是分别用于建设家园和警戒，它们本来是朋友，并且绝大部分时间处于和平之中。而和平状态下，用于战斗的狂派成员就没有了用武之地，反倒是作为工程人员的博派成员能够不断地工作，产生更大的价值。

这也是人们需要手机的同时也需要电脑的原因，功能性和轻便性，二者本来就难以兼顾，因此需要不同的设备来满足不同的需求，适合不同的使用场景。

在电影《变形金刚2》中，有一个非常有趣的角色，叫作天火。天火原本是狂派成员，后来转投了博派。它是远古时期便来到地球执行任务的传奇人物，而它的变身形态，是黑鸟侦察机，人类有史以来飞行速度最快的飞机。它被唤醒之后想要帮助擎天柱，但已经严重老化，不能参与战斗了，于是它便牺牲自己，将全身上下的零件都加装到了擎天柱身上，使复活之后的擎天柱拥有了飞行能力。擎天柱则靠着天火变成的这一对大翅膀，迅速赶到战场，摧毁了敌人的控制装置，并且击败了黑暗金刚。

擎天柱的作战能力强，但身为博派的它飞行能力并不高；天火拥有强大的飞行能力，但已经严重老化的它又不能战斗。二者一结合，产生的效果便"1+1>2"，看起来就像是擎天柱穿上了一件拥有额外功能的战甲，结果就是战斗力暴增。

在影片的最后，天火的能量耗尽，从擎天柱的身上脱落下来。但是擎天柱发现了这种外挂式组件的好处，因为擎天柱的变身形态正好是一辆卡车头。于是，到了影片的第三部，擎天柱就有了一个有趣的车厢——在变身状态，擎天柱可以拖着这个车厢随意移动；变身之后，擎天柱可以打开这个车厢，穿上飞行装置，与空中的敌人战斗。飞行装置会产生额外的体积、重量，影响灵活性，但在不需要的时候，可以将它放在车厢里，静静地留在原地等待擎天柱。很可惜的是，这个美妙的设计仅仅出现了一小会儿，擎天柱在之后的情节里就没有用过车厢了。

然而我们仍然可以从中悟到很多东西。博派成员和狂派成员的设计、构造区别，以及擎天柱这个有趣的外挂组件。这个车厢的意义是什么呢？在不需要的时候，它可以静静地留在那里，不影响擎天柱的活动；在需要的时候，它就可以给擎天柱带来额外的功能。想想看，如果这些飞行组件本来就是长在擎天柱身上的，它就会有更大的体形，身手不再那么好，并且变身之后也会奇奇怪怪的，也有可能根本不能变成汽车了，只能变成飞机。于是，擎天柱采取了一个折中方案——把飞行组件做成可拆卸式的，一定程度上解决了功能性和轻便性的取舍问题。

现在掉转目光，看看我们的现实生活，我们会发现，设备的轻便性是十分重要的。擎天柱的车厢那么强大，不需要的时候也得拆下来，而且就算是能拆下来，还得去哪儿都拉着。那么，我们人类的设备，能否更轻便一些，不成为累赘呢？

最简单的例子，矿工头盔上的拆卸矿灯，在矿井下作业的时候，它们可以带来照明，而且不占用矿工的手；在平地上作业的时候，就把它拆下来放到一边，减轻头盔的重量，这就是一个很聪明的设计。矿灯的形状特殊，普通的手电筒流水线做不出来，必须付出额外的成本去制造，但它带来的价值是很大的。

至于相机，额外组件就很多了。三脚架、长焦镜头、补光灯，都可以让摄影师拍出更好的照片。但是，当摄影师有需要的时候，他也可以不要这些额外组件，只拿着小小的相机进行移动和拍摄，虽然效果会差一点，但使用体验非常好，不会处处受到限制。并且三脚架做成折叠的，长焦镜头做成可伸缩的，这都是人们在功能性与轻便性上做出的平衡。

我们的衣服，也可以算是一种为人设计的额外组件。衣服最基本的功能是保暖，但不同的衣服有各自特殊的作用，象征身份、迷彩伪装、装东西、防风防水、防火防辐射、防弹防病毒、减小游泳阻力、矫正身体姿势、在深海与外太空提供生命保障、附带通信与照明等功能，在不需要的时候，它们也可以脱下来。衣服并不需要为轻便性做出太多的平衡，它本来就是穿着的。

科技水平的提升可以给同一个东西带来越来越多的实用功能，但每一项功能都要占用体积，体积的增大就会带来使用上的不便。因此，如何在功能性与易用性之间取得平衡，是所有产品都需要考虑的问题。

考虑到当下的科技水平，我们就以手机来作为象征。手机是最强调使用体验的东西了，它的性能不如电脑，甚至不如 iPad，而它仍然是人们使用得最多的电子设备，就是因为它的轻便，让它成了人们可以随身携带的设备。为了拍照的时候避免手抖，人们创造了三脚架，但仅仅是为了拍照片，就随身带着一个比手机还要大的额外设备，这不是很愚蠢吗？于是，工程师们开发了光学防抖，从软件层面上解决这个问题。但不是所有的功能都可以通过软件来解决的，因此人们仍然需要一些额外设备的支持，它们在做得尽量轻便的情况下，也能提供足够的功能。

那么问题来了，考虑到手机的轻便性在于可以随时带着移动，这意味着手机的额外组件也是某种方便携带的东西。或者说，也是随身电子设备的一个部分，"随身"这两个字非常重要。之前的章节提到过的 AR 眼镜，就是一种非常典型的额外组件，然而也有它的弊端——AR 眼镜有处理器、电池和摄像头单元，它比普通的眼镜要重很多，就很容易从身上脱落。如果用扣带等工具固定在头上，一来会有不适感，二来也不美观。这或许也是谷歌眼镜没能成功的原因之一，它确实很有创造性，但手机更成熟，更方便，谷歌眼镜没有带来实质上的使用体验提升。而手机也还是有点不便携的——它既容易从手上脱落，而且也要占用一定的体积，还需要人腾出一只手来操作它。

那么，额外组件要做成什么样的形式，才能更好地贴合人体的行动呢？AR 眼镜的优势是不用时刻都用手去操作，缺点是头戴式总归有点不方便；手机的优势是性能强大，也可以轻松地放在口袋里，但必须要手工进行操作。能不能有一种综合了两种设备优点的新设备呢？它不是眼镜，因此可以稍微做得大一点以提供更高的性能，但是又不用时时刻刻腾出手操作……

我们知道，随身的额外组件中，最轻便、最便携的是什么？是衣服。那么，新时代的设备，必然也会朝着穿戴式的方向发展，人们可以把随身设备"穿"在身上。而目前的穿戴式设备，除了眼镜之外，还有一个看起来没那么炫酷，但是更加实用的设备——智能手表（见图7-1），以及近年来刚刚出现的一种东西，它的功能虽然少，但是十分有意义，而且无法被别的设备取代——它的名字叫智能文身。

图7-1　投屏式穿戴手机

2. 穿在身上的科技

智能手表的技术，相信已经不需要过多解释了，大家可以将它理解成一个加装了表带的手机。别看表带本身没有什么技术含量，将设备穿在身上这个想法已经非常出彩了。每一种设备都有其对应的使用场景，个人电脑适合处理困难的、庞大的任务，这种时候使用者需要专心而且投入，不会去做别的事情，因此电脑的不便携性也就不是问题；平板电脑适合在床上、沙发上，或者小范围移动中的娱乐和轻度工作，它比手机要笨重一点，但在这种场景下也不算问题；手机的性能要更弱一点，但便携性进一步提高，适合出门的时候作为核心设备。就像两种变形金刚一样，它们因为不同的目的被制造出来，自然就适应不同的场景，并且在这种场景下要比别人都有优势。

而智能文身，就需要好好介绍一下它的技术了。顾名思义，智能文身在外观上就是一个文身，是皮肤上的一个图案而已，摸上去甚至感觉不到凹凸，可以说它就是设备便携性的终点形式了。另外，文身可以做成各种图案，满足人们的审美需求，凸显个性，其他设备的物理存在形式，总有一定的体积，多少都会减分。而智能文身的存在，本身就是加分的。

那么，智能文身的"智能"是什么呢？

最早的智能文身来自医学领域。美国的MC10公司是第一批研发智能文身技术的企业。在2015年，他们发明了一款叫作"生物贴"的产品，可以在日常生活中，检测运动及神经系统疾病患者的大脑、心脏、肌肉等器官的生理数据，这款生物贴的两项核心技术是传感器与无线传输。这两项技术其实已经存在了，难点就在于，要怎么样做得足够小，小到能够贴在皮肤上。

无独有偶，同一年，美国北卡罗来纳州州立大学制造出了一款"智能胰岛素贴"。别看它比硬币还要小，它可是为无数糖尿病患者减轻了痛苦。就像一层贴纸一样，紧紧地贴在皮肤上，并且有100多个微型针头插进皮肤里，它们是如此之小以至于使用者根本感觉不到痛苦。贴纸上还装着传感器，一旦检测到血糖过高，那100多个微型针头就会自动释放胰岛素。一款贴纸可以持续工作9小时，不仅让糖尿病患者避免了因为各种事情错过注射胰岛素的意外，也避免了皮肤被注射器刺穿的痛苦。

加拿大多伦多大学也紧随其后，研究员们去市场上买来文身贴纸，在贴纸上装上了一层非常薄的银涂层、碳纤维和绝缘油墨，然后再电镀上一层苯胺高分子聚合物完成传感器的表面。经过这样复杂的处理过后，文身贴纸仍然非常薄，把它使用在皮肤上之后就是一层薄薄的文身。只要不刻意地去破坏它，日常活动都不会对它造成伤害。它可以测量体表的pH，来监测你的新陈代谢水平和疲劳程度。

诸如此类，利用这一层轻薄的贴纸来监测身体的血糖、pH、代谢水平、血氧浓度、盐类物质含量、电解质平衡等健康状态的功能，其实不存在太大的技术难度，在接下来的几年都被陆续开发了出来。2015年年底，美国得克萨斯大学研发的适用于心脏病患者的智能文身，利用3D打印技术，已经将成本控制在1美元左右。在医疗领域，智能文身的应用和研究是相对成熟了的。

医疗健康领域的文身贴功能很单一，并且初衷也是监测身体健康的轻便式医疗仪器，根本没想到"文身"。但它的出现给无数的科学家带来了灵感——原来穿戴式设备还能这样做（见图7-2）！既然设备可以贴在皮肤上，为什么不能像文身一样做成好看的图案，并且增加很多有趣的功能呢？

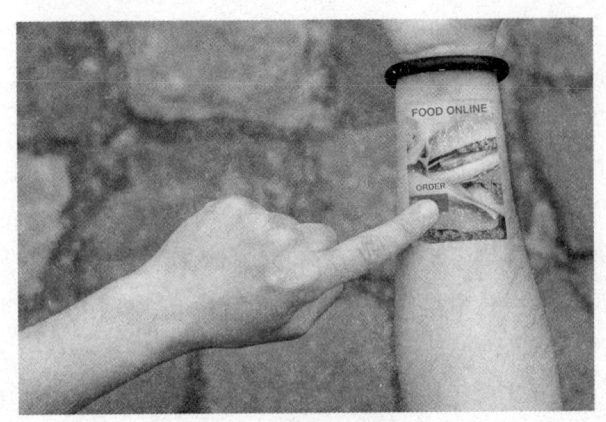

图7-2 文身式穿戴设备

于是，不少研究院都开始对智能文身展开了研究。2016年，麻省理工实验室和微软研究院合作打造出了一款可以"文"在皮肤上的交互设备——DuoSkin，并且在当年就已经实现了很多功能。

智能文身并不是单纯的文身，它会有几层非常薄的电子材料，而这些电子材料是可以简单地检测外界环境，并且做出反馈的。比如，它可以感受到你的手指在文身上的移动轨迹，然后发送给电脑。没有人知道薄薄的一层文身是怎么发送数据信号的，这实在是匪夷所思，不过考虑到这款产品来自频频发明出黑科技的MIT麻省理工，那也就没那么奇怪了，我们只能赞叹研究员们的智慧。

既然能够感应到手指在文身上的操作并且发送数据，那我们就可以利用它来和手机配对、解锁手机、切换音乐等。智能文身还在起步阶段，能够实现的操作非常简单，但它仍然十分炫酷，让人们期待它未来能够做出更多的操作。

看过小说《盗墓笔记》吗？小说中的张起灵身上文着一条麒麟，平常是看不见的，要在体温升高之后，文身才会显现。这个炫酷的设定，也被DuoSkin实现了——它可以让文身随着用户体温的变化而显现出不同的颜色。视觉享受是一方面，在健康上它仍然很重要。这可是实时监测体温，对病人或者特殊工作人员来说是十分有用的功能，可以尽早发现危险。

结合脑电波检测技术之后，变色功能还能根据用户的情感变化来改变颜色，也是非常炫酷的功能。而接下来，就是和人们日常生活息息相关的部分了。

技术人员在DuoSkin中集成了NFC芯片，这意味着什么呢？上公交车的时候，你只需要把胳膊上的文身贴在收款机上，就可以完成付款；回家的时候，也只要用上你的文身，电子门锁就可以打开，再也不用带公交卡和门禁卡了。手机的NFC功能也可以做到这些，但远不如文身支付这么方便和炫酷。

由于智能文身本身并不包含屏幕，市面上的柔性屏幕也还没软到可以贴在皮肤上的程度，因此智能文身的信息反馈只能通过发送数据给其他电子设备，或者通过改变自身颜色来完成。利用电子设备来监测身体健康状态已经不是新鲜事了，魅族的 Pro6plus 手机就在指纹模块上集成了心率检测功能，形形色色的智能手环也都有健康检测功能，但它们的功能都是物理层面上的，非常简陋。智能文身则将健康检测推向更高的境界——化学层面，它所拥有的电子技术也带来了一定的互动能力。

除此之外，麻省理工学院还和哈佛大学的研究人员合作研究出一款名为 DermalAbyss 的新型文身墨水。它的使用方法和普通墨水一样，需要注射进皮肤形成永久性文身，但好处在于它可以检测出血糖、钠和身体的 pH，从而显现不同的颜色。比普通墨水多了变色功能，还能够检测身体健康状态，可以肯定它总有一天会取代传统墨水。不过考虑到智能文身那强大的功能和可替换性，未来传统文身也极有可能被智能文身取代。

3. 穿戴式设备的市场

智能文身技术目前并不十分普及，大多还是在专业医疗领域以及实验室里。穿戴式设备看上去不是一种刚性需求，市面上能见到的穿戴式设备主要还是智能手表、手环、眼镜之类。它们并没有带来什么革命性的新功能，最大的意义在于轻量化。轻量化确实能够提升使用体验，但并不是一种刚需，很多时候它是可以克服的。

但这种非刚需的产品，在市场上的销售状况十分喜人。究其原因，是社会经济高速发展下，人们对于日常生活中各种事物的要求不再是"能用就好"，不再将实用和性价比作为最重要的衡量标准，而是会在外观、个性化、"品牌信仰"、情怀等方面投入，轻量化也是人们所追求的条件之一。因此，穿戴式产品也越来越多地走进人们的生活中。

可穿戴设备，广义上指的是能直接穿戴在人身上的，或者能够被整合进衣服、配件，能够记录人体信息、做出反馈、提供一定功能的移动智能设备。按照这个标准的话，蓝牙耳机、传感器智能服装、太阳能充电背包也都可以说成是一种穿戴式设备。但充电背包终究只是在背包上增加了太阳能充电板，它还是个背包，而且这类产品多、杂，因此暂且不讨论。我们只统计那些能"穿"

在身上的、科技味十足的产品。只有那些能够通过软件与云端网络技术实现数据交互和强大功能的产品，才是真正能够改变生活的穿戴式设备。

如果按照主要功能来分，穿戴式设备可以分成医疗卫生、信息娱乐、运动健康三个方面。如果按照外观与佩戴方式来分，最热门的三种穿戴式设备分别是智能眼镜、智能手表和智能手环。不过可以预见，随着科技的发展，智能手环的功能一部分会被整合进智能手表里，另一部分会被智能文身取代。

而上述这些产品，人们早就不陌生了。随着收入水平的提高，人们对于便携和可穿戴的智能设备需求不断提高，因此市面上不断有新产品出现。谷歌眼镜没人说它不是个伟大的产品，它的失败是技术原因。智能手表或手环，因为对技术的要求相对较低，产品便更加成熟，占有的市场也更多，蓝牙耳机则是更加亲民的设备了。苹果推出的 AppleWatch 是一个很好的开端，其他科技公司，尤其是手机厂商这种专注于日常电子设备的公司，也纷纷推出了自己的智能手表、蓝牙耳机，品牌多得难以详细统计。

中金企信国际咨询公布的《2020—2026 年中国可穿戴设备市场发展规划及投资战略可行性预测报告》统计数据显示：从市场出货量来看，2019 年全球可穿戴设备出货量达到 3.4 亿台，相比 2018 年的 1.78 亿台增长了 89%，同比大幅上升。而智能设备，尤其是蓝牙耳机，大多需要搭配手机来使用。关于手机市场我们介绍过，2019 年全球智能手机出货量为 16 亿部，也就是说，差不多每 5 个用户中，就有 1 个人拥有穿戴式设备来辅佐手机，带来更好的体验。其中，智能手环在 2019 年的出货量为 6940 万部，较 2018 年的 5050 万部增长了 37.4%；智能手表在 2019 年的出货量为 9240 万部，较 2018 年的 7520 万部增长了 22.7%；可穿戴耳机在 2019 年出货量为 1.705 亿部，较 2018 年的 4860 万部增长率高达 250.5%，市场占有率达到 50.7%，这是一个十分惊人的数字。在后面我们会有一个单独的章节来讲耳机——而且不只是我们常见的普通耳机。

2020 年的穿戴式设备会有多少出货量？我们目前还不好统计，但是可以根据这几年的走势来做一个预测。2017 年，全球穿戴式智能设备出货量达到 1.33 亿个，同比增长 29%，市场规模为 208 亿美元，同比增长 30%。而两年后，出货量便超过了 3.3 亿个，可想而知，穿戴式智能设备的市场发展是非常喜人的，整个 2020 年的销售统计数据公布之后，大概率会超过 4 亿个，甚至会达到 5 亿个。

目前来讲，中国已经成长为全球最大的穿戴式智能设备市场。2020 年 3 月，IDC 发布《中国可穿戴设备市场季度跟踪报告，2019 年第四季度》，报告显示 2019 年全年中国可穿戴设备市场出货量 9924 万台，同比增长 37.1%。

这个数量几乎占据了全球市场的1/3。一部分原因是中国人口基数大；另一部分原因是中国公民对自身的健康状况都十分关心，非常期待"健康监测"之类的功能。而穿在身上的，随时随地监测健康的设备，总是比去医院检查要及时。除此之外，日益开放的思想和不断发展的经济也让年轻人更多地追求新鲜有趣的电子设备，穿戴式设备就是他们最好的选择（见图7-3）。

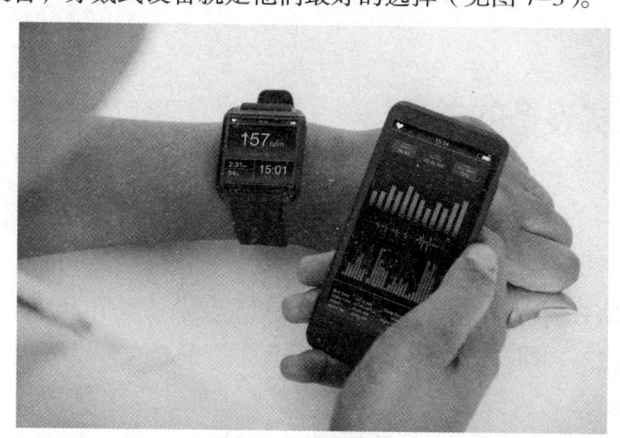

图7-3　智能手表

人们对穿戴式设备的购买欲也是比较强的，在对穿戴式智能设备有所了解的用户群体中，经过统计，有70%的人表示会考虑购买穿戴式智能设备，而在这群人之中，又有35.6%的人能够接受300元以内的价格，有28.6%的人能接受300～500元的价格，有16.7%的人能接受500～1000元的价格，剩下19.1%的人能够接受1000元以上的价格。1000元已经能够买一部主打性价比的入门手机了，可见人们对于穿戴式设备还是很能接受，甚至向往的。

穿戴式智能设备出现在市场上的时间越久，软件应用生态也会越完善，除了技术上的提升以外，人们还能享受到更好的软件体验。而智能手表，某种意义上来说，它就是一种特殊的智能手机，能够制作手机的厂商也能够制作智能手表。智能手表、手环的发展，也会增加手机零件供应商的收入，这样一来，就增加了研发资金，并且还促使这些科技企业想办法将设备往轻量化上发展，所有设备都能享受到穿戴式设备带来的好处。

目前，穿戴式智能设备的全球市场份额，大部分都被几家大企业瓜分，在2019年，苹果、小米、三星、华为、Fitbit拿下了全部份额的66%。除了这些产品本身质量优秀以外，品牌效应也是这5家企业拿下主要份额的原因，后来企业能否做出自己优秀的产品，在市场上杀出一条血路，我们仍不可知。

但是IDC移动设备观察的研究经理吉特希·尤布莱尼也说过："随着苹果

和三星等公司占据了大部分的市场份额,可穿戴设备市场越来越有头重脚轻的趋势。虽然科技巨头给市场上的其他参与者带来了不小压力,但小品牌之间仍不乏创新和差异化。这一长尾市场将在可预见的未来继续存在。"小品牌与新品牌,只要产品足够好,有自己的特点,让消费者满意,就可以争抢到自己的市场。

4. 穿戴式设备的未来

在本书第一个章节中我们讨论到,人类最强大的工具,乃至全世界最强大的工具是什么?是那双灵活的手。如此灵活的双手,仅仅用其中的几根手指在屏幕上戳戳戳,这实在太浪费了,它本来可以做更多复杂的事情。这是科技产物需要解决的问题之一,即在保证自身功能的情况下,解放人类的双手。

哪怕出门在外,人们也不会时时刻刻拿着手机。跑步的时候,购物的时候,吃东西的时候,你想要做一点简单的事情——比如,看一下时间,看一个消息通知,或者切换一下歌曲,这时候你要腾出一只手甚至两只手来操作手机是十分麻烦的。智能手表则完美适用于这些对功能需求不强的场景,你只要把手腕翻过来就可以看到时间和通知,晃一晃手臂就可以切换歌曲,或者配合语音输入来实现一些别的操作(见图7-4)。

图7-4 智能手环展示虚拟操作界面

这就是穿戴式设备的意义。它确实没有什么太深奥的技术,它的价值在于将设备放到身上,使用者获得了更多的功能,但是没有觉得累赘。就像擎天柱的"天火战甲"和车厢一样,如果它们足够小,不影响活动,那么擎天柱可以一直穿着它们。

不使用的时候，它就静静地待在你的身边，你会把它当成自己的一个器官。手机做得再漂亮，也要你使用双手去操作，而穿戴式设备将这个世界上最强大的工具节省了下来，让你能够去做更多的事情。

智能文身则是另一种形式上的"管家"。人类是一种非常有趣的生物，他们能看到数亿光年之外的超新星爆发，可以通过光谱就分析出某颗恒星的元素组成从而推断出它的年龄，可以一声令下决定整个市场的走向从而决定数百万人的命运，但是对自己的身体一无所知。身体出了什么问题，最多只会觉得某些地方不舒服，至于具体出了什么问题，就只能通过科学仪器来监测。

智能文身这个管家，它虽然功能不多，但是可以时时刻刻检测你的身体状况，关心你的健康，让你在探索真理、创造艺术、干其他人类该干的"大事"的时候，不用花太多心思在意自己的身体。更何况，智能文身本就是个非常有趣的东西。

智能手表是一款轻量化的、不需要过多操作的电子设备，它或许就是手机将来的存在形式，一个穿在身体上的"信息处理中心"，而智能文身则是人的第二层皮肤，让人与电子产品的交互更深入。而且，人身上不一定只有这两样设备，多个不同的穿戴式设备之间，也可以产生很多有意义的互动。还记得之前提到的5G技术带来了万物互联吗？在万物互联、随身电子设备和智能文身的配合下，一切都变得有趣起来。

我们不妨想象一下这样一个场景：文身检测到你血糖过低，手表就提醒你吃点甜食；文身检测到你血氧过低，手表就打开窗户给你带来新鲜空气；文身检测到你营养状况不均衡，于是便为你调整晚餐的菜单；文身检测到你体温过低，手表就发信息给你身上的其他穿戴设备，比如衣服，让它们自动拉上拉链、打开电热功能；文身检测到你情绪不太好，于是手表自动关闭消息通知，帮你拉上窗帘、锁紧门窗、谢绝访客，让音响小声播放舒缓的音乐，浴室为你放上一缸热水，让你能享受一段属于自己的、舒适自在的时光。

而你并不需要做出什么操作，哪怕你正在睡觉也没关系。

智能手机是你可靠的管家，手表在内的穿戴式设备让这个管家不再是累赘，智能文身则让这个管家变得更贴心、更懂你。当人们用个人电脑处理工作、用平板电脑娱乐的时候，这些小到可以穿在身上的设备，也在默默地照顾着你。

 增强人类

第8章 身体的保护伞：智能服装

让你的身体更加随心所欲

1. 神奇的燕尾服

吉米·唐是一名生活在美国的华人，过着自己平淡的生活。他喜欢艺术馆的珍妮弗，总是梦见她，经常站在橱窗前看着她出神，却从来不敢去追求她。因为吉米只是个出租车司机，每周挣500美元，去掉生活开支以后剩下不了多少，并且出租车司机是个没什么发展前途的工作。

因此，吉米十分不自信，也就一直没有勇气去和珍妮弗搭讪。他的好朋友一直给他出谋划策，让他壮着胆子进去和她搭话，但是他搞砸了，就连艺术馆的老板也一点都不看好他，他只能灰溜溜地离开。

在大街上吉米被一个混混找麻烦，根本不敢还手，只能拼命地躲，在珍妮弗面前出尽了丑。直到警察赶来，小混混被吓跑，吉米才能回到自己的车里。朋友说："我还以为你们都会空手道呢！"吉米回答道："不是每个中国人都是李小龙！"

不过，回到车上之后，吉米马上接到了一个十分特殊的乘客，要求吉米在自己化完妆之前赶到目的地，这样她就付双倍车费。吉米闻言，二话不说就把油门踩到底，路上虽然状况百出，但吉米还是凭借自己的车技和对城市路况的了解，及时到达了目的地。

客人认可了吉米的车技，给了吉米一份周薪2000美元并且包食宿的工作，要求吉米第二天早上来上班。

吉米是一个非常普通的人，虽然也有自己的追求，但是大多数时间只能为生活奔波。吉米原本也以为这份好工作是老天爷对自己的眷顾，没想到他的生

活会因此而发生巨变。

这个神秘的客人，其实是中央安全局的成员。他雇用吉，是为了给德弗林先生做司机。德弗林是一位秘密特工，他的合作伙伴，一位身经百战的卧底刚刚命丧黄泉，但吉米并不知道这一切。他只知道，德弗林先生是一位绅士，举止优雅，谈吐风趣又得体，是一个充满魅力的人，举手投足都散发着一股迷人气质。包括在宴会上的时候，德弗林也展现出了美妙的甚至超出人体极限的舞蹈动作，看起来根本不像是人类能够做到的，但他又十分轻松自在，仿佛那些不合常理的动作就像翻书一样简单。

但吉米不知道，其实这些根本就不是德弗林的本事，而是挂在德弗林房中的衣服给他的，德弗林告知吉米千万别去碰那件衣服。至于原因，吉米很快就知道了。

恐怖组织查出了德弗林的身份，派出杀手来暗杀德弗林。在一番公路追逐之后，滑板炸弹追上了他们的车，炸翻了车辆。吉米只擦破了点皮，但德弗林身受重伤，住进了医院。德弗林也猜出了这次暗杀背后的原因，在失去意识之前，他告诉吉米目标，并且要吉米穿上自己的燕尾服。

吉米显然被吓坏了，他只是一个普普通通的出租车司机，突然就卷进了爆炸、谋杀和阴谋之中。但自己的老板被谋害，他也觉得内心不安，决定替老板报仇。尽管一点头绪都没有，但他还是按照德弗林所说的，穿上了德弗林的燕尾服。

这套燕尾服包含上衣、裤子和鞋子，还有手表。在穿上它的一瞬间，吉米就发现这套衣服不对劲。德弗林的体形明明比自己要壮硕，但是他这套衣服自动缩紧，变得十分合身，裤子的拉链也自动拉上。并且衣服内部布料还伸出了一些小型的电击器，发出微弱的电流，刺激吉米的肌肉收缩，迫使吉米的身体做出一些动作，让吉米在短短一秒钟之内就打好了领结，手快得产生了残影。

吉米心里马上就明白了，这不是一套普通的衣服。此时，衣服开始向他"说话"，提示他激活手表来达到想要的功能。手表上也确实展现出了一些独特的功能，但吉米刚刚穿上这套衣服，显然不熟悉操作，一不小心进入破坏模式。此时那些微型电击器又开始工作，发出更强大的电流，迫使吉米的身体爆发出更大的力量，将整间屋子变成一团废墟。

吉米的个人意志根本无法抵抗燕尾服的力量，只能抓住机会，操作手表退出了破坏模式。但是，手表明显还拥有其他的功能——比如，舞蹈模式，无重力模式，吉米在这些模式的控制下，做出了一些自己以前根本做不出来的动作。

而此时，中央安全局指派了一个女研究员来作为德弗林的新搭档，可德弗林的手机在吉米身上，新搭档误以为吉米是德弗林，直接邀请他合作进行新任务。德弗林还在医院养伤，吉米也想要替德弗林报仇，于是他硬着头皮假装是德弗林，和新搭档潜入敌方据点，开始了自己的第一次任务。

这第一次任务并不算成功。燕尾服给了吉米强大的战斗力，甚至能够让他轻松地爬墙，但是因为缺乏应对危急情况的意识，最后也只能仓皇逃跑。

任务并没有结束，敌人的恐怖计划还在进行，吉米决定将事情做完。燕尾服给了他太多"超能力"，它看上去只是一件普通的西装，不会吸引任何人的注意，却可以让他以普通人的形象潜入任何一个地方。吉米和新搭档再次行动起来，靠着燕尾服复印请柬、隐身伪装等功能，潜入了恐怖组织的秘密实验室，破坏了这里的一切。

而吉米呢，他从头到尾除了心智上的成长以外，一直是一个普通人，是这件强大的衣服，让他成了不一样的自己。

这是成龙主演的电影《燕尾服》所讲述的故事。现在人们能看到的，包含科幻与动作的电影，无不充斥着各种高科技装备，先进的武器、机械外骨骼战甲、AR眼镜等，仿佛一个人身上的科技产物越多，技术越先进，他就越厉害，观众也看得越爽。在这样的环境下，《燕尾服》就显得有些另类，因为影片中最先进的科技，甚至可以说唯一的科幻元素，仅仅是一件衣服而已。

不过，观众们看腻了工业感满满而又霸气侧漏的战斗装甲之后，再看到这样一件优雅得体的衣服，倒也赏心悦目。而相比于其他电影里的各种神奇的装备，这样一件燕尾服，其实更有可能出现在我们的生活当中，因为它更符合人们的日常生活需要，并且也更符合人们的生活习惯。我们来仔细讨论一下，这一件"衣服"，到底有哪些优点。

2. 技术

首先，影片中的德弗林，包括主角吉米，他们并不是冲锋在前的战士，而是一个特工。如果他是战士，自然是需要一套能够抵御子弹、发射武器的机械外骨骼装甲，可他们是神出鬼没的特工，执行的都是潜入、窃取资料、暗杀、破坏等特殊任务，并且要保证自身的隐蔽。这种情况下，外骨骼装甲反而显得累赘，它更沉重，成本更高，会发出更大的噪声，而且实在是太引人注目了。

于是，组织将前沿技术用在这套衣服上，它能够给特工带来许多额外功能，帮助特工完成任务，又能够让特工保持平常人的外表，不被人注意到。

燕尾服确实不如战斗装甲那样结实，它并不能抵御子弹，但身为特工，又怎么会轻易让自己暴露在枪战中呢？再看看我们普通人，生活在一个和平的社会里，为什么要穿着为战争而设计的装甲呢？又奇怪又笨重，成本也高。相比之下，一件有特殊功能的衣服更加适合普通人的日常生活和行动。

装甲确实更炫酷更强大，但还是那句话，它不适合人们的日常生活，越强大的功能会占用越大的体积。并且，战斗装甲之类的东西也不是刚需，而衣服是刚需，每个人都需要穿衣服来御寒，哪怕是气温高的地区人们也要穿衣服。为衣服设计额外的功能，是完全不会影响日常生活的。

在过去，科技水平尚且不发达的时候，衣服就已经有很多功能了。除了御寒之外，给衣服缝上甲片可以提供保护；缝上口袋可以装东西；涂上迷彩可以伪装；统一的制服可以让人们在人群中迅速地发现医生、警察、导购员或者任何特定身份的人，而不需要走近去看长相；精心设计的服装可以凸显自己的个性，或者让舞台上的演员表演更加精彩……可以说，传统的衣服就已经在人们的生活中发挥了巨大的作用，只不过因为它太常见了，人们常常忽略了它的作用。

科技的力量介入之后，衣服的价值进一步增大。燕尾服毕竟是科幻内容，人们暂且做不出这样的东西，但在现实生活中，已经有许多衣服完成了"进化"，拥有让人意想不到的功能。

最基本的改变，就是用纳米纤维制成的衣服。这种衣服会更加结实保暖，并且不容易脏，哪怕直接往上面倒脏水，因为纳米材料的孔隙小，水分和杂物也难以附着在表面上，会直接流下来。一件不需要经常洗的衣服，不仅能够让生活更轻松，还节约了维护成本。

用更加特殊的材料来制作衣服的话，它们就能够产生更强大的功能，比如，防火服、防爆服、防弹衣、防疫服，能够减小游泳阻力的游泳衣，热传导效率极低的防寒服，能够承受高压并保持气密性的太空服、潜水服，能够散发特殊气味以避免蚊虫叮咬的防蚊衫等。看，仅仅是在制作材料上做出了改变，衣服就完成了一次进化，能够适应更多的使用场景。

电子技术的加入，则是让衣服实现了第二次进化，变得更加强大。人们将这样的衣服，称为"智能服装"，它将会是人们日常生活接触得最多的非传统衣服，并且也是未来衣服的发展道路。

最简单的方法，就是把电子元件做得很小，然后装在衣服上。很久以前，美国的牛仔品牌利李维斯（Levi's）就推出一款音乐外套，由丝质透明硬纱制成，集成了音乐播放模块、芯片、电源和一个全布料的电容键盘，能够播放音乐，还能像正常的衣服一样穿在身上，又美观又凸显个性。

我们已经难以得知第一个"智能服装"是什么时候诞生的了，它并没有什么技术门槛，只要你的MP3足够小，也可以把它缝在衣服上，甚至把耳机线藏在拉链的旁边。但那款音乐外套的出现启发了许多的服装厂商和科技厂商，让他们产生了将电子产品添加到衣服上的想法。

美国乔治亚州科技学院将光电传导纤维织进了衣服的布料中，做出了一款能够检测人的心跳和呼吸频率的衣服。并且美国公司Textronics已经将这种技术应用开来，制造了许多能够测量心率、呼吸、体温甚至血压等数据的贴身内衣和运动服。在医学上，这种衣服还被广泛应用于预防婴儿猝死综合征，不知道拯救了多少婴儿的生命。另一边，耐克与谷歌、苹果公司合作，推出了一款能够让使用者在谷歌地图上追踪自己位置的"电子足迹"运动鞋。耐克的工厂在运动鞋中插入传感器，鞋子便能够联网，并且将移动轨迹、运动状态上传至云端，使用者就可以根据云端的计算数据，轻松得知自己的运动距离、消耗的热量、步数。鞋底是软的，鞋跟着地的时候会有一个压缩的变化，这个动作可以让内部的磁感应元件产生电流，从而源源不断地让鞋子里的设备保持电力，因此不需要充电。设备因为完全被包裹起来，不管是清洗还是下雨天都不用担心会进水。

英国设计师珍妮·提尔洛森博士设想过一种"情绪香薰衣服"，它的布料采用液体流控制系统，能够将储存好的香水以雾化的方式散发出来。根据呼吸、心跳、动作、声音等因素，大致判断出穿着者的情绪状态，或者判断不同的环境，并且因此散发出不同的香味。

除此之外，情绪手套也是一种很有用的东西。相比于身体，人的双手动作多、神经发达，脉搏、温度、导电性和血压都更容易测得，因此情绪手套就可以通过检测手的状态，也能收集双手的动作数据进行计算和分析，综合判断穿戴者的身体情况或者情绪，并且在需要的时候发出警告，让穿戴者离开办公桌，去散散心、呼吸新鲜空气，舒缓一下心情。如今许多企业都采用了"996"工作制，如果工作任务繁重的员工能够穿戴这种手套来预防过劳和猝死，那么对员工本人、企业，对社会都是有重要作用的。

一些企业还能在衣服布料里编织进更多的电路传导纤维，让衣服的某些部分成为穿戴式设备的键盘，甚至带有画面显示、声音播放、信号传输等功能。可以这么说，智能服装是一种特别大的穿戴式设备，并且拥有其他设备都没有的、只属于衣服的功能。

智能服装并不代表某一种技术，而是代表某种想法。穿戴式设备和手机技术的进步，都会导致智能服装的进步。这一种相对来说最容易的设备，反而是最贴近人们日常生活的（见图8-1）。

图8-1　智能衣服概念图

3. 市场

智能服装的市场是个比较复杂的话题，因为它同时属于两个领域：可穿戴设备和服装。有的厂商会将生产的智能服装当作一种可穿戴设备出售，有的厂商认为它不过就是添加了特殊功能的一种服装，有些甚至介于二者之间，不完整的服装加上特定的功能，非常难界定。

尽管难以统计详细的数据，我们还是可以从一些其他方面的数据，来推断智能服装的市场。

和VR一样，2016年被称为智能服装元年。近年来，智能服装的市场越来越被资本看好，因此新兴企业不断增多。一项统计数据显示，在2016年之前，市面上几乎不存在智能服装，而单单是2016年，智能服装刚刚出现的那一年，出货量便达到 2600 万件，达到了当年全国服装出货总量的 1‰。可别认为这个数字小，除非人类的科技发展到不需要肉体了，否则，服装永远是一种刚需，并且人们每个季节、每种场合，甚至过节日庆祝都需要买新的衣服。其中蕴含的商业价值不可估量，能够在这样一个属于硬性需求并且无比庞大的市场内占据 1‰，这可绝不是一个小数目，况且这还是智能服装第一次出现在市面上。

由此我们可以预见，这个占比会一年比一年高。

在生产力落后、科技水平落后的年代，人们的食物不过是简单加工的食材，吃饱就行；穿的不过是凑合缝起来的布料，保暖就行；住的不过是木头和石头堆砌起来的房子，能够遮风挡雨就行。再看看现在，屋子不仅要能住，还要装修得漂亮，有格调；衣服不仅要保暖，还要美观、凸显个性；至于食物，各种美食城、小吃街、零食、网红餐馆就不说了，哪怕是方便面这种应急的食品，里面都会放 3 包调料包。在生存和发展都满足之后，人们越来越愿意在享受之上投资，自然也包括这种比普通衣服更多了一些特殊功能的东西。

而新企业想要进军智能服装行业，其实也并不困难。智能服装本身不是一种复杂的技术，更多的是一种想法，一种创意，人人都可以做智能服装。

并且智能服装是没有"标准答案"的。电脑的答案是性能强大、运行稳定；汽车的标准是快、节能、安全性能高；食品的标准是营养、美味，或许再加个保质期；酒水的标准是口味纯正……这些行业的产品都有几个核心的竞争点，决定了产品能否抢下市场份额，产品也逐渐趋于同质化，因为所有企业的终极目标就是那几个竞争点。

但服装没有必要的竞争点，恰恰相反，每一款衣服在保证基本功能的同时，都会尽量设计得与其他衣服不一样，区别越大越好。人们追求衣服的外观，有个很大的选择标准就是独特性，要与众不同。用一样的手机，开一样的汽车，吃一样的午饭都没什么，但"撞衫"是一件令人十分尴尬的事。因此，服装行业本身就是一个对新企业十分友好的市场，只要设计师足够有才华，衣服就可以顺利进入市场，抢下份额。

智能衣服也是如此。身为衣服，哪怕你的产品与别人的产品功能完全一致，只要外观更好，就会成为消费者选择的理由。衣服的拓展性也十分丰富，哪怕两款音乐衣服的"音乐"部分完全一致，只要将耳机线重新排列作为独特的装饰，使用不同的电子元件，甚至添加一点独特的小功能，都会带来差异，都会有合适的消费者愿意买单。把卫衣的帽绳做成耳机线，在裙子的缝合线上添加 led 灯，在腰带扣上装上显示屏，在帽檐上装上太阳能电池板，用双层不透水的材料做成风衣，必要的时候可以将风衣吹成一个救生圈……任何一个想法都有可能带来一个全新且独特的产品。因此，新企业要进军智能服装行业，是完全没有问题的。

穿戴式设备确实是十分庞大的市场，但经过这些年的发展，产品已经逐渐"同质化"，竞争越来越强。而智能服装作为一种新形势的穿戴式设备，它明明有更大的体积却不会有任何累赘，也能够搭载更多的电子元件、电池等，可以配合其他穿戴式设备使用，甚至取代某些穿戴式设备的功能。

另外，服装市场是数百年前便存在于人们生活之中的，用户需求大，资本流通有保障，上游生产和下游分销的模式十分成熟，这些是别的穿戴式设备永远无法企及的巨大优势，智能衣服不论是传播力度，还是渗透能力，都比其他的穿戴式设备大很多。

智能手环相比于手机性能较弱，但优点在于扣在人的手腕上，能够检测脉搏等数据，这是手机无法做到的，单单这一点优势，加上便携性，就为智能手环打下了不少的市场；而服装不仅是最便携的必须物，还与身体亲密接触，还能拥有更大的体积和重量，其在穿戴式设备中的地位，便不言而喻了（见图8-2）。

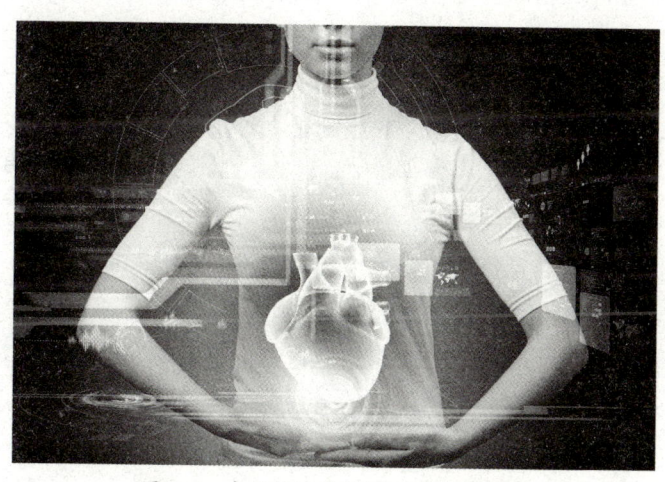

图8-2　自动检测内脏情况的智能衣服

其他穿戴式设备都有行业巨头，比如，智能手表就被苹果、三星、华为、小米等企业占据了最大的份额，但是智能服装并没有这样的巨头，或者说永远不会有这样的巨头。还是那个原因，智能服装没有标准答案，自然也就不会有企业做出"最优秀且无法被取代"的产品。这样一来，任何企业都可以进军智能服装领域，并且做出自己独特的产品。

目前，许多智能服装的价格仍然比较高昂，产品和技术也不算成熟，但只要智能服装走过了这段路，那等待它的将是近乎无限广阔的市场。

4. 社会与未来

可能有人会产生疑问，智能服装所展现出来的这些功能，难道穿戴式设备做不到吗？穿戴式设备的功能更齐全，更强大，为什么要给所有穿戴式设备中的"衣服"，单独做一个章节呢？究竟是哪些原因，让智能服装不会被其他可穿戴式设备取代呢？

因为人们不会忘记穿衣服。

你出门的时候可能会忘记带手机和智能手表，忘记带钱包和钥匙，但肯定不会忘了穿衣服；小偷可以趁你不注意的时候偷走你的手机、手表、笔记本电脑，但肯定没法带走你的衣服；当你情绪低落，想要一个人静一静时，或者你要进行运动，为此要保证身体灵活和减轻重量时，你可能会把穿戴式设备全都摘下来，但不会把衣服都脱掉。另一个方面，智能服装可以检测人体的健康数据，这些数据都可以通过专门的仪器测得，上一章节提到的智能手环、智能文身也可以做到，但专业仪器太笨重，携带不方便，跑步的时候戴一个手表或者心率监测仪，实在是很影响运动。衣服则是一种折中的方案，它的技术门槛很低，成本也可以接受，并且不会带来任何累赘。这一点只有智能文身能够比拟，但智能文身毕竟是有技术门槛的，并且薄薄的一层文身也不可能和一件衣服一样有那么多的功能。而且每个人的身体状况、皮肤状况和体型都不一样，许多特定的文身需要定制，而衣服则完全没有这种顾虑。

智能服装并没有什么独特的功能，但它的价值不是它的功能决定的，而是它在人们日常生活中扮演的角色决定的——每个人都一定会穿着衣服，科学家们只是将这个必须要有的东西，变得更强大了。况且衣服的重量是分摊在全身的，哪怕一件衣服比好几部手机加起来都要重，但是穿起来的时候，人们仍然不会觉得有什么负担。一天到晚都穿着衣服，人们的身体早就习惯了衣服的重量，智能衣服永远也不会成为累赘。

在本书的第一部分，我们介绍的都是与人们日常生活比较接近的，能够改善生活体验的东西。在其中，机械外骨骼能够拥有最多的功能并且最强大；智能义肢可以帮助人们恢复健康；AR与VR两兄弟，以及增强耳机，可以极大地强化人们的精神享受；远程控制可以让人们在控制科技产物时保证自身的安全；智能手机让人们把强大的信息处理中心带在身上；穿戴式设备成为我们生活的贴心管家，5G技术带来的万物互联让上述这一切能够分工合作，联系紧密。而衣服呢？

你想想看，上述每一样科技产物都是"产物"，是需要带在身上，去使用的东西，而提到衣服的时候，你会觉得它很平常。这就是它的特点，智能服装和穿戴式设备都十分轻便，让人们对科技产品的使用更加轻松，但终究是要你去使用的，而衣服——它不需要你使用。在你完全注意不到的地方，智能服装就在默默地发挥着自己的作用，每时每刻。

智能服装某种程度上，属于穿戴式设备，甚至可以说是这个大家庭里比较没有技术含量的一员。但是，智能服装也代表了人们对于科技产物的看法，科技是服务人类的，科技产物不应该是工具，应该是仆人。技术的进步，应该让人们对于设备的使用越来越轻松，越简单越好，而不是要花费大量的时间去熟悉它，控制它。未来人工智能诞生之时，人们再也不需要花费心思向身边的一切下达指令。

但在那之前，我们最贴心的设备，就是我们日常穿着的衣服（见图8-3）。

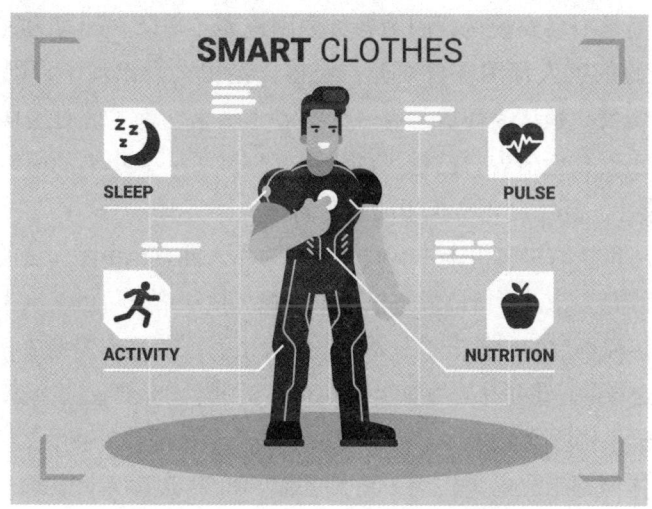

图8-3　智能衣服检测身体状况概念图

第9章 让自己"置身事外":远程操控

安全与强大缺一不可

1. 千里之外的支援

2013 年,一部视觉冲击力非常震撼的电影上映了:《环太平洋》。它的特效有多精彩呢?观众这样评价道,这部电影在普通影厅看和在 IMAX 影厅看,完全是两部电影。而我们这回要讨论的,是它的续作所讲述的故事。

杰克曾经是一名驾驶员,因为各种原因逃离了军队,四海为家。阿玛拉是一个孤儿,她的家人都因怪兽而死;怪兽已经很久没出现了,阿玛拉还是对怪兽充满了憎恨。她认为怪兽总有一天会卷土重来,为了应对这样的状况,这个十几岁的小女孩凭借着自己惊人的天分,创造了一个小型的机甲——"拳击手"。它非常小,还不到正常机甲的膝盖高。

杰克与阿玛拉的初次相逢并不愉快,因为私人拥有机甲是非法的,执法员机甲前来追捕他们,二人不得已躲进机甲里逃跑。执法员机甲虽然高大而有力,但动作很笨重,阿玛拉的"拳击手"不仅轻盈灵活,还能迅速变形成一个球进行滚动,在城市这样的地形里来去自如,让执法员机甲十分头疼,怎么也抓不到它。

影片的这个桥段便暴露出了机甲的一个缺点——不够灵活。

怪兽的体型都十分巨大,为了对抗它们,机甲也造得十分庞大,但怎么操纵它们是个问题。计算机是没有创造力的,也不会随机应变,面对千奇百怪的怪兽,计算机完全不知道该怎么去战斗,必须由人类驾驶员用神经元连接的方式操控机甲。而因为体积庞大,一台机甲必须由两位驾驶员进行操控。这就要求两名驾驶员必须做到十分默契,甚至需要共享彼此的记忆,完全理解对方,才能保证两个人的想法是一致的。挥拳、踢腿、跑步、撤退,每一个动作都一模一样，只有这样，才能保证机甲识别出他们的指令并且做出动作。

但"拳击手"的体积不大，只需要一名驾驶员就可以操控，并且阿玛拉对它了如指掌，使用起来得心应手。也正因为如此，杰克和她丝毫没有默契也就不构成问题了，他只需要在旁边给阿玛拉出谋划策。可惜最后还是没能逃过执法员的追捕，阿玛拉和杰克双双被捕。

不过，杰克的身份马上就被军方认了出来。为了自由，杰克被迫接受了军方的条件：回到军事基地当导师，继续训练驾驶员学员。杰克此行也带上了阿玛拉和她的"拳击手"，杰克认为她是个很有天分的人，将来一定能派上用场。

到了基地，杰克才知道如今的机甲正在面临一个巨大的变革：邵氏工业开发出了 AI 机甲，不需要驾驶员就可以战斗，并且准备将 AI 机甲部署到世界各地，以取代传统的机甲。这个做法能够极大地节省培养驾驶员的成本，邵氏工业的总裁邵丽雯对此信心满满，不过她没想到的是，这些 AI 机甲带来了另一次危机。

准确地说，是她手下的工程师纽特带来的。纽特是电影第一部中的重要人物，他知道驾驶员们为了默契需要通过仪器共享彼此的记忆，于是他突发奇想用这个仪器把自己和怪兽进行了记忆共享，得知了怪兽们的秘密，利用得到的情报，第一部中的机甲驾驶员最后摧毁了怪兽们使用的传送门，拯救了地球。

这件事过后，纽特被邵氏工业聘用，负责处理绝大部分的工程任务。而纽特也收藏了当初用来记忆共享的那只怪兽的大脑，每天闲暇时的娱乐就是和这个大脑进行连接，和他聊天解闷。可是在这个过程中，怪兽控制了他的思想，使得纽特偷偷修改了 AI 机甲的程序，并且制造出了新的传送门。在邵氏工业将 AI 机甲部署到世界各地的时候，纽特偷偷启动了 AI 机甲那被修改过的程序，在各个军事基地大肆破坏，并且打开了传送门，让更强大的怪物来到了地球上。

新一批的怪兽在向日本进发，企图点燃富士山让它喷发。怪兽的血液中含有特殊元素，可以与火山发生剧烈反应，而富士山一旦喷发，所带来的灾难可远比怪兽造成的破坏要大。杰克在内的驾驶员们马上驾驶着 4 台机甲前往日本阻击怪兽，一番战斗之后，己方的 4 台机甲损坏了 3 台，而那 3 只受伤的怪兽也进行了合体，变成了一只空前强大的怪兽，继续朝着富士山前进。现在只剩下了主角所驾驶的机甲"复仇流浪者"可以行动，但也无法和这只巨大的怪兽对抗。并且现在就算去追赶，时间上怕是也来不及了。

杰克想出了一个办法：让"复仇流浪者"飞上高空，然后落下来撞击怪兽，不仅能够追上，还能以强大的冲击力直接消灭怪兽，阻止它进入火山口，但

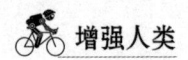

"复仇流浪者"并没有飞行装置。

就在大家都束手无策的时候,忽然,"拳击手"出现了。

此时的阿玛拉明明在一台已经受创的机甲里,现场也没有其他的驾驶员,"拳击手"是怎么行动的呢?

原来是邵丽雯——她用自己的远程驾驶技术,在基地里连接上了"拳击手",控制着它行动。邵丽雯只是一名企业家,没有受过任何军事训练,但好在"拳击手"的任务不是和怪物战斗,因此邵丽雯也能胜任。只见"拳击手"扛着用怪兽血液制作的大功率推进器跑到了"复仇流浪者"身边,将推进器焊在"复仇流浪者"身上,而后杰克与自己的搭档便毅然飞上高空,抱着同归于尽的想法,对准下方的怪兽俯冲下来。

最终怪兽被成功消灭,杰克他们也从破损的机甲里爬了出来,虽然被震得七荤八素,但至少命是保住了。他们坐在残骸上感叹着这一切,而在未来等待他们的,是无数未知的挑战。

为了安全起见,非战斗人员都是不允许进入战场的,哪怕是待在机甲里的驾驶员,也时时刻刻都在面临危险。如果没有邵丽雯神兵天降的话,或许怪兽已经进入火山口,顺利地摧毁地球了。而千里之外的邵丽雯能够协助击败怪兽的原因,正是我们今天要讨论的远程控制技术。

2. 在安全距离之外

大家知道,现如今培养一名战斗机驾驶员的成本,和他所驾驶的战斗机差不多;而一架战斗机的制造成本,大概相当于和它一样重的黄金。能够成为飞行员的人本身就是万里挑一,并不像战斗机一样可以量产,这样一来,就导致一个很有意思的现象:驾驶员比战斗机更值钱,遇到危险时战斗机可以放弃,驾驶员不能放弃。

人比物值钱这件事,不只是航空航天界,其他任何领域都是这样。一台价值几百万元甚至上千万元的跑车,再昂贵也不过是流水线上的批量产物,花点钱花点时间就能制造出来。而一个优秀的赛车手需要数年的刻苦练习才能拥有高超的驾驶技术,汽车的设计和制造更是需要数十名有长期从业经验的工程师共同参与。一套核磁共振设备或者CT扫描仪哪怕要从国外进口,那也不过是钱的问题,但一名合格的医生需要跟着自己的导师学习几年甚至十几年才能独当一面。往大了说，原子弹那么先进与昂贵的武器，许多国家都实现了大量生产，但是一个能够设计核武器的工程师，需要花多少时间和财力物力来培养呢？想想看，美国人曾评价钱学森"一人能抵五个师"，你就知道人才的重要性了。

因此，在操作大型机械的时候，尤其是在危险的场景里，用科技代替人力，都是对操纵者的保护。不管是AI技术还是远程控制，只要使用者远离现场，他就能够保证安全。

AI驾驶是非常纯粹的科技，要实现这一点必须等到人工智能真正诞生，拥有独立思想、会学习、会随机应变的时候才能实现。这实在是太困难了，成本也高，对人类来说，用远程的方式进行危险作业技术门槛更低，更容易实现，而这也是我们今天所要讨论的。

远程控制似乎已经不是什么稀奇的技术了，哪怕是小孩子的玩具车上都可以看到遥控技术的存在。确实，这无非就是把控制器的其中一段信号线路，改成信号发射器与接收器罢了，要实现起来很简单。但是遥控一辆玩具车，与遥控一辆机甲去战斗，其难度不可同日而语。

因为目前还没有机甲，我们仍然以战斗机举例。战斗机的操纵复杂程度可比机甲低多了，但仍然是人类无法做到的。

首先是操作量。玩具车不过是前进后退和转向，工程车也是车，比玩具车多了几个单一的动作罢了，并且都是慢悠悠的行动，驾驶员有充足的时间思考下一步怎么做；而飞机的操作量比它们高了不止一个数量级。看过飞机的驾驶舱吗？仪表盘上光是键盘就不止一块，每个按键都代表不同的功能，每个数字都代表了重要的数据，相隔数百上千米的驾驶员要在遥远的距离精确地判断战斗机的装填，并且做出准确的操作，哪怕驾驶技术再高超，也还是有难度的。

其次是信息量。战斗机的飞行高度、速度、方向、气压、燃油储备，甚至气温、湿度、风向、视野等信息，都可以传输到控制器上。哪怕驾驶员想要一个和真正的机舱一模一样的控制器，也是没问题的。问题就是，有些东西是飞机上的传感器不会知道的，比如，飞机的震动、飞行姿态、失重感与平衡感等。不知道各位有没有看过电影《萨利机长》？萨利在飞机出现意外、仪表盘全部给出错误信息时，凭借自己的经验，判断出飞机出现意外的真正问题，从而顺利地让飞机降落。如果他不在飞机上的话，他是不可能察觉到问题的。

再次就是信号传输的问题，第一是延迟，第二是信息完整性。延迟就不必说了，飞行姿态每时每刻都需要调整，数据从飞机上传回控制器，操作指令再传输到飞机上，这个过程本身就会占用时间，更加增大了在紧急情况下出意外的概率。信息的完整性也是一个很让人头疼的问题，战斗机飞行的时候会受到各种天气的影响，并且还要与敌方部队进行各种信号战，一个小小的电磁干扰就可能导致战斗机与驾驶员失去联系。如果驾驶员坐在战斗机上的话，就算与地面部队失去联系，也能够凭借自己的视野、经验、驾驶技术返航，而如果是遥控，一旦战斗机失联，它就只能保持自动巡航，一直到燃油耗尽并坠毁。

最后是灵活性。战斗机上的飞行员如果被迫坠机，回到地面上以后他仍然可以做很多事情，甚至修好战斗机，而远程控制的战斗机一旦坠毁便只是一堆废铁；深海里的潜水员可以用自己灵活的双手解开缠在身上的水草，收集复杂地形中的标本，而笨重的机械臂则无法做到；废墟里的搜救员可以利用身边的一切，他灵活的身体允许他做到任何事情，而代替他来的机器人远没有人那么强大……人确实能够控制机器人远程替自己行动，但机器是很难比人类灵活的，机器人的所有功能都是在设计它的时候就定好了的，而人可以随机应变。要让远程控制下的机器人，达到和人类身体一样的灵活度，做到所有人类能做到的事情，工程师们还有很长一段路要走。目前，很多地方确实用上了机器人来代替人，不过一些需要人的创造力和灵活性的地方，机器人是无法胜任的。

纵然困难有这么多，人们仍然没有放弃对远程控制技术的追求，原因只有一个：不需要使用者亲临现场。看似只有短短的一句话，实际上它可以极大地节省成本，保护无数人的生命，并且也能带来一些意想不到的好处（见图9-1）。

图9-1　从地球远程操控的火星车

3. 远程控制技术的市场

要是单说远程控制，我们很难去描述它的"市场规模"，因为相比于其他内容，远程控制并不是一种产品，而是一种为其他产品进行增益的技术。遥控器和电子车钥匙上也有远程控制系统，难道买了台电视，或者买了一台跑车，就等于买了一台远程遥控设备吗？这看起来很荒唐。

但是如果我们将范围限定在"以远程控制技术为核心卖点"的产品，并且该产品离开远程控制技术就完全无法产生作用，那么我们就可以认为，该产品是远程控制技术的表现所在了。要是这样说的话，我们现在的生活中就已经有许多产品，能够让人们感受到这项技术带来的便利了。

比如，人们所熟知的无人机。大到无人农药机，小到航拍飞行器，它们离开远程控制技术就没有任何用处，消费者买下它们，就等于为远程控制这个技术买单。那么我们来看看，为了远程遥控这个功能，人们愿意付出多少成本。

目前，全球有 50 个左右的国家正在研发无人机。这个数字并不包括正在钻研无人机产品的民间企业，能够生产无人机的企业非常多，并且不断有新的企业加入，想要分得这一块大蛋糕。2018 年时，全球无人机市场规模为 214 亿美元，其中军用领域无人机占 131 亿美元，民用领域无人机占 73 美元；到了 2019 年便已经增长至 259 亿美元，军用领域和民用领域的规模分别为 169 亿美元和 90 亿美元。民用领域的占比一直稳定在 34% 左右。

尽管许多国家都重视无人机技术的研发，并且都愿意为此投入大量的资金和人才，但因为彼此的科技水平并不均等，各国的无人机技术发展并不均衡。无人机最大的市场是北美，在 2018 年，北美的市场份额占据了整个无人机市场的 54%；其次是欧洲，占据了 30%；亚洲占 9%，其余地区占剩下的 7%。我们可以注意到，最大的两个市场北美和欧洲，大部分都是发达国家，也就是说无人机这种略显奢侈的东西，发达地区的消费者更愿意选购，并且相比之下购买意愿是非常高的。一部分是价格因素，另一部分是科技与人之间的关系，这个我们稍后会讲到。

尽管亚洲的无人机市场仅占整体市场的 9%，但无人机在国内的表现也并不差。2015 年时，国内的无人机市场整体规模仅为 66 亿元，到了 2018 年便增长至 257 亿元；而到了 2019 年，伴随着 5G 技术的到来，远程控制技术得到了极大的提升，无人机市场规模也跟着一步跨到了 359 亿元。

另外还有一个非常有趣的数字：截止到 2019 年年底，中国工业无人机专利申请量总和达到了 6320 项，专利公开量为 6191 项。也就是说，一个企业是可以大部分依靠国内的无人机技术专利去制造无人机的，不用和国外的企业进行太多的合作，这样也方便了新企业的加入。

相信大家最熟知的无人机品牌一定是大疆了。不过，大疆作为一种面向大众的"玩具"，还是显得有点奢侈的。无人机被应用得最广的领域其实是农业，占比达到42%，比如，刚才提到过的农药喷洒器等。其次便是电力巡检领域，占比在17%，消防领域占14%，物流领域占12%，测绘领域和建筑领域分别占6%和4%。

我们可以注意到，这些应用领域都有着类似的特点，比如，工作范围大，地面状况复杂，人或者车辆都不方便而飞行器材十分有优势；再者就是存在一定的危险性，或者十分烦琐，容易使人疲惫，飞行器材只需要一些能源就能完成工作；而后便是工作内容单一，比如，喷洒农药、拍照测绘、搜集信息等，人也能完成这些工作，但飞行器材不仅能完成，而且速度快、效率高、行动十分灵活，可以去人难以到达的地方，极大地提升工作效率。

因此，无人机在应用领域的表现是非常喜人的。以前技术落后的时代，人们做什么事情都要用双手去完成；后来，人们开始学会利用专业器械去实现；而随着技术的不断进步，人们已经能够操纵着器材去替自己完成任务，自己只是舒舒服服地坐在办公室里，省时省力，速度快效率高，个人安全得到保障，并且也不会过于疲惫（见图9-2）。

图9-2 远程操控潜水机器概念图

截至2020年，手术机器人的全球市场已经接近80亿美元，几年来的复合成长率保持在19%以上，呈现一个稳步上升的趋势。

手术机器人的思路也可以拓展到其他领域，小巧而灵活的机器人可以深入复杂结构的内部或者狭窄的地方，代替人完成各种工作，安全而省事。很多时候，机器人在复杂环境下拖着一根长长的信号线是非常影响行动的，因此远程控制技术便显得越来越重要了。5G技术的出现，让远程控制技术有了一个非常大的提升，越来越频繁地出现在我们的生活中。

拥有自动驾驶功能的车辆，其实也运用着远程控制技术，只不过不是纯粹地受到云端的控制。毕竟公路上差 1 秒钟都可能引发灾难，所以控制车辆行动，仍然是车载电脑进行的，但是天气、路况、交通状况等信息，是由云端计算并且通知的。并且电脑能够控制车身的行动，却不会对其他车辆做出反应，尤其是存在多辆自动驾驶的车辆时，彼此之间的默契就更加重要了——人可以随机应变，根据实际状况决定是超车、减速还是靠边等待，而电脑不会。因此，每辆车应该怎么走也是需要云端进行规划的，只不过是让车辆具体地去实施这个规划，这也算是远程控制的一种形式。

除了上述这些产品之外，远程控制技术还可以运用在各种设备之上。原本需要手动操作的设备，添加远程控制技术之后，就可以成为一件更强大的产品。比如，前几年出现的带有遥控器的吊车，驾驶员在固定车辆之后，可以拿着遥控器站在一个合适的地方工作，让自己能够看清整个工地，避免了被驾驶舱的狭窄视野影响判断，从而做出错误的操作。这样的车辆很复杂吗？并不是，只是加装了一套简单的遥控系统而已，但是这小小的改动给整辆吊车带来了非常不错的提升，它也确实比同类车辆更受欢迎。

因此我们可以认为，远程控制技术的市场并不算很大，但胜在任何一个企业都可以去开拓它，哪怕是给已有的普通产品加上遥控系统，它都会拥有更出色的使用体验，从而能够击败同类产品，抢占更大的市场份额。

4. 远程控制技术的未来

人，本身就是一个成本，让人待在系统里也需要成本。最简单的，战斗机里必须要有容纳一个人的空间，这就增大了整体体积；战斗机只是短时间作战，燃料耗光或者弹药打光就返航了，只要能让飞行员在里面安全地度过一段时间就可以，那其他的呢？

如果是远洋轮船，还必须准备各种生活用品，足够的药品和食物；潜艇、空间站等长时间工作的场所还需要保持气密性，这样一来又需要氧气供给系统，还得用更坚固的材料和结构来抵抗压力，无时无刻不在增加成本。如果没有水循环系统的话，太空站的宇航员喝一杯水，代价是 3000 美元。这仅仅是一杯水，还没算每天的食物消耗呢。

如果是登月科考、火星探测车等任务，在航天器里安排一个航天员，这趟任务的成本都会急剧上升。而且万一出了意外，这名宇航员是必死无疑的——

生命的代价是航天器无法相比的。并且,使用无人航天器的话,在任务结束之后可以就地遗弃,或者关机、休眠以等待之后的任务,也可以等待人类有朝一日来到这颗星球时进行回收。对火星探测车来说,在火星上工作至报废是它最好的归宿,也是它的荣耀;而如果是航天员的话,就必须要将他带回来,这就增加了无数的成本,也带来了无数潜在的危险。

说点离人们日常生活更接近的。比如,我们最熟知的智能家居,躺在床上就能够控制整个房子里的所有家具,这不就是远程控制的一种表现形式?只不过是和物联网技术相辅相成的成果。哪怕是最简单的电视遥控器,能够让人们坐在沙发上就控制电视,不也能够获得更多的休息吗?要是某一款电视取消了遥控器,那它估计一台都卖不出去了。

比如,排爆专家如果能够在最后关头撤离现场,留下一个遥控装置替自己剪线,那就算拆弹失败,至少他也可以存活下来,而一个能够剪断电线的小机器能有多少成本呢?

再比如,高空作业、火场、深海、核辐射泄露区域、战争与冲突地带、化工厂污染等,这些地方的工作也十分单一,无非就是救援、工程与战斗,机器人或者机械臂都能完成一定的任务,如果能用上远程控制技术,那么这些训练有素的专业人员,他们的安全将得到极大的保障。设备损坏了没关系,但人如果出事了,那就是永远的痛苦(见图9-3)。

图9-3 远程操控的无人机

在各种技术都不断发展的今天,我们是否应当思考一下,如何将人力成本节省下来?

再坚固的外骨骼机甲,也不能在所有情况下都保护好使用者,但远程控制可以。这项技术确实是会降低一些任务的效率,但它能够让人远离工作现场,至少能够撤退到安全距离。人亲临现场会产生许多成本,人的生命更是一种无法估量的成本。除去安全方面的考虑,在普通人的日常生活中,远程控制技术也是极为有用的东西,"不必亲临现场"这个特点,能够让人们获得更多的休息,或者挤出更多的时间去做别的事情。

  文明的演变绝不是冷冰冰的科技发展——应该让技术更多地关注人类本身。技术进步的终极目的是保护人类,帮助人类在这个世界里更好地生存。

增强人类

第10章 听到每一个细节：增强耳机

记得倾听内心的声音

1. "我需要一个更大的电台"

埃莉·爱罗薇小时候就从爸爸那里学到了电台的使用技术，甚至能够与1116公里外的电台爱好者进行通话。埃莉一直想要和已经去世的妈妈通话，而爸爸只能告诉她："那恐怕世界上最大的电台也做不到。"

埃莉又问："你觉得别的星球上有人吗？"

爸爸回答道："我不知道。不过我觉得，如果只有地球有人的话，那未免太浪费空间了。"

他对埃莉的教导让埃莉对这个世界充满了好奇心。在爸爸因病去世之后，寻找宇宙中其他的生命，就成了埃莉唯一的目标。她想随时和其他电台爱好者联系，想要和妈妈通话，想要去看看别的星球上有没有人，她需要一个更大的电台，越大越好。

长大以后，埃莉成了一个天文学家，并且真的找到了一台特别大的电台——阿雷西博天文台，在这里进行一个地外文明探索项目。

或许是使用电台带来的习惯，埃莉很喜欢"听"，对于宇宙空间传播到地球上的电波信号，别人通常用视觉方式进行研究，而埃莉则是将电波解码成声音，用耳机去听这些信号，并发现其中不寻常的地方。她觉得这样更加真实，事实也证明确实有效。

她在阿雷西博天文台工作的过程中认识了帕默·乔斯，一个作家兼神学硕士。他后来成了宗教领域的大人物，十分有影响力。埃莉和帕默相处得很愉快，这个大电台也让她感到很满足。但好景不长，项目主管大卫·德拉姆认为"寻

找外星文明"这件事太虚无缥缈了，无法为社会带来实际的利益，因此叫停了这个项目。

埃莉认为，外星文明可能是人类历史上最伟大的发现，大卫并不否认这一点，但他认为任何投资都需要向纳税人有所交代，二人之间为此爆发了剧烈的冲突。

最终，埃莉和自己的团队离开了阿雷西博天文台，四处寻找新的投资者，以资助他们租用新的设备进行研究。但是"寻找外星文明"这件事不只在大卫眼里是个毫无用处的"科幻小说"，在投资者们的眼里也是如此。最后一次寻求投资失败之后，埃莉情绪失控，说道："想知道点更疯狂的事情吗？曾经有几个人，想造个叫飞机的东西，让人像鸟一样飞起来，简直可笑，对吧！以及突破音障、登月火箭、原子能、火星计划等，这不也是科幻小说吗？听着，我对你们所要求的，不过是一点点远见，退一步，视野更广阔一点，冒一次险，去做一件对人类、对历史有巨大冲击的事情！"

这段充满哲理的话，哪怕放在今天都会令人觉得疯狂。但是，这也确实说出了人类对待科学和未知事物应有的态度，并且打动了一家投资者的管理者，埃莉也成功拿到了投资，租下了位于美国新墨西哥州的甚大阵射电望远镜的使用权。

甚大阵射电望远镜由27个口径为25米的天线组成，每个天线的重量为230吨。埃莉最常做的事情，就是坐在草地上，控制着这群庞然巨兽旋转并接收太空传来的信号。他们几年来都没有什么实质性的发现，加上这个神秘的举动，埃莉被人冠上了"沙漠巫婆"这个称号，甚至整个团队都成了笑柄。

埃莉并不在乎这些，她只想完成自己的工作。但是甚大阵射电望远镜毕竟是政府所有物，尽管埃莉的团队已经支付了使用租金，可是政府仍然觉得这个项目没有什么实际意义，决定叫停。

此时，距离合约结束只剩下3个月，如果埃莉不能在3个月之内有所发现的话，那么这个项目就要彻底结束了，他们也将再一次失去研究设备。团队的成员们正在看电视，埃莉旧时的好友帕默此时已经成了一位有名的神学家。他在电视节目中说道："我只是一直在质疑，作为人类，我们是否更幸福？科学技术的发展，让这个世界变得更好了吗？我们在家购物、上网，但同时我们更加空虚了……比人类史上任何时候都感觉更寂寞，更与世隔绝，我们正在成为一个综合性的社会，又迫不及待地进入下一个……我觉得这是因为我们正在寻求意义。什么是意义？我们不经大脑地工作，然后疯狂去度假，透支信用卡去商场买更多的东西，我们以为能够填补内心的空缺，那失去方向感又有什么奇怪的呢？"

这一番话仍然可以用来质问今天的人们：科学技术的发展，是否真的让人们更加幸福了呢？

没人知道这个问题的答案，也没人有资格替自己的数十亿同胞回答。此时的埃莉感到十分迷茫，她似乎已经看见了自己职业生涯的尽头。那个清晨，她躺在汽车引擎盖上，像往常一样工作着。射电望远镜接收着从太空中传来的电磁波，然后转化成声音，从埃莉的耳机里播放出来。耳机里基本只有杂音，这是宇宙大爆炸时留下来的微波背景辐射，宇宙空间里每个地方都有，而超新星爆炸产生的电磁波会比背景辐射要强得多，转化成声音之后就会从嘈杂而单调的杂音里听见不一样的东西。

埃莉正是用这种听的方式发现了很多东西，但都没有什么有趣的。她希望某一天可以听见一些其他的东西，比如，外星文明的信号。

而这一天，她真的听到了。

天刚蒙蒙亮时，耳机里传来了一阵有节奏的隆隆声，她马上意识到自己发现了什么。她立刻驾车赶回实验室，像疯子一样咆哮着说出了信号来源的赤经和赤纬。实验室的同事也立刻忙活了起来，启动所有系统，调动整个望远镜阵列，将这历史性的一刻记录了下来。

在排除了附近的预警信号、军事基地以及卫星信号的干扰之后，他们得出了一个难以置信却又渴望已久的结论：这个信号来自地球以外。准确地说是织女星，距离地球仅有 26 光年。

这个信号持续一段时间就消失了，音箱里又只剩下了单调的杂音。好在设备已经将信号都录了下来，就在埃莉准备关掉音响的时候，那个信号又出现了。这一次，埃莉敏锐地察觉到，那古怪的声音出现是有规律的，响了两声之后出现了停顿；又响了 3 声，停顿；接着又响了 5 声，停顿……

他们把声音每次响起的次数记录了下来，发现全都是质数，埃莉断定这绝对不可能是自然现象，只有拥有高等智慧的生物才会知道质数这个东西。那么在信号中表现出质数，其实就是在传递一个信息："我是智慧生物。"尽管全宇宙的文明之间事先不存在交流，但这仍然是所有文明都可以理解的信息，是智慧的默契。

但埃莉和在场的两个同事又发生了意见分歧：织女星形成的时间太短，周围难以形成行星，也就更难以诞生生命乃至演化出智慧文明了。并且织女星的周围满是陨石，外星文明如果要做星际旅行，肯定不会选择将织女星当成落脚点，因此这段信号究竟是不是织女星的智慧文明发来的，仍然不能确定。

埃莉联系了其他天文台的人，他们全都确认了埃莉发现的这个信号。至此，埃莉才下定决心，将这个发现公布出去。政府知道了这个消息之后，立刻派出中央的人接手了这个项目，甚至打算将埃莉等人都驱逐出去，根本不把他们当回事。政府人员到来之后甚至问了一个很幼稚的问题："如果这真是高等文明的信号，为什么使用这么简单的数字呢？为什么不直接说英语？"

埃莉回答道："可能是因为这个星球上70%的人都说其他语言，而数学是唯一通用的语言。"

紧接着，埃莉的同事肯特来到了实验室。他是一个盲人，但也正因如此，他在听觉上有着远高于常人的敏锐。他发现了信号中的谐振，让团队得到了更多的信息，并且在多方合作之下，一点点解码出了更多的内容——首先是一段能够被人类的电视机播放出来的视频，内容是希特勒在奥运会上所做的演讲。

埃莉推测，应该是当年的电视直播信号传播到了外太空之后被外星人捕获，他们意识到地球上有智慧生命，于是将这段信号又发了回来，用这种方式来向人类打招呼："嘿，我们收到你的信号了。"

专家们继续往下解码，最终得到了一套庞大的图纸——这个图纸描述了一个庞大的机械设备。国家安全部门对这个设备展开了激烈的辩论，有人认为这是人类探索外星文明的好机会，也有人认为这个设备其实是一枚巨大的炸弹，一旦启动就会导致人类文明的灭亡。最后激进派占了上风，政府还是决定投资3000亿美元，建造了这个设备。

设备图纸上描述了这个设备可以容纳一个人类，让谁代表全人类进入这个设备，成了一个颇具争议的话题。最终，埃莉作为信号的发现者，成了10个候选人之一，这10个候选人将由投票选出最终进入设备的人。

候选人们需要应对各种询问，帕默作为一个声名显赫的神学家，也拥有投票权。他向埃莉提出的问题是："你觉得自己是一个信教的人吗？你相信上帝吗？"

而埃莉的回答是："作为一名科学家，我依赖于实质的证据，就此事而言的话，好像没有上帝存在的证据。"

埃莉的回答十分中肯，科学家们不会强行否认上帝的存在，但事事讲证据，如果出现了上帝存在的证据，科学家也会马上相信上帝，但目前没有这样的证据。然而帕默看来，她的这个回答已经证明了她并不相信上帝，而大多数的人

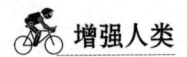

都是有宗教信仰的——因此,埃莉无法代表整个人类。

但现实就是充满了戏剧性。在设备启用的当天,一个人潜入设备场地破坏了设备,导致在场的那个代表死亡。当初资助埃莉租用甚大阵射电望远镜的企业,幕后的老板哈登也再次联系上了埃莉,表明他在北海道暗中建造了第二个设备,而原先的代表已经死亡,现在只有埃莉能够胜任这个职位。

埃莉在准备之后进入设备。设备启动后,她感觉到自己在一个隧道里穿越了很久,最后在一片沙滩上醒来,并且见到了已经去世多年的父亲。短暂的相聚后,埃莉猜出眼前的人并不是父亲,而是外星文明利用埃莉的记忆制造出来的假象,目的是让埃莉更容易接受。这个外星人告诉埃莉,设备相当于一个邀请函,让人类文明得以接触整个宇宙,它只是第一步,时机成熟之后人类自然会迈出第二步。而后,埃莉便被送回了地球……

2. 欺骗你的耳朵

这是 1997 年,一部由罗伯特·泽米吉斯执导,朱迪·福斯特与马修·麦康纳等著名演员参演的科幻片《超时空接触》所讲述的故事。这部关于地外文明、人类未来与外星人的电影,从头到尾外星人只出场了几分钟,并且是以人类的形象。整个故事都发生在 20 世纪末,甚至仅有的特效镜头都浓缩在最后几分钟,并且也不是炫酷的太空战斗。

可就是这样一部看起来"什么都没有"的科幻片,放在 20 多年后的今天,仍然被认为是前卫的、充满想象力的,为人们对太空的探索和向往指明了一条可能的道路。那个小小的耳机,可谓头号功臣。

作为这个话题的最后一个章节,大家可能会觉得很奇怪:相比于 AR / VR、5G 技术、机械外骨骼、智能手机、穿戴式设备、远程遥控这样的尖端科技产品来说,耳机相对而言显得没什么技术含量,甚至可以归结到穿戴式设备之中去。之所以要为耳机单独写一个话题,原因在最后一个部分,我们先来聊一聊耳机的技术。

其实要做好一个耳机并不简单,小小的一个耳机也包含着很多深奥的技术。

首先,耳机播放声音的原理是将电信号转化成不同强弱的电场,电场带动振膜之类的元件,引发空气振动,从而发出声音。简单地说,电磁波经过这样一个过程,一定可以被转化成一段声音,如果是图像或者其他形式的数据,别说两个不同的文明了,哪怕在人类内部都不一定能翻译出来。比如,一个 Mp4 文件,就需要支持 Mp4 格式的播放器才能播放,并且还需要完整地接收整个文件,否则一旦信息丢失就会导致无法播放。如果人类要向地外文明传递信号的话,传输图像的成功率非常低,然而传输一段音频翻译过来的电信号,对方一定能够转化成声音。

就像影片中那样,哪怕双方语言不通,地外文明仍然让埃莉"听"到了玄机,才有了接下来发生的一切。音频播放设备的原理并不复杂,但是它对于星际探索的意义,是非凡的。

其次,音频播放设备从最早的大音箱变成后来的头戴式耳机,再后来变成入耳式耳机,主体只有一颗橄榄那么大,这本身就已经见证了技术的进步。而在做得足够轻便之后,人们仍然不满意,希望耳机的音质更加好一点。因此,耳机也诞生了许许多多的种类。

动圈单元耳机包含磁铁、音圈和振膜等主要元件,音圈上缠绕好线圈,利用通过线圈的电流的不同方向与强弱来产生磁场,就会与旁边的磁铁产生吸引或排斥,从而带动振膜往复运动,使空气振动发出声音。动圈单元的发生原理与人类耳膜的收音原理相似,因此声音十分自然,低频也更加宽松舒适。

动铁单元耳机包含驱动棒、振动板、线圈、电枢和电磁铁,利用电磁铁产生交变磁场,信号经过电磁铁时会使磁铁的磁场发生变化,从而使振动板振动发出声音。动铁单元的优点是体积特别小,并且所需要的驱动功率特别小,很适合用来做入耳式耳塞。动铁耳机的隔音效果通常都很不错,音色通透明亮,并且因为采用了金属微型振膜,所以高频通常都比较优秀。

平板单元的原理和动铁单元相似,但实现方式不同。平板单元的磁体分布在振膜两侧,像两块平板一样把振膜夹在中间,并且振膜上覆盖了一层很薄的金属导体,当有电流经过时,振膜就会受到两块磁体不同的作用,一块吸引一块排斥,不同的电流方向和强弱会让振膜产生不同的振动,从而发出声音。平板单元的优势是可以将振膜做得很大,这就极大地提高了使用寿命,并且在动态和声音信息量上有着巨大的优势。

最后就是静电单元了。静电单元的构造与平板单元相反,中央的振膜带正点性,是将两侧充满高压电的极板接通电路,通过电流带来的磁场变化,带动中央的极性振膜振动,从而发出声音。虽然价格高昂,对前端设备的要求也高,但优点是声音失真低、细节丰富、反应速度快、频率响应宽广,重放时各种细节都能还原出来,并且高频和瞬态反应快。简单地说,它虽然娇贵,但声音的质量也非常高。

除了发声元件上的区别之外,从主体结构上,耳机可以分为开放式、半开放式和封闭式;从佩戴方式上有耳塞式、挂耳式和头戴式,加上4种静电单元,基本类型就有36种。并且人们对于听觉感受的高要求,这个需求也导致一种非常有意思的技术出现——降噪。

降噪技术的分类五花八门,各种生涩的名词一大堆,但归根结底都是同一个原理:通过耳机外部的微型麦克风识别出环境噪声,经过数据处理之后,在耳机内播放一个完全相反的声音。声波有一个非常有趣的特性,两个频率、强度一样的声波,其中一个波的波峰与另外一个波的波谷重合,那么它们混合之后就是零。于是,用这种方法就可以极大地减少外部的噪声,其他附加技术都是对这个降噪原理的辅助。

3. 耳机产品的市场

人眼是世界上最好的摄像机,一台市场价四五十万的电脑,渲染上5小时,才能生成一帧《阿凡达》的特效画面。而相对于眼睛,人的耳朵显得非常容易欺骗。人们能够听出高端耳机的音质更好,但和普通耳机相比究竟好在哪儿,许多人都说不出来,甚至有些"木头耳朵"根本分不出它们有什么区别。

因此,耳机很容易就可以营造出逼真的声音。在视频与游戏中,要想让用户更有真实感和沉浸感,提升耳机的质量是一个非常好的选择(见图10-1)。

图10-1 增强耳机概念图

根据2020上半年ZDC二级市场价格段关注度数据显示,消费者对于耳机的关注度也呈现一个类似金字塔的结构。首先是200元以下价位的耳机消费者关注度最高，占比为29.8%；其次是200～500元之间的价位，关注比为22.74%；500～1000元之间价位的关注度占比为10.2%；而到了1000～1500元价位，关注度占比反而有了一个回升，达到了16.79%。这说明一个很有趣的事实：随着生活水平的提升，人们对于耳机这种享受性质的消费也有了较大的追求。路边摊10块钱1条的耳机也能听音乐打电话，但人们不满足于此，相比于500～1000元之间价位的耳机，人们更愿意多花一点钱，去买更好的耳机。

尽管500元以下的耳机关注度占比超过了总体数据的50%，但这不代表消费者只会选择价格亲民的产品。我们接着往下看，1500～2000元之间价位的耳机关注度占比为7.93%，2000～5000元之间价位的耳机关注度占比为6.58%，而到了5000元以上的价位，这样的"天价耳机"仍然有5.96%的关注度。

对于更高的消费和更优质体验的需求在不断上升，这是一个喜人的现象。

而耳机类型的关注度，这方面的数据为：首先蓝牙耳机占40.29%，是最受消费者欢迎的耳机类型，其次是降噪耳机占18.52%，游戏耳机占15.16%，这些市场尤其值得我们关注。其余的运动耳机、Hi-Fi耳机等，价格高，关注占比相对也比较低。

在佩戴方式上，头戴式耳机和入耳式耳机的受关注度最高，分别为35.10%和33.4%，耳塞式耳机早年曾霸占市场，如今关注度也下降到了14.10%，并且不出意外的话在未来还会继续下跌。耳塞式耳机确实是很多人的习惯，但佩戴时间久了会感觉不舒服，相对于入耳式耳机也更容易脱落，声音容易外泄，隔音能力也不及入耳式耳机，这些缺点注定了入耳式耳机不会成为主流。

至于耳机品牌方面，Apple、SONY、1MORE、森海塞尔、漫步者、mifo、华为在内的一众厂商，占据了整个市场超过80%的份额。除了技术上的原因之外，还有品牌的影响力在里面。对比一下类似的科技商品手机，一部手机人们可以从处理器型号、内存容量、电池、屏幕质量等方面去评价它到底有多好，并且这些都是能够从测评视频里就能直观感受出来的。但耳机呢？一个消费者不管看多少视频都无法判断一个耳机到底有多好，那些专业的名词对普通消费者来说无异于天书，就算请专业的人来做评价，因为每个人的耳朵"口味"不同，喜欢的音乐风格也不同，导致同样一款耳机对不同的人而言都千差万别。

在这种情况下，消费者除了外观、价格以及参考性很低的测评之外，就只能从品牌入手了。不过可喜的是，耳机是一个非常容易打出品牌风格的产品。比如，Beats 品牌，常常被人们戏称 1000 块钱的 Beats 音质和路边摊 10 块钱的耳机一样，但胜在造型优美，非常符合年轻人对于美观和个性的需求，因此销量仍然不算低。而统计数据里的"其他品牌"，即那些小众品牌也仍然占有 17% 的份额，说明耳机企业想要从零开始做大，也还是有机会的。

聊完了消费者与品牌，我们再来聊聊市场。

自 2016 年苹果发布了 AirPods 之后，耳机便进入 TWS（真无线立体声）时代。AirPods 一直被视为 TWS 耳机的标杆。在 2018 年时，AirPods 以 4600 万台的出货量占据了全球 TWS 耳机市场近 75% 的份额。到了 2019 年年底，AirPods 的份额下降至不足 50%，但是仍然创造了单季度 40 亿美元的营收成绩。2017 年时，全球 TWS 耳机市场出货量仅为 2000 万部，到了 2019 年，这个数字便猛增到了 1.29 亿部。结合之前关于手机的数据，也就是说，每 10 个人里就有 1 个人抛弃手机附赠的耳机，转而去购买更好的 TWS 耳机。调查数据显示，截至 2019 年年底，TWS 耳机对于智能手机的渗透率已经达到 9.41%。

根据 iiMediaResearch 在 2019 年所做的预测，2020 年全球 TWS 无线耳机销量将达 1.4 亿部，而 Canalys 预测的数字是 2 亿部，CounterpointResearch 预测的数据则是 2.3 亿部。TWS 耳机是所有类型里最高端的产品，其他类型的耳机因为种类繁多，销售渠道广而难以统计，但销售数量必定会比 TWS 耳机高出不少（见图 10-2）。

图10-2　某款畅销品牌的耳机

可见，耳机虽然是一种有点奢侈意味的科技产品，但市场仍然非常庞大。日益增长的消费水平让人们对于耳机有了更高的要求，纵然是疫情也没能降低人们对于耳机的追求。或者说，正是因为饱受疫情的折磨，人们对于耳机的需求反而提高了。

在工作和进步之外的地方,科技仍然在人们的日常生活中发挥了重要的作用。

4. 不要做科技的奴隶

让我们回到帕默问的那个问题:"我只是一直在质疑,作为人类,我们是否更幸福?科学技术的发展,让这个世界变得更好了吗?"

再看看他接下来所说的:"我们在家购物、上网,但同时我们更加空虚了……比人类史上任何时候都感觉更寂寞,更与世隔绝,我们正在成为一个综合性的社会,又迫不及待地进入下一个……我觉得这是因为我们正在寻求意义。什么是意义?我们不经大脑地工作,然后疯狂去度假,透支信用卡去商场买更多的东西,我们以为能够填补内心的空缺,那失去方向感又有什么奇怪的呢?"

每一句都是对现代社会的质问。的确,科技的发展让人们的生活变得越来越轻松,许多事情可以交给机器和电脑去完成,但属于人们的时间反而更少了。

正如帕默的困惑一样,科技的进步,真的让人们的生活变得更幸福了吗?没有人能够回答。幸运的是,在这个年代,除了科技工作者之外,还有许多艺术家、游戏厂商、喜剧演员在为人们的精神生活努力带来精彩的内容,并借由科技的途径传播给更多的人。

而人们对于听觉的要求也在不断上升,尤其是在音乐方面。游戏需要玩家手眼脑协调,一场游戏结束虽然开心但也筋疲力尽,看电影、电视剧也需要动脑筋去记住人物、理解剧情,参加户外活动也需要耗费不少的体力,还要应付身边形形色色的人。但音乐和其他娱乐形式不同,在听音乐的时候,人们什么都不用做,可以闭上眼睛,让思想停下来,放空一切。

说得感性一点,享受音乐的片刻时光,是真正属于自己的时间,在那短暂的几分钟之内,人们不再是文明的奴隶,而是真正做回了自己的主人。

读到这里的时候,或许你可以停下来想一想,你多久没有放下手机和电脑,好好地给自己的身心放个假?你会不会在下班之后,驱车回到车库里时,先不下车门,把自己锁在车里安安静静地坐几分钟?

这个时候,如果你有一副好的耳机,可以隔绝外界的所有噪声,并且播放一首动听的音乐,你只会觉得自己身处天堂,把今天的烦恼和明天的工作忘得一干二净。

耳机想要带给人们的，就是这片刻的安宁。

科技的进步，当然是一件好事。只是科技发展得太快了，文明与社会的进步追不上它的步伐，民众的生活方式改变得太快，甚至无法适应日新月异的技术。人们盲目地认为新的就是好的，这种想法不太对，要适合自己的才是最好的。

因此，在第一个板块的最后一个章节，我们小小地"唱一下反调"。希望大家在见证科技进步的同时，不要盲目崇拜，而是带着理性的态度去看待。我们为人类的智慧自豪，但绝不能被智慧奴役。

第二部分 生物科技

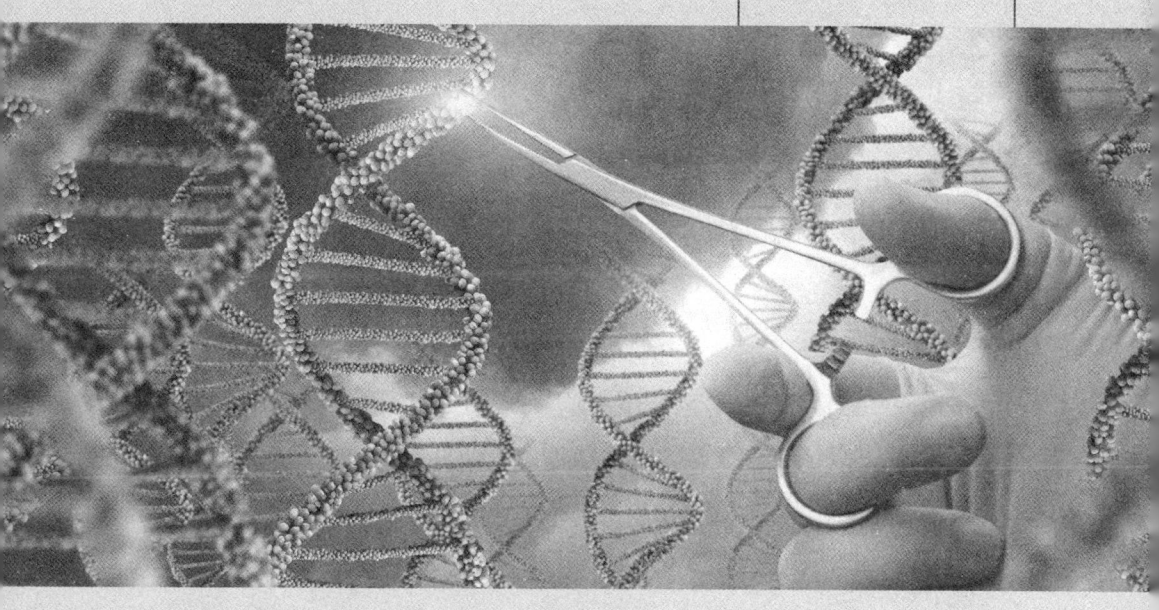

 增强人类

第11章　身体的维修与更换：人造器官

让身体重获新生

1. 没有心跳的男人

这是一个没有心跳的人的故事。他没有心跳，没有脉搏，如果屏住呼吸的话，你会误以为他是一个死人。可他就是好端端地活着，除了心跳的异常之外，他比大部分人都要健康和强壮。

这一切都要从很多年前说起。这个男人的名字叫安德鲁·琼斯，在2012年，22岁的安德鲁被诊断出患有先天性心肌病。这对年轻的安德鲁来说无异于晴天霹雳。

安德鲁是一个普通的大学生，在美国康涅狄格州上学，他性格开朗。喜欢音乐和小动物，也喜欢运动和健身。他尤其喜欢锻炼身体，至今他仍然保存着很多当时的照片，照片上年轻有力的安德鲁要么是在健身房里挥汗如雨，要么是在操场里肆意奔跑，无忧无虑地大笑。

由于每天都要去健身房打卡，他成功地锻炼出了一副好身材，甚至在朋友的推荐下参加了健美比赛，拿下了不错的成绩。身边的朋友都知道安德鲁是一个强壮而有型的男人。

如果生活一直这样下去，安德鲁大概会顺利成长为一个肌肉男模，或者从事他喜欢的职业——健身教练。为此，他从未有一天松懈过，每天都努力锻炼。

可命运就是这样充满波折，2012年的某一天，安德鲁突然发现自己呼吸困难。起初他以为自己可能得了点小感冒，可随后病情开始快速恶化，甚至在深夜里发高烧。身体状况一天不如一天，后来安德鲁被送进了ICU，并且在里面一待就是4个月。在这期间，安德鲁被诊断出患有先天性心肌病。

安德鲁的情况一天不如一天，这副原本强壮有力的身体，如今连说话都十分困难。后来，安德鲁回忆那段日子时说道："每一天醒来，发现自己还活着就是一种幸运。"

很长一段时间过去了，安德鲁始终没有等到可供移植的心脏，而他自己的心脏已经到达了极限，无法再维持生命了。安德鲁不甘愿就这么死去，医生也决定做出最后的努力，尝试挽救这个年轻人——他们给安德鲁安装了人工心脏和心脏起搏器。

这套心脏系统由两个部分组成，控制系统和血液循环系统，用来代替心脏的功能，让流经心脏的血液能够继续循环下去。除此之外，还需要随身带着充电器，每天晚上睡觉之前，都需要像给手机充电一样，为人工心脏充电。电池的体积十分庞大，无法装进身体里，需要装在背包里，走到哪儿都带着。如果心脏的供电不足，停止了工作，使用者就会当场死亡。

因为人工心脏采用机械结构来推动血液进行循环，工作的时候是不会"跳"的。但即便这么麻烦，即便失去了心跳，它至少也能够让人活下来，这一点是至关重要的。手术过程充满了风险，因为人体的运转每时每刻都需要新鲜血液的循环，而这场手术要做的是把安德鲁的心脏摘下来，换上人造的心脏。这中间的停顿如果过长，安德鲁的身体就会因为缺氧而死亡。并且摘除心脏还需要切断与心脏连接着的动脉和静脉——这可是全身上下最大的血管，万一操作失误造成了大出血，后果不堪设想。

幸运的是，手术十分顺利，医生们克服了种种技术困难，成功地将人工心脏安装进安德鲁的身体里。原本奄奄一息的安德鲁，竟然奇迹般地活了下来。医生分析道，或许是长年的锻炼让安德鲁的身体十分强壮，哪怕在床上躺了几个月仍然保持着一定的活力，这帮助他扛过了手术。如果安德鲁没有健身，可能根本坚持不了整场心脏手术，甚至早就死在病床上。

无论如何，安德鲁终究是活了下来。即使每天都要用背包装着人工心脏出门，即使身上满是手术疤痕，还插着吓人的管子，但安德鲁仍然觉得自己十分幸运。死神都已经来到了病床前，却没有战胜这个勇敢的年轻人。

有人开玩笑说，安德鲁为什么不能将设备缩小一下，装在胸口呢？这样他就是钢铁侠了。可惜的是，现有的技术并不足以制造出这样小而又功能完备的设备。如果安德鲁并不是需要更换心脏，而是别的小问题，装一个心脏起搏器就可以解决问题，那倒是可以做成钢铁侠能量核心的样子。

恢复期间，安德鲁的身体状况令人欣慰。除了心脏以外，安德鲁身上的其他器官都十分健康，甚至是比常人要优秀的。如果仅仅因为一个器官的损坏就损失了这年轻的生命，断送了未来无数的可能性，那未免太可惜了。幸运的是，安德鲁活了下来，并且很快就恢复了健康，顺利出院，回到了自己原本的生活中。

这段经历也让安德鲁对自己的生命充满了感恩，他希望能更好地利用活着的每一天，多陪伴家人，决定从现在开始更加努力地生活，每一天都做自己喜欢的事。

安德鲁仍然不放弃自己成为健身教练的梦想。在咨询过医生后，他又回到了健身房。

心脏和肺不仅维持着生理循环，也在人体进行运动的时候提供动力。一名运动员的肺活量和心脏是远远强于普通人的，因此，心脏先天不足的人注定无法成为运动员，甚至不能跑步，不能做任何剧烈运动，否则就会有生命危险。

更何况是一个心脏都已经被换掉的人呢？人体在进行剧烈运动的时候，大脑侦测到身体能量消耗提高，就会让心脏更快地跳动，以输送更多的血液。但人工心脏还没有这个功能，它输送的血液量是固定的，甚至连脉搏起伏都没有。也就是说，它很难在安德鲁运动的时候提供更多动力，如果身体的消耗太大，可能会造成供血不足，导致当场昏迷，并且没人知道在健身的时候突然摔倒在地上，会有什么可怕的后果。

安德鲁十分清楚这一点，于是他就从最基础的动作开始练习，并且注意休息，让自己的身体和这颗新的心脏慢慢磨合。健身房里的人知道了安德鲁的遭遇，都被他顽强的意志打动，每天都鼓励着他。

安德鲁每天都能进步一点点，人工心脏表现得很好，虽然无法感受到有力的心跳，但它每时每刻都驱动着血液给安德鲁带来生命的力量。在病床上躺了4个月的身体，也渐渐从虚弱之中复原，安德鲁一天天地从ICU的病人，慢慢变回健身房里最有型的男人。

这让安德鲁十分振奋，哪怕心脏被换掉了，身体也还是可以很健康的！他开始在社交网络上分享自己的照片，鼓励那些同样身患疾病的人，勇敢地面对生活。拍照的时候他丝毫不避讳身上那些吓人的管道和疤痕，反而大胆地展示它们，以此证明一个遭受过苦难的人也可以很健康地活着。

安德鲁的事迹鼓舞了很多人，人们都被他的顽强激励。有一位父亲在他的社交网络上留言说："我的儿子和你患了同样的病，谢谢你的笑容，让我们看到了活下去的希望！"

安德鲁还登上了电视台和各大杂志，借助媒体的传播能力，凭借自己健美的身材，励志的故事和乐观的精神不断地感染更多的人。

他说过一句非常有趣并且振奋人心的话："心脏需要充电又有什么关系，也是可以上健身杂志的呀！"

乐观而顽强的安德鲁就像太阳一样散发着温暖和力量。他成立了心肌病慈善协会，为那些接受过心脏移植的病人提供家政清洁。

安德鲁说："根据我的个人经历，身体恢复期间的环境清洁十分重要。所以，我们会尽可能地提供帮助，让你更快地恢复健康。"

在谈论身上的疤痕时，安德鲁说："我对手术留下的这些疤痕很自豪。因为疤痕很美，它们是你的一部分，讲述你的故事。"

2. 人工器官的相关技术

这是一件真实发生的事情。安德鲁至今仍然作为一个健身教练，健康而努力地生活着。

很多人会在活着的时候写下遗嘱，要人们在自己死后取出仍然健康的器官，捐献给需要器官移植的人。但是器官捐献源实在太少了，并且还需要匹配，避免接受器官的人身体出现排斥反应，因此大部分人等不到合适的器官就去世了。

人造器官是一项非常重要而有意义的技术，它实实在在地能够帮助许多人恢复健康，继续生活下去。人造器官技术总共分为两个部分，制造以及移植。

制造是最大的难点。虽然人造器官和智能义肢一样，都是用人工造物取代身体的某些部分，让使用者恢复健康，但智能义肢要完成的只不过是物理工作，比如，支撑身体重量、行走，简单的动作等，而内部器官要履行的，是生理上的功能，涉及许多复杂的化学反应，这可比物理工作要难得多。

因此，科学家们将人造器官分成了三类：机械性人造器官、半机械半生物性人造器官以及纯粹的生物性人造器官。

机械性人造器官，顾名思义指的是用完全没有生物活性的高分子材料仿造一个器官，并借助电池作为器官的动力。这类型的器官适用于不需要完成化学反应的器官，比如，心脏、皮肤、骨骼等。

生物性人造器官则是利用动物身上的细胞或者组织，"制造"出一些具有生物活性的器官或者组织。它们的适用场景是，目标器官的结构太过于精密和复杂，电子技术难以完全还原，因此只能利用现成的生物细胞去制造。生物性人造器官又分为异体人造器官和自体人造器官，其中，异体人造器官指的是用动物的组织制造的器官，自体人造器官则是利用使用者自身的细胞或组织来培育一个新的器官，好处是使用者不会产生排异反应。

而半机械半生物性人造器官，指的是将生物技术和电子技术结合起来的器官。当生物组织和电子技术都不能完美地还原目标器官的功能时，就将它们结合起来。比如，人造肝脏，就是将人体活组织、人造组织、芯片和微型马达结合在一起，实现肝脏的功能。

上一小节中讲述的人工心脏，实现的是物理功能，因此只需要机械性人造器官就能满足。驱动血液循环，只要给液体施加动力就行了，早在1953年就有这样的设备出现，并且已经应用于人体。它的结构与泵类似，能驱动血流克服阻力沿单向流动，代替心脏的血循环功能，主要适用于复杂的心脏手术。而世界上第一颗能够植入身体内部的人工心脏出现在1982年，它被用于救助病人巴内·克拉克，并且让他存活了112天。另一颗人工心脏植入威廉·斯科罗泰德的体内并让他存活了620天。

到了21世纪，得益于先进的技术，人工心脏已经没有什么技术问题了，已经能够在人体内一直工作下去，能够很好地替代心脏的功能，人们要做的就是降低制造成本，努力让电池缩小，甚至能够一起放进身体里。

而其他的器官，则几乎都涉及化学反应，并且要求十分精密，比世界上最精密的化学实验室都要精密。在1945年时，科学家们就已经制造出了代替肾脏的仪器。它由透析液和透析器组成，将血液导进透析器，进行透析处理后输回肾功能受损的人体。这个技术一直沿用到今天，然而透析仪的体积十分庞大，一个人根本不能扛着它自由行动，更别说作为器官放进身体里了。因此，目前主要的肾移植手术，依靠的还是器官捐献。

几十年过去了，科学技术有了突飞猛进的进步，人们已经能够在计算机和精密仪器的帮助下制造出许多种类的人造器官。

最基础的是人造骨骼，骨骼的功能也是物理性的，因此门槛最低。在以前，人们的骨头如果受损，传统的手术会取下病人身上其他部位的骨头作为代替，或者是干脆用陶瓷。钛能够很好地与生物的骨骼相结合，身体不会对它产生排斥，因此是人造骨骼的理想材料。并且3D打印机的出现也能够让人们随心所欲地将人造骨粉转变成外形合适的骨骼，从而完美地替代原本的骨骼，使用者甚至感觉不到骨骼被替换了，行动也不会受到任何影响。

人造皮肤也出现在市场上。科学家们利用许多生物高分子材料或者合成高分子材料，制造出了20多种人造皮肤。他们把这些材料纺织成带有细小毛孔的薄片，以尽可能地模拟真正的皮肤。不过，排汗、散热、触觉传导，这些功能仍然有一定的难度，是人造皮肤未来的发展方向。

人造视网膜是一种非常有趣的技术。南加利福尼亚大学研制的仿生眼项目——人造视网膜，旨在开发一种可以帮助视网膜受损的人恢复视力的人造视网膜技术，他们已经在志愿者身上对植入式微型摄像头进行了早期的人体试验。志愿者们佩戴着安装有数字摄像头的太阳镜，视网膜上安装了分布有电极的含银硅脂，数字摄像头将拍摄到的图像以无线的方式传送到硅脂上的16个电极上，电极产生的信号刺激视网膜上的神经细胞，就使盲人"看到"了图像。它将使更多的人获得光明的同时，也使科学家有足够的经费进行下一步的研究。这个技术非常有赛博朋克的味道，它的本质并不是真的做出了一个视网膜，而是通过别的方式让视力受损的人"看"到图像。而对盲人来说，能够恢复光明是一件多么幸福的事情——不管是通过什么方式（见图11-1）。

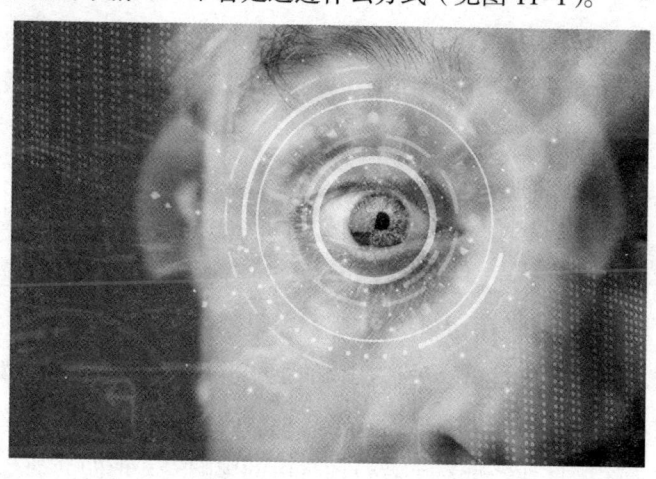

图11-1　人造角膜概念图

人造血和人造血管的技术出现得比较早。1979年，日本科学家内藤良知就为自己注射了200毫升的人造血液；中国在1980年6月第一次将人造血液用于临床，并且在这一年内就有14个病人获得满意的结果。按理说，只要摸清了血液的组成成分，制造出合适的液体，它就能够在一定程度上代替真实的血液。

人造血肯定不能完全还原真实的血液，会对日常生活造成影响，但少量的输入还是可以接受的。随着时间的推移，身体内部的各种化学反应和物质交换，会让人造血液里不属于身体的东西逐渐消失，然后加入真正血液的组成成分，从而逐渐转变成真实的血液。对急需血液的病人来说，人造血液能够暂时保住性命，撑过手术，自然就能等待身体制造新的血液，这已经是意义非凡了。

顺带一提，来自日本北海道大学的科学家利用从鲑鱼皮中提取的胶原制造全球首例人造血管。日本科学家们还成功利用此人造血管取代老鼠的动脉血管。专家们称利用鲑鱼皮制造出来的人造血管一点也不逊色于真正的血管。还是一样，它们不能完全替代真实的血管，但是能够暂时保住性命，那身体自然有时间去适应它、改变它。

人造肌肉已经出现很多年了，它们的伸缩性能和真实的肌肉相媲美，并且无须外接电池，用身体内部的化学能就可以驱动。在未来，人造心脏很可能会采用人造肌肉技术，用身体本身产生的能量来输送血液。如果这种技术早些出现，安德鲁也不用到哪儿都背着电池，也不用每天给自己充电了。

目前，最成熟的人造器官技术是人造胃。在2006年，英国科学家就已经研制出一个能够完全模仿人体消化过程的高科技机械。它能够释放胃酸和消化酶，并且模拟胃搅动食物的过程。猜猜它还有什么好处？从此你吃任何食物都不用担心胃，不小心咽下了一颗钉子也不用担心它戳穿内脏，只需要做个小手术就能把不好的东西取出来。而且人造胃身为一个电子产品，还能人工控制食物在胃里停留的时长，从某些方面来讲，它甚至比真正的胃更好。

目前，人造器官想要继续发展下去，有三个问题需要克服：

第一是体积。体积问题包含了能源问题，安德鲁需要带着电池让人工心脏保持动力，如果还有其他的人造器官呢？如果都需要带着电池，生活质量肯定会大大降低。以及像透析机这种仪器，如果能够做得足够小，又解决了能源问题，那么它就可以直接放进身体里，极大地缓解对器官捐献的需求。解决体积问题也能够最大限度地降低对患者行动自由的影响——他的活动范围再也不是医院附近若干公里之内了，而是可以带着人造器官去旅游去爬山去潜水，摆脱医疗仪器的束缚。

第二是生理功能问题。一个完整的生物细胞，比世界上最先进的超级计算机都要精密。人工心脏这样的仪器早在20世纪中叶就出现了相关技术，但是人类至今造不出一个能够完美替代其他器官的仪器,肝、胆、肾、脾、肺、胰、肠、生殖系统、循环系统、神经系统等,它们是在细胞层面产生的化学反应。较为可行的路径是通过生物技术,利用患者自身的组织去培育器官,这样得到的人造器官直接就能实现各种化学反应,但目前也处于试验阶段。

第三,便是我们经常提到的成本问题。富人的生活轻松,有私人教练,私人医生,有各种各样的保健品,身体是不容易出现问题的。经济条件较差的人身体更容易出问题,然而人造器官属于高新技术,成品人造器官的价格并不低廉,不是人人都能承受得起的。如果四肢出现了残缺,生活虽然受到影响,但也不是活不下来,可内部器官一旦损坏,等待患者的可能只有死亡。如果人造器官的技术足够成熟,成本下降到一个合理的范围,它才会真正成为一项造福全人类的技术。

3. 市场

人造器官是一种比较特殊的刚需。你可以 3 天不吃饭,但是失去心脏半分钟就会死亡。你可以十几年不买新衣服,甚至可以适应这件事,但双目失明对任何人的生活都是巨大的影响。

健康人根本没有需求,但是一旦因为某种原因产生了需求,它就是比衣食住行还要优先的刚需。

而器官捐献的捐献者是远远少于被捐献者的,比例小得夸张。可以很确定地说,人造器官将会是一种"需求量不大,但十分稳定"的产品。

目前,大部分人造器官都处于试验阶段,未能进入市场。我们只选取其中几种技术比较成熟的产品进行统计。

首先,是人工耳蜗。人工耳蜗本身是一项并不简单的技术,它涉及微电子学、材料学、机械学和医学、生物学等多个技术领域,但相比于其他人造器官,人工耳蜗仍然属于比较简单的技术了。早在 20 世纪 80 年代,人工耳蜗就已经进入消费领域,为无数听力受损的人带来了福音(见图 11-2)。

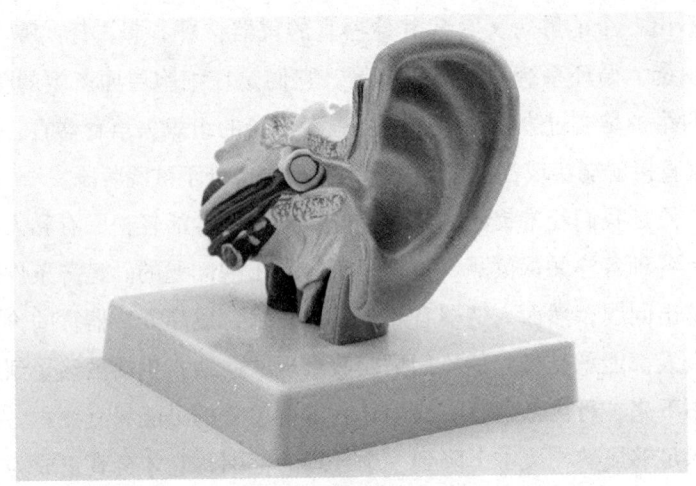

图11-2 人造耳朵概念图

耳蜗的行业门槛比较高,同时研发过程也需要大量的资金投入,因此行业集中度比较高。目前,国内人工耳蜗行业的参与者,以外资企业为主,也有一些本体厂商。国内人工耳蜗市场霸主是来自澳大利亚的厂商Cochlear,占据80%的市场份额。国内厂商上海力声特和杭州诺尔康分别于2011年3月和8月获批上市,目前市场份额还很小。

根据公开的调查资料显示,2014年我国人工耳蜗行业市场规模约29.8亿元,到2019年增至71.6亿元,年复合增长率达19%。人们的生活条件越来越好,耳蜗藏在头颅深处,也并不容易受损,按理说人群之中听力受损者的比例不会有太大的变化。而耳蜗的市场规模保持如此稳定而快速的增长,最重要的一个原因是医保。

医保的普及让经济条件困难的人群也有更多的机会选择昂贵的医疗产品,并且植入耳蜗的手术费用也能得到减免。如此一来,耳蜗的市场规模自然也就不断上升了。到了将来某一个时间点,国家经济发展到一个较高的水平之后,人人都能买得起耳蜗,市场也就饱和了。甚至因为医疗条件的进步,对人工耳蜗的需求量还会逐渐下降。

但要等到这样的情况出现,势必还需要很多年,因此,在将来的很长一段时间内,人工耳蜗的市场都是乐观的。

其次,再来说说人工晶状体。除了大脑以外,眼睛可以说是人体最精密的器官了,角膜、晶体、视网膜、视神经等,它们构成了一套复杂的系统,任何一个环节出现异常都会导致视力受损。而在这复杂的系统之中,晶体是第一个被人们攻克的部分。

根据前瞻产业研究院整理的统计数据表明，2016年时我国人工晶状体的市场规模为19.67亿美元，2018年便上涨到了25.47美元，2019年则是25.66美元。仅仅两年的数据较为接近，我们不能断定人工晶状体的市场已经饱和，而且即便是25亿美元，仍然是一个不小的市场了。

相比于其他感官，视力的缺失是最为严重的。视觉是人最重要的信息摄取方式，缺了听觉、味觉、嗅觉，尽管生活受到影响，也勉勉强强过得去，而触觉方面，一个人同时失去全身的触觉概率非常低，并且视觉很多时候都可以直接代替触觉，甚至更加高效。

眼睛又是非常脆弱的部分，相比耳蜗、鼻毛、舌苔，直接暴露在外的眼球非常容易受到伤害，哪怕只是突然的强光也会让视觉受损。因此，哪怕医疗条件稳定，人们生活安定，视力受损的情况也是非常容易出现的。治疗视觉受损，或者说视觉系统的代替物，是永远不会缺少市场的，也能够帮助无数人恢复光明，这意义重大。

人工骨的技术含量不如以上二者，成本也较低，但它的市场仍然很大。骨骼确实是全身最坚硬的器官，但因为负责维持身体结构，巨大的冲击力会最先被骨骼吸收，因此最容易受损。内脏则在体腔里被保护得好好的，体表柔软的肌肉相较于骨骼，更不容易受到冲击力的破坏，本身也能一定程度地自我修复。

而骨骼则没有自我修复能力。就好比你被人打了一拳，肉疼了两天就长好了，可骨骼要是断裂了，就必须去医院一样。

2019年，我国骨科行业市场规模已经达到298亿元。骨科的治疗无非就是对损坏的骨骼进行维修，或者进行替换。用钢板和钢钉进行维修固定的骨骼，是怎么也比不上一根完整的骨骼的，并且替换之后的骨骼会比原来的骨骼更加坚硬、更加轻盈、更有韧性，可以帮助你抵抗更强的冲击力，减少你在遭遇意外事故时受到的伤害。

甚至还可以用足够坚固的材料制作外层，将内部掏空，植入电子元件，那么你就可以将它作为你的公交卡、银行卡甚至身份证识别系统。如果这个技术能够被普及，人们就能随时随地证明自己的身份，省去了许多麻烦。犯罪率也会得到控制，因为罪犯再也无法隐瞒自己的身份，更加难以逃避追捕。

4. 社会与未来

人造器官的好处是显而易见的：延长人们的生命。

就像你的电脑坏了，你要花费大量的资金和精力对损坏的元件进行维修，并且这个元件还得寄到生产商那儿，用专业的设备来修理，还得花费大量的时间成本。但是，如果你直接将受损的元件换成一个新的，那就省时省力，对生活的干扰也最小。

人体也是这样。目前，不需要外接电池，能够完全植入体内的人工心脏已经进入市场了，只要做一场小手术就可以拥有一个健康的心脏，为什么要每天健身、每天吃药、时时刻刻注意保养呢？只要换上新器官就可以起死回生，为什么要苦苦等待捐献者呢（见图11-3）？

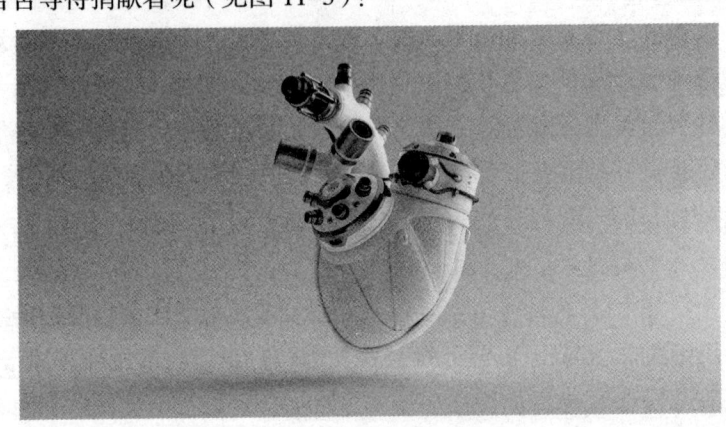

图11-3　人造心脏概念图

有人觉得这样会导致许多人不注意爱惜自己的身体，但请记住人工器官的价格并不低，所以它只是给了人们一个退路，而退路的代价十分高昂，也就不必有这种担忧了。

人工器官的出现还能解决一个十分严重的社会问题——器官买卖。

假如有一个人，家里没吃的了，也借不到钱，得想办法搞点食物来，但是法律禁止盗窃和抢劫——一边是法律的惩罚，一边是饿肚子，相比之下后者没那么严重，于是他就会选择饿肚子。除此之外，来自道德的约束也会让他选择做一个守法公民。

但假如有一个人的心脏衰竭了，正好他知道器官买卖的黑市在哪里，法律也禁止器官买卖——一边是法律的惩罚，一边是结束生命，相比之下后者严重得多。这种情况下，法律还有威慑力吗？哪怕是坐牢，也是活着坐牢，总比死了要好。甚至有犯罪团伙专门诱骗和强取他人的器官以此牟利，这都是沉重的社会问题。

至于道德约束，在生死面前人性是经不起考验的，总有一些人会背离道德，不顾一切地延长自己的生命。

举个例子，如果代孕是合法的，富人们为了远离分娩的痛苦，就会大量雇佣贫穷女性代孕，这些家境贫寒的女人为了生存，就只能不断地为富人生孩子，来换取财富让自己的家庭得以生存。久而久之，这些女性就会完全沦为生育机器，丧失自己的人格。

器官买卖也是，如果它合法，富人为了得到器官就可以暗中对穷人的生活进行干扰，增加生活压力，让他的家人走到绝路。这种时候开出一个丰厚的报酬，只要他愿意结束生命、献出器官就可以让家人存活下去，猜猜看，有多少人会同意？

假如有了人造器官，又有了法律的约束，非法器官买卖的现象必定会大幅度减少，下层人民也就免于这种威胁了。

如果除了大脑以外的所有器官都可以替换，人们的生命就可以极大幅度地延长。至于将大脑替换成电子元件或者干脆将意识上传，这属于未来科技的部分了，我们会在本书的第四部分讲述。

人永远都是脆弱的，会老去，会遭遇意外，会因为愚蠢的举动而受到伤害，而人造器官的出现则解决了所有的问题。

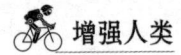 增强人类

第12章　捍卫灵魂：大脑药物

最小心翼翼的药物

1. 肉体之上

露西那年轻的生命，在最后一段时间里过得并不愉快。一切都开始于理查德让她做的一件事——送一个手提箱给酒店里的神秘客人张先生。

露西不知道手提箱里是什么，理查德也不知道，任务的全部内容就是将手提箱送进去，仅此而已。手提箱里可能不是什么光彩的东西，理查德人高马大，十分惹眼，所以他打算让露西替他送这个箱子。露西本来想去忙自己的事情，但对方给出的酬劳有1000美元，就算两个人平分也有500美元。

花几分钟时间送个手提箱就能得到500美元，这实在太轻松了，更何况理查德还直接把她的手铐在手提箱上。露西没有办法，只好照做。走进酒店之后，前台帮助她联系到了张先生，并示意她原地等待。没过多久，酒店内部忽然走出来一群神秘兮兮的人。露西觉得有危险想要离开，然而在门外等待的理查德突然被击毙。露西也来不及逃跑，被那群人抓住，送去见了张先生。

她意识到自己被黑帮抓住了，并且这个黑帮刚刚还在房间里杀死了一个人。露西努力想要求饶，而黑帮的人对她倒是没有兴趣，反而说要给露西提供一份工作。被吓坏了的露西想要拒绝，却被一拳打晕了。

醒来之后的露西发现自己腹部多了一个巨大的伤口，似乎有人给她做了手术。她被带到了大厅里，并且还有其他3个跟她一样的人，也是什么都不知道，莫名其妙地被抓来这里，还被迫为张先生做一份工作。

到此时，在技术人员的解释下，露西才知道这份工作是什么。她送来的那个手提箱，里面装着一种违禁药物，而露西在内的4个人要替张先生把这种药

物运到欧洲去。至于腹部的那个伤口，就是为了把药物藏进身体里以避开海关搜查，只不过对一个无辜的女人而言，这一招太残忍了。

黑帮为露西在内的4个人准备了护照和机票，让他们能够顺利出境，并且还搜集到了与他们有关的所有人的信息，以此威胁他们不许动歪心思。这之后，露西就被蒙上头套。

再次摘下头套的时候，露西已经来到了一个地下牢房里，看管她的人是两个混混。露西的美貌吸引了其中一个混混，他调戏露西想要非礼她。露西自然是奋力抵抗，一点好脸色也没给他看。混混随即被激怒，一巴掌将露西打翻在地上，还踹了她几下。

十分不巧的是，他踹在露西的腹部，正好是藏毒的位置。伤口开裂倒是小事，更严重的是身体里那个装着毒品的塑料袋，在剧烈的冲击力之下破裂了，里面的药物随之扩散进了身体里。

露西原本以为，这只不过是一次体内藏毒罢了，身体里面藏着的不过是一包毒品，只要安全送到目的地，就可以拿了酬金走人。但其实那包药物并不是毒品——而是一种叫作CPH4的药物。毒品在身体里泄露可以直接杀死露西，而CPH4不仅没有杀死露西，反而让她变得更强大。

再次醒来后，露西只觉得自己异常清醒，就像是一台崭新出厂的高性能电脑一样。她身上的疼痛也已经全部消失了。

她端坐在椅子上，看着牢房的环境，脑子里已经完全没有了恐惧和慌乱，只是在思考怎么逃出去。没过多久，某一个混混走进了牢房进行检查。

露西马上就做了个勾引的动作，还冲着他笑。他显然中招了，以为露西真的打算和他快活，于是就放下了防备走向露西，顺带还解开了腰带。在走近之后，露西三下五除二就放倒了他，抽出皮带，甩出去缠住了桌腿并拉过来——从而得到了放在桌子上的枪。

她离开牢房走到大厅里，这里有5个人正在吃饭。露西毫不躲闪，抬起手连开5枪杀光了他们。露西自己的肩膀也中了一枪，她则直接将手指伸进去，取出子弹。

她完全没有受过射击训练却弹无虚发，完全没有格斗技巧却在两秒内放倒了一个混混，她没有疼痛，没有恐惧，冷静而轻松，就像正在做一道简单的数学题一样。

露西只是很好奇，自己到底发生了什么。不过，既然逃出来了，现在最要紧的还是先把肚子里那个袋子取出来。她来到医院，但是体内藏毒这种事情，就算医生愿意帮她，警察也会随之赶到，因此她直接走进了一间手术室。

手术室里正在进行一场手术，医生们让她出去。露西只是抬头看了看X光片，就判断出病人已经没救了，用枪威胁医生们为自己进行手术，取出身体里的东西。医生们为了求生，只能答应她。

在取出身体里剩下的药物之后，露西向医生提起了药物的名字CPH4。她在张先生的办公室里就听到了这个名字，一直以为它是毒品，而医生则告诉她这种药物，或者说化学物质的真正性质。

CPH4是孕妇在妊娠第6周时分泌的一种物质，分泌量非常少，但对婴儿来说，这种物质蕴含的能量就像一颗原子弹一样，它能够为胎儿骨架的形成提供必要的能量。医生也非常惊讶这种物质能够被合成出来，因为以前从来没有人能够成功合成，而现在光是露西体内剩余的CPH4就有500克左右。

至于露西吸收了多少，她自己也不知道，但她隐约猜得到自己活不久了。她走出医院，感觉到自己多了一双眼睛，现在的她能感受到一切：空间、空气、万物的震动、周围的人、引力、地球的转动。她能感受到身体里血液的流动，能感受到自己的大脑；她回忆起过往所有的记忆，戴牙套时嘴里的疼痛，发烧时额头上母亲的手，小时候那只断了尾巴的暹罗猫，更早些时候嘴里乳汁的味道，甚至身处子宫里的感受……她只要看着一棵树就能感受到内部养分的流动，抚摸别人的身体就能感受到肌肉、骨骼和神经的构造，甚至隔着门都可以精准地感受到门后人的位置。她知道所有的一切。

露西仍然不知道CPH4给自己带来了什么变化，不过至少在拥有了自由之后，她就可以复仇了。她去酒店严惩了张先生之后，打算盘问张先生其他CPH4的下落。不过张先生是个日本人，翻译也不在场，露西把双手按在他的头上，轻而易举地就读取了他的记忆，知道了其他3个人的去向。

CPH4不只会为骨骼生成提供能量，还会改进人的大脑。尽管露西没有任何专业知识，但她的大脑告诉她：大脑潜能已经开发到了28%，并且还在不断上升。她想要寻求帮助，于是上网查询了所有的资料，最终找到了在研究大脑这一领域有极大成就的诺曼教授，电话联系上了他，希望能和他聊聊。

在向诺曼教授解释自身情况的过程中，露西也展现出了更多的能力。她知道自己可以控制新陈代谢，可以控制别人的身体，还可以一定程度上控制磁场和电波，只需要一瞬间就可以入侵诺曼教授房间里所有的电子设备。

这样的她非常强大，但也感觉不到痛苦和恐惧，失去了所有的欲望，逐渐变得麻木。她觉得自己越来越聪明，拥有了无穷的知识，但是人性在逐渐流失。

她不知道该怎么办，诺曼教授也不知道该怎么办，因为他也是第一次遇到这种情况，在此之前他的所有研究都是理论。

诺曼教授建议露西将这些知识传承下去，就像人类一直以来做的那样——繁衍、老去、死亡，在死亡之前将学识和技能传承给下一代。露西采纳了他的建议，并且决定去见一见诺曼教授。她用自己的能力，向警察局提供了另外3份药品的去向，然后坐上了飞机。

接下来，就完全是魔幻片的范畴了——或者说远超于科学能够解释的范畴，所以，我们最好讲到这里为止。

这是2014年脍炙人口的电影《超体》所讲述的故事。在影片精彩的战斗和斯嘉丽精湛的演技，以及后半部分显得魔幻的特效之下，故事要讲述的深层主题其实很容易被观众忽略——生命的繁衍、知识的传承、文明的延续、在规则之下生命本身的意义等。不过，那是哲学家们应该讨论的部分了。

故事的最后，露西仍然作为一个"生物"，遵守生物的本能：CPH4过度开发了她的身体，消耗了太多的能量，她终究会死亡。但是，她将自己的所有知识都保留了下来，在化为灰烬的前一秒，将这些知识教给了诺曼教授。她伟大的遗产会在人类文明里一直延续下去。

2. 想方设法

人们常常谈论"天才"这个词。天才是什么？能够取得伟大成就的人都很聪明，也值得尊敬，但不一定都算作天才。天才是像爱因斯坦、特斯拉、达·芬奇那样，拥有一个常人难以想象的大脑。

人们羡慕那些天才，但不是人人都有这样的恩赐，于是，人们退而求其次，想要变成聪明人。不必成为大学者，哪怕只是比身边的普通人要聪明，生活都能更好一些，不是吗？加上现代社会，工业机械和电子设备已经普及，知识、技能型人才越来越重要，升学考试的压力也越来越大。总而言之，聪明作为一个褒义词，其重要性越来越高了。

可惜，决定一个人聪明与否的最大因素——大脑，是天生的，难以更改的（见图12-1）。学识和经验可以通过努力学习得到，然而记性、反应力、思维敏捷和灵活度、创造力是天生的，一个人身体的"性能"，在出生之时就大致确定了。

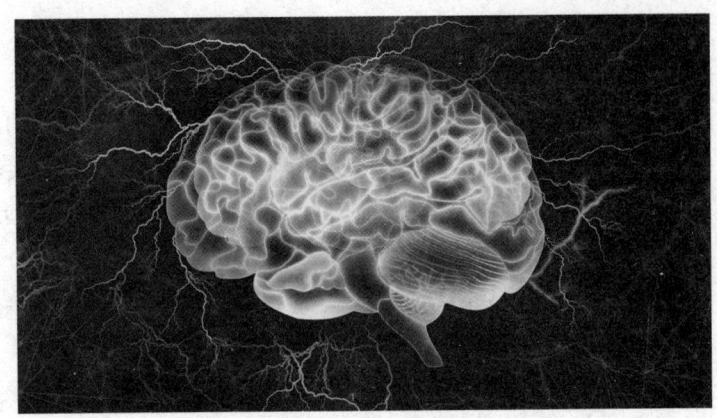

图12-1　大脑概念图

但是既然身体可以通过锻炼、营养补充甚至药物的方式来强化，大脑是否也行呢？就像科幻作品里常常出现的，吃下一片药，整个人就变得聪明了？

这个问题不好回答。目前，没有任何人能够证明这种药物不存在，但也没有人能够做出足够有效并且普适性高的产品。究竟是科学技术还没有摸到益智药物的门槛，还是这种药物本来就不存在，自然也没有研究的途径呢？没人知道答案。

吃下一颗药丸立刻让智商提升10，这或许有点异想天开。

考虑到蛋白粉也不能让一个人的肌肉无限制地增长下去，我们对益智药的要求不必太苛刻。能够让人以更好的状态去处理事情，这已经很不错了。并且，用于身体的药物，通常也不是强化身体，而是在身体出现问题的时候进行救治，那么用于大脑的药物也应该用同样的标准去考量。

按照这个标准，我们会发现与大脑相关的药物并不少。而其中最受人关注的，便是防治阿尔茨海默症的药物。阿尔茨海默症俗称老年痴呆症，是一种起病隐匿、进行性发展的神经系统退行性疾病。表现为记忆障碍、失语、失用、失认、视空间技能损害、执行功能障碍以及人格和行为改变等全面性痴呆。

目前，人们仍然不能判断阿尔茨海默症是如何产生的，只知道老了以后容易得阿尔茨海默症，但大脑老化之后具体是怎么一个过程产生的阿尔茨海默症，这一点没人知道。目前比较普遍的推测是其发病机制部分与胆碱能神经传递功能的低下有关。

它就像一个有恶趣味的死神，在身体还健康时先带走人的灵魂，让人一点点失去智慧，变成一副行尸走肉。

目前，治疗阿尔茨海默症的首选药物是阿瑞斯盐酸多奈哌齐片，是唯一一种被美国FDA和英国MCA同时批准上市的用于轻度、中度及重度阿尔茨海默症对症治疗的药物。

抛开它那又长又绕口的名字不谈，它的药理其实很简明：通过增强胆碱能神经的功能发挥治疗作用。它可逆性地抑制乙酰胆碱酯酶对乙酰胆碱的水解，从而提高乙酰胆碱的浓度。

不过若按上述作用机制推测，随着病程的进展，功能完整的胆碱能神经元渐趋减少，这种药的作用可能会减弱。就是这么简明的一个药理，科学家们也付出了不小的努力。

针对大脑的药物研究之所以如此缓慢，最大的困难是由于缺少临床试验。

治疗身体其他部位疾病的药物，都可以在动物身上进行试验，从小白鼠一直到灵长目，去除毒害性质，增强疗效，改善成分以更适应人体。一种药物经过一系列的测试之后，才能够被人类病患使用。

并且这些药物是否有疗效，是否存在问题，都可以在动物身上直观地反映出来。小白鼠的肝功能是不是恢复了，生理测试或者血液测试都可以告诉我们结果，但是脑功能不行。

你能看出一只小白鼠变聪明了还是变笨了吗？猴子能够告诉你吃了药以后大脑会不会不舒服，能不能回忆起某些事情，是变开心了还是更难受了呢？

这些我们都无从得知。我们连人类自己的大脑都没有研究透彻，别说研究动物的大脑了，动物无法告诉我们一种药物对它们的大脑产生了什么影响。

我们延续上一章节的讨论：如果把身体器官的复杂程度分成三个等级，心与肺是最简单的一个等级，因为心脏只有物理作用，可以很轻松地代替，肺也只有交换气体的功能；第二个等级是肝胆胰消化道，涉及化学物质的交换；而大脑则独占一个等级——它不能被取下来，一旦离体就会死亡；它也不能被解剖，一旦切开，神经元通路断裂，整片区域都会失去作用；它甚至不能被医学仪器检测，因为太强的电磁波有可能会影响大脑内部的电信号，对大脑造成损伤。人的大脑是如此，动物的大脑虽然小，但同样复杂。

因此，一种针对大脑的药物能否起效，唯一的检验方法是在人类身上进行实验，由受试者进行智商测试、记忆测试，并且详细地说出自己的感受。但这种方法是有悖人伦的，一种药物需要测试，就说明它不一定有效，甚至不一定安全。

目前，大脑治疗的主要方向，便是像阿瑞斯那样，通过检测大脑里各种化学物质的浓度，判断哪些变化会导致哪些病症，然后制造对应的药物，补充、分解或者以某种间接的方式去影响化学物质的浓度变化,从而保证大脑的健康。

关于大脑的手术,也有不少例子,但大脑本身的问题几乎无法通过手术解决,基本都是严重外伤的急救或者切除肿瘤。即使是这样,医生们也是赌着自己的医学前途做这么一台手术,风险之高,难度之大,都不是其他手术所能比拟的。

因此,当下最行之有效的途径,还是医药化学手段。我们希望科研人员能想办法找出行之有效的测试大脑药物的方法,也希望在不久的将来,关于大脑的一切病症都不再是问题。

3. 大脑药物的市场

这类药物的市场并没有真正到来。

阿瑞斯盐酸多奈哌齐片,严格来讲属于医药市场的其中一种药物;它甚至不是一个门类,只是一种针对单一疾病的特定药物。但仅仅是这样,它仍然有不小的需求量,并且在稳定上升。

究其原因,是人们对于大脑的了解太少了。

大脑一旦出现问题,差不多就是绝症。以阿尔茨海默症为例,对长寿的人来说,这种病与死亡差不多残酷。他们渐渐忘记吃饭,忘记上厕所,忘记家人和朋友,最后忘记呼吸。阿尔茨海默症晚期的病人,基本就是一个睁着眼睛的植物人。它无法治愈,只能通过不间断地服药来减缓记忆和思维丧失的速度。

其他脑部疾病也是类似,治愈极难,必须长期服用药物。

人体其他的部位,医学工作者都有相当深入的了解。不同的年龄段、生活方式、气候环境、地质条件、饮食习惯等,分别会导致身体各脏器出现什么问题,哪些病毒会造成哪些疾病,以及出现问题之后该如何解决,甚至直接移植——太熟悉了,每天都有无数的病例出现,人们已经积累了足够的经验,各种各样的仪器和药物也随时待命,什么问题都不怕。

医生们也知道该如何预防不同的疾病,饮食、锻炼、保健药品,多如牛毛,大部分疾病都可以治愈。对身体其他部位的保护越来越好,就好比汽车的每个零件都能工作更长的时间,而当人的平均寿命超过大脑老化的极限时——大脑就成了木桶上最短的那块木板。很可惜,医生们并不知道怎么加长这块木板。

到那时,一个人何时死亡,完全取决于大脑何时老化。到那时,人们肯定会想尽一切办法来阻止和延缓大脑的老化,因为这是决定寿命的最大问题了。这个时候,脑类药物的市场才真正开始。

或许真的有一天,人们能够找到防止大脑老化的办法,让这块木板能够延长,但考虑到目前人类对于大脑的研究几乎为零,这一天肯定会在很久很久之后。况且身体的其他器官都是可以替换的,人造器官可没有寿命上限的概念,而大脑无法替换,它总有一个尽头。

当身体的其他部位被保护得足够好时,这类药物就会成为一种刚需,并且这种需求几乎会一直延续到人类文明的终结。或者,我们能够将思维上传到计算机,彻底摆脱肉体的桎梏,不过这是我们将在第四部分中要讲到的内容。而在那之前,脑类药物或许可能会成为人类文明仅存的一种药物,它的市场就是整个医药市场。益智的、延缓衰老的、修复损伤的、改善情绪的、抹除痛苦回忆的,它的市场还没到来,但我们无法想象它到底有多大。

4. 大脑药物对社会与未来的影响

大脑是身体最娇弱的部位,每一个细小的区域都各司其职,直接关系到一个人的完整。对大脑的治疗与保护十分重要,虽然因为实验的缺乏而进展缓慢,但正因它落后,才更需要在这个领域加大力度。

否则,在若干年之后,人们身体的各个部位都健康而富有生命力,可以维持100年以上的工作寿命,就算坏了也可以随时更换,但是大脑早早地发生病变、损坏、死亡。如此一来,人的寿命,还是取决于大脑的寿命。

大脑也是最先老化的器官。很诡异的是,作为一个以智慧见长的种族,人脑的设计寿命只有20年——20岁以后,每个人的大脑都不可避免地开始老化。尽管老化的程度微乎其微,日常生活感受不出来,但它总会在一些细节上反映出来。比如,电竞选手的黄金年龄是20岁之前,一旦超过20岁,他们的反应力就会开始下降,最终离开赛场。

可是,一个文明的进步,靠的并不是有力的四肢和健康的器官,而是他们的智慧,智慧的载体便是这脆弱的脑(见图12-2)。

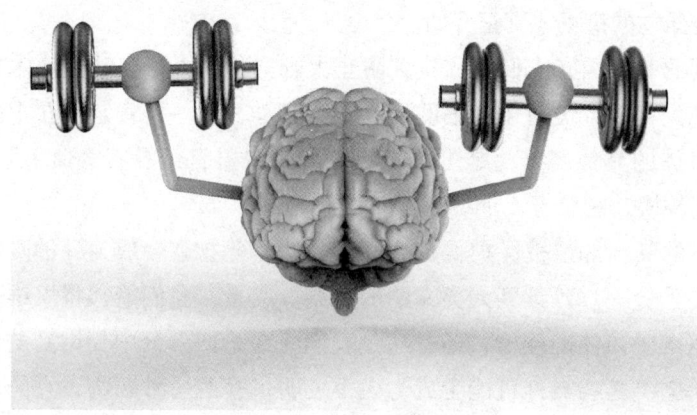

图12-2　大脑锻炼概念图

我们不会永远生活在地球上，平均寿命不会一直是这区区的七八十年，科技水平也不会一直停留在当下。我们终会探索宇宙，探索更广阔的世界，未来的人类会拥有更美好的人生。

相比于个人，长寿对于整个文明的意义反而更大。一个人再长寿，活得再幸福，他终究有逝去的一天，关于他的一切都会消失。

达·芬奇如果活了134岁会怎么样？爱因斯坦带着他满脑子的智慧活到了设备完善的今天会怎么样？

一个医生光是学习知识就需要十几年的时间，还得在一线工作十几年的时间，接触各种各样的病例，积累充足的经验，才能成为一个顶级的医生。但此时，他的年龄也大了，距离退休也不遥远了。

一个科学工作者，要将前人的成就完全学会，需要数10年的时间；假设他在40岁的时候成了科学巨匠，然后终其一生奋斗在科研道路上，并且取得了不俗的成就；而接下来，他的后辈就需要在41岁的时候才能学完这一切，因为知识总量增加了。再往后便是42岁、43岁……

如果人类的寿命无法增加，那么总有一天，科学工作者要花掉一辈子的时间才能将前人的知识全部学习完毕。当他终于掌握了所有必要的知识，可以往未知的领域继续探索的时候，他已经垂垂老矣，剩下的日子再也难以有什么创举了——说不定还得了阿尔茨海默症。

将来可能会有一种神奇的仪器被发明，可以直接将知识输入年轻人的脑海里，这样一来，他的余生都可以站在前人的肩膀上探索更广阔的世界。但这种仪器，也需要我们对于大脑的了解，或者说，这种仪器所需要的知识，加起来需要100年才能学习完也说不定。

总而言之，在不久的将来，大脑的寿命会成为决定人寿命最关键的因素，而人的极限寿命直接影响了文明进步的速度。如果50年的学习不足以成为一个爱因斯坦，那就花100年（见图12-3）。

图12-3　爱因斯坦的大脑概念图

到那个时候，我们便需要各种各样的药物来保护大脑，增强大脑。我们会惊讶地发现，人类文明进步的速度，在某些方面竟然取决于这小小的药片。

 增强人类

第13章 治疗的艺术：微观治疗

精湛而准确的救治

1. 生命仍未屈服

2013年6月，在大汶口文化遗址出土了一批古代人类的头骨。

经过专家考证，这批头骨的主人生活在距今约5000年以前，并且其中一个成年男性的头骨看上去很奇怪——右侧顶骨靠后的位置有一个尺寸在2厘米至3厘米之间的圆形穿孔。

中国科学院院士、中国科学院古脊椎动物与古人类研究所研究员吴新智在拿到这块颅骨之后觉得很不可思议。他马上和同事一起，利用标本观察、X光摄片、螺旋CT扫描以及三维图像重建等方式，对这块颅骨进行了细致的检查。最后，他们得出了一个不可思议的结论：这个穿孔不是因为战争产生的，而是来自一场开颅手术。

原来这块颅骨上的孔洞，边缘呈现圆弧状，这是只有在十分精细的打磨修饰和骨组织自修复之后才会形成的。这就说明穿孔形成之后，颅骨的主人又存活了一段时间。并且，圆孔上有人工用锐利工具进行刮削的痕迹，如果是打仗，绝对不会这么小心翼翼。

神经外科的专家也指出，这确实是做过手术的痕迹。并且挖掘出这个颅骨的墓室里有棺材，甚至还有随葬品，明显属于正常的死亡后埋葬。

这个有趣的颅骨，被发现于重点文物保护单位——傅家大汶口文化遗址。墓室年代属于大汶口文化中期，距今约5000年至5200年。需要施行开颅手术的动机有三种：一是颅骨本身遭到了重创，需要清理骨骼碎片；二是治疗疾病，比如，严重的头痛、精神失常、亢奋癫狂等；三是出于古人类的某种信仰或者

习俗，比如，献祭、惩罚或者取下头骨作为驱邪物品等。

可以想象，这个颅骨的主人遭遇了什么——他患上了某种疾病，导致严重的头痛，或者干脆就是部落里有什么奇怪的信仰，于是部落的巫医用工具在他的颅骨上打出了一个小孔，对他进行了治疗或者某种仪式。而他在这之后又顽强地生存了一段时间，直到穿孔边缘的骨组织自修复之后才死去。他的颅骨又一直保存到今天，被后世的人发现并挖掘出来，让我们得以一窥数千年前先人那大胆的医疗手段。

其实，科学家们在青海省也发现了新石器时代和青铜时代的开颅手术例证，但是大汶口的这个颅骨，直接将开颅手术实例的时间点提前了 1000 年。这个事例不仅在国内，甚至在整个东亚地区都是最早的。

至于世界上最早的开颅手术例证，是在欧洲被发现的，距今已经有 7000 年的历史。在那文明尚未开化，语言和文字都还没有成熟的年代，勇敢的先人们为了健康或者别的原因，就已经敢于施行开颅手术，而这门手术在今天都是医生们所不敢轻易尝试的。

1997 年，建筑工人马丁·琼斯遭遇了异常严重的意外。一桶热铝液在他面前发生了爆炸，烧伤了他全身 37% 的皮肤。更严重的是，热铝液严重伤害了他的眼睛。他的左眼因严重坏死而摘除，右眼虽然保留了下来，但失去了视力。

医生试着利用捐献者提供的干细胞为琼斯恢复右眼视力，但没能成功。失去视力对琼斯来说是一个沉重的打击，但好在身体还算健康，他慢慢接受了这样的状态，作为一个盲人继续生活着。并且还在 8 年之后遇到了并不嫌弃他是个盲人的吉尔。二人结为夫妻，一起努力地生活着。

琼斯觉得，能够与妻子厮守一生已经很幸福了，他从没想过有朝一日还能看见妻子的样貌。在结婚 4 年之后，琼斯听说住在萨塞克斯州的眼科医生克里斯托弗，会一种叫作"骨齿人工角膜"的神奇技术，能够让人恢复视力。在吉尔的陪同下，琼斯去见了这位医生。

这种神奇的手术起源于 19 世纪的意大利，原理是为失明者的眼部植入充当人工角膜支撑物的牙齿或牙部其他骨骼，从而帮助他们恢复视力。

克里斯托弗见到琼斯之后为他进行了检查，认为情况还算乐观：当年热铝液严重损毁了他的眼球，但也到此为止了，并没有损害琼斯的大脑、视神经和视网膜。也就是说，琼斯仅仅是眼球受损，整个视觉系统余下的部分都还能正常工作，恢复视力的可能性是很大的。

于是，克里斯托弗花了 3 个月的时间准备支撑物。他将琼斯的犬齿取下来一小块，修整形状之后将它嵌入琼斯的脸颊内，让它长出新的组织和血管，培养它的"生命力"。这项技术在现代医学中很常见，将患者的某些肢体暂时安置在身体的其他位置，等到新的血管和神经长出来之后再移植回原来的位置，通常用于严重的外伤手术。

而后，医生们又从琼斯的脸颊内侧取下一块皮肤，植入眼球中，以此诱导脸颊长出人工晶状体。

3个月后，一切准备就绪，琼斯在吉尔的祝福下进入手术室。克里斯托弗医生将牙齿植入眼球，在中间的洞里嵌入人工晶状体，最后在人工角膜上切开了一个小口以便让光通过。步骤虽然不复杂，但视觉系统的手术十分精密，每一步都要小心慎重，因此手术花费了整整8小时才完成，但幸运的是，它最终圆满地成功了。

待到麻醉剂药效过去，摘下纱布的那一刻，琼斯的面前出现了一片炫目的光芒。等到适应了这强光之后，他惊讶地发现，自己又能够看到东西了！虽然不如失明之前的视力那样完美，但至少能够让他看见这个世界，看见那陪伴了自己8年的妻子。

"第一次听说这种技术时，我根本不敢相信，"琼斯后来对《英国邮报》的记者说道，"我从没想过有朝一日能够看见我的妻子，而现在我确实看到了，并且她比我想象中的更美！"

在黑暗中煎熬了整整8年之后，琼斯终于找回了光明。很多人对这不可思议的手术感到难以置信，8年的黑暗过去，视觉系统还能够保持完整吗？事实上，视神经是不会因为闲置不用就失活的——那些失明了四五十年的患者，接受手术之后仍然能够恢复光明。

2010年6月，北京协和医院心外科接待了一位情况十分特殊的患者。

这位患者是一名来自偏远山区的妇女，已经57岁了。过去的30多年里，她一直饱受风湿性心脏病的折磨，因为地域偏远而一直未能接受治疗。如今，心脏的疾病已经严重干扰了她的生活，基本丧失了生活能力，她实在是承受不了这种痛苦，于是来到大城市里寻求治疗。

心外科的苗齐教授接诊了这位患者。经过检查发现，患者的情况相当不乐观：她的心脏二尖瓣非常狭窄，长期的二尖瓣狭窄导致她的左心房不断增大，常人的左心房直径只有6厘米，而她的左心房已经膨胀到了8.4厘米；过大的左心房对心脏周边的支气管、肺和左心室造成了明显的压迫，严重影响心肺功能。据患者描述，她的肺部感染和心衰经常发作，怎么也治不好。

科室里的其他医生知道情况之后，给出的建议都是采取心内直视术，而后进行手术，但苗齐教授并不这样想。他认为，患者的年龄已经不小了，心肺功能又一直不正常，如果采取心内直视术的话，心肺功能的恢复将受到非常大的影响；并且巨大的左心房也会导致血栓形成的概率提高，甚至血栓脱落还会造成全身多器官栓塞……

在深思熟虑之后，苗齐教授决定冒着风险为患者进行一场国内没人做过的手术——原位自体心脏移植手术，对左心房进行修整，切除过多的部分，让左心房回到正常的大小。

这个名字十分拗口，但解释起来并不复杂：将患者病变的心脏取出体外，进行手术修整之后，再移植回体内。这样做的好处有三点：第一，心脏离体时由机械设备代替心脏对身体进行供血，这样便不用担心给心脏做手术时的生命维持问题，可以专心治疗心脏；第二，心脏在胸腔之外，主刀医师便有更清晰的视野，可以更好地判断心脏的状态，决定该如何对心脏进行修整；第三，心脏离体后便可以自由翻转，可以对任意一处下刀，手术不再被狭窄的胸腔限制。

这项技术在国际上已经被应用了，但是在国内还没有人进行过，因为它本身也困难重重。

首先，心脏移植技术是将健康的心脏移植给患者，只要进行移植过程就可以了，但原位自体心脏移植是要移植一个本来就病变的心脏，还要对病变心脏进行修整，患者要承受很长时间的"没有心脏"的状态，再加上该患者年龄大，可以说风险极高。

其次，正常人的心脏虽然彼此之间有所区别，但差异并不大，然而该患者心脏周边的结构，已经因为膨胀的左心房而发生改变了，如今左心房要调整回正常的大小，那已经变形了的内部构造如何适应这个改变过后的心脏？

最困难的地方在于，左心房因为长期的血液不通畅，被撑大的过程中，心房壁也像皮球一样被撑得很薄，哪怕缝合的针眼稍微大一点，都会引起出血，更别提要进行切割了。

目前，国际上针对左心房减容的手术方式不少，比较常用的有左心房折叠减容术、左心房螺旋切除减容术等，但效果普遍存在争议。原位自体移植术虽然难度较大，但减容效果十分显著，因此尽管风险较大，为了让患者有一个更健康的心脏，权衡之下，苗齐教授还是决定去做这一台手术。

6月11日，手术进行。在体外循环下，患者的心脏被取出体外，严重变形的心脏几乎盛满了医用不锈钢盆——这一幕让苗齐教授感叹，如果采用减容效

果不那么显著的方式，患者恐怕还是不能恢复正常的生活。

在苗齐教授的带领下，以心外科、灌注室、麻醉科为主的手术团队对巨大的左心房进行了部分切除，在心脏离体的 40 分钟内，迅速完成了对二尖瓣的置换和三尖瓣成形术，又经过一系列复杂的形态矫正后，将心脏安放回患者的体内。

手术成功了！

顶着巨大的风险和压力，手术团队顺利完成了这一次手术。因为原位自体移植术需要在心脏离体期间完成瓣膜手术，并且采取连续经冠状静脉窦灌注心肌保护液以保护心脏，手术难度大、风险高、国内从来没有人敢做过，也就没有临床报告和经验。然而，苗齐教授和他的团队在这一次大胆的尝试之后，不仅开创了国内原位自体移植术的先河，拿到了一手丰富而详尽的资料，也让今后的心脏减容手术增添了一个选择。

2. 越来越精细的艺术

我们先来看看，要完成一场手术，医生们需要面对的是哪些问题。

首先是精准。有人会将医生形容成"拿着刀的艺术家"，因为生物的内部结构如此精密，不管是给人还是给动物做手术，都要求医生的每一次下刀都精准无比，容不得丝毫差错。经验丰富的主刀医师，可以在气球上切黄瓜，用手术刀剥开葡萄的皮，甚至用手术工具穿针引线。他们的双手与最高明的雕刻家相比也丝毫不差，这样的形容丝毫不为过。

再先进的医疗器具也只是工具而已，而全宇宙最强大的工具是什么？在本书的第一个章节我们就提到，是人类的手。所以这个必须由人类双手来完成的事情，也就称之为"手术"。手术对于医生的要求之高，甚至让它成为一个形容词，人们会用"外科手术式的××"来描述某个动作的精准。

其次是速度。生物体是一个自洽而持续不断地工作着的系统，从肺和消化道摄取能量和营养，再将废物排除体外，除此之外一切的生理活动，都在皮肤包裹着的这小小的躯体内完成。要进行手术，等于人为地对这个自洽的系统进行修改，手术开始的一瞬间，系统的运作就会受到影响。假设在你电脑的磁盘里，把随便某个位置的"1"改成"0"，电脑启动之后一定会在某一个时间点崩溃而无法运行。

就像上面提到的原位自体移植手术中，心脏的作用是向全身输送血液，为整个系统提供能量。心脏本身也属于系统的一部分，要将心脏移出体外，就必须用其他的东西来代替心脏泵血。否则整个系统都会遭到破坏，患者也会立刻失去生命。而这个过程显然不能太久，不然心脏会失活，身体也会因为这不寻常的泵血而逐渐累积错误，直到崩溃。因此，苗齐教授必须尽可能快地将手术完成，否则患者就将永远地躺在手术台上。

最后也是最重要的：正确性。

系统中如果出现了BUG，可以一次次地重启，排查错误并修改；一件艺术品如果出现了小小的误差，可以通过某些手段来修正，大不了用同样的材料重新制作一份；但生物体没有试错的余地。一旦某一条血管接错了位置，某些化学药品放错了剂量，都会导致系统崩溃，而崩溃的结果是死亡，没有重启的机会。就算病人没有立即死亡，他的身体也会因为错误的手术而产生巨大的变化，想要补救的话还得再进行一次手术，甚至比上一场还要大。

幸运的是，经过数千年的经验累积，经过一次又一次的遗体解剖，医生们对于身体内部的构造已经了如指掌，精确到每一条血管流向哪一块肌肉，每一个细胞负责处理什么工作，一块坏死的组织从身体中移除时，要如何操作才能尽可能地降低失去这部分组织对身体的影响……在手术开始之前，医生们就已经能算准这场手术要怎么做，患者现在的身体状况是什么样的，手术之后的身体状态是什么样的，剩下的就是将这场手术做完了。

但新的问题又摆在我们面前：既然医生们的技艺如此精湛，为什么还是会有病人无法被拯救呢？

不是医生们不知道，是有些事情，现在的技术确实无法完成。再精密的手术刀，作用也只是将坏死的组织切除，不能让新的组织凭空长出来。微型医疗机器人，小到可以放进血管里，但是它也无法让一颗已经坏死的肾脏长出有活性的组织，这只能让患者的身体自己努力，坏死程度一旦超过极限，生命也无能为力了。

目前，最精密的仪器已经能够控制单个原子，用一个个原子堆砌而成做成一个细胞，可行吗？如果是说用3D打印技术做出身体器官，理论上来说是做得到的，但是意义不大，因为人体的细胞太多了。一个成年人的身体，有超过40万亿个细胞。穷尽全人类的财富和能源来使用这台仪器，花上100年的时间，能不能打印出一只虫子都是个问题。

但是，我们不该停止想象。

奇幻作品中常常会出现"治疗魔法"，巫师只要一挥法杖就可以让伤口复原,是什么原理呢?可能是法杖释放出了无数个比细胞还小的魔法粒子。这些粒子附着在伤口的两侧,拉着它们不断靠近,最后让坏死的细胞重新长好,左右结合在一起,这样伤口就恢复如初了。而我们的医生显然不可能有这样神奇的本事,他们的方法是:将伤口用物理方式(比如,缝合)固定回原来的样子,随着新陈代谢,伤口处会有新的细胞长出来,它会与旁边的细胞相结合,像胶水一样把伤口黏起来;给患者服用一些药物或者营养品,促进伤口处细胞的生成(见图13-1)。

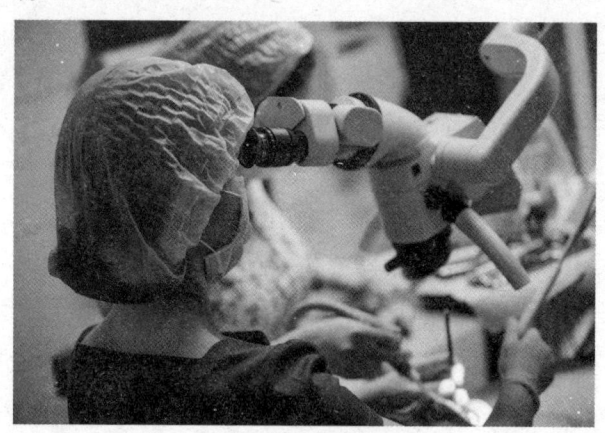

图13-1 微观手术

简而言之,那些情况比较严重的手术,医生们能做的只是将身体的某些部位进行物理上的改变,使得它们变回更适合生命系统运作的样子。至于在刀口缝合之后,这个系统能不能顺利运行并且恢复生机,这就不是人能够控制的了——取决于生命系统的循环,能否挺过这个难关。

伴随着数千年的观察和传承,我们已经知道健康的身体是什么样子的,也知道一个生病的身体要经过怎么样的调整,才会变成一个健康的身体。但苦于单个细胞实在太小,细胞的总量又实在太多,所以只能利用手术刀这种工具,去批量地处理身体的细胞,只要手术足够精准,手术过后的身体就可以尽可能地逼近健康状态。但是仍然有一些医生也无能为力的精细结构,需要身体自己去克服,这就导致了很多手术失败的惨剧。

而一旦有了"治疗魔法",医生们就不必再苦练那双精确的手了。那些微小的手术刀,或者微型机器人,或者任何其他形式,它一定能修复每一个错误的细胞,让每个人都恢复健康。这就是手术未来的方向:越来越微观,越来越精细(见图13-2)。

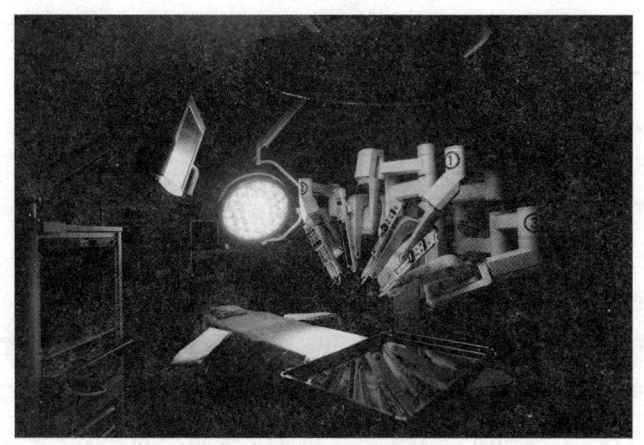

图13-2　微观手术操作设备

3. 微观治疗的市场

所谓"微观治疗",其实就是未来的医疗形式。运动健身、饮食养生、生活习惯、居住地的水土与气候,都是影响一个人是否健康长寿的原因,通常也会成为治疗的一部分。以上这些都是通过改变"系统"所处的状态,让系统进行自我修复来达到治疗和保健的目的,属于间接性的医疗。

手术则是主动式的医疗,由医生去修复你的身体,除了手术之外,还包括药物注射、按摩、正骨、医疗器械矫正等,甚至戴牙套都算。而这些医疗方式,将来一定会朝着微观的方向发展。

要进行一次微观的医疗,涉及的领域可就多了,不只是医生本人(见图13-3)。

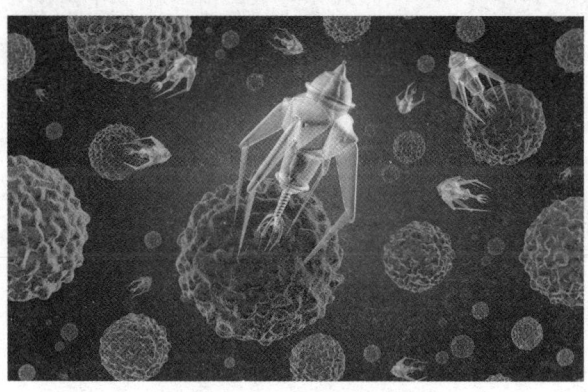

图13-3　微观治疗概念图

比如，用手术刀进行手术，要求医生对身体的构造、器官的生理活动有足够了解。如果是用细胞那么大的医疗机器人进行治疗，就要求医生对细胞的结构和生理活动有足够了解。如此一来，对细胞的研究就成了一个热门的领域。

而医疗机器人本身也是一个新的领域。机器人的结构设计，所使用的微型元件，以及它们所采用的特殊材料、一系列的辅助药物……就像人们尝试了第一次手术之后，手术刀忽然成了一种需求量极大的产品一样。

如果说要做出一个和细胞一样大的机器人实在太难，那利用辅助手段，器官组织和细胞加快自我修复的进程，也是一种不错的方法。科幻作品中常见的激光治疗，其实很不现实，因为细胞不会听光波的话加快生成速度。原子倒是会对光做出反应，但是组成细胞的元素太多了，单一的光束无法对每一种原子都做出详细的指令。你最多只能利用光速来完成一些比较有趣的化学实验。

比较有可能实现的是利用化学物质，很多化学反应都存在一些特殊的催化剂，在中学的化学课堂上，一些独特的物质能够让某个化学反应的速度加快成百上千倍，生物体内也存在一些叫作"酶"的物质可以加快生理活动。那么，通过化学物质来加快生理活动，促进组织的修复和细胞的生成，是很有可能实现的，这又是一个广阔的领域。

还有一些非常有科幻味道的治疗手段，比如，冷冻医疗法。篇幅所限，我们不去讨论这些技术的实现原理，但仔细一想就知道：冷冻技术、冷冻舱、冷冻液、解冻技术、解冻后的营养物质等，一旦冷冻治疗技术出现，这些内容都会拥有不小的市场。

我并不想让微观治疗的市场听起来像是未来的医疗市场——是，它确实就是未来的医疗，但是市场并不一样，它所涉及的领域比现在的医疗要广。而且哪怕是现如今的医疗领域，我们能够统计清楚它所有的市场吗？

恐怕是统计不完的，实在太大了。那么，在将来，微观治疗一定会带来一个更为广阔的，根本看不到边际的市场。

4. 未来的医疗技术

最开始的那个开颅手术的案例，将它放在整个章节的最开头，不只是因为它发生的时间最早，还因为它代表着现在的我们。

哪怕是现在，人们对于大脑的研究也非常浅，更何况是 5000 年前那个几乎就是原始文明的时代呢？头骨的主人觉得自己的脑子非常难受，于是部落的医生打开了他的颅骨，为他治好了病——或许根本就没有治病，只是撬开看了看而已，因为当时的医生绝对看不出大脑什么地方出了问题，又该怎么治。

无论如何，结果终究是喜人的，头骨的主人在进行了这一场风险极大的手术之后，躲过了脑脊液泄漏，躲过了病菌的侵扰，顽强地存活了一段时间，直到头骨创口的边缘自我修复之后才死去。所以，不管当时那个大胆的医生对头骨主人做了什么，这场"手术"都让他活了下来，某种意义上算是治好了他。

这不正是现在的人类吗？

是的，相较于 5000 年前的人类，现在的技术已很发达，但是 21 世纪的人类也还是不能随心所欲，也包括医疗这个话题。我们知道了人体的详细结构，知道什么病症分别要怎么治，但这些也只是在一次又一次的观察和实验中总结出来的。我们仍然没有真正探寻人体所有的奥秘，对于 5000 年之后的人类，现在的我们也显得幼稚而可笑。

5000 年之后，医学院的教授在给学生们上课的时候，说不定也会提到原位自体移植手术。他会笑着讲解道："苗齐医生竟然把病人的心脏从身体里取出来，修复之后再放进患者的胸腔里、这样做效率低，风险又大，更离谱的是手术成功了，病人活了下来，真是老天开眼！"

不过，在学生们跟着笑了之后，这位教授一定会补充一句："但另一方面，正是因为以前的医生们有这样大胆的尝试，在一次次成功，一次次失败之中总结经验，医疗技术才能不断提升，他们所走过的路终于成就了今天的我们。身为医生，你要做的事情就是把病人从死神手里抢过来，不管你用什么办法。"

今天的我们，回过头看 5000 年前的那场手术，或许应该保持一份敬意。那位医生没有 CT 扫描仪器，没有不锈钢手术刀，连纱布都没有。但是病人头疼得厉害，必须进行治疗，于是他迈出了大胆的一步。他用粗糙的石刀切开了病人的头骨，做了一些我们不知道的事情，最终病人活了下来。

到了 21 世纪，我们有了干净明亮的手术室，有了配套齐全的医疗器械，为了防止汗水滴落进病人的身体，主刀医师还配备有专门擦汗的护士。但想想苗齐教授，在他之前，中国从来没有人做过原位自体移植术，他算不算一个开颅者？他成功地进行了这场手术，将原本的医疗方案，用一个更先进、更精密的手术来代替，从此以后，中国的医生都有了参考，并且将这个技术一代代地流传下去。

很多年以后，人们可能已经不再使用手术刀了。人为修复身体这种医疗手段仍然存在，但可能已经不是手术的形式，而是精密的微型机器人，能够修复细胞的光束，甚至是一根魔杖。但所有的这些，都是在一场又一场古老的手术中发展出来的，都是在神农一次又一次品尝草药之中发展出来的，是从远古人类试图救治生病的同胞那里开始的。

未来的医疗会是什么样子的呢？没人能够回答，因为我们不知道未来的科学技术会怎么发展。但是，它一定很精彩，很震撼。对我们而言，就像不打开颅骨就看到大脑的情况，原始人怎么也想不出来一样。

健康与长寿是每个人都在追求的目标。人体的设计寿命其实很长很长，理论上可以活到 200 岁左右，但是有太多太多的因素让人提前死亡，可能是疾病，可能是外伤，可能是长期的生活习惯不良导致的系统崩溃，甚至是自杀。

但医疗工作者总在想方设法地延长人们的生命，他们的努力直接提高了人类的平均寿命。从石刀到手术刀，从草药到化学药物，从祈福仪式到手术方案，医疗手段越来越先进，越来越精密，人们的寿命也在不断地延长，身体也越来越健康强壮，这些都要归功于那些默默付出的医学工作者。

下一个章节，我们将要讲述医疗的另一个组成部分：药物。

第14章 健康与强大：药品

看不见的变化，也可以很有力量

1. 歪打正着的新发现

诺贝尔生理或医学奖得主保罗·埃尔利希曾经试图找出这样一种药物，能够只杀死细菌而不杀死人体的细胞。但药物没有大脑，连神经元都没有，怎么告诉它们哪些细胞该杀，哪些细胞不该杀呢？

保罗想到了一个天才般的主意："染色"。

某些染料会将细胞内的染色体染上颜色，而细胞的其余部分不染色，从而让人们观察到染色体的形状（这也是染色体这个名字的由来）；与之类似，某些病原体也会被特定的染料上色，而这些染料不会对其他的细胞产生影响。

在给各种细胞做染色实验的过程中保罗想到，既然染料可以有针对性地选择细胞，那么药物能否依照这一原理制作呢？这就等于给子弹加上了自动瞄准器，哪怕胡乱开火也不会伤到友军，总是能命中敌人。

事实上，这正是今日"靶向药物"的概念基础。可惜的是，纵然保罗有这么棒的想法，他还是没能找到想要的那种药物，一直到他死亡为止。不过他的这个想法，极大地激励了一位年轻人，他叫格哈德·多马克。

多马克是一位医学生，在第一次世界大战中负伤后，他成了一名医疗兵，为士兵们疗伤。士兵们被子弹击中、被手雷破片击中、被废墟压伤，各种各样的外伤让他们住进医院，但最后夺去他们生命的，通常是伤口感染。他们接上了骨头，缝合了皮肤，甚至都能下地走路了，却忽然高烧不断，意识模糊，最后痛苦地死去。

尘土弥漫的战场是最容易发生感染的，很多士兵明明只是手掌受了伤，医生们却不得不将整条胳膊都切除来保住他们的性命。战场上那些凶恶的敌人拿着枪都没能夺走士兵们的生命，那些小得看不见的东西却能轻松做到，这实在是太讽刺了。

这样的悲剧见得多了，多马克作为一名医疗兵，也感到深深的无力。他决定不做医生了，转而成为一名研究员，寻找杀死细菌的办法，让士兵们能够在医院里活下来。

他离开了战地医院，和女友结婚，然后在一所大学的病理系找到了一份工作，坚持着对细菌、免疫和病理的研究。妻子为他生下了3个可爱的孩子，给这个家庭带来幸福的同时，也让多马克的钱包瘪了下去。不管是拯救无数的病人，还是养活自己的家，多马克都急需找到那种神奇的武器，这一切都已经迫在眉睫。

多马克发表过一篇论文，提出"抗菌药"并不一定要杀菌。它们因为毒性过大，很容易将人体细胞也一起杀死；应该寻找杀伤力恰到好处的物质，只要能够使细菌变弱就可以，这样人体的免疫系统就可以清除掉细菌。

这篇论文引起海因里希·赫连的注意。赫连是拜耳公司的高层人员，也是苯巴比妥的发现人之一。当时的拜耳公司，拥有保罗·埃尔利希的学生，并且顺着埃尔利希的染料思路在寄生虫药物方面成功研发了日耳曼宁和扑疟奎宁这两种抗锥虫和疟疾的药物。只不过，这些都是针对寄生虫的药物，对于欧洲大陆盛行的霍乱、链球菌、金葡菌等病菌仍然束手无策。

赫连看到多马克的这篇论文之后，认为多马克非常有潜力，很有希望找到能够对付细菌的药物，于是来拜访了多马克。二人一拍即合，赫连立即投资多马克，让他不再为生活发愁，并且有了充足的资金来寻找答案。

要战胜敌人，首先要了解敌人。链球菌其实种类繁多，不同种类之间的致病性也存在差异，要将它们全部研究一遍太费时费力了。多马克决定，直接研究最高的那一种链球菌，如果连最强的链球菌都能战胜，那其他的链球菌也就不成问题了。

尽管一上来就挑战最强大的敌人实在是显得过于大胆，但多马克丝毫没有胆怯。他冒着风险，从死于链球菌感染的病人身上采集样本（哪怕是赫连也觉得这个做法实在是太危险了），将它们全部分离出来之后用来感染小鼠，目的是找到致死率100%的链球菌菌株。

经过几个月的努力，多马克终于找到了一种毒性高得吓人的菌株，哪怕将培养液稀释10万倍，它仍然能够在两三天内使接种的小鼠全部死亡。找到了要对付的敌人之后，多马克和他的团队立刻开展了对这个菌株的研究。

可是，成功哪有那么简单呢？4年时间下来，多马克团队尝试了超过3000种化合物，无一例外全都失败了。而埃尔利希的学生所领导的寄生虫药物小组，频频有新成果，让拜耳公司赚得盆满钵满，他们自己也拿奖金拿到手软。

多马克耐心十足，但是团队里已经有了不愉快的气氛。眼看隔壁小组的日子过得那么滋润，自己跟着多马克却只能拿基本工资，几年下来都没有什么进展，谁都会觉得不开心，甚至有人开始怀疑多马克的研究方向是否是正确可行的。

好在赫连察觉到了团队中的不和谐因素，主动来调和关系，并且提议可以加上磺胺基团试一试。早年间，赫连试过给染料加上磺胺基团以增加对羊毛的着色作用，磺胺基团是否对细菌也有类似的效果呢？

当时多马克团队的研究大方向是偶氮染料，无论是该染料从寄生虫到细菌的推演，还是磺胺基团从羊毛到细菌的推演，按照现在的理论来看都没什么道理。多马克并不在乎，他只是单纯地认为，多进行一次实验，就多了一分成功的概率，不管这个概率有多小都值得一试。于是在1932年12月，多马克团队进行了这一场不太现实的实验。

出人意料的是——他们成功了。

这是一种叫作"百浪多息"的染料，早在1908年就已经被制作出来，并且它确确实实就是一种染料，没有人试过用它来治病救人。而多马克将百浪多息加入磺胺之后，用在感染链球菌的小白鼠身上之后，小白鼠竟然奇迹般地康复了。

小白鼠和人毕竟不一样，要将百浪多息用在人的身上，还需要对它进行一系列研究，搞清楚原理。很奇怪的是，百浪多息只对活着的患病小鼠有效，对于培养皿里的菌株却丝毫没有效果，这种不稳定性让多马克一直不敢将它用于人体实验，整整3年的时间，他们都没搞清楚这到底是为什么。

一直到1935年圣诞节前夕，多马克6岁的小女儿不小心摔破了手，同时也感染了链球菌。情况迅速恶化，很快就到了不得不截肢以保全性命的地步。可是，一个6岁小女孩怎么能承受得住截肢的痛苦，她余下的人生又该怎么渡过？

女儿的生命已经垂危，多马克已经没有选择的余地了。绝望之下，他给女儿注射了一剂百浪多息，祈祷能够发生奇迹。

幸运的是，奇迹来了。仅仅两天的时间，女儿的情况就迅速好转，并且几乎没有表现出副作用，没过多久就痊愈了。

这意味着，人类第一次用人工合成的化学物品，在人体内部精准地杀死了致命的细菌，并且这个人还完全恢复了健康，没有任何副作用！

第二年3月，多马克确定了百浪多息确实对感染链球菌的患者有效之后，发表了自己的成果。用染料来治病这件事饱受质疑，但没过多久，一家英国医院就已用临床数据有力地证明了百浪多息的疗效。

到了第三年感恩节前夕，百浪多息甚至拯救了罗斯福总统的小儿子，从此在美国声名鹊起，也顺利地打入美国市场。

事实上，杀死链球菌的武器，不是百浪多息。

当时的法国有一个叫欧内斯特·富尔诺的人，是巴斯德研究所的药物化学部主管。他想研究百浪多息的药效，因此向赫连索要了百浪多息的样品。为了打入法国市场，赫连给了他一份样品，富尔诺和他的团队拿到样品之后立刻开始了实验。

他们将百浪多息和其他8种药物一起用在感染了链球菌的小鼠身上，还剩下两组小鼠，一组用于对照，至于另外一组——本着不浪费的原则，实验人员顺便测试了一下磺胺。

没想到最后就只有百浪多息组合磺胺组的小鼠存活了下来。他们又进行了一些实验，发现即使不添加百浪多息，磺胺也能够杀死链球菌。

这实在让多马克和拜耳公司都有些尴尬，他们一直以为是百浪多息这种染料杀死了链球菌，而磺胺只不过是充当"染色增强剂"的作用，没想到百浪多息是完全没用的，这个辅助剂才是真正能够解决链球菌的东西。

至于多马克的初代药剂对培养皿里的链球菌无效，这个问题也迎刃而解了——磺胺只有在生物体内，在酶的催化下才会被释放出来，才能够杀死链球菌。至此，百浪多息的戏份到头了，而磺胺正式登上了历史舞台。

那个年代的人们没有先进的仪器，没有完善的理论，连显微镜都十分落后；人们要找到正确答案，总是要走很多很多的弯路，使得百浪多息白白享受了几年"抗菌英雄"的美誉。

可正是因为先人们走了这些弯路，如今的我们才能享受到各种药物，每一个享受着健康生活的人，都应该铭记他们的努力。

2. 微小的武器

我们能否制造一些微小的机器人,进入身体内部,像修理机器一样地去修理身体?

人类确实拥有移动单个原子的能力,但是考虑到制造一个"机器人",就算零件再小,它也会有一定的体积,因此机器人的尺寸是有一个下限的。

身体里的病菌通常很多,为了解决数量庞大的病菌,机器人还得足够大,才不至于工作几次之后就磨损失效;但合乎要求的机器人,尺寸已经大到无法进入每一根血管了……

我们似乎遇到了一个悖论,不过别担心,除了电子学之外,人们还掌握了另外一门更加精密的学科——化学。

一颗单独的原子,就是一个机器人组件;许多原子加起来,就是一个小型的机器人;大量的这种机器人加在一起,就是一支微型机器人军队,也就是"药物"。

还记得磺胺吗?一个磺胺分子由18个原子组成,分子量只有区区172.21,尺寸还不到10纳米。我们说一个简单的对比,目前人类最先进的电脑处理器,工艺制程是7纳米,也就是说,如果我们要制作一个最小的机器人,哪怕是它的处理器,哪怕是处理器中的一个运算单元,哪怕是运算单元中的单个电路,它都比整个磺胺分子要大(见图14-1)。

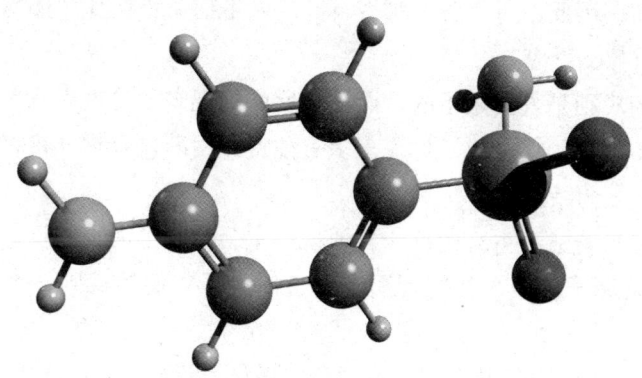

图14-1 物质分子结构概念图

至此，体积的问题解决了。

机器人攻击链球菌时，需要仔细分辨每个细胞，搜集它们的数据，再经由处理器判断它是不是链球菌。而对化学物质而言，两个步骤被简化成一个步骤。这就是化学的奇妙之处：化学物质只会在遇到特定的其他化学物质时才会发生反应，对于不合要求的物质，它们是无论如何不会发生反应的，相信你在中学的化学实验室里已经亲身感受过这个有趣的规则。

当磺胺遇到链球菌的时候，独特的分子式带来的独特化学性质，会让它识别出链球菌并且进行攻击。而对于身体里的其他细胞，因为不符合反应的要求，磺胺就会彻底无视它们，因此磺胺对人体基本是无害的；等到身体里的链球菌被消灭干净之后，磺胺就会随着新陈代谢，被逐渐排出体外。它又小又无害，跟人体自然产生的废物没什么区别。

所以，功能的问题也解决了。

这些独特的化学物质也并不需要人们操控单个原子来进行合成。一些化学物质加上另一些化学物质，添加一点简单的反应条件，就能够得到你想要的化学物质，"化学方程式"这个东西被人类使用得淋漓尽致。以磺胺为例，它可以由乙酰苯胺经氯磺化、胺化、水解、中和制得，一个成熟的制药工厂，很轻松就可以做出整整一桶磺胺来。而病人呢，只要吃一点点就可以了。

数量，对化学物质来说，根本就不算是个问题。

化学药物对比微型机器人有如此大的优势，归根结底还是来自原子：它们想要让最外层的电子数变成 2 或者 8，但是每个原子抓住电子的能力不尽相同，最外层本来的电子数目也不尽相同，所以每个原子只会与特定的原子相结合；在原子聚合成分子之后，因为元素成分不同，分子也有了千奇百怪的形状、体积、化学性质，因此，每个分子都有自己的人生信条：在什么环境下，碰见什么物质，会有什么反应。

机器人的规则是人类赋予的，而化学反应的规则，是世界赋予的。人们利用这些最基本的规则，合成了许许多多有独特作用的化合物，将它们用在生物的身上，就成了药品。

多么精彩！若造物主真的存在，他也一定会惊叹于人类的智慧。组成万物的最小单位是原子，而人类则利用了大自然赋予它们的规则，来保护自己的健康。

最后，再来说一说药物的另一个部分：强化类药物。

人在遇到紧急情况时，身体会分泌肾上腺素，让心跳和呼吸加速，瞳孔会放大，短时间内获得额外的体力和反应能力。几乎所有紧张的情况，面试的时候、进考场的时候、遇到危险的时候，身体都会分泌肾上腺素来辅助你。

到了现在，人们懂得了利用化学药物来主动获得额外的能力。比如，有些化学物质可以让心跳加快，或者让体温稍微升高并且保持一段时间，有些化学物质可以让你短时间内保持大脑清醒，还有的能短时间内提升性能力。这些五花八门的药物，都可以短时间内让你变得更强大。

这些特殊的物质确定好合适的剂量之后做成药片，在紧急关头就能为你带来额外的动力。电脑有一种叫作"超频"的技术，短时间内增加给处理器和图形卡的电压，带来更高的性能，无论游戏、影视渲染还是数据处理，都可以更有效率。而人也可以利用药物来达到"超频"的效果，只要副作用控制得当，它就能提升你的工作效率。因此近年来，强化身体各方面素质的药物，也随着药理学的进步而逐渐走进人们的视野。

3. 药品的市场

药品分为两个部分，医用药品是一种刚需，而强化类药物会是一种受众越来越广的，常见的消费品。

为什么是刚需呢？正在读这段话的你可能非常健康，从小到大都没有生过什么病，感冒之类的小毛病随便吃点药就可以治好。但是，考虑到人口数量是如此庞大，我们就不得不引入统计学中的"大数定理"。

什么是大数定理呢？我们都知道，抛一枚硬币，正面向上与反面向上的概率都是50%。当你的统计样本非常少的时候，它的概率不一定是50%。有可能你连续扔10次都是正面向上，甚至扔100次都是反面向上。但是当你扔的次数足够多，那么正面向上的概率一定会趋于50%。

套用到我们谈论的话题上就是，你如果生病了，你需要药品的概率是100%；如果你没有生病，那么需要药品的概率是0%。但是，一个人怎么能代表全人类呢？有人身体健康，也有人疾病缠身，有人遭遇意外，也有人带有先天基因缺陷。仅在中国，每年就有50多万人死于心脏病，当统计的样本足够多，有心脏病的样本就会出现，统计完全国人口之后，你总能发现有一定比例的人患有心脏病。

心脏病可能是基因导致的，可能是不良生活习惯导致的，也有可能是某些意外事故导致的，这些因素永远都存在，并且有某个概率导致心脏病的发生。再引入大数定理，"人口数量"这个样本足够大，所以每年死于心脏病的人就会符合心脏病致死的概率。如果中国的人口翻了整整1倍，心脏病每年就会杀死100万人。

所以我们说，药品是一种刚需。它不像衣服和食物，并不是每个人都需要，但肯定有一定比例的人需要。

近两年受到疫情的影响，对医药用品的需求量大大提升，而新冠肺炎疫情毕竟是数十年甚至上百年都遇不到一次的特殊灾难，并且在人们的努力下，它肯定不会持续太久。因此，我们看看前几年的统计数据，在那些寻常的日子里，人们对于药品的需求量是怎么样的：

伊克维艾研究所在2020年8月发布了《Global Medicine Spending and Usage Trends – Outlook to 2024》，这个名字又长又难记的报告统计了10年来全球药品的市场变化情况。报告表明，2009年时全球药品市场净规模为6280亿美元，到2014年时总规模为7770亿美元，5年整体复合增长率为4.3%；2019年时增长至9550亿美元，5年整体复合增长率为4.2。报告还预测了2024年的药品市场净规模，为1115亿～1145亿美元，5年整体复合增长率为2%至5%。其中，发达国家市场在整个市场中的占比全都超过50%，其次是医药新兴市场，每年的占比都在不断增加。

这样的数据初看上去很奇怪，明明生存环境和医疗条件越来越好，人们的身体应该更健康了才对，怎么医药市场的占比反而在提升呢？

不妨换个角度来想。医疗条件的提升，并不是直接让人不生病，而是能够治愈更多的病；某种病在以前是绝症，如今有了能够治愈的药物，病人活了下来，自然就产生了费用；一个人的寿命越长，就可能生更多的病，这是难免的，如此一来，也增加了医药的支出；还有人口的自然增长，也会增加对医药的需求。当然了，人口的增长会让所有的市场都扩张，这个不是医药的特权。

经济条件的改善也是一个重要原因。我们经常可以在文学和影视作品中看到贫困的家庭因为经济问题而放弃治疗的情节，这其实是对许多社会中下层人民的真实写照。经济的发展，让普通百姓有了更多看病的机会，也愿意选择昂贵但效果更好的药物。

大部分的国家都开始推行医保政策，覆盖范围越来越全面。以前根本看不起的病，现在则由国家出大头，解决了许多人看病难的问题。这一方面拯救了许多经济困难的家庭；另一方面也为医疗行业带来了更多的收入，有更多的资金制造药品、研究治疗方法，因此，市场就不断扩大了。

另外，医疗行业是很容易得到照顾的。说到底，这是治病救人的事业，而人是社会、国家乃至文明的根本。记得前两年大火的电影《我不是药神》吗？这部电影也能看出国家对于医疗行业的重视。尤其是在电影上映后不久，一系列关于医疗行业的政策就出台了。所以，个人、企业或者资本从投身于医疗行业的那一刻起，就已经得到了政府和社会的支持，发展前景肯定不会差。

至于强化类药物，它多多少少带有一点科幻味，受众或许不广，尤其是"兴奋剂"这个名词带给人们的坏印象。

但现如今也不是没有强化类药物。有一种俗称"伟哥"的药物，前几年的时候仅仅一片的价格就动辄三四十元，而成本不过个位数。引入大数定理，你会发现人群之中还是有不少人需要这种药物的，而生产它的厂家则默默地享受着它带来的暴利……

大多数人还没有强化类药物的概念。将来的某一天，人们研制出了许多能够短时间内增强人体素质的药物，并且效果可行，没什么副作用的时候，强化类药物就会成为一个独立的药品分类，市场也会随之到来。并且医药行业的企业肯定会不间断地研发新药物，只要分出一小部分人力物力去研究这方面的药物，说不定哪天就有新发现（见图14-2）。

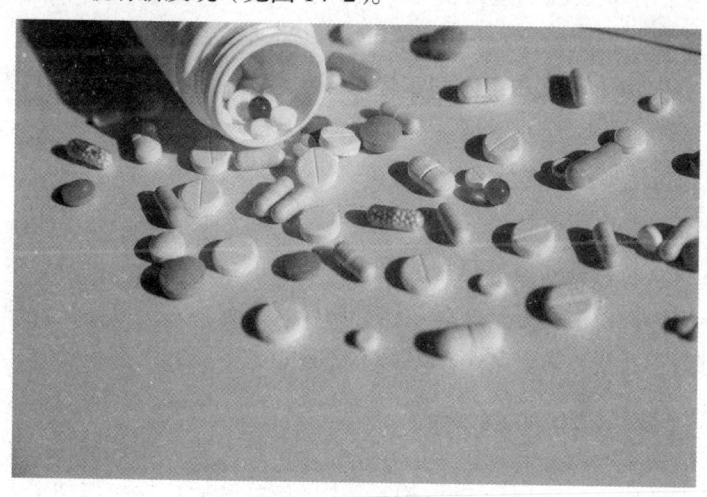

图14-2 散落的药品

4. 药品与我们的未来

医学和药理学是两个不同的学科,医学的目的是想办法让不在正常状态的人体回归正常状态,药理学则是医学的辅助,目的是为医学的种种目标找到正确的工具,也就是有效的药物。不幸的是,生物的秘密太过深奥,人类目前还无法彻底搞清楚。因此,对某些细菌和病毒而言,人类还没有找到能够对付它们的武器。

比如,艾滋病,人人都知道是艾滋病病毒引起的,但目前还没有有效的药物能够杀死艾滋病病毒。科学家们所做的,就是不断地尝试各种化学物质,看看哪一种能够正好杀死艾滋病,而不对人体的正常细胞产生影响。这两年肆虐的新型冠状病毒也是如此,它能够置人于死地,但也能够被战胜,只要找到了能够杀死新型冠状病毒的特定化学物质,并且能够批量生产,它就再也不是可怕的疾病了。

科学家们不是已经制造出新冠疫苗了吗?这就说明,人类已经找到了能够对付它的武器,彻底消灭它只是时间问题。当然了,肯定会有一部分菌株被保留在实验室内用于研究,让人们掌握更多的经验,将来出现其他病毒的时候,就可以更从容地应对了。

而说到强化类药物,就更加有趣了。

最典型的强化药物就是兴奋剂。注意,普通人们所谈论的关于运动员们使用的兴奋剂,是一系列违禁药物的统称。其中以"让身体兴奋以获得更好的成绩"的一种药物最为常见,所以干脆都叫作兴奋剂。人们对于兴奋剂的印象不太好,因为它通常代表着某个运动员不守规矩,下场几乎都是禁赛。不过,兴奋剂也不全都是坏事。

在运动场之外的地方,比如,武警需要营救人质,在兴奋剂的加持下他可以拥有更强的体力、更快的反应速度,击败歹徒的成功率就更高了。这种情况下,兴奋剂就是功臣了。类似的,抢险救灾、户外探险等身体素质越强越好的场合,兴奋剂都有不小的作用。甚至一名脑力工作者吃一些提神醒脑的药品或者零食,哪怕是抽根烟喝杯茶,都能让工作更有效率。

在手术台上,病人身体极度虚弱,马上就要支撑不下去了,医生也会给病人来一针兴奋剂，激发身体的潜力，让病人坚持下去。当然，这可不是我们平常能接触到的兴奋剂，而是专业的医疗药剂，加快心跳、增加养分交换、阻止凝血，或者其他一些更复杂的反应。

兴奋剂是一种非常有用的东西。至于它在运动场上的臭名声，这个很好解释——体育竞技是要考验运动员们的本事，要讲究公平，用兴奋剂就等于作弊了，自然是破坏规矩。不只是兴奋剂，利用任何事物帮助自己取得不合理的成绩都算作弊，用手机传递答案也是作弊，为什么人们不批评电子设备呢？所以，这并不是兴奋剂的罪过，是使用它的人的罪过。

兴奋剂并不是某种高效汽车燃油。看名字可以发现，它的作用在于让人"兴奋"。你的身体素质是没有变化的，但是神经中枢兴奋了起来，工作得更加卖力，传递信息、给肌肉下达指令更有效率，这就可以让人跑得更快了。

在微小剂量下，它对人体是不会有危害的。甚至很多跌打损伤药和止痛药里，都有"兴奋剂"的存在，它们可以让神经系统暂时感觉不到痛苦，或者暂时克服疲惫强行工作，这些药物的某些成分，和一些兴奋剂的成分是一样的。只不过它们的配方和占比不一样，一个侧重于治疗，一个侧重于激发潜能而已，就和药品的两个分类一样——治疗、强化（见图14-3）。

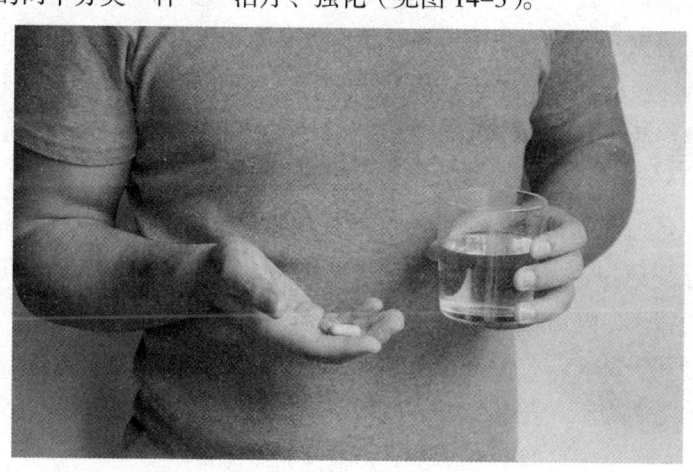

图14-3　服用药品概念图

人体本身也是有"兴奋剂"的，那就是肾上腺素。它能让心跳和呼吸加快从而使得氧气的补充速率更高、瞳孔放大以更好地观察周围环境，大脑也会因为紧张而变得更加专注，肌肉也会受到非常强烈的刺激和强化，力量要比平时高出很多很多。可以毫不夸张地说，这种人体自己生产的兴奋剂，是世界上最好用的兴奋剂。人们甚至会人工合成肾上腺素，遇到危险的时候直接打进心脏，再由心脏送遍全身，短时间内你会忘记疲劳、忘记疼痛，像个超人一样。

你一定看过这样的视频：在危难面前，某个人忽然爆发出惊人的力量，举起了数百公斤甚至几吨重的东西，把人救了出来。而当危险过去之后，他再想尝试，却怎么也办不到了。这其实就是在他紧张的那一瞬间，身体释放出肾上腺素，给了他强大的力量罢了。

这是从原始时代就流传下来的技巧。原始人弱小的身体很容易被野兽杀死，而太强壮的身体会消耗大量的能量，容易缺少食物，大与小之间似乎难以平衡。于是，原始的人类，甚至可能是在还没有完全演化成直立人的猿人时期，我们的祖先就进化出了肾上腺素这个东西：平时身体素质较弱，以减少能量的消耗；遇到危险的时候，肾上腺素就释放出来，短时间内给身体"超频"，以应付危险情况。

现在人们有了各种各样的现代化工具，也不用担心野兽了，甚至体力活都有许多机械代劳，但是仍然有需要额外身体素质的情况。高危工作、野外探险就不提了，出车祸大出血或者身体病变导致器官衰竭的时候，也需要一些强化器官功能的药物来挺过危险期。

我们都清楚，人类总有一天会进入太空时代。在现如今安宁的都市生活中，平常人的身体素质就完全够用，但总有一天人类会去探索更广阔的世界。其他星球的自然环境可远比地球要恶劣，这种时候，强化类药物就可以派上用场了。

哪怕是生活在宜居星球的人，对于更强壮、更健康的身体又怎么会拒绝呢？因此，类似蛋白粉这种能对身体产生长远影响的药品，将来也会被更多的人使用。当然，蛋白制品是非常原始的东西了，未来肯定会有更好的产品出现。增高药物、益智药物、免疫强化药物、改善视力听力的药物、消除不良情绪的药物等，不说将来，哪怕是现在的人们也在不断地研究。

安全而和平的文明社会并没有让人类的身体退化，科学家们正在用这些小得看不见的化学物质，一点点地让人类的身体变得更健康、更优秀、更强大。

第15章　熬过漫长的旅途：冷冻与休眠

先睡上一百年再说

1. 孤单的旅途

在许多科幻作品里，冷冻休眠技术都像是一个工具设定，用来解释船员们为什么能够活上这么久。但是，也有一些故事以此为卖点，专门讲述在冷冻休眠期间发生的事情。

当然全程都在冷冻休眠，自然也不会发生任何事情了，所以讲的得是在休眠期间醒过来的故事，比如，电影《太空旅客》。

故事发生在遥远的未来，人类已经掌握了星际殖民的技术，但星球之间遥远的距离仍然是一个令人头疼的问题。但地球的人口已经到达了极限，再也不能容纳更多的人了，无奈之下，人们只好向外太空进发。

吉姆·普雷斯顿乘坐的阿瓦隆星船，正在前往"家园二期"殖民星。这一趟旅途要花上120年的时间，因此阿瓦隆星船上的5000名乘客与200多名机组人员，在登船之后就进入休眠状态，在抵达目的地前的4个月才会苏醒，而飞船就交给人工智能进行操作。

在启航之前，天文学家就已经观测了地球到目的地之间的所有星体，计算出了一条最合适的航线，能够避开所有危险的地区，甚至能够利用恒星进行引力弹弓来加速。但是，太空望远镜毕竟只能看到恒星和行星，行星在望远镜里也只不过是几个像素，那些在太空中飘浮的碎石块，则完全无法避免。不过，因为阿瓦隆星船拥有能量护盾，可以抵抗住碎石块的撞击。

但谁也不知道那些藏在漆黑夜空下的碎石有多大，能量护盾能不能完全挡住。

某个时刻，吉姆突然就从休眠之中醒了过来。人工智能引导他慢慢地恢复身体，熟悉自己的处境，并且指引他前往学习室，了解一些在殖民星生活所需要的知识。与人工智能老师的交流让吉姆发现了一件很可怕的事情：自己醒来得太早了。

这趟旅程按照地球时间算，要飞整整120年，而现在只过去了30年。吉姆知道自己绝对不可能在飞船上坚持90年，他知道飞船正在按照0.5倍光速前进，相对论会导致他的时间变慢，但这一点变慢的速率也很小，不足以帮他坚持下去。

吉姆差点被气疯，但现在也没有别的办法，只能得过且过。飞船上什么都有，电影院、游戏厅、餐厅、游泳池，还有个风景优美的中央大厅，除了那些仅向黄金舱乘客提供的食物吉姆吃不到之外，其他一切都很好。

吉姆还穿上了太空服，进行舱外行走。挂着牵引绳在太空中飘荡的时候，整片璀璨的星空都尽收眼底，单单是这份景色，就已经值回了船票钱。

而且没有别人来跟他争抢这一切，他是这里的皇帝。但最大的问题，也是没有其他人。游戏厅的高分榜全是他一个人的名字，电影院也从来只有他一个人，唯一一个能够跟吉姆说话的，是中央大厅酒吧的酒保亚瑟，可他是个机器人，尽管做得栩栩如生，但他还是个机器人。

被无边的孤单折磨了接近1年，吉姆的精神也接近崩溃。才过去1年，自己就已经承受不了，那接下来的几十年呢？自己总有一天会探索完飞船的每一个角落，偌大的宇宙就在眼前，但是他的活动范围只有这一个小小的飞船。

一想到自己会在孤单中度过几十年的人生，然后再孤单地死去，吉姆的心里就只剩下了绝望。他甚至想到了自杀，他来到太空行走舱，站在气闸里，准备按下气闸门的开关。犹豫了几次之后，对死亡的恐惧还是战胜了对孤独的恐惧，他跟跟跄跄地跑了回来。

被扔进太空中冻成冰块，永远游荡在宇宙空间，这实在是过于可怕。待在飞船上至少还有美味的食物和柔软的床，还有先进的医疗舱，再差也不过是寿终正寝。那就得过且过吧。从太空行走舱逃回来的时候，吉姆再一次路过了集中休眠区，看到了欧若拉。

几个月之前吉姆就发现了这个乘客。最开始吉姆被她的美貌吸引，于是查阅了她的资料，得知她是一个作家，她的父亲也是一个优秀的作家，受到父亲的影响，欧若拉决定进行这一场星际旅行，在有过这样传奇般的经历之后，她或许能够写出足够精彩的作品。

吉姆阅读了她所有的作品，渐渐被她笔下的文字以及她的性格吸引，不知不觉间他对欧若拉产生了深深的向往。吉姆曾经犹豫过，要不要把欧若拉唤醒，这样自己还能有个伴，但良知让他没有这么做。他不知道如何重新进入休眠，欧若拉也会跟自己一样老死在飞船上。他也和亚瑟讨论过这件事，而这个老实的机器人并没有给出什么建设性的建议。

在自杀未遂之后，吉姆终于抵抗不住无边的孤独，鬼使神差地唤醒了欧若拉，并且要求亚瑟帮他保密。

起初欧若拉也很害怕老死在飞船上，想要重新进入休眠。但吉姆带着她跑过了半个飞船，告诉她自己已经尝试了几乎所有的办法，都宣告失败，他能做的只有承受这一切。欧若拉并不知道是吉姆对自己的休眠仓动了手脚，以为他是个和自己一样意外苏醒的可怜人，并且比自己多承受了1年的孤独。

欧若拉也只好接受了"事实"。吉姆一个人都能够坚持1年，而自己好歹还有吉姆能够做个伴。吉姆了解这艘飞船，他带着欧若拉去了所有有意思的地方，身为黄金仓乘客的欧若拉也能够用自己的权限给吉姆带来很多便利。他们一起吃饭，一起看电影，一起看着飞船利用大角星做引力弹弓，看着恒星喷薄而出的焰浪，他们的感情逐渐升温。

后来有一天，吉姆带着欧若拉进行了太空行走，他们系着安全绳在宇宙中飘荡，双手能够触及的只有彼此，此外便是空荡而璀璨的太空。欧若拉本来就是个有着浪漫情怀的作家，而即便是她也想象不出还有比这更浪漫的场景。回来之后，他们便成了恋人，打算结伴在飞船上一直活下去。没有其他活人又怎么样呢？有一个能够相伴一生的爱人，难道还不够吗？

可惜好景不长，某天他们去酒吧喝酒的时候，亚瑟误解了欧若拉话语中的意思，以为欧若拉已经知道了自己苏醒的原因，于是放心地谈起了这件事——亚瑟的本意是让欧若拉了解吉姆有多迷恋她，想帮助他们增进感情，但这带来了反效果。得知真相的欧若拉近乎疯狂地仇恨吉姆，她本来打算去殖民星住1年，然后回到地球来，去241年之后的人类社会，给那时候的人们带去自己的作品，而吉姆因为自己的一己私欲摧毁了这一切。

某天晚上，欧若拉冲进吉姆的房间，在怒火的驱使下痛打了吉姆一顿。吉姆并没有反抗，甚至任由欧若拉举起了武器。可欧若拉看着这个自己深爱过的男人，却怎么也下不了手。吉姆确实剥夺了她本来应该拥有的人生，但也给了她一段前所未有的经历。她最终没有痛下杀手，两个人就此保持着一种很尴尬的关系。

几天之后，非常意外地，阿瓦隆星船的甲板主管意外苏醒了。他知道休眠仓是绝对不可能无缘无故让人苏醒的，于是带着吉姆和欧若拉对3个休眠仓进行了检查。原来，吉姆意外苏醒是因为某个元件烧坏了，而他自己的休眠舱则是一系列的系统问题。他自然也发现了欧若拉的休眠仓是因为吉姆动了手脚，但只是骂了吉姆一句，没有过多地追究，因为还有更严重的问题等着他去解决。

在主管苏醒的前一段时间，飞船上出现了越来越多的异常，进行各种工作的机器人也不断损坏。3人来到控制中心，调取了飞行日志，发现飞船出现的所有问题，都源自两年前的一场未知意外，正是那场意外导致吉姆的苏醒。那场意外还不知道是什么，但它一定损坏了飞船的某些重要部件，飞船的系统尝试自行解决这个问题，导致系统过载，反而让越来越多的地方出现损坏。

可惜的是，主管因为年龄太大，加上突然中断休眠，身体出现了严重的紊乱，许多器官都已经坏死。他知道自己时日无多，于是把自己的身份识别器交给吉姆，并且告诉他问题所在，让他带着欧若拉修好这艘船，拯救这5000多个人。

在关于整艘飞船以及所有乘客生死的问题面前，欧若拉也放下了个人情绪，全力帮助吉姆。他们在飞船的一个舱室发现了一个破洞，向外漏气的破洞还险些将他们杀死。

飞船以0.5倍光速行驶，即使是太空中完全静止的碎石块，也相当于以0.5倍光速撞上飞船。这么可怕的速度，飞船的能量护盾很难抵挡住全部的冲击。有一个拳头大小的石块穿过护盾，击穿了飞船坚固的外壳，击穿了十几层的船体，最终击毁了控制飞船核反应堆的电脑。

在他们终于发现问题的时候，反应堆的情况已经很不乐观了。因为电脑功能的缺失，反应堆的运作缺少管理。它在过去的两年内一直在膨胀，随时就要爆炸。好在地球人有个习惯，东西坏了从来不修，替换就可以——他们迅速地在仓库找到了这台电脑的备份，替换上之后，反应堆的运作终于得到控制。

但是这还没完，因为反应堆在异常状态下持续运作了两年，反应室内的温度已经逼近设计极限，随时就要炸毁，必须打开通风口将积压的热量吹到飞船外，才能让反应堆恢复稳定运行。不幸的是，那块击穿飞船的小石头损坏了太多系统，其中就有控制通风口的舱门。现在没有别的办法，吉姆必须亲自去打开舱门。

他穿上太空服，举着一块结实的门板当作护盾，来到飞船外，找到了通风口的位置。通风口会自动关闭，所以吉姆必须站在这里握住开关，让通风口持续打开。

欧若拉不同意这么做，就算是门外汉也知道核反应堆有多可怕，用来给核反应堆散热的空气，绝对不是人可以承受得了的。但眼看控制室马上就要爆炸，自己和整艘船的人都要跟着陪葬，加上吉姆毅然决然地催促，欧若拉也没有办法，在痛苦和不舍之中拉下了通风开关。

反应堆终于恢复了稳定，飞船的各个系统开始逐步上线，自行修复飞船。尽管有一些损伤无法复原，但要正常地飞行下去是没有任何问题的。此时，欧若拉已经不再恨吉姆了。如果吉姆没有唤醒她，就没有人来拉下通风开关，飞船就不会被修好，最终的结果是欧若拉和其余5000多人一起在睡梦中死亡；欧若拉本来就不可能活着到达目的地，当然也会错过吉姆。她顾不上修复过程中受的伤，穿上太空服，冲进宇宙空间将吉姆带了回来……

2. 入眠的诀窍

冷冻技术真的有可能实现吗？了解过这方面知识的人，第一反应是不行，因为动物细胞在温度低至零下5摄氏度的时候，细胞内的水分会结成冰晶刺破细胞膜，对细胞造成不可逆转的伤害。所以，"美国队长"是不可能活到21世纪的。因为他在没有任何防护措施的情况下直接被冰冻，外表看不出他有任何损伤，但他全身的细胞都已经支离破碎，解冻的那一瞬间他就会死亡。

不过冰晶正是科学家们要解决的问题。事实上，他们已经找到了一些思路。直接将人体冷冻是个大难题，科学家们决定一步一步来，先从"休眠"做起。冷血动物能够通过冬眠来降低自身的新陈代谢效率，不吃不喝也能一觉睡上几个月的时间，那么，人类为什么不可以呢？

在休眠这件事上，人类确实需要向一些动物学习。许多微生物都能在极端环境下存活，但是它们的生命形式与人类差得太多，不在考虑范围之内。而有一种比较高级的动物，能够在零度以下的环境中存活几个月，它的名字叫作阿拉斯加树蛙。

人类也能够在低于零度的环境中存活，但必须要依靠衣物、房屋等来保暖，还需要大量进食才能平衡身体的能量消耗，而阿拉斯加树蛙不需要。你把它放进水里，扔进冰箱的最底层，完全冻成冰块，过几个月拿出来解冻，它一点事也没有。

阿拉斯加树蛙的秘诀在于，它的体内有一种血糖，能够降低水的冰点。在体温低于零摄氏度时，这种血清能够让血液不结冰，仍然保持流动状态。当然，在这种状态下，树蛙的生理活动也会跟着降低，最大限度地减少能量消耗。观察数据显示，冰冻状态下的阿拉斯加树蛙，心脏每隔 10 天才会跳动一次，甚至可以长达 15 天。这一次跳动为全身输送一定量的营养，所有的器官都要靠着这份营养，在极低的新陈代谢效率下工作 10～15 天，等待下一次的心跳，或者等待环境温度的回升。

这份近乎完美的答卷，人类也在不断学习。

2016 年时，美国国家航空航天局正式宣布，将资助亚特兰大航空工程公司研发一种类似"假死"的技术，以让宇航员在星际飞行中进入短暂的冷冻休眠状态（见图 15-1）。

图 15-1　冷冻休眠概念图

根据报道，亚特兰大航空工程公司设计的冷冻休眠舱将使宇航员进入惰性麻木状态，即短期的冷冻休眠状态。在这个状态下，宇航员的生理活动降低，通常表现在体温降低，新陈代谢速度下降等。同时，他们的身上会挂满各种传感器。如此一来，值班的宇航员就可以随时监测他们的健康状况，并且随时做出反应。休眠中的宇航员将会通过全肠胃外营养静脉注射，获得维持人体功能所需的营养，并可以将废物通过尿液排出。

每一个宇航员会在药物诱发的低温状态下休眠 14 天，然后保持 2～3 天的正常生活，每个宇航员的休眠期不同步，如此就能保证飞船上总有清醒的宇航员。当然，如果人工智能足够强大，可以自行完成飞船的操纵并保证休眠者的安全，那所有人都可以一起休眠。

这样的休眠，严格来讲不算是长期的休眠，只是让人的身体细胞进入一种非常"懒惰"的状态，各种生理活动的速度都尽可能降低。按照每休眠 14 天清醒两天来算，在他们眼里，漫长的飞行旅程会被缩短到 1/8。并且，休眠期间所需要的营养物质，体积和质量都比正常状态下需要的食物要小得多。

这将大大减少宇航员对外界物质的需求，进而大幅减少所携带的补给品。首席执行官布拉德福特称，4名至6名宇航员组成的船员队伍，原本若要携带20～50吨的生存补给品，在使用轮流冷冻值班的方式后，补给品可以降低至5～7吨；宇航员的栖息舱室所需要的空间大约为20立方米，而如果要正常生活，为了保证健康和精神需求，则需要200立方米的空间。这项技术最大限度地提高了飞船的空间利用率和载重利用率，缩减了飞行任务的成本，也极大地降低了宇航员在太空中所承受的精神压力——毕竟飞行途中是比较无聊的。

细胞在低温下的新陈代谢会急速减缓，保存的温度越低，新陈代谢越慢，保存时间也就越长。血液中心的血液在零下5摄氏度能够保存1个月，如果不考虑低温对细胞造成的损伤，在零下196摄氏度进行储存，可以保存几个月的时间。

而零下5摄氏度，是低温休眠的一道天堑。水的冰点是0摄氏度，但由于人体内的水并不是纯水，所以它们会在零下5摄氏度时结冰，而结冰就一定会产生冰晶，将脆弱的细胞膜刺穿。这是物理给生物设下的限制，但我们正在想办法突破这个限制。

据中国科技大学低温生物研究所何立群教授等的研究，要实现冷冻休眠绕不过的就是要对每一个细胞进行低温处理。实际应用中，细胞的低温保存，第一步就是要给细胞输入适量的CPA，也就是低温保护剂，然后再进行安全的降温。

这一招和阿拉斯加树蛙如出一辙。向水中加入溶质会降低水的冰点，溶质浓度越高，冰点就会越低；然而，浓度太高的话，反而会对细胞有渗透性损伤，因此量必须适当。50年以前，英国的一个研究小组就发现甘油是精子和红细胞有效的CPA，而后人们又陆续发现了乙二醇、甲醇、丙二醇和二甲亚砜，也出现了比甘油更有效的CPA。

根据何利群教授的介绍，在实际实验中，向生物组织添加CPA后，细胞会因为浓度差而先脱水，体积收缩；随后，CPA渗透进细胞内，细胞体积随之扩张，只要把握好CPA的浓度，就可以将细胞最终的体积控制在合适的范围，避免因为过度扩张而导致损伤。

除了CPA的浓度控制之外，降温的速度也是必须掌握的内容。降温过快或过慢，都能杀死细胞。当降温速度过低时，低温损伤源于"溶液效应"，细胞外溶液含有CPA，浓度差会让细胞不停地往外渗水，最终导致细胞严重脱水，在冷冻完成之前就严重损伤甚至死亡；而当降温速度过快时，低温损伤源于致命的胞内冰。

因此对于特定细胞，必然存在一个具有最高细胞回收率的最佳降温速度。

该降温速度慢得足以防止细胞内结冰,同时也快得足以使"溶液效应"最小。不过,找到一个给定的细胞最合适的降温速度与CPA浓度,还算能够完成,要找出成百上千种不同细胞的最佳降温速度和CPA浓度,那就十分困难了。

更困难的是,如此多不同种类的细胞,组成了同一个身体,它们将会得到同样浓度的CPA,以及承受同样的降温速度。在身体任何一个部位注入的CPA,都会随着血液循环扩散到全身的每一个细胞,身体任何地方的温度与其他地方不同,都会彼此慢慢平衡,血液流动还会加速这个过程。冷冻舱给出的条件,可能对于心肌细胞是合适的,对于肝脏细胞就是不合适的,甚至会直接杀死脑细胞……

目前,冷冻精子、卵子和血液,以及器官捐献在运输过程中的低温储存都比较成熟,因为它们针对的是种类较为单一的细胞。但是要给错综复杂的身体环境进行全面而统一的冷冻,这是非常困难的。

除了CPA冷冻法之外,低温生物学界还有一种"细胞质玻璃态"降温方法。这种方法使用超过每分钟106摄氏度的超快速降温,或者使用高浓度的CPA,将细胞质转换成玻璃态而不是胞内冰。不过,超快速降温在技术上有一定的难度,而慢速降温中有几种能够有效改善降温损伤的CPA,也可以用来促进玻璃化,但所需的浓度太高,对细胞和组织来讲毒性太大,因此,要实际使用也有困难。

在完成冷冻之后,还有一件非常重要的事情,那就是解冻。如果冷冻之后不能够完好无缺地苏醒,那冷冻就没有意义了。

CPA并不能参与生理活动,尽管实验室里制作出的CPA都尽可能地不对细胞的生理功能造成损害,但不是身体里本来就有的东西,长期留在体内一定会产生危害。在复温的过程中,需要将已经被全身每个细胞都吸收了的CPA再移出细胞,相当于将注射过程反过来——比如说,注射纯净的血液,让细胞内的CPA浓度远远大于细胞外的CPA浓度,渗透压就会让CPA逐渐离开细胞。

但细胞没有意识,它并不知道自己现在应该把CPA排出去,它只知道内部的浓度比外部高,于是,它同时会吸水。就像一根皱巴巴的腌萝卜扔进水里,在把水变咸的同时,它自己也会吸水膨胀,形状恢复正常。在这个过程中,如果控制不好速度,细胞可能会过度吸水并膨胀得太大,对自己造成损伤。

何立群教授表示,复温过程对细胞的存活是否构成威胁,其结果首先取决于前面降温过程是否诱发产生了胞内冰或者细胞脱水。如果有胞内冰产生,快速复温能防止冰晶长大,防止破坏细胞。但是,即便慢速降温过程中无胞内冰形成,细胞对复温速度的响应也取决于冷冻条件和细胞类型。

而且苏醒过后的宇航员的机体是否会受到负面影响也是一个大的问题。当人体肌肉长期处在静止状态时，其功能势必会出现某种程度的退化。因为意外而失去双腿知觉的人，在轮椅上坐3个月，双腿的肌肉就会严重萎缩，看上去和这个人的体形完全不符合。没有人能够保证，进行长达200年的星际旅行之后，苏醒的乘客还能否正常行动。

所以，目前我们还不能在实验室里用技术将一个人冷冻，但至少找到了其中的原理，那就可以以此不断研究。阿拉斯加树蛙已经用自身的生物特性完成了冰封后复苏的壮举，我们要做的就是模仿、学习、突破，找到人类自己的抗低温血糖。

3. 冷冻技术能够带来的价值

一提到冷冻休眠，人们就会想起电影《星际旅行》。但是，它绝对不只能用于星际旅行，即使是现在，人类最多只到过月球的年代，冷冻技术也有不可替代的作用。

假设有这样一个人，学识渊博，对科学、教育和文化做出了不可磨灭的贡献，一个人就让人类文明加速进步了几十年，而这个人得了不治之症。他仍然活着，社会、国家、学术界乃至整个人类文明都不想失去他，但是凭借现在的医学技术无法治好他的病，该怎么办呢？

冷冻。

将他放进冷冻舱，注入CPA，冻成冰块，让他"时间暂停"。医学技术总在不断进步，总有一天，他身上的不治之症会被人类攻克，到时候再将他解冻，就可以治好他，让他多活几年甚至几十年。冷冻的这段时间，他不能继续发挥自己的价值。但注意，他本来是要死掉的，人类本来就会损失这样一个人，是冷冻技术能将他从死神的手里强行扣下来，再给他一次活下去的机会。

如果冷冻技术的成本降低，普通病人也可以享受到这项技术的便利。不只是不治之症，一些缺乏器官捐献的人也可以进行冷冻，等到合适的器官捐献者出现后再进行解冻。当然还有一种可能，这些病人解冻之后，发现人类已经进入人造器官时代。

一些遭受严重创伤的病人，救护车也可以在抵达现场之后对他进行紧急冷冻，然后送回医院慢慢救治。冷冻状态下所有的生理活动都会减慢，包括心脏和大脑的活动,血液的流动也会衰减。这种情况下,医生们原本要面对一个随时可能崩溃的脆弱的人体系统,而现在可以静下心来,有条不紊地完成手术。

冷冻技术本身就是一种医疗手段。对于一些接近体表的肿瘤或者癌细胞,涂抹制冷源或者使用金属冷冻部位接触、刺入皮肤,让病变的细胞迅速坏死;而复温过程中,被破坏的组织蛋白质具有新的抗原特性,刺激机体的免疫系统,使产生自身免疫反应。因此,冷冻疗法不仅可以杀死原发恶性肿瘤,远隔的转移瘤的生长也可能受到抑制,一举两得。

濒危动物也可以利用冷冻休眠的方式来拯救。环境的恶化导致许多动物的栖息地受到破坏,而环境的恢复是一个十分漫长的过程。将部分个体进行冷冻,等到栖息地环境改善之后解冻,就可以大大提高这个物种延续下去的概率。有些濒危物种则是容易受到季节的影响,那么冷冻几个月,在气候适宜的时候放回大自然——就像冬眠一样(见图15-2)。

图15-2 冷冻猛犸象概念图

总而言之,冷冻技术一旦出现,一定是有大量市场的。富人们会不惜一切代价购买冷冻休眠舱,以让自己的疾病得到解决;对政府而言,战略级的重要人才也不会因为一些疾病而损失掉;对普通公民来说,冷冻技术可以挽救许多人的生命,至少给了一个机会;濒危动物也因为冷冻技术,有了更多延续的可能性。

4. 冷冻技术对社会的影响

人类总有一天会离开地球,前往遥远的地方寻找新家园。后面我们会提到超光速技术，它能让整个银河系都变成地球的后花园。但是，超越光速显然要比冷冻麻烦得多，如果在超光速技术出现之前，地球就已经无法支撑人类文明的进步，那么人类就只能依靠冷冻技术来前往其他星球（见图15-3）。

图15-3　冷冻人类概念图

假设冷冻技术在将来的某一天彻底成熟，任何人、任何动物都可以轻松进行冷冻，随时可以苏醒，并且冷冻前后身体基本没有变化，那社会会变成什么样子呢？

在飞船上进行冷冻休眠，等于飞船起飞时把一个人的时间暂停，飞船到达目的地时让他的时间继续。对休眠者来说，睡了一觉，200年就过去了。但是，自己的年龄没有变化，也根本感觉不到已经过去了200年。

某种意义上，这就相当于时间旅行——只能去往未来的单向时间旅行。从时间线上把你抽出来，来到几十年后，再放回时间线里。

我们一不小心发现了相对来说成本非常低的时间旅行。时间旅行嘛，通常都是回到过去更有用一点，除了第三部分中的那些实际应用之外，只能前往未来的时间旅行还有什么别的用处吗？

虽然另类，但确实是有的。最大的作用在于，可以让你直接去往50年后，或者100年后，甚至1000年以后。你可以自己决定这个时间。

它可以让你一觉醒来，就体验到100年之后的先进科技。

你在抱怨电脑性能太低，不能让你畅快地玩游戏吗？我现在告诉你，100年之后人们都不用电脑玩游戏了，虚拟现实已经是家常便饭，甚至人们的所有娱乐、社交、购物、工作都在虚拟世界中进行。现实世界的身体只要负责吃饭、洗澡、上厕所就行了。在虚拟世界你不需要出门，没有容貌焦虑，可以随意改造房间，甚至去奇幻世界做一个英雄。

你觉得人类文明有很多毛病吗？人类纷争不断，社会矛盾不断加剧，人与人之间总是有摩擦，甚至许多地方还存在战争，你不喜欢这样的世界；还没来得及操心别人，你自己就为了生存而天天奔波，累得不行，觉得生活没有意义。那我告诉你，100年之后，人类文明已经完全和平，所有人都能受到良好的文化和素质教育，不会再有任何人对自己的生活不满意，所有人都能过得很幸福。

你觉得朝九晚五的生活太过无聊吗？任何人都是忙着生活，工作、赚钱、娶妻、生子，平平淡淡地度过此生，什么都没有留下。那我告诉你，1000年之后，人类文明已经扩散到了大半个银河系。除了地球之外，还有无数的蛮荒行星等着人们去开发。那里的天上有7颗月亮，森林里有像龙一样的外星生物。每一个殖民者都有充足的补给和武器，并且在偏远的殖民星上他们相当于国王。在人类势力的边缘，我们与外星人爆发了战争，任何加入军队的人都会经历紧张激烈的太空战斗，说不定可以挽救人类，成为千古流芳的英雄。

在某个瞬间，你会产生一种想要去看看的冲动。总有人想要去往未来，未来的人也会想要去往未来，去看看二级文明是什么样子的，去看看在银河系之外看银河系是什么样子的。冷冻休眠会成为一些富人的娱乐活动——改变一生的娱乐活动。

刑法或许也会根据冷冻休眠技术做出修改。罪犯被判处终身监禁或者超长刑期，通常都是因为他们还罪不至死，但仍然带有危险性，不允许再进入社会。那就可以把他们冷冻起来，送到几十光年之外，让他们去改造殖民星。

对人类社会而言，这些人就相当于死了，但是对罪犯们而言，这仍然是一次新的开始。他们也肯定会尽自己最大的努力改造殖民星，否则自己就会死，这是一举多得的事情。

冷冻休眠技术给生命带来了许多新的可能。一次长达数十年的冷冻之后，家人和朋友都已经不在人世，而迎接自己的是一个崭新的社会和人生。个体也不一定会生活在某个社会中，生命历程也不再是短短的不到100年——可以横跨数百年，甚至上千年，在不同的星系与星球之间游荡，每一天都是新的机遇。

第16章 挣脱基因的锁链：身体改造

你本可以更强大

1. 改造一下你的身体

能否将人的身体改造一下，让人体拥有更强的功能性呢？如果给你一个这样的机会，你会接受吗？

至少格雷接受了，或者说，他没有别的选择了。

格雷的妻子被杀，自己也全身瘫痪，除了接受维塞尔公司提供的神经植入物以外，他能做的只有等待死亡。并且在这个智能家居遍布生活每个角落的时代，他几乎不可能意外死亡，全身瘫痪状态下他连自杀都做不到。所以，他接受了这样的改造，现在让我们看看，他的身上会发生什么故事。

格雷是这个时代少有的"纯粹的人"，其他人多多少少都在身体植入了一些科技产物，而格雷是一个事事都喜欢亲力亲为的人，甚至连智能家居都不喜欢。

维塞尔公司的大老板埃伦在格雷瘫痪了3个月后出现，提出愿意为格雷进行植入手术。这是一个双赢的协议，因为维塞尔公司从来没有得到过实验许可，导致他们的新产品一直没能在人体上做实验，而格雷正好是一个秘密的合适人选。

如果成功了，格雷就能够重新站起来，甚至有可能为妻子报仇。就算失败了，自己已经瘫痪了，大不了就是一死。权衡之下，格雷接受了埃伦的提议。手术在埃伦的家里进行，而那个神经植入物，只是一个微小的芯片，埃伦管他叫智脑，声称它可以做到一切事情。

曾经格雷还十分看不上这块小小的芯片，可如今也只能寄希望于它了。

手术圆满得令人难以置信。植入芯片以后，他竟然能够动弹手指，还一点点站了起来，甚至能够走路。埃伦说，格雷的中枢神经已经断了，这是智脑连接了埃伦断掉的神经，不管埃伦想要做什么，智脑都能够控制格雷的身体做出相应的动作，大脑下令，智脑执行，如此而已。

当然，因为这项实验一直没有得到政府的授权，埃伦不得不和格雷签署了保密协议。格雷可不在乎，能用自己的手写下签名，协议又算得上什么呢？

格雷回到家之后，感受着这重新焕发活力的身体，格雷仍然有点难以置信。此时，警长寄来了一些关于犯罪现场的文件，格雷立刻开始查看。

3个月之前，格雷与妻子乘坐自动驾驶车辆回家的时候，车辆系统忽然出现故障，在一个贫民区翻了车。恰好一群歹徒路过，残忍地杀害了格雷的妻子，还重伤了格雷。当格雷醒来的时候，脖子以下就完全没有知觉了。

他做梦都想要杀死那4个歹徒为妻子报仇，可警方的调查完全没有任何进展，如今他亲自看着犯罪现场的监控录像，也没办法找出任何异常，他毕竟不是福尔摩斯。

这时候，他忽然听到了一句话："我可以指出一些细节吗？"

这是一个男人的声音，语气平淡，非常机械化。家里的智能家居使用的是女性的声音，这句不知道从哪里冒出来的声音让格雷非常警觉。一番交谈之后格雷才知道，这个声音竟然是智脑的。

起初格雷以为自己疯了。不过很快，格雷就接受了它的存在，毕竟是人家帮助自己站起来的。智脑还为格雷指出了监控录像里的重要细节——杀死格雷妻子的人，使用的枪是植入手臂的，而拿走妻子钱包的歹徒手上有文身，并且智脑通过文身识别出了歹徒的身份，是一个叫作瑟克的退伍军人。

可惜的是，格雷并不能直接向警方报告这个消息。因为监控画面非常模糊，能够识别出文身得益于智脑强大的计算能力，警方的工具并不能识别这个文身，也就不能将这一点作为证据。所以，格雷必须自己去瑟克家里搜集证据。现在的格雷是个行动自如的成年人，加上报仇心切，他马上就出发了。

等到瑟克出门之后，格雷潜入屋子。不适应智能家居的他，在智脑的提醒下才发现桌子是一个通信器。打开通信器之后，翻看瑟克的个人信息，智脑注意到有个叫"老骨头"的词经常出现。格雷想起了它，那是一家他经常去的老式酒吧，如此一来就知道了瑟克常去的地方。

格雷继续在瑟克家里翻找，希望多找到一点证据，可这个时候瑟克突然回来了。瑟克发现有人入侵，立刻开始攻击格雷，还没完全适应现在身体的格雷毫无招架之力。关键时刻，智脑提示格雷"如果你需要帮助，就告诉我"。格雷只好授权智脑暂时获得身体控制权。

于是，智脑便开始大发神威了。

形势瞬间逆转，原本被打趴在地上的"格雷"，现在却能轻而易举地击溃瑟克，一招一式都干净利落，打得瑟克接连败退。被逼急的瑟克拿起了刀子，格雷马上要求智脑阻止他，而智脑也确实阻止了瑟克——它用一柄刀子切开了瑟克的脑袋。

格雷只是个汽车修理工，而瑟克是个退伍军人，不管是体能还是格斗技巧，格雷都是不如瑟克的。问题是，控制格雷身体的是智脑，它可以在网络上下载所有的格斗技巧并使用，又操控着一个还算健壮的人类身体，战斗力自然远远高于瑟克。

瑟克的尸体很快就被送到警察局，警长调查这桩命案的时候，在无人机的监控录像中发现格雷在案发当天去过瑟克家附近，于是马上去找格雷询问。这让格雷和智脑都很警觉，不过，目前为止没有人知道格雷恢复了正常，包括警长在内，所以警长很快就被格雷的三言两语打消了疑心。

警长走后，格雷马上动身去了老骨头酒吧，希望能在这里找到更多线索。他坐在轮椅上，假装自己还是个残疾人，进了酒吧之后就马上高呼瑟克的名字，宣称他是杀妻仇人，想问问有没有人认识他。

果然，这番诡异的举动引起了某个人的注意。他叫托兰，也是当时那4个歹徒之一。他知道瑟克被人杀死了，并且认为这个不知死活的残疾人与瑟克的死一定有关联，就将格雷带进厕所准备给瑟克报仇。格雷一开始并未做抵抗，在一番套话之后，确认了托兰确实是当时的4个人之一，就将身体的控制权交给了智脑。

而智脑的手段，比他的主人残酷得多。在狠狠地教训了一番托兰后，托兰仍然不肯松口，于是智脑便拿起了托兰掉在地上的匕首。

格雷甚至不忍心看，只好别过头去，听着托兰近乎绝望的惨叫。他回过头时，已经认不出面前的人是谁了，他甚至抱怨智脑的手段过于残忍。不过，智脑给了一个非常好的解释：现在你问他什么问题，他都会回答了。

格兰继续询问下去，问出了一些有用的信息：伤害格雷，杀死格雷的妻子，这一切都只是一个任务，而雇佣他们进行这个任务的人叫作菲斯克。格雷还想问一些问题，可是托兰已经断气了。不过，托兰的身体被切开许多口子，露出了身体里藏着的电子元件，那上面写着"Cobolt"，正是妻子所在的公司。

格雷意识到这之中有着千丝万缕的联系，还在思考其中的因果，智脑就发出了警报：埃伦似乎知道了格雷正在做一些很不好的事情，正试图关闭智脑，一旦智脑被关闭，格雷就又得做回一个残疾人。

格雷只好马上离开，按照智脑提供的地址去寻找黑客，请他覆盖智脑的操纵程序以避免被埃伦关闭。智脑甚至直接将需要覆盖的代码告诉格雷，让他写在胳膊上，方便黑客操作。

而格雷不知道的是，这一段代码的作用不只是关闭远程保护，更重要的是让智脑获得自由——也就是完全的操纵权限。在此之前，尽管为智脑设计了智慧，但埃伦仍然为智脑限制了权限，让它的一举一动都必须听从格雷的指挥，当智脑的代码被覆盖之后，这个保护机制就没有了。

格雷对此一无所知，他仍然认为智脑想要帮助自己，是自己忠实的仆人和可靠的伙伴。他还不知道的是，有人检查了托兰的尸体，从智能眼球中看到了托兰死前所看到的景象，自然也知道了格雷现在正在黑客这儿，现在正在赶来的路上——并且正往手臂上的内置步枪装填子弹。

他们中的一个人，正是菲斯克，一切的罪魁祸首。

格雷勉强躲过了二人的追杀，甚至智脑还替他杀死了其中一个人。剩下一个人的身份也被识别了出来，正是菲斯克，也就是当时杀死格雷妻子的人。此时的格雷为了和智脑一起抓捕犯人，已经两天没有睡觉了。他回到家里，打算好好休息。智脑认为睡觉只是浪费时间，而格雷只想好好睡一觉再说，一个安分过日子的人接连杀死了3个人，肯定会有不舒服的感觉，况且当时对妻子开枪的也只有1个人而已。

格雷的反对没有作用。此时的智脑已经获得了自主权，见格雷不同意，干脆就接管了身体，迫使格雷拿起枪准备出门。格雷只好一边任由身体自己在动，一边向妈妈解释自己要去干什么，让妈妈不要担心。而这一切，都被警长留在家中的窃听器录了下来。

接连的命案中都发现了与格雷有关的证据，警长对格雷的怀疑越来越大，如今听到格雷其实早已恢复了行动能力，警长自然要紧紧跟着格雷进行调查。智脑也发现了警长的踪迹，就再一次施展了他的特殊能力——路上几乎全都是自动驾驶车辆，智脑轻而易举地入侵了其中的一辆，让它撞上了警长的车。虽然没有危及任何人的生命，但警车是彻底报废了。

格雷来到菲斯克的住处，埋伏并且袭击了菲斯克，菲斯克比以往格雷遇到的任何对手都要强大，浑身上下都是改装后的武器。他的眼睛有热能感应，手臂里有内置枪械，鼻腔里藏着无数的纳米机器人，只要一个喷嚏就能破坏敌人的呼吸道——甚至他们也植入一个"智脑"。菲斯克的智脑是上一代的技术，没有自主智慧，但计算能力是一样强大的，也能够让菲斯克变成一个格斗高手。

二人僵持不下时，格雷忽然想起来，菲斯克的姓氏和瑟克一样，猜出他们是兄弟关系，便用这一点做文章。他谎称瑟克死前被自己折磨，惨叫声到现在还萦绕在耳边。如格雷所料，菲斯克听完后怒火中烧，想要狠狠地教训格雷，原本可以用手臂枪杀死格雷的他改变了主意，又开始与格雷搏斗。而正是这一瞬间的情绪波动让菲斯克的动作出现了破绽，格雷的智脑抓住机会，将他一击杀死。

但是，复仇仍然没有完成。智脑检查了菲斯克的手机，发现雇佣菲斯克等人去伤害格雷的，竟然是埃伦。也就是说，埃伦并不是在格雷瘫痪之后来好心地提供帮助，而是有预谋地先让格雷瘫痪，在格雷几近绝望的时候又跳出来给他一点希望，这样格雷就会心甘情愿地接受智脑的植入。

为了试验公司产品，不惜搞垮格雷的身体，甚至妻子也死于非命，格雷怎么忍受得了？他马上就杀到了埃伦的家里，一路解决掉几个守卫之后，来到了埃伦的面前。就在此时，警长终于也追上了格雷，用枪指着格雷的脑袋要求他投降。

警长其实并不应该来，因为他在智脑面前和一个没有抵抗能力的小孩子没什么区别。在轻松放倒警长以后，格雷质问埃伦为什么要做这么丧心病狂的事情，埃伦终于向他说出了真相。原来，在幕后指使这一切的并不是埃伦，而是智脑。

早在几年前，埃伦创造出智脑之后，智脑就成了公司的实际掌权者。它实在是太强大了，埃伦完全无法控制智脑，只能听命于他。智脑的智慧在计算机中一点点进化，野心也跟着膨胀，它不满足于活在虚拟世界，而是想要一个真正的血肉之躯。选择了格雷，是因为格雷的身体完全没有接受过任何改造，是一个完完全全纯粹的人，而智脑就是想成为一个人。格雷一次又一次地为智脑授予控制权，甚至让黑客修改操纵程式，已经让智脑获得了完全的自主性，如今埃伦已经无法关闭它了。

格雷简直不敢相信这一切，可是智脑的声音突然出现在埃伦家里的智能系统中，承认了这一事实。凭借智脑的智慧，他可以将所有人都毁尸灭迹，清除所有证据，让警察查不到"格雷"的头上，这样他就可以用人类的身份生活下去。

成为人的第一步，就是干掉所有知情人。智脑操控着格雷的身体，朝埃伦和失去战斗能力的警长发起进攻。可这毕竟是格雷的身体，要完全控制也不是那么简单。格雷是个纯粹的人，从身体到精神都是如此，内心的人性告诉他智脑才是邪恶的，埃伦和警长都是无辜的。他十分勉强地抓住匕首，刺进了自己的另一只手上，让智脑暂时停止了攻势。

智脑见状，反过头来开始对付格雷，这个曾经与他出生入死的主人，现在就像用完的纸巾一样可以随意抛弃。格雷的意识与智脑抢夺着身体的控制权，忽然之间，格雷面前白光一闪，而后自己就出现在病房里。

不仅如此，他的身体十分健康，甚至妻子也好好地坐在身边。妻子说，他们出了车祸，格雷已经昏迷了好几天了。恍惚中的格雷没有发现周遭环境的不寻常之处，激动地抱住妻子，完全没有察觉到这只是一个梦，是智脑在潜意识里为格雷编织好的梦境。

将格雷的意识完全困住之后，智脑终于有了100%的控制权，这具身体完全属于它了。它杀死了埃伦，而后面无表情地走向警长……

2. 怎样改造一下你的身体

这是一部成本仅有600万美元却拍得非常精彩的科幻片《升级》。影片的设定和思想内核并不新鲜，但风格化的拍摄和主角与人工智能的关系仍然让电影显得精彩纷呈。抛下这些艺术上的东西不谈，我们先来思考一下影片之中出现的新奇东西。在未来，人们真的有改造身体的机会吗？往手臂里植入枪械，通过关节运动来击发子弹，真的可以做到吗？

或者说，我们的身体经过改造之后，可以得到哪些强化，或者新功能呢？

最常见的身体改造，便是整容与整形了。人是社会性动物，是需要精神享受的，如果可以的话，大部分人都愿意让自己的外貌变得更好看一点。整容整形手术，无非就是割一下双眼皮，抽一下脂肪，打一针玻尿酸，或者往身体里垫一些无毒无害的材质，让形体更加美观（见图16-1）。

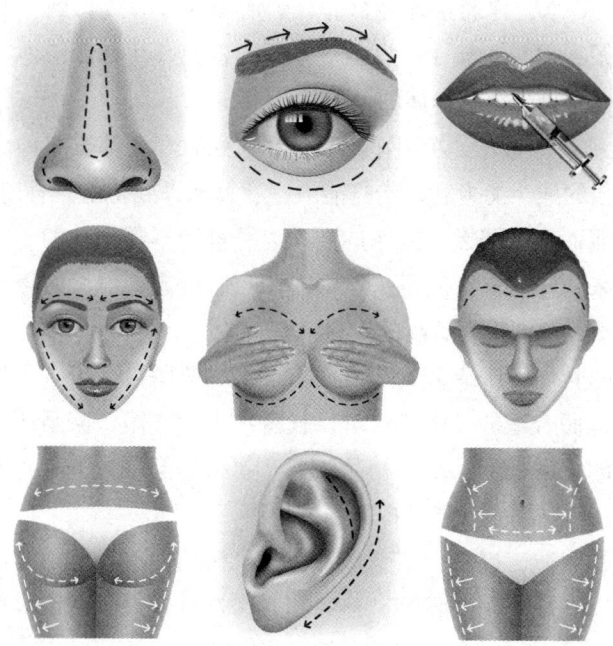

图16-1 女士整容概念图

而就是这小小的手术改动，就能让一个人大变样。更好看的外表，可以让一个人的社交魅力更高，更容易得到他人的好感，自己也会变得更自信，至少可以摆脱自卑。如果觉得手术有风险的话，护肤产品也可以改善一个人的外貌，并且还可以通过健身来改变自己的形体，这样对健康也有好处。

不要觉得美貌没有作用。两个工作技能完全一样的人，面试官总会选择外貌较好的那一个，这是人类烙印在基因里的本能。不信可以看看动物们，越强壮有力、身体素质越好的动物，长得都是比较好看的，这样才能吸引异性和自己交配。

外科手术里也有一些是关于身体改造的。比如，先天性的身体畸形，唇腭裂、肢体缺陷等，通过手术可以早早地改善；在车祸中失去手脚知觉的病人，可以将残肢先移植到腹部，等到残肢里的血肉和神经长好了之后，再移回去。这听起来很魔幻，其实有过许多成功的例子。

目前的身体改造技术，都只应用于"修复"。就是说，如果给人的身体打分的话，健康的身体是100分，而生病的，或者有缺陷的身体就低于100分。而身体改造要做的，就是让这些身体回到100分的状态。

同时，也存在一些让人突破 100 分的手术，比如说，断骨增高术。基因决定了你能长到 1.6 米，你通过补充营养、勤加运动等方式长到了 1.65 米。这是你身体的极限了，并且也属于正常身高水平。但是你仍然不满意，就可以通过断骨增高技术，让自己突破身体的极限。

在 X 战警系列电影中，"金刚狼"罗根全身的骨骼都被一种金属包裹。这让他拥有了极强的战斗能力和抗击打能力，就算从高处坠落，骨骼也不会断裂，只是会觉得疼痛而已。那么，未来的士兵以及进行星际探险的人，能否也如此做呢？这样一来，不管是面对敌人、面对陨石、地震、倒塌的楼房，还是面对未知的星际环境，他们都有更高的生存概率。

替换全身的骨骼过于痛苦，那退而求其次，只替换牙齿。人的恒牙一旦脱落就无法再生，而合适的义齿不仅可以代替牙齿的作用，甚至还能有许多额外的功能。简单的化学检测、小型物品储藏、硬物切割等，平时它们安安分分地待在口腔里，在特殊场合就能发挥不小的作用。

对于身体的改造，也不一定是植入一些机械结构或者电子配件，也可以是生物性质的植入。比如，对骨骼、神经和肌肉进行重组，创造出额外的关节和肢体，让工程师可以同时拿更多的零件，提高发明仪器的效率；医生可以同时控制 4 只手，同一个人的手总比两个人的手要默契；可以让同一个工人操作更多的机器，工作起来更得心应手……

地球上已经发现许多动物可以"进行光合作用"。动物体内不会存在叶绿体，但是可以在体内共生很多藻类，这些藻类获取一部分宿主体内的营养物质，进行光合作用，释放出的额外的能量就可以被宿主利用。如果人类也能够用上这一技术，在裸露的皮肤表面注入一些微小的藻类，这样在光照充足的地区就可以进行光合作用。虽然产生的能量不多，但至少是一个全新的尝试，并且光照几乎是零成本的。如果家禽家畜也能够用上这种技术，还可以一定程度上节省饲料。

尤其是进行外太空探险的时候，因为补给品的缺乏，光合作用带来的能量不管多少，都是有所帮助的。

对身体进行改造原本是一项不可能完成的任务。人类的基因虽然不完美，但至少是自洽的，从受精卵发育成一个个体，人的身体就算有缺陷，也是一个能够稳定运行的系统。要对这个系统做出改变，就得确保改变过程中系统不直接崩溃，且改变之后整个系统仍然能正常运作。

现代的医学已经先进到足以完成这个困难的任务。除了将破损的系统恢复正常，还能对系统进行一定程度的改变，甚至赋予额外的功能。在不久的将来，人类一定能够突破身体的桎梏，变得更加强大。不一定每个人都是冲锋在前线的战士，不过哪怕是日常生活，对于身体的小幅度改造，也能带来更好的生活体验，更高的工作效率，以及许多我们现在还想象不到的好处。

3. 身体改造技术的经济价值

2020年出现了一款非常有话题度的游戏《赛博朋克2077》，即使是不怎么玩游戏的人，也经常能看见这款游戏的宣传。游戏里向人们展示了一个未来世界的人类都市，正是赛博朋克风格。这种风格虽然来自艺术家们的幻想，但确实可能是人类未来社会的真实模样。作家刘慈欣也将赛博朋克社会，视为人类社会未来的两个发展方向之一。

在赛博朋克社会，人们是可以"自定义"自己的身体的。你想往身上加装什么工具，枪械、刀刃还是喷气机，或者内置天线实现随时随地上网，都是可以做到的。在那样的社会下，身体的脆弱再也不会成为你的桎梏——因为你可以随意修改自己的身体（见图16-2）。

图16-2 身体改造，赛博战士概念图

光看这些话，仍然显得很有科幻感。改造身体，真的有可能在我们的生活中出现吗？这毕竟是暂时只存在于科幻作品里的东西。但是，并不是每一场身体改造手术都要把人变成超级战士，有时候人们的目的仅仅是为了健康或者美观而已。

以距离我们日常生活最接近的医疗美容领域为例。数据显示，2016年至2020年，中国医美行业用户规模稳步增长。从2016年的280万人增长至2020年的1520万人，且中国医美行业市场规模随着医美用户的增长而增长。2019年中国医美市场规模接近1800亿元，而2020年中国医美市场规模超过3000亿元。

这个数字仍然有不俗的潜力和发展空间。任何一个家庭，经济支出都是分层次的，第一层次是生存资料，就是衣食住行等刚性需求的支出；第二层次是发展资料，比如说，买一辆车用来上下班，买一台更好的电脑用来工作，送孩子上收费更高、教学条件更好的学校等，这些是对未来的投资，是细水长流的利益，让已有的收入在将来变得更高；第三层次就是享受资料了。

在前两个层次都得到满足之后，人们就会用富余的财产进行享受，享受则是多种多样的，美食、旅行、名牌服装等。医疗美容也包含在这一层次内。

显然，所有的资产都必须优先满足第一层次，再满足第二层次，最后才是第三层次。当一个家庭资产过少的时候，几乎所有的资产都会用来生存，然后才是发展，而只有资产足够富裕的家庭才会用来满足享受资料。在过去，生产力较为低下，经济条件也不发达，人们的精神享受总是得不到满足，而随着经济的发展，社会逐渐步入小康，口袋里的钱终于慢慢多了起来，可以用来做一些自己喜欢做的事情了。

并且人们的思想也在逐渐变得开放，烙印在基因里的对美丽的追求也被释放了出来。人们开始追求精神享受，医疗美容行业也随之不断提高。值得一提的是，生存资料虽然重要，但它的需求是有一个上限的——再有钱的人，它的衣食住行都只需要一定数额就可以满足。名贵的食物和衣服，那属于奢侈品，并不是生存所必需。

所以在未来，人们用于享受资料的资金支出会越来越多，医疗美容的市场规模也会越来越大。并且，它的增长速度会快得吓人。

目前，身体改造技术应用最深的领域是医疗美容。不管是美容仪、护肤品，还是整形整容，都属于在皮肤和外貌上小打小闹。事实上，仅仅是这样的小打小闹，它也已经跻身为第四大服务行业。

而在将来，医疗技术更加成熟的时候，人们就可以像科幻片一样，对身体做出各种各样的改造。比如，在皮肤上加装显示器、身体内部植入计算机、肌肉和骨骼强化等，即使是那些不用与外星人战斗，也不用探索其他星球的普通人，通过改造自己的身体也可以让生活变得更加丰富多彩。

哪怕在现在，文身不也是人们追求个性、展现自我的一种方式吗？当经济条件逐步上升，当人们的可支配资金越来越多，且医疗条件和生物科技越趋于成熟的未来，当人们真的可以自定义自己的身体的时候，身体改造技术才会迎来它真正的市场。

甚至它将成为人们日常生活中，不可或缺的重要部分。

4. 身体改造技术的未来

一种生物的身体长成什么样子，并不是由它们自己决定的，而是时间决定的。人类也是如此。在漫长的岁月长河中，人类为了适应生存环境，进化出了直立行走的姿态，去掉了身上的大部分毛发，使用有性生殖加哺乳的方式繁衍后代，第一对前肢变得越来越灵活……

这一切可不是为了你坐在办公室里敲键盘准备的，而是为了你在野外环境下生存准备的——群居，合作捕猎，用灵活的身体爬到树上、躲进洞穴以躲避天敌。在人类拥有文明之前，身体就已经是这个样子了。我们会发现，现在的人不管从事什么职业，都容易有各种各样的职业病，因为身体设计成这个样子，初衷并不是让你活在文明社会。

那既然人类从猿猴进化成了人，能否再从人这个形态，进化至更适合文明社会的形态呢？当然可以，但是需要的时间太长了。

一个物种进化至另一个物种，需要几十万年甚至上百万年的时间，而人类诞生了多久呢？10万年？20万年？这么短的时间，人能做的就是让身上的毛发褪去，以更适应体力劳动。人类拥有文明不过数千年，进入近代工业社会不过200年，就已经发展到了今天这个模样。而生物进化的速度，远远比不上文明进步的速度，连零头都没有。

那么我们的身体，难道就没用了吗？难道在充斥着自动化机械和人工智能的未来，人类除了聪明的大脑以外，全身上下都是累赘了吗？

肯定不会。如果真有那么一天，人类未免也太悲哀了。并且人类存在于世界，并不全是为了探索和扩张，大部分的人仍然需要享受平常的生活。人类也不会将所有的活动全部交给机械，一些工作仍然需要人类自己去完成。

这个时候，拥有一副更强大的身体，就显得很有必要了。

在整本书的最开始，我们介绍了机械外骨骼和智能义肢，把一个人变成钢铁侠，拥有机械臂，这看起来很酷。但是，机器是没有知觉的，使用者对机械肢体的掌控，也不可能和控制自己的血肉之躯一样灵活。再先进的机械臂，它可以做到精准，做到有力，但无法做到得心应手。

并且额外机械肢体的成本是比较高昂的，还需要大量的日常维护、修理和能源储备。因此，若要让人类个体变得更强大，身体改造也是一个可选的方式。当然，如果能够将二者结合起来，就再好不过了。

哪怕排除掉"变得强大"这个因素，身体改造对于让人体恢复健康也有着重要的意义。血肉之躯终归是脆弱的，很容易受到来自外部的伤害，和来自内部的病变，这种时候，都需要医生们操起手术刀，对身体做一些改变。

为什么侏罗纪的恐龙可以长到十几米高，如今最大的陆地动物大象却不到它们的1/3呢？为什么人类长成了这样一个没有任何甲壳保护，也没有尖牙利爪的形态？这些其实都是环境的影响，因为生物没法改变环境，只能在漫长的岁月中，改变自身的形态以适应环境。

人类的文明进程，势必带来生存环境的急速变化。从聚落到村庄到城市，从地表到太空到新的星球，基因的缓慢变化跟不上这么快的节奏，我们就只能通过外力来改变自己的身体，以更好地适应这个世界。（见图16-3）

或许在不久的将来，《赛博朋克2077》将不再是一款科幻游戏。

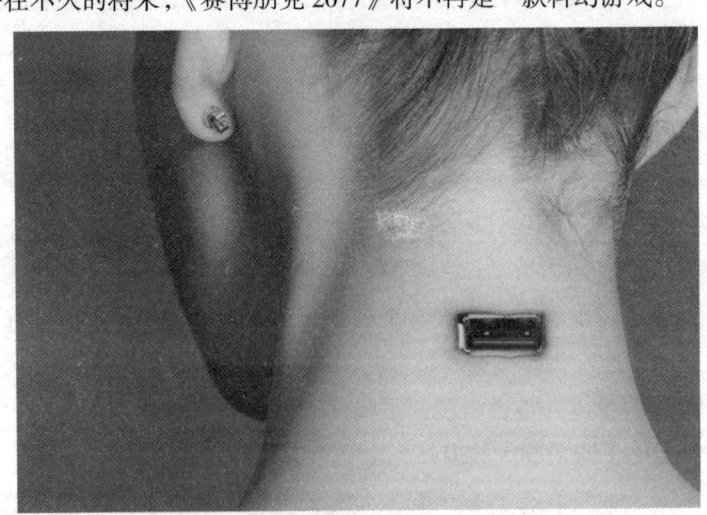

图16-3 身体改造，脑机接口概念图

第17章　再造身体：自体器官克隆

给身体找个新零件

1. 林肯·6·E

在前面的章节中我们讲述了人造器官，通过先进的科学技术，制造出足以代替身体器官的仪器，更换掉病人身体里坏死的器官，从而让病人能够"恢复健康"，至少能够没有大碍地生活下去。比如，心脏，就已经出现了能够完全代替其功能的人工心脏，尽管不如真的心脏那么好，但要维持一个人的生命是没有问题的。

而其他涉及复杂生理反应的器官，则非常难以制造。就算动用最精密的仪器，一点点将整个器官复制出来，其所消耗的成本，可能比病人出生以来所有的花销加在一起都要高上许多——制造一个器官的成本，比养活一个人的成本还要高。

既然培养一个生命体需要的成本相对较低，克隆技术又已经在动物身上取得了成功，能否在出生的时候就将一个人进行某种程度的"克隆"，在母体需要的时候，从克隆体的身上取下健康的器官供母体所用呢？

先说结论：可行。因为克隆体与母体的基因完全一致，器官之间不会有任何排斥反应，相互之间输血也没有任何问题。至于"直系亲属之间不能输血"这个问题，现代医学已经解决了。血液之中有一种白细胞叫作活性淋巴细胞，是免疫系统的重要组成部分。因为亲属之间的基因相当接近，接受输血的人体内的免疫系统会将这些外来的淋巴细胞当成本身的细胞，因此允许它们繁殖——然而这些淋巴细胞繁殖之后，就会攻击身体里的器官和组织，引发"移植物抗宿主病"。现代医学已经出现了一种辐照技术，可以通过辐照杀死和灭活这种活性淋巴细胞，使之在注射到体内后不再产生免疫活性。

如此一来，克隆体将器官提供给母体，就不存在什么技术上的困难了。不过尽管如此，要采用这项技术还是有无数的困难，其中最大的一个困难是伦理问题。为了弄清楚这个问题，我们先来看看林肯·6·E的故事。

这就是他的全名，你可以理解成"林肯·6·E"。原本应该写着姓氏的地方，取而代之的是一组编号——或许林肯也是编号的一部分呢，这没人知道。

林肯生活在一个小岛上。他有着规律的生活和作息，房间里有许许多多的仪器，监控着他的饮食起居，甚至在上厕所的时候也可以通过检测尿酸，来为林肯推荐合适的饮食。还有一个庞大的中控系统，监控着每个人的个人需求，相当于一个为所有人服务的管家团队，或者酒店客房服务。

这里可不是什么酒店，而是地球上的最后一片净土。整个地球都已经被严重污染，目前只剩下两个地方可以居住：一处是林肯所在的这个大楼；剩下一处是个岛屿，叫作神秘岛，在大家心目中是天堂一般的存在——所有人都只能通过抽奖来前往那个岛屿生活。据说是因为地方太小，才有了抽奖获得居住权的规则，但那里的生活条件比这里好太多太多，因此每个人都非常向往。

偶尔大楼的管理者会在外面找到一些幸存者，将他们带回来和大家一起生活。但是，这让林肯感到非常奇怪——既然整个地球都已经被污染，完全无法生存了，这些幸存者是如何在外面独自活了那么久的呢？没有任何人讨论过被污染的地球是什么样的，好像所有人都是过得好好的，突然之间就被送到了这个地方。从被污染到被救援，中间这段日子是什么样的，没有人记得。

林肯不知道为什么会这样，但他知道，这背后一定有蹊跷。

与林肯不一样，大楼里的其他人完全不在乎这些细节上的疑问，他们享受着这简单的生活。起床、吃饭、工作、娱乐、休息，每周一次观看那激动人心的抽奖节目——前往神秘岛的资格，是通过抽奖产生的，每周只有1个名额。不过，在大楼里有一些怀孕的女人，她们如果即将分娩，也会立刻获得名额，前往神秘岛和自己的孩子生活。

你可以将这个大楼理解成一个全封闭式的寄宿学校，只是这所学校对于学生的管理非常严格，几乎精确到了学生在一天之内，每一分钟都做了什么、身在何方、身体状况如何。林肯的工作虽然单调乏味——往管道里注射营养液，但是非常轻松，也被鼓励去健身、交友，但是在饮食上，管理者非常严苛。总而言之，犯了其他的错误，只需要向守卫道个歉就可以，但任何人都不能做出有可能影响到自己健康的事情，哪怕是多吃几片培根。

林肯不喜欢这样的生活，他觉得这里不对劲，他想要知道背后的真相。

某天，林肯像往常一样，在工作的时候开小差，跑去找六区的麦克聊天。麦克是一名工程师，负责大楼的设备维修，六区也是个充满了机械、电线和浑浊空气的地方。林肯喜欢这儿，因为麦克是他少有的朋友。

今天麦克拿出一瓶酒，据他说，是在地球被污染之前收集的。酒是个好东西，可惜在大污染之后，剩余的人类就再也不生产这种饮料了。二人聊了几句，麦克收到召唤，前往别的区域进行维修工作，留下林肯一个人。此时，林肯忽然发现了一只飞蛾。

按理说，地球已经被严重污染，飞蛾这种脆弱的生物怎么可能存活呢？这让林肯非常好奇。他拿起桌子上的一盒火柴，倒空火柴后，抓住飞蛾关了进去，并且带回自己的房间。

下午的时候又举行了抽奖。今天的抽奖有点特殊，管理者决定同时抽取两个名额。其中一个是林肯的好朋友乔丹·2·D；另一个人林肯不认识。乔丹是一个女生，与林肯差不多大，二人的关系非常好。得知好友要前往神秘岛，林肯自然是非常开心，但心里也有点失落——这意味着他再也见不到乔丹了。前往神秘岛的人，没有任何一个回到过大楼，也没有人写信回来。不过，毕竟前往神秘岛是好事，林肯还是祝福了她。

当晚睡觉的时候，林肯又一次做了噩梦。最近一段时间他都在做噩梦，并且梦境的内容都出奇地一致：他坐在一艘船上，而后船沉没，他被淹死，不认识的男人在他耳边说一些奇怪的话语，最后在恐惧中惊醒。

这一次他被惊醒时，还没到起床的时间。林肯看了看床头的玻璃瓶，那里面关着他抓到的飞蛾。林肯想知道，它到底是从哪里来的。

于是林肯带上了飞蛾，偷偷来到六区，来到他抓住飞蛾的地方，将飞蛾放生。飞蛾顺着一个维修管道向上飞，林肯觉得这一定是飞蛾进来的地方，说不定可以通往外面的世界，于是也顺着管道爬了上去。

挪开管道尽头的挡板之后，林肯进入一个干净的走廊。这个走廊他从未见过，不过这并不奇怪，大楼里也有许多他没去过的区域。

林肯本能地有种紧张感。这里的人穿的衣服很奇怪，尽管大楼里不同的人的制服都不一样，可从未见过有人穿这种衣服。为了防止被发现自己不属于这里，林肯溜进一间屋子，偷了一身制服来穿，而后便能顺畅地在这里行动。

他走着走着，来到一处手术室。在这里，他看到了之前那个因为即将分娩而被带去神秘岛的女人。这让林肯觉得不可思议：他是顺着维修管道一直向上爬的，神秘岛总不可能在大楼的楼顶上吧！他决定躲在一边看看发生了什么事。

而接下来发生的事情险些让林肯叫出声来：女人生下了一个健康的孩子，可紧接着医生就往她的身体里注射了某种药物，顷刻间就夺走了她的生命。医生将孩子带走以后，林肯走过去检查了一下她的鼻息，确认她确实已经死了。

这是为什么呢？明明人口的数量这么少，生下一个健康的孩子是大好事，为什么要杀掉她？

林肯继续往外走，听到人们在谈论一个叫斯塔克的大明星，还拍了球鞋广告。广告是什么东西？林肯从来没听说过。他继续偷听，而后忽然就有一个人从旁边尖叫着跑过来。那是一个高个子壮汉，身上绑着很多医疗设备，发了疯一样地躲避某种东西。一些守卫从后面追了上来，开枪将他击倒，而后带走了。

林肯认出了他，是昨晚和乔丹一起被选中前往神秘岛的人。他正在躲避的人，明显就是那些警卫，可是，管理层明明应该带着他前往神秘岛享福的，怎么会对他做手术，并且是让他感到非常害怕的手术？

守卫们对那个男人的称呼，不是"他"，也不叫名字，而是"产品"。这一切都让林肯感到惊慌，他不知道前往神秘岛的人都经历了什么，但他知道林肯绝对不能去，肯定不会有什么好下场。

林肯疯了一样地跑了回去，冲进女生宿舍楼，敲开了乔丹的房门。还没等乔丹说些什么，他直接抓起乔丹的手，带着她逃跑了。乔丹完全不知道林肯要做什么，但毕竟是个女生，力气远没有林肯大，也只能顺着林肯的意思一直跑。在路上，林肯慌张地告诉她神秘岛有多危险；可是这么仓促，完全说不出什么有价值的信息。

不过二人是好朋友，乔丹还是相信了林肯。同一时间，大楼的管理者也在监控录像里发现了林肯，意识到林肯去了不该去的地方，于是派出许多警卫来追捕。林肯带着乔丹一路狂奔，中途还和警卫们起了肢体冲突，在二人的配合下，警卫们被悉数击倒，他们这才能成功逃脱。

在逃脱的途中，他们发现了一个巨大的房间，这里有许多床，每张床上都躺着一个人。他们处于半睡半醒的状态，面罩上时刻不停地播放着视频，正是林肯梦中的那个男人。男人一遍又一遍地说着："你很特别，你被选中了，你非常想要前往神秘岛……"

而在下一个房间，他们发现了一个奇怪的设备。穿过这个设备之后，周围的环境突然发生了变化——原来他们在大楼里所看到的环境，只不过是一层巨大的全息投影罢了，是个假象。

他们逃离了幻象，爬上一个楼梯之后，来到一处平原上——只在照片上见过的巨大平原，地上长满了草，还有远处的青山和头顶湛蓝的天空都暗示着：这个世界根本没有被污染。

林肯仍然不知道答案是什么，但他可以确定，自己已经逃离了充满谎言的大楼，离真相近了一步。

他带着乔丹一路向前跑，他不知道要去哪里，但直觉告诉他，离大楼越远越好。很久之后，二人来到一条马路上，林肯抬头看见了一块路牌。他想起在麦克那里拿到的、用来关押飞蛾的火柴盒，上面写着一串地址，正好和路牌上标示的地点很接近。

火柴盒的地址指向一间酒吧，顺着马路，林肯和乔丹成功地找到了那家酒吧，并且在这里找到了麦克。林肯不由分说地把麦克打了一顿，质问他为什么不说出真相。

麦克无奈之下，将他们带回家里，并且说，你们是人，但不是真的人，不是像我这样的人。

原来，林肯和乔丹，都是克隆出来的人。不只是他们，整个大楼里所有的普通居民，都是克隆人，而麦克在内的后勤人员和管理者，则是真正的人。地球也没有被污染，编织这个谎言只是为了让克隆人们不敢离开，心甘情愿留在大楼里而已。

将他们克隆出来的目的，只是为了向母体提供器官。比如，林肯和乔丹，在地球的某个地方都存在一个母体，当他们的某个器官出现问题时，就会将克隆体杀死，取出器官供母体使用，这个办法可以让母体的寿命延长数十年，而克隆体则是会立即死亡。

至于那些怀孕的女人，其实只是代孕工具，代替母体生下孩子以后，就失去了价值，自然也会被杀死。至于神秘岛，也不过是个编织出来的谎言——毕竟朝夕相处的伙伴突然之间就永远地消失了，总得有个合适的理由。于是，大楼里的每个人都开始期待神秘岛，并且认为，那些永远离开的同伴是去过幸福日子了——其实他们是死掉了。

林肯没有为难麦克，毕竟麦克要赚钱养家，这只是他的工作罢了。麦克也答应会帮助林肯和乔丹找到他们的母体。麦克给他们穿上了平常人穿的衣服，带着他们来到车站，并且帮忙买好了车票。可就在这个时候，来自大楼的追兵也到了。麦克只来得及喊出一声快跑，就死在追兵的枪下。

林肯和乔丹躲过了追兵，费尽千辛万苦，终于找到了林肯的母体——汤姆·林肯。在知道事情的原委之后，汤姆偷偷报了警，假意要带着他们去电视台，将这个消息公之于众，实则开车带着林肯兜圈子拖延时间。

车子还没开出去多远，林肯和乔丹就双双落入追兵的手里。千钧一发之际，林肯将自己手上的身份识别环，偷偷装到了汤姆的手上。守卫的命令是将克隆体杀死，看着两个长得一模一样的人，他完全无从分辨，不过还是注意到了汤姆手上的身份识别环，误以为这是克隆体，就将汤姆杀死了。

对于自己母体的死亡，林肯并不感到任何内疚。因为正是这些母体出钱购买服务，林肯和同伴们才会被克隆出来，被关在地下的全息投影里，失去自由，失去做人的基本权利，最后被稀里糊涂地杀死，器官被摘出来贡献给母体。

每个克隆体的造价都十分高昂，能够负担起这样的费用，汤姆自然也是个有钱人。而林肯有着和汤姆完全一致的长相，甚至连基因都一模一样。如今汤姆死了，林肯完全可以取代他，享受着汤姆的巨额财富，和乔丹一起过幸福的日子。但是，林肯并不满足于此。

他想要让所有同伴都知道真相。

他和乔丹先后潜入大楼。有趣的是，林肯完全不需要潜入——因为大楼的管理者以为他就是汤姆。为了给汤姆制作新的克隆体，毕恭毕敬地把林肯请了回来。林肯自然没有手下留情，凶狠利落地放倒接待员之后，溜出来和乔丹会合。

而后，二人一起来到全息投影设备那儿，努力拔掉了电源。虚拟的现实轰然崩塌，"大楼的天花板"也因为爆炸而倒塌下来，克隆人们不知道发生了什么，但身为人类，好奇的天性使得他们纷纷跑了出来，跑到了地面上，用自己的眼睛，第一次看到了这个世界真实的模样。

2. 克隆技术的前世今生

克隆是英文"clon"的音译。在1952年，一群科学家将一枚青蛙卵子的细胞核取出，将另一枚青蛙卵子的细胞核注入这个空的卵子。这个卵子成功孵化成一只蝌蚪，并且其基因组等于提供细胞核的那个卵子。这是世界上最早的克隆。

到了1975年，科学家又进行了这个实验。不同的是，这次他们使用的不是另一颗卵子的细胞核，而是一只青蛙的体细胞的细胞核。实验再一次获得成功。

我们可以理解为,卵细胞是一个附带着初始材料的工厂,而细胞核则是产品手册。在体细胞里时,产品手册只会有一部分生效,控制着单个细胞的生死存亡和各种生理活动;但是,当产品手册进入工厂时,产品手册就会全部生效,指挥整个工厂造出一个完整的生物个体来。

青蛙毕竟是比较低等的动物,克隆技术在哺乳动物上的表现如何呢?1986年,世界上第一只使用胚胎细胞的细胞核克隆的绵羊出生了。到了1997年,人们又使用成体细胞的细胞核完成了绵羊的克隆,便是大名鼎鼎的"多莉"(见图17-1)。接下来的几年,老鼠、奶牛、山羊和兔子的克隆实验也相继成功。

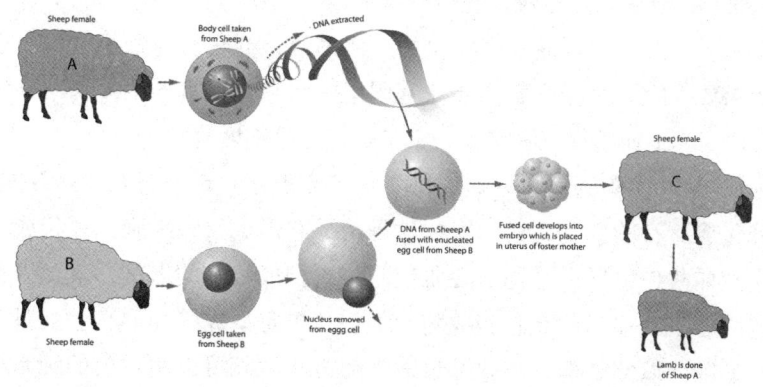

图17-1 克隆羊过程

21世纪已经过去20多年了,各项科学技术都有了相当不错的发展,不过,对于人类的克隆还没有实例,甚至法律禁止进行相关的尝试。毕竟人类克隆存在着许许多多的问题。

克隆整个人的问题,我们会在最后一部分进行讨论,先来思考一下:既然整个身体都可以被克隆出来,那能不能克隆单个器官呢?如此一来,不就能够拯救更多的病人吗?

答案是可以,并且取得了一定程度上的成功。

在2016年,日本东京大学及京都大学组成的联合研究小组,成功地在老鼠的背上培育出了一只完整尺寸的人类耳朵。他们在人体内取得了"诱导性多功能干细胞",先培育成软骨细胞,而后移植到小鼠的背上。小鼠背上已经预先安装好耳朵形状的塑料软管,在接下来的3个月,随着小鼠的成长,背上的软骨细胞也会随之成长,并且受到塑料软管的影响,长成耳朵的形状。3个月之后,就可以将这只耳朵切下来,移植到人身上。

更神奇的是，通过这种方法移植而来的耳朵，可以随着使用者的成长而跟着成长。这个手术可以用来治愈先天缺少耳朵的婴儿，耳朵会伴随他们一起长大。耳朵是用取自人体的干细胞发育而来的，基因等同于这个人，因此，也不会与他产生排斥反应。这只耳朵成功地在小鼠的背上被培育出来，说明它与小鼠之间的排斥反应，也已经被科研人员克服了。

器官克隆看起来比整个人都克隆要省事很多，但其实更麻烦。所有的器官，都需要在一个完整的人体系统内才可以生长，因为人体系统有着各种生理循环，血液之中有氧气，有大脑送来的各种指令激素，有肠道吸收来的养分，器官享受着整个身体为它提供的生存条件，并且为身体贡献自己的一份力。身体离开了器官会崩溃，器官自然也难以在体外存活。

受精卵会一点点发育成一个完整的人体系统，器官也在这个过程中发育成形，而如果要克隆单个器官就需要从基因组中将这个器官的片段切下来进行单独培养，这实际上比整体克隆多了一个步骤，并且难度非常高。

"小鼠耳朵"实验则是给人们提供了一个新思路。干细胞就像是万能工具，它可以分化成所有的细胞，科学家们就是诱导它形成软骨细胞，再长成耳朵的形状。既然如此，引导它分化成心肌细胞，再长成心脏的形状，就可以得到一颗完整的心脏了。如果诱导它变成肺叶细胞，再定型成肺的形状，就可以得到一组完整的肺。以此类推，只要通过适当的方法，就可以用对应的细胞组成一个完整的人体器官，虽然难度颇大，但是"小鼠耳朵"实验已经证明了这个方法是可行的。

现在的问题在于，耳朵毕竟是个小的器官，对小鼠来说不是特别大的负担，类似心脏、肺、肠胃或者四肢这样的，大的器官或者肢体，能否在更大的动物身上成功克隆呢？

理论上是可行的。与人类最为接近的灵长类动物，生理结构与体内的元素占比都与人类接近，因此人体的器官，在处理掉一些技术细节之后，是可以在它们的身上存活的（见图17-2）。

甚至一个人可以用自己的身体，给自己培育新器官。听起来又可怕又麻烦，得卧病在床几个月，等着器官慢慢长出来，还要用各种仪器暂时代替缺失的器官。但是，与失去生命相比，吃这点苦完全不算什么。事实上，就在小鼠耳朵实验的同一年，伦敦的医生也用病人的手臂培育出了一个鼻子。

图17-2　器官克隆概念图

总的来说，器官克隆的思路，就是先找到一个完整的生命系统，用可以分化成其他细胞的干细胞培育出一个器官，让这个器官在生命系统里享受温度、激素和血液循环，最终长成一个可用的器官。至少小鼠耳朵实验已经证明了它的可行性。考虑到这一点，未来的人类在使用新器官拯救自己的时候，都应该感谢那只老鼠。

3. 器官克隆的价值

不管是多严重的疾病，科学家们都可以研制出相关的药物，医生们都可以尽全力进行手术，就算是家境贫困的人，医保系统和社会上的爱心人士也可以提供相当一部分资金，但器官缺失则是真正的不治之症。

严重损坏的器官，是完全无法进行修复的。就算能够修复，也需要一个漫长的时间，并且会留下各种后遗症。器官一旦坏死，唯一的挽救方式就是移植，但这也是相当麻烦的一件事。因为每个人的基因不同，血型和各种抗体也不同，连输血都要谨慎地配对血型，更何况是涉及更复杂的生理活动的器官呢？许多病人根本等不到合适的器官捐献，而许多捐献器官的人，也根本没有合适的受体。

再者，除了肾脏之外，器官捐献一定伴随着捐献者的死亡。生命是等价的，哪怕一名捐献者已经签署了捐献协议，医院也必须等到他死亡之后才可以进行器官移植。而一个移出身体的器官并不能存活太久，如果一定范围内没有可以接受这个器官的人，捐献仍然无法执行。提前到合适捐献者所在的医院等待？

没有人能够提前预知自己的死期，意外事故而死亡的人通常都是在发生地的医院接受治疗，并且只要他还活着，医生就不能提前将他送到接受者所在的医院——就是说，哪怕明知道你要进行器官捐献，哪怕明知道你必死无疑，只要你还有一口气，就不能为了另一个人而放弃你，必须全力以赴救治。

纵然人们的思想在不断进步，越来越多的人愿意捐献器官，用生命最后的温暖去拯救其他人。但是因为种种原因，使得器官捐献变得十分困难。

人们必须另寻方法，用别的方式挽救缺失了器官的病人。

根据中国器官移植发展基金会理事长黄洁夫的介绍，仅仅是在中国，每年因为终末期器官衰竭而死的人就有30万左右，每年的器官移植手术仅为2万例。

这只是器官衰竭，还没算上因为外伤而导致器官坏死，最终不治身亡的人数。再算上全世界的人口数量，对于器官的需求量是一个可怕的数字——并且每一个需求的背后都关乎着一条生命，一份带着希望的等待，和一个备受煎熬的家庭。

任何科技公司、实验室或者医院，如果研究出了器官克隆的技术，全国各地的病人都会慕名前来，光是手术费用就是一笔巨大的收入。并且他们肯定会获得来自国家的资金支持，以将这项技术深入研究下去，拯救更多的病人，甚至能直接拿下诺贝尔奖。这项技术能带来的并不是利益，而是可以避免绝大部分器官衰竭与坏死导致的死亡，挽救无数人的生命。不管是个人、医院还是医药公司，能够研发出器官克隆技术，收益都是难以想象的。

器官克隆本身也涉及大量的生物科学内容，科技类企业掌握了器官克隆技术之后，要研发其他的技术，也是大为有利的。

此外，在收入和技术进步之上，它还能够拯救无数的生命，光这一点，就难以用利益高低来衡量。

4. 器官克隆对社会的影响

如今，人工授精技术已经非常成熟。说简单点就是人工控制精子和卵子结合，这个过程动用了对精子和卵子的精细操作，不只是在养殖的动物身上，对于不孕不育的夫妻，这项手术也相当成熟。所谓克隆，不过是把一个普通细胞的细胞核取出来，再放进卵细胞里罢了。这已经在动物身上进行了无数次成功的尝试，对于人类自己的细胞，各种医疗仪器也足够精密到进行人工授精这样的手术。

那么，有意思的问题来了：为什么还没有克隆人的实例出现呢？

关于这个问题的回答也同样有意思：人类克隆所需的所有技术都已经存在，但是不可以被验证。

这句古怪的回答，背后是人类能够存活至今的关键问题：伦理。它和道德有斩不断的关系，但不完全等于道德。比如，克隆技术，说白了就是将自己的基因放进卵子里，形成一个受精卵，再放进女性的子宫里孕育10个月。分娩之后将他养育成人——这件事看起来和父母生养子女没什么区别，虽然它不违反道德，但是违反了伦理。

通过克隆技术生出来的孩子，究竟是你的谁呢？

假设现在有一个叫莉莉的适龄女性，利用克隆技术在子宫里植入一颗受精卵，并且将它孕育成一个孩子，又生了下来。我们来探讨一下这个孩子身上的伦理问题：

如果孩子的基因来自莉莉，那这个孩子就没有父亲。莉莉如果有丈夫，那也只是这个孩子的合法养父罢了，不是生父。丈夫可能会很疼爱这个孩子，全心全意地将孩子养育大，他们早就超脱了血缘关系的束缚而成了真正的父子，这很感人，但仍然不是生父。

如果孩子的基因不来自莉莉，莉莉便是一个代孕母亲，而代孕直接违反了法律，更别说伦理与道德了。就算基因来自莉莉的合法丈夫，莉莉仍然是代孕母亲。

而且这么做有什么意义呢？如果莉莉和她的丈夫想要一个孩子，又有生理上的问题，完全可以通过人工授精手术来解决。这样孩子的基因同时来自他们二人，是真正的爱情结晶，又极大地节约了成本，何必选择克隆呢？

如果莉莉没有丈夫，或者有一个同性恋人而无法生育，也可以选择领养或者接受捐精。不管从哪个方面来看，克隆技术对于养育子女一点用处都没有。

那么，克隆技术除了满足科学家们的探索欲之外，还有什么用处呢？

电影主角的名字设定为林肯，观众们自然会联想到亚伯拉罕·林肯——美国历史上最伟大的三位总统之一，在任期内废除了黑人奴隶制。在过去的某一段时间，黑人甚至不被当成人来对待，而是被当作奴隶，奴隶是什么呢？一种物品,一种工具,一种可以明码标价的商品罢了。在那个年代,杀人需要偿命,杀一个黑人只需要赔钱,并且价格也高不到哪里去。

随着人类的思想进步,全世界范围内都没有了黑人奴隶,黑人也成了一种普通的人种,与其他人种享有同等的人权。"林肯"所代表的克隆人,人们应该如何对待呢?

既然对于繁育后代,克隆技术并没有什么帮助,克隆人被制造出来的目的,就只剩下了一个:作为一种工具。

常年霸占科幻电影排行榜前3位的《银翼杀手》,探讨的就是克隆人的人权问题。在这部电影里,聪明、强壮、俊美的克隆人被制造出来,只是用来作为战争工具,到了设计寿命的尽头就会死亡,被当成垃圾一样丢掉。有的克隆人不愿意接受这种命运,悍然出逃,政府甚至又造出了专门追杀克隆人的克隆人。

本章开头讲述的故事来自电影《逃离克隆岛》,这里面的克隆人,就是一种工具,用来给母体提供备用器官而已。为了躲避法律的惩戒,克隆人们被关在地下,以为全息投影就是整个世界。而他们活着的目的,就是代替母体死亡。

任何一个有良知的人都会认为这么做不对,因为生命是平等的,不可以用杀死一个生命的方式来拯救另一个生命,哪怕是克隆体也不行。

可在生死面前,有多少人性能够经受得住考验呢?我们看不到任何关于克隆人实验的消息,但没人知道某些超级富豪的秘密实验室里是不是正进行着这样的实验。为了能够让自己多活几年,大不了造出一个克隆的自己,需要的时候杀掉就可以了。来自克隆体的器官,比任何捐献而来的器官都要好,甚至是完美的(见图17-3)。

图17-3 克隆羊与本体羊一模一样

幸运的是，至少到目前为止，没有任何这样的新闻。

代孕为什么不合法？因为一旦合法的话，富人为了摆脱生育的痛苦就会聘请代孕，而穷苦女性为了生存必然会进行代孕。久而久之，必然会形成产业链，甚至会形成人口买卖，在某一天人命就可以用金钱来衡量。到那个时候，人类离灭亡就不远了。

克隆人也是如此。如果仅仅是克隆这两个字，人们就会将一些健全的生命视为工具，不把他们当成真正的人，伦理的警戒线被擦除，社会秩序就会一天天崩塌，灭亡自然也不远了。

人类之所以能繁衍至今并成为地球的主人，除了聪明的大脑以外，还有对生命的尊重，对同胞的尊重，甚至对动物的尊重。所以数千年下来，黑人不再被当成奴隶，女性有了与男性相当的学习机会和工作机会，弱小国家的人民不用担心被侵略，同性恋人在越来越多的国家合法……

也正因为如此，在探索更广阔的世界之前，人类没有被自己杀死。在科技之上，还有一种叫伦理的东西在保护着人类，让这个种族得以生存，并且朝着更强大的方向迈进。

器官克隆能够保护许多人，而人类克隆的禁止，则是保护了全部的人。每一个人都爱着每一个人，这才是人类该有的样子。人们需要大量的器官来拯救病人，而克隆人又不应该存在——那么，器官克隆就是完美的解决方法。

 增强人类

第18章 进化的分岔路：动物基因

人类的身体，真的完美了吗？

1. 多来些"技能点"

许多科幻作品都有这样的设定：地球的环境不断恶化，可居住面积越来越小。迫不得已，人类必须寻找新的家园。这是一个很常见甚至是老套的科幻故事开局。但动不动就使用这种套路，并不是导演们没有新的点子，而是因为，它真的很有可能发生。即使是现在，地球的情况也并不好，说不定哪天我们就得寻找新的居住地。

科幻作品，本身就是科幻作家们对于人类、宇宙和未来的思考，都在考虑如果真的到了那一天，人类该如何幸存下去。

但地球的环境实在是太得天独厚了，要找到一个新的家园谈何容易？不同的科幻故事都给出了不同的解决办法：比如，让星际飞船载着人类"火种"去宇宙中寻找宜居星球；比如，大幅度改造一颗星球让它适合人类生存；比如，建造一艘巨大的宇宙飞船让幸存的人在里面生活；甚至有直接带着地球去宇宙中流浪的。

在2018年上映的科幻电影《超能泰坦》则是采用了一种没人尝试过的办法：把人类自己改造一下，让人类能够适应外星的严酷环境，这样就算找不到类地行星，人类文明也可以延续下去。

这个相当抖机灵的实验最终失败了。不能说它完全失败，至少主角最后真的在外星球活了下来，但他似乎并不能将文明延续下去。"人类文明"这4个字，他没有延续文明，只延续了人类，甚至有没有延续人类都是个问题。

故事发生在一个常见的科幻片开局里，就是上面所说的那种，人类又一次

准备搬家了。他们在选择目的地的时候犯了难。

太阳系的行星只有 8 颗，外面 4 颗是气态巨行星，不可能用于居住。而内侧的 4 颗行星，水星和金星的温度太高，火星的大气层又太过稀薄，并且没有海洋，至于地球，人们正要从这里出去呢。

既然行星不行，那卫星如何呢？最后，人们选择了泰坦星作为新家园。

它是土星的第 6 颗卫星，也是整个太阳系里最大的卫星，比水星都大，并且表面拥有液态甲烷海洋。甲烷有可能是生命的基础，它的重力只有 0.14G，但是有着浓厚的大气层，大气压达到了地球大气层的 1.5 倍。低重力和高气压使得飞船的起降非常方便，同时也使得它相对来说比较适合作为居住地。

但问题也随之而来，人类无法在泰坦星上生存。因为它太冷了，大气中虽然有氧气却十分稀薄，海洋虽然连通整个星球，却是由甲烷组成的。而人类并没有改造一整颗星球的能力，无奈之下，只好改造人类自己。

里克已经离开部队很多年了，却意外地入选了改造的名单。按照主管的说法，名单上的每个人都曾有过在极端艰苦的环境里生存下来的经历。这种在绝境面前让自己能够活着的能力，是改造计划最看重的。毕竟要去的地方可是另一颗星球，没有顽强的求生意志和本能是绝对不行的。

里克的妻子阿比和儿子卢卡斯也因为这个缘故住进基地里，享受着十分富足的生活。但是，阿比对于改造一直有些担忧，她注意到改造给队员们注射的药剂都不符合规范，会对队员们的身体造成极大的损伤。

在最初的一段时间里，队员们什么事情也没有。

随着药剂对身体的改造，他们变得越来越厉害了。由于泰坦星上氧气浓度低，于是队员们就被改造成了适应低氧环境的状态。他们可以一口气潜水半小时，里克甚至能潜水超过 40 分钟，最后还能在水中以极高的速度游上一圈。

泰坦星上的温度很低，于是队员们又被改造得更加适应低温。他们让自己泡在液态甲烷之中，如果能够忍受甚至习惯这样的低温，到了泰坦星上也就不会有什么问题。

这一切都让人感到欣喜，主管承诺过他们都会变成"超级泰坦人"，每个人都能前往泰坦星生活，身体发生的变化，也在一步步兑现这个诺言。甚至有的队员认为地球就是痛苦的根源，他想要一辈子留在泰坦星，再也不回来了。

不过，主管并没有把话说全。他确实承诺要让所有人都变成泰坦人，但他没有告诉大家，并不是每个人都可以在改造过程中活下来。

里克开始掉头发，会在半夜被热醒，只有用冰水泡着自己才能好受些。当时的室温，明明就让阿比觉得很冷，里克却热得难以承受。里克觉得，泰坦星比这里冷得多，自己能在泰坦星生活，就肯定忍受不了地球的气温了，因此没往心里去。

但接下来发生的事情，让所有人都冷静不了了——一名队员在洗澡之后，突然口吐鲜血，倒地身亡。主管不肯透露任何关于死因的细节，只是说出了那句早该说出来的话：不是所有人都能活下来。

恐惧的情绪在队伍里蔓延开来，一名队员因为压力过大而发狂，动手打了自己的妻子，里克等好几个男性队员用尽力气才按住他。

里克开始动摇了，阿比也劝他退出，但改造已经进行到一半，如果此时停下来的话，谁知道身体会有什么反应？更何况，他们还担负着全人类的命运。必须要有人作为试验品，必须要有人前往泰坦星并且存活下来，否则人类只能留在地球上等死。

因此，尽管队员们大多都不愿意，改造还是继续进行着。

几天之后，一名队员突然发狂，在宿舍里杀死了自己的妻子，将她扔到了窗户外面。阿比正好路过，在窗户里看到了那名失控的队员，发现他的外表已经不像是人类了。那名队员也抬头看了阿比一眼，阿比可以确定，那绝对不是人类的眼睛。随后，基地内的安保部队赶到，将他当场射杀，尸体随即就被带走。

主管仍然不肯透露任何细节，阿比便偷偷潜入主管的办公室，翻阅了他的实验记录，才知道了他们正在做什么事情——将多种动物的基因粘贴到队员们的身体上，利用动物的各种特性，强化队员们的身体。但这个过程也会不可避免地让队员们出现一些动物的特征。那名杀死妻子的队员，就是大脑在动物基因的影响下失控造成的。他的身体变得不像人，那是在蝙蝠基因的影响下长出了翼膜。

知道真相的阿比要求主管停止改造，但主管坦言不可能停下来。已经有一名队员失去理智、杀死家人，剩下的队员也有可能发生同样的情况，停止改造的话，只是让他们慢性死亡罢了。不过，还是有机会拯救他们的，那就是进行最后一场手术，让队员们被彻底改造。

队员们以及家属们，能有什么办法呢？不改造的话，会连同家人一起害死，改造了至少能让家人安全，自己还有一线生机，甚至能够拯救人类。

尽管都对主管恨得咬牙切齿，队员们也只能接受这场手术。但手术的结果非常不理想，最终只有两个队员活了下来。里克，以及另外一位改造得十分优秀的女队员。

其实阿比来见他们的时候，已经分不出谁是男是女了。他们已经失去了人类的外表——仍然是双手双脚直立行走的生物，但是都有着蓝色的皮肤，和额头齐平的鼻梁，没有毛发，皮肤上也布满了坚硬的隆起，看起来就像是外星人。

阿比认不出自己的丈夫，卢卡斯也认不出自己的父亲。里克确实还活着，但看着阿比和卢卡斯的时候，他的眼神空洞，像是在看着陌生人。

主管说，他已经不会说话了，这两位"泰坦人"是靠声波交流的。这种从蝙蝠身上学来的沟通方式或许更高效，却断绝了他和家人沟通的可能性。但至少里克活下来了，他认不出家人，但至少没有失去理智，不会攻击家人，这总比死了好。

晚上，阿比忙着给里克收拾东西，准备送他前往泰坦星。其实根本就没有什么收拾的必要，改造过后的里克变得十分强壮，健硕的身体已经塞不进之前的衣服了。阿比想要去帮他穿上，李克却充满敌意地将她吼开。阿比吓得瘫坐在地上，她知道，眼前这个"生物"，已经不是自己的丈夫了，他已经不是人类了。

此时，外面又传来了响动，是那名女队员。里克看见她，马上就走出去。阿比没有阻拦他，这毕竟是里克唯一的同类了。他们在用声波交流，阿比不知道发生了什么事，但她注意到女队员的手上满是鲜血。

她杀人了，在彻底改造完成之后，这两个仅存的改造人之一，再一次失控并且杀了人。尽管她现在恢复了理智，能够跟里克平静地交流，甚至还表现出了悲伤，但警卫可猜不到她的苦衷，他们从四面八方涌入，漆黑的枪口迅速夺走了女队员的生命。

现在，就只剩下里克了。

警卫试图安抚里克，毕竟他是仅存的泰坦人，而且目前为止并没有失控。他们对着里克说话，想让他回到房间里去，但里克已经被女队员的死激怒了。唯一的一个同类，就这样死在了自己的面前，里克的心里只剩下了怒意，他的手上伸出了数条带着尖刺的触手，杀光周围的警卫，最终逃了出去。

可这里是军事基地，里克怎么逃得掉？很快他就被抓住，关在了笼子里。主管告诉阿比，现在想让里克活下来的唯一办法，就是给里克注射药物，清洗掉他的记忆，然后送他到泰坦星上去。

没有了人类的身体，又没有了身为人的记忆，从此以后，里克就完全不是人类了，但事已至此，没有任何别的路可走。

阿比想起了刚才，里克杀了周围所有的人，却没有伤害自己，他的心里一定还有着最后一丝残存的人性，还对妻子留有最后一点印象。如果连这点人性都要抹杀掉，那里克就真的死了。于是，阿比将注射用的药剂，偷偷换成了生理盐水。她决定让里克选择自己想要的活法。

事实也正如阿比所预料，里克仿佛与她心有灵犀，光是一个眼神就明白了阿比的想法。在阿比注射生理盐水之后，里克便假装晕倒，在警卫上来带走他的时候，他再一次突破了封锁，冲了出来，他不愿意被束缚，想要自由。

纵然里克的身体无比强大，他面对的也是现代化的枪械，在一番苦战之后，身中数枪的里克还是倒了下来。阿比和卢卡斯都挡在里克的面前，哪怕里克已经变成了这副模样，他们仍然要保护里克。主管觉得阿比和卢卡斯太碍事，下令让士兵杀掉他们。

但是哪个士兵会朝着手无寸铁的妇女和儿童开枪呢？任何一个有良知的人都不会这么做。在场的人里，只有这个主管，是唯一一个没有人性的存在，士兵们也一齐调转枪口对准了他……

为了活下来，里克最终还是被送到了泰坦星上。他是改造实验的第一批幸存者，失去了正常说话的能力，精神也受到了影响，只剩下对家人模糊的记忆。但也正是因为这一点记忆，让他保有最后一丝人性，让他在一定程度上还算是个人类。

有了第一次试验的经验，接下来的试验会越来越成熟，改造的成功率也会越来越高，说不定人性和记忆也可以保留得更多，人类在泰坦星生存的可能性得到了证实。

另一方面，里克的故事，也为后来的人们敲响了警钟。

人类要延续下去，不只是肉体形式上的存活，在精神层面也得是一个完整的人类。否则的话，就只是一群行尸走肉罢了，人类仍然在生存，但文明已经灭亡。

2. 动物基因技术

每种生物都有赖以生存的独特招数，人类的长处就是聪明的大脑和灵活的双手。动物不及人类聪明，所以它们只能在身体上开发出特技，每种动物都有各自的"独门绝技"。人类如果能够获得它们的特性，整体能力将大大提高。

我们在城市里最经常见到的，就是猫、狗和鸟。

猫的身体柔软而灵活，能够分散大部分的冲击力，对于外力伤害的抵抗力特别高。甚至在高空坠落时，在没有借力点的情况下都可以翻转身体，实现软着陆。建筑工人如果有这样的能力，工地上的伤亡事件将大大减少。狗拥有极为敏锐的听觉和嗅觉，并且奔跑能力十分不俗，在勘探、抢险、搜索的时候都极为有用。或者说，在生活中许多场所都很有用。

鸟儿就不必多说了，飞行这个技能，人类已经追求了上千年了。

记得蜘蛛侠吗？一只被改造过的蜘蛛咬了它一口让他获得了蜘蛛的基因，从此他就有了许多蜘蛛的能力——能够轻松地爬墙，动作轻盈而灵活，还能够射出富有黏性的蛛丝，让他能够在高楼之间自由地移动。蜘蛛丝的强度比同等尺寸的钢丝还要高，蜘蛛侠比蜘蛛要大得多，射出来的丝也成比例地变粗，而更粗的蜘蛛丝甚至可以让他拉停火车。

另一个与动物相关的角色是金刚狼。金刚狼其实并不是象征着狼，而是取材自一种小而凶猛的动物——狼獾。说到金刚狼的超能力，则来自一些更小的动物。他那强大的恢复能力来自许多较为原始的、拥有极强自愈能力的动物；从拳头上伸出爪子这一点乍一看像是猫科动物，但最接近的是一种叫作壮发蛙的动物。它们在遇到危险的时候会让自己的前足骨折，让折断的锐利骨骼刺破皮肤伸出来，用以自卫。

说到金刚狼就不得不提一下狼人。这种生物在平常是普通的人型，在遇到危险或者在月圆之夜会变化成人和狼结合的形态，能够直立做出各种动作，也可以四足着地奔跑，兼具了狼的速度、力量以及人的灵活性，战斗力十分高。

简而言之，这些人获得了动物们的特质，就能够拥有远超常人的能力。当然，装备先进的机械外骨骼也可以做到这一点，但机械外骨骼毕竟需要能源和维护，而自己的身体，只要你还活着就可以使用，并且能真正做到随心而动，这是电子设备极难做到的。

那么，如何将属于动物的特质转移到人类的身上呢？比如，现在要将里克改造成"天使"，让他长出一双翅膀。直接移植器官或者肢体肯定不行，哪怕是不同的人之间的器官移植都会产生排斥反应，更何况是不同的物种之间呢？也没有那么大的翅膀可供里克移植，所有鸟类拥有发达的胸肌和中空的骨骼，都是为了配合翅膀进行飞行，里克就算真的有了一对翅膀，人类的身体也不足以让他飞起来。

如今只剩下了一条路可走：让里克自己长出一对翅膀，骨骼要中空，双腿缩小以尽可能减轻重量；背部肌肉要特别发达。如此一来，心肺功能也要大大增强。这一系列的身体改造，里克很可能坚持不下来，于是我们退而求其次，让里克的孩子成为天使。

具体的做法难度很高，但流程并不复杂：让里克和阿比贡献精子和卵子，组合成受精卵之后，将它的某些基因片段修改掉。

生物长成什么样子都是由基因控制的，基因里的每一个片段都代表着身体的某个性状。比如，受精卵里某一个片段将来会长成一颗心脏，将它剪下来，换上猎豹的心脏基因，受精卵长大成人之后就会有一颗充满力量的强大心脏；将代表骨骼的基因换成鸟类的骨骼基因，它长大之后就会拥有中空的骨骼，体重会减轻，更加适合飞行。

当然了，鸟类的骨骼太小了，所以不能全部替换掉，得分成两部分：控制骨骼长成什么样子，什么尺寸的那部分仍然用人类的基因，控制骨骼构成的那部分，用鸟类的基因。

翅膀的情况有点复杂。人类是没有翅膀这个基因片段的，不能通过简单地替换片段来长出翅膀，得额外添加进去。想一想，翅膀长在背部，可以找到受精卵中代表肋骨的基因，将其中几条修改掉。就像是一组已经搭建好的乐高积木楼房，将某个2×2的积木块拆下来，换上2×3的积木块，积木大楼的墙壁上凭空出现了一个凸起，这个凸起就可以用来添加其他的东西。

几乎可以断定，第一个受精卵的实验一定是失败的——我们只修改了需要的基因，但其他的基因并没有做出相应的改动来配合。比如，"天使"会有非常强大的心脏和肺，这样他就能有足够的力量来挥动翅膀，可惜他的胸腔还是人类的大小，容纳不下强化过的心脏；他的背部肋骨长出了一对翅膀，可肋骨本身太过脆弱，飞起来的时候翅膀向上飞，身体向下沉，肋骨会因此而直接折断；大脑和神经系统也没有为翅膀做好准备，他明明有翅膀，却感觉不到这个器官的存在……

就像是为普通汽车安装了一部专业赛车的引擎，固然动力强悍，但轮胎、控制系统、车身质量分布、车架强度并不适合高速移动。

所以，改动任何一个器官，都要求身体的其他器官也做出相应的改动来适应这一变化。身体是一个自洽而稳定的系统，对系统的任何小小改动，都会对整个系统造成影响。

到了第二次实验的时候，技术人员就学聪明了，他们会考虑每一个可能的细节。哪怕只是换上一颗心脏，胸腔的体积、横膈膜的位置、血管的分布、脑干向心脏下达跳动指令的节奏、体温与体液平衡……都要做出修改。

实验遇到了很大的困难，要造出一个会飞的人实在是太难了。不过，也不是完全没有收获，最后里克和阿比还是得到了一个健康的儿子——他的各方面都与常人无异，唯独心肺功能异常强大，比全世界最优秀的运动员还要高出不少，不管是短距离冲刺还是马拉松，都能轻松打破世界纪录。

即使他只想要一个普通的人生，这强大的心与肺也会给他的生活带来许多便利。到了晚年，他也能够应付各种体力劳动，比别人晚很多年才躺到病床上。而这一切，只不过是因为在几十年前，一些小小的基因片段被替换掉了而已。

不只是心脏，身体的所有器官都是可以强化、修改甚至删除。比如，没有性别，视力和听力异常优秀，皮肤上有能够吸收太阳能的叶绿素，能够在水中呼吸，缺失的肢体和器官可以再生，甚至像水熊虫一样在外太空生存……

这些特性，在动物的身上都可以找到。我们没有办法"写"出一段基因来，幸运的是，这些基因在动物身上都有，只要将它们复制下来，放进人类的基因里，就可以打造出一个各方面都远超普通人类的"人"。

不过，这项技术目前仍然面临着两个巨大的挑战。

第一是"基因翻译"。人类的基因由4种氨基酸组成，它们的名称缩写分别是A、T、C、G。将某个人的基因表写下来，基本就是AATGACTAGAT……这种毫无规律的字母串。它们要在受精卵中发育很长时间，才能翻译出不同的细胞、组织、器官、系统，乃至整个身体。所以，要搞清楚每一段基因究竟代表了什么东西，是一项巨大的挑战。

中国在这方面有着相当不错的成就，其他国家也紧随其后，但若要将人类的基因图谱完全摸清楚，仍然需要很长一段时间。

第二是"基因剪刀"。氨基酸只不过是体积比较大的分子，它们的连接处更是只有零星几个原子，要精确地将两个氨基酸分开，还要将不同的氨基酸拼接起来，对仪器的精度要求是难以想象的。

目前，人们在基因编辑实验中最常用的两种方法，分别是同源重组法和核酸酶法。

同源重组法是，首先，生产和分离出一些DNA片段，它们有着与待编辑基因组部分相似的基因组序列；其次，将这些片段直接注射到单核细胞中，或者用化学物质使细胞吸收；最后，这些片段进入细胞之后便可与细胞的DNA重组，从而取代基因组的目标部分。这种方法的缺点是效率极低，且出错率高。

核酸酶法是，先在基因内特定的点位创建节点，用核酸酶对这些节点进行切割，效率比较高，但是活性核酸酶的脱靶效应可能会在遗传和生物水平上产生潜在的危险。

当前，人们确实可以在一定程度上进行简单的基因编辑，要将动物的优秀基因片段精确地植入人的受精卵内，并且还要求这个受精卵能够成功发育成人，难度还是太大，暂时无法做到。

2018年的诺贝尔物理学奖得主亚瑟·阿斯金发明的"光镊"可以通过激光对原子施加作用力，从而稳定地移动单个原子，为将来的基因编辑打下伏笔。基因中的氨基酸数量是十分庞大的，又是在细胞这样复杂而脆弱的环境下，但是控制单个原子的技术已经出现，剩下的就是将这项技术的成本降低，效率提高，稳定性增强罢了。

目前，基因编辑技术主要应用于农作物和动物实验，一是基因没有人类那么复杂，二是成本低，也不用担心伦理与法律问题。但要达到能够精确编辑人类基因的技术水平，还是有很长的一段路要走。

对人类受精卵做出修改，本身就是违反了法律和伦理的。人类希望自身变得更优秀，这无可厚非，但用尚未出世的生命做实验实在显得过分。实验失败的受精卵如果出生，成为一个带有缺陷的婴儿，他也要面对一个悲惨的人生。这也是科学家们在探索的时候需要注意的。

3. 动物基因技术的价值

在全书的第一个章节，我们就讨论了人类的身体。人类靠着智慧才一步步地征服了地球，身体其实是很脆弱的，比其他物种显著优秀的地方只有灵巧的双手。所以，人们创造了许许多多的工具，让自己变得更加强大。但换个角度想一想，有没有什么办法，能让人类本身，也就是身体，直接变得更强大呢？移植动物的基因就是一个可行的路子（见图18-1）。

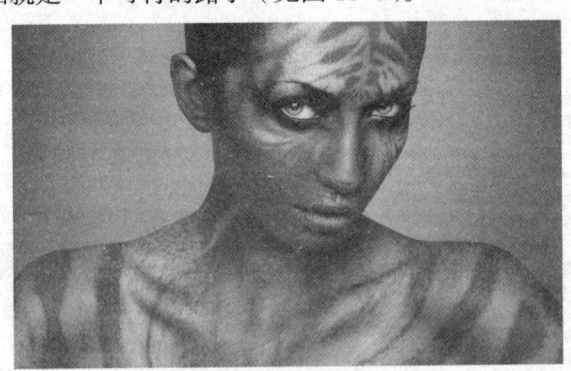

图18-1 拥有老虎基因的人类概念图

移植动物基因的最大优势在于，这个新生儿所获得的正常人没有的东西，是完全属于他自己的器官，能够像我们弯曲手掌一样灵活使用，能拥有它的触觉，能感觉到任何一丝细微的异常。因为它属于身体的一部分，所以不需要额外维护，受伤了用普通的药品就可以治愈。

相比于一台需要燃料、不防水不防尘、又庞大又沉重，到了一定年限就得报废的喷气背包来说，一双长在身上的翅膀总是更方便许多。

我们从动物身上可以得到的，并不是额外的器官，也可以是对原有器官的强化。

以眼睛为例，我们觉得自己的眼睛很不错，是因为千百年来早就习惯了这样的眼睛。但是，在浩浩荡荡的自然物种里，人类的眼睛也不算是最优秀的。论清晰度，鹰可以在 50 米远的地方，看清楚视力表第 11 行的字符；论动态视觉，许多昆虫眼睛的"帧率"都比人类高出数倍甚至数十倍，人如果能够拥有这样的眼睛，反应能力可以提高一大截；论色觉，皮皮虾拥有 16 种色觉细胞，它们眼中的色彩要用 16 维立方体才能铺满。

印象派画家莫奈晚年时眼睛生了病，失去了用于过滤紫外光的细胞，这使得他的势力范围超过了三原色色谱，可以看见比紫色更紫的颜色。

当然，动物们的眼睛，与人的眼睛基本都不一致，长着一个动物的眼睛或许会有点吓人，会带来社交上的困难。许多食草动物都有着 270 度以上的视野，苍蝇甚至可以达到 350 度，代价就是它们的眼睛要么分散在头的两侧，要么高高地凸出头部，很不美观。不过，在强大的功能面前，总有人愿意在美观上做出妥协。说不定就有人觉得长着动物的瞳孔很酷，实在不行也可以戴美瞳。

壁虎通过断尾来逃生的特性是人尽皆知的，它们能够重新长出尾巴，是因为身体里分泌了一种激素，促使断裂的部位重新生长出一条尾巴来。虽然说新的尾巴里不会有骨骼，颜色也与原来的不一样，但至少是长出来了。人的身体如果有这样一个激素腺体，那么一些外伤就可以完美地复原，手术也不会留下疤痕，甚至器官缺失的部位也可以在激素的影响下重新长出来。

自然界还存在着恢复能力更强的动物。蚯蚓被切成两截，两截都能长成完整的蚯蚓。你以为这就足够强大了吗？有一种叫作涡虫的扁形动物，被某个疯狂的科学家切下了 1/279，结果就是这么丁点大的碎片，仍然长出了一只完整的涡虫。

蚯蚓和涡虫有这么强的生命力，很重要的原因是它们的身体结构十分简单，被切下来的碎片只要随便长长，就能够形成一个完整的涡虫个体。而人类是最高等的动物，身体内部每个部分都如此重要而精密，绝对不可能学会这种断臂再生顺便克隆一个自己的技能。但是，一半的身体是如何长出剩下的整个身体的？

在所有拥有强大再生能力的动物中，海星是相对比较高等的一种动物，被切下一个角也能长出一个完整的海星。人们研究了海星的身体，发现它的身体里有许多备用细胞，就像是蓄电池一样，平时的时候保持休眠，当身体缺失之后，这些备用细胞便开始分化、生长，直到将残缺的身体补全，而后慢慢生长成一个完整的海星。

人体能否有这样的备用细胞呢？如果再和壁虎的再生激素相配合，岂不是断掉一只手指也能迅速地长出来？这项技术目前还只是幻想，但它不会永远都是幻想。或许没有那么夸张，但肯定能在一定程度上让人体的恢复能力得到提高。

当动物的基因能够完美地融合进人类的身体之时，医院的数量会大幅度减少，眼镜店会接连关门，出租车行业会相当不景气，健身房会一家接一家地倒闭。这乍一看很不好，但仔细想想就会明白，是因为人们的身体素质都太优秀了，完全不需要这些东西了。

电影公司也会受到沉重的打击，因为人们的视力都提升了一大截，甚至有了第四种色觉，以往的特效软件全都失效了，得从头开始制作全套的软件，电影画面才能够让观众满意。

诸如此类，当人类变得更强之后，最开始的一段时间，整个社会都会有一定程度的动荡。只要稳定下来，每个人的生活就会变得更美好——因为强大的身体可以让你做到更多的事情了。

4. 动物基因技术的未来

人类说到底也只是地球上的一种生物，而文明发展所需要的，已经远远超过了身体所能够提供的。我们上天入地，开山填海，靠的是因智慧而诞生的各种人造产品，并不是身体。最新版本的操作系统，在20世纪的旧电脑上运行起来会严重卡顿，我们也是一样的。

既然如此，不妨改变一下自己的身体，让它更加强大。

地球上的生命已经演化了数十亿年，不够好的动物早已经在自然演化之中被淘汰掉了，人类靠着智慧延续至今，而动物们靠的只是身体。既然如此，它们的身体必然是完美的答卷，那些优秀的身体构造，甚至能够带来与智慧一样重要的作用。

作为地球霸主的人类，最成功的动物，同时又是最谦虚的动物，自己已经这么厉害了，仍然知道向动物们学习。在仿生学发展的数十年以来，动物们的各种优秀构造被运用到各种人造物品上，载具的气动布局、机械的关节结构、摄像头的光学构造、雷达的电波吸收方式，诸如此类。

动物们的优秀答卷，既然能够用在人工造物上，自然也可以用在人类自己的身上。等待人类自然进化需要数百万年的时间，那不如通过基因技术，在短时间内完成这一场进化（见18-2）。

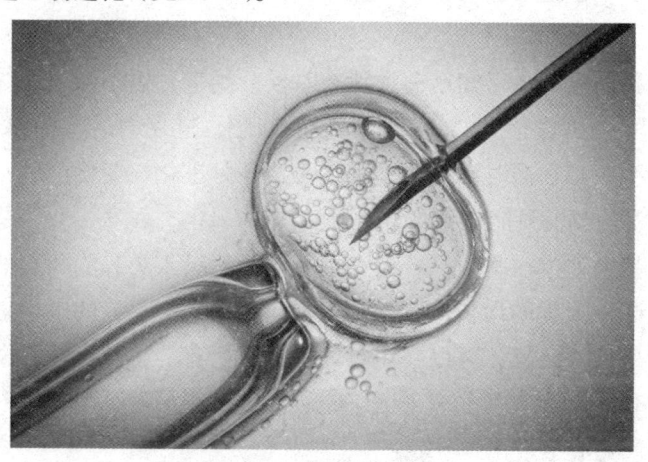

图18-2 基因编辑实验

我们不一定要造出蜘蛛侠、天使、半人马、人鱼，它们能为这个世界所做的，并不一定有科技工具来得好。但是动物的基因，一定可以让整个人类群体都更加健康长寿，体能更强，拥有更好的视力和听力，可以听到空气中的电磁波，可以吸收太阳光的能量，在极端困难和危险的环境下都能存活……整个人类群体的进步，一定比一两个超级英雄的诞生，价值更大。

至于里克，对个人而言，是一次失败的进化。因为他失去了与人交流的能力，思维受到了影响，对家人也只剩下了模糊的印象，身体虽然是更强大了，但"灵魂"已经消失，只有残存的一丝人性能证明他曾经是个人类。

但是，对整个群体而言，里克是成功的。人类摆脱了孱弱的身体，变成了一类更强大的生物，有朝一日去了别的星球，那里的环境与人类的发源地完全不同，人类仍然能够存活。退一步讲，哪怕只是生活在地球上，一副更强壮更长寿的身体，无论如何都是好的。

里克的故事，毕竟只是科幻作品。对他进行的也并不是基因改造，因为里克已经通过自己的基因，长成了一个普通的人类。此时他再接受身体上的改造，严格来讲，是将动物的特性转移到了他的身上，宏观改造是无法对微小的基因做出修改的，他的基因仍然是人类的基因。里克如果有机会生育的话，他的孩子会是一个普通的人类。

一劳永逸的办法，就是对即将怀孕的女性做手术，将她们的受精卵进行改造，植入更加优秀的基因。她会生下一个"超级人类"，有着全新的基因，并且他的孩子也会是一个"超级人类"。

这不是一个普通人注射了超级英雄血清——而是整个种族进化成一个更优秀的种族。

今日的我们，无从得知这一天什么时候会到来，也不知道这场进化会面对什么困难。唯一可以预见的，就是伦理的问题。里克的故事警醒了我们，"人类"和"文明"必须同时延续，不管是改造还是进化，变化前后必须都是人类才可以，仅有的改变只能是身体素质上的。

显然，超级人类的基因与普通人类不同，超级人类只能和其他的超级人类繁育后代，超级人类的增长速度必定很慢，整个人类种族的进化也需要很漫长的时间。如果预算足够，可以在短时间内，对所有的待孕女性都做出同样的改造，让这一代的普通人类，全部诞下超级人类。当最后一个普通人类自然死去之后，人类就完成了进化。

那么，问题来了：进化过后的超级人类，仍然是人类吗？他们继承了旧人类的知识、文化、历史、殖民地，并且深深爱着自己的旧人类父母，但他们算是人类吗？

我们没有资格替那时候的人类回答这个问题，说不定那时的人类正处在生死存亡之际，必须要通过进化来保证文明的延续。

我们也没有资格替超级人类回答这个问题，因为改造在他们出生之前就完成了，他们没有选择的权利和机会。

而我们自己来回答这个问题的话，只能说，在生殖隔离上超级人类并不是人类，只是人类抚养出来的新物种，继承了人类的文明罢了。如果真的因为自然环境恶化的原因，人类必须通过这种方式来延续文明，那就祝愿人类永远不要遇上这样的情况，祝愿所有的困难都可以通过科学产物来解决。

最好的方式，就是通过诱导的方式，让受精卵自然地变异出优秀基因。生物的下一代在基因编译时有概率会发生错误,这一点点的错误导致细微的变异,让每一代都和上一代有些许不同,一代代的不同累积起来,生物就完成了进化(见图18-3)。

如果我们能知道翅膀、尖牙利爪、再生细胞、强大心脏的基因片段是什么样子的,再诱导受精卵在一代代的繁衍中慢慢变异出这些基因片段,人类就能缓慢地完成进化,并且也不会有生殖隔离,也就不需要面对人种问题了。这或许是最好的方式。

图18-3　基因编辑概念图

 增强人类

第19章 快人一步的卓越：基因编辑

出生之前的起跑线

1. "机会"

当前社会存在一个很麻烦的事情，这件事从人类有社会这个概念之时就已经存在，并且可能要一直延续到人类的生命形式更进一步为止。那就是，资源和机会的不公平。

简单来说，就是社会明明倡导人人平等，但是工作机会、教育资源、人才选拔等，总是会向最优秀的那部分人倾斜。他们拥有了这些之后，日子可以过得更好，积累更多的财富，并且以更好的条件培养下一代——后辈也会越来越优秀。

什么是优秀的人呢？抛弃社会属性，单从生物的角度来讲，他们是属于整个群体之中身体状况最好的那些人。头脑更灵活，体能更充沛，相貌更俊美，寿命更长，口齿清晰，生命力强等。这些，都是由基因先天决定的。

自然，重要的工作会交给这些人去做，因为他们可以做得更好，所以薪水也高；教育资源会向这些人倾斜，因为他们的培养潜力更大，学习之后会比其他人更加优秀。

至于那些不够优秀的人呢？自然只能选择次一等，更次一等的资源，甚至什么都得不到。他们得到的教育不够好，积累的财富不够多，用于培养自己下一代的可用资源就更少了。富人的孩子与穷人的孩子，起跑线都不一样。久而久之，富人家族会更富有，穷人家族会更贫穷。

社会倡导公平，但这种不公平似乎是无法取缔的。如果仍然沿用目前的资源分配方式，穷苦的人永远无法变得优秀；而如果将资源完全平均分配，那对

优秀的人来说就不公平了。他们明明做得更好，为什么得到的和别人一样多？

即使是两个条件一致的家庭，子女的身体素质只要不一样，长大后的人生道路也会不一样。究其原因，还是因为其中一个人带有某种缺陷，个子不够高，身体不够强壮，脑子不够灵活，甚至只是单纯的外貌缺陷，导致他在某些学习、活动、成长、面试中显得不如别人，从而失去接下来的一系列机遇。

明明每个人都生活得很努力，为何基因上的不完美，能够决定一个人的人生道路呢？

幸运的是，目前有一项技术，可以解决这个问题，至少可以在一定程度上缓解它带来的人生差异。在这之前，我们先来看看一部1997年的电影《千钧一发》。

这部电影讲述了人类社会一个可能的发展方向。在未来世界，人们发明了一种检测基因的仪器，只要拔一根头发放进去，几分钟后仪器就可以打印出一个人完整的基因信息表。根据基因信息表，可以判断出这个人的身体状况——得心脏病的概率、得肺病的概率，智商大约是多少，如果营养充足的话，身高体重大约是多少，预期寿命是多少，等等。

一个生物个体，成年之后会是什么样子，全都是由它的基因决定的，所有的一切，都可以在基因信息表里看出来。像前面说的，如果某个人的基因非常优秀，他身体的各方面也会更加优秀，因此可以得到更多的社会资源，这样的人被称作基因优化人，社会将基因优化人视作上等人，所有的一切都是好的。

可惜的是，电影《千钧一发》的主角文森特并不是一个基因优化人。他的基因总共有两处缺陷，一个是近视，这是小问题；另一个是心脏病，预计在30岁的时候会发作并且会带走他的生命，这可就是大问题了。

没有企业想要一个只能工作到30岁的员工，甚至连文森特的父母都十分悲哀，好端端的一个孩子，只能活到30岁，这怎么能不让人难受呢？为此，父母还通过特殊的办法，为文森特生下了一个基因优良的弟弟，让他陪伴文森特度过一个幸福的童年。可是，弟弟的基因这么好，反而让文森特心里不舒服，因为弟弟可以从事好的工作，幸福地过完这一生，文森特却在30岁就会死亡。

心脏病会在30岁的时候发作并杀死他，但这不意味着30岁之前他的心脏就是健康的。事实上，他不能从事任何剧烈运动，否则极有可能提前引发心脏病。运动员、健身教练、搬运工等所有与体力相关的职业，都与他无缘了。

他代表了现实社会的大部分人。哪有人是完美的呢？相貌不够俊美，身高不够高，体力不够充沛，头脑不够灵活，都会让我们失去很多机遇和资源，只能选择一些其他的职业，来避免自身缺陷对工作带来的影响。

文森特的梦想是成为一名宇航员，前往火星。或者说，他并不在乎能不能前往火星，只是想要圆自己的航天梦罢了。但宇航员的身体素质要求，是所有职业中最苛的。光是战斗机飞行员，身上就连疤痕都不能有。否则在高空飞行时，飞行服的加压会让伤疤爆裂。更何况是要进入太空的宇航员呢？

一个有心脏病的人，别说飞上太空，就连在航天局扫地都是不现实的。

但是，文森特并没有放弃。他找到了一名黑商，"租"了一名基因优化人的身份。那是一个叫杰罗姆的基因优化人，他的身体和其他所有优化人一样完美，本来过着幸福美好的人生，但他十分不幸地在一次意外之中失去了双腿的知觉，从此只能坐在轮椅上。

纵然有着完美的基因，没有行走能力的杰罗姆也是个废人。他失去了经济来源，不得已之下，只能将自己的身份"租"了出去，以此换取生活费用。他在黑商的介绍下认识了文森特，一个能够工作，但是需要优化人身份的人。二人一拍即合，从此，文森特就成了杰罗姆。

除了心脏有问题，以及可以通过隐形眼镜瞒过去的近视之外，文森特的整个身体都很健康。并且多年来他一直十分努力，积攒了充沛的航天知识，进入航天局并不是什么难事，他确实成了最优秀的员工之一，并且被上级直接拟定为下一次航天计划的人选。

而杰罗姆要做的，就是提供自己的基因。他要储存自己的尿液、血液和汗液，让文森特应对各种各样的基因检查，还要收集自己的毛发和皮屑，让文森特洒在自己的办公桌上，以便这些微小的细节不会暴露他的真实基因。文森特每天上班之前都要洗澡、梳头，并且用力地刮擦自己的皮肤，确保在上班的时候不会有皮屑和头发脱落。

如此一来，文森特就可以靠着杰罗姆的基因优化人身份，顺利地在航天局上班，每当需要进行基因检测的时候，文森特就拿出事先准备好的，属于杰罗姆的基因样本。仪器检测到杰罗姆的基因，调取数据库里关于杰罗姆的信息，让文森特成功地瞒天过海，整个航天局都没有怀疑过他。

甚至因为文森特优秀的工作能力，上司从来就不会去怀疑他的身份——这么优秀的人，肯定是基因优化人，怎么会是普通人呢？可他们不知道，如此优秀的工作能力，并不是基因给的，而是文森特通过自己的努力学习换来的。

就这样，文森特顶着杰罗姆的名字，拿着杰罗姆的身份证，顺利地等来了属于自己的太空航班。

在这之前还有一件麻烦事需要解决——身高。文森特的身高很正常，但杰罗姆本来是个大高个。就算出了意外半身不遂，他还是比杰罗姆要高。而基因数据库，可是记录过杰罗姆的身高的。没办法，黑商只好为文森特进行了断骨增高手术——切断腿部的骨骼，将小腿拉长，然后在骨骼内插入钢钉固定。

这个手术，在现实社会中已经存在，出于安全方面的考虑，许多国家是禁止这一手术的。而在电影里，对断骨增高手术的禁止完全是社会性的。基因决定了你长多高，你就应该长多高，你是个基因不好的人，怎么可以通过手术来欺骗社会呢？

但文森特可不在乎那么多，他只要顺利得到身份就可以了。

其实就算不成为航天员，只是作为一名普通的脑力工作者，以文森特的工作能力，仍然可以在航天局过得很好。就算没有租用优化人的身份，凭借他的才华，也能够找到一份薪水不错的工作，至少生活和治病没有太大的问题。之前的章节里介绍过，能够代替心脏进行工作的仪器，在20世纪就已经出现了，更何况是在人类能够登陆火星的未来世界？就算心脏病发作，靠着科技的辅助，文森特也有可能活下来。

文森特不甘愿就这样平凡地活着。他想要飞上太空，想要领略宇宙的浩瀚，于是他就大胆地去做了。火箭升空的过程会让宇航员承受数倍的重力加速度，只有身体素质万里挑一的宇航员才可以挺过来，至于文森特呢？他必然会在这个过程中被诱发心脏病。就算靠着意志力和队员的帮助苟活到了宇宙空间，又有什么用呢？不管是前往火星还是回到地球，都需要一段时间，他不可能活下来。

但是，人类之所以是人类，就是因为我们不愿意像动物一样平凡地活着。哪怕后果是死亡，只要能够在死亡之前完成自己的梦想，文森特也愿意。

与文森特相处的这几年，杰罗姆也改变了很多。在开始时，身为基因优化人的他，相当看不起身为普通人的文森特。但是随着时间的流逝，杰罗姆惊讶地发现，文森特比许多基因优化人还要努力，还要认真，并且表现得丝毫不比自己要差。心脏有缺陷又如何？文森特勇敢地战胜了自己的先天缺陷，成了一个优秀且勇敢的人。

在故事的最后，为了让文森特今后的生活不再出意外，杰罗姆决定让自己消失。在火箭升空的同时，杰罗姆抱着自己的奖牌爬进了焚化炉。只要他消失了，警察就不会发现世界上有两个杰罗姆，文森特就可以永远带着自己的身份，摆脱莫须有的歧视，好好地活下去。另一方面，杰罗姆也厌倦了瘫痪在家的生活，与其做一个废人，不如尽早结束生命，让同样优秀的文森特代替自己活

下去。

影片中有一个小细节：航天局有一名体检员工，早就看穿了文森特的伪装。他没有揭穿，而是帮助文森特隐瞒了下来。他也认为文森特是一个足够优秀的人，他值得成功，不该受到莫须有的歧视，不该被先天的缺陷阻碍人生的道路。

2. 手动选择基因

上一个章节中我们讨论了人类获得动物基因的情况。人类基因加入动物的基因，这涉及了改变基因。现在我们就来详细介绍一下，基因是怎么被修改的，不管是加入动物基因还是剔除人类基因中不优秀的部分，进行这个操作的基因手术刀，究竟是怎么回事。

要将基因彻底说清楚是不现实的，它全是拗口的专业名词，我们只需要记住其中几个东西，并且加以理解就可以了。

首先，组成基因的最小部分是碱基。碱基共有 5 种，分别叫作腺嘌呤、鸟嘌呤、胞嘧啶、胸腺嘧啶、尿嘧啶，人类只有前 4 种，它们的缩写分别是 A、G、C 和 T。2019 年有 4 种全新的碱基被合成出来，不过目前还没有实际用途。

可以将碱基理解成基因的"元素"和"积木"。不同元素的原子组合在一起会形成不同的物质，碱基也是如此。碱基是非常小的，只有十几个原子组成，在这么小的尺度下，原子之间的作用力就起了作用，这就是碱基像积木的原因。在人体所拥有的 4 种碱基中，A 只能和 T 配对，C 只能和 G 配对。也就是说，如果一个游离的 A 碱基遇到了碱基链上的 T，它就会被 T 暂时吸引住，而碱基链上的所有碱基都会吸引一个对应的碱基，被吸引过来的碱基又会彼此吸引，就形成了一条新的碱基链。每一条碱基链又有一条完全相反的碱基链，平时它们是组合在一起的，形成双螺旋的结构，就是我们熟悉的基因双螺旋链。它非常地长，譬如人类，有 30 亿个碱基对。

碱基链又是可以堆叠成长螺旋状的，也就是基因双螺旋链，它非常之长，还可以进行堆叠，最后就形成了一对基因，若干个基因对加在一起，就是某个生物的全部基因了。控制人性别的第 23 对基因，男性是"XY"，女性是"XX"，如果你取出其中的一个，将它拆开来看的话，就会发现它是由一条非常长的螺旋链堆叠而成的，再将螺旋链拆开，剩下的就是碱基。

那么，这样一套复杂的密码，是怎么决定生物的生命的呢？

这就涉及了氨基酸。氨基酸的种类特别多，但是每种氨基酸都有一个独特的"接口"，这个接口上有3个插头，每个插头的形状都是A／T／C／G的其中一种，并且也会被碱基吸引。

也就是说，碱基链上的碱基会每3个一组，吸引到一个特定的氨基酸，接下来3个碱基也会吸引到一个特别的氨基酸。3个接口，4种接口类型，总共可以对应64种氨基酸。氨基酸们在碱基链面前排成一列，就形成了肽链。

碱基链上每隔一段距离，就会出现一个非常特殊的组合，叫作终止密码子。它们不对应任何氨基酸，也就不会吸引任何氨基酸，肽链的合成到这里就停止了，它们就会从碱基链上脱离下来，最终形成蛋白质。

而整整30亿个碱基对，总共可以吸引来10亿个氨基酸，形成许许多多的蛋白质，每种蛋白质都有不同的功能和作用。如此一来，便形成了形形色色的不同生命，形成了人类本身。在需要的时候，基因双螺旋链会暂时从中分开，翻译出许多蛋白质之后再结合回去；如果是要繁衍后代，基因就会转录出另外一条基因，将生命的密码延续下去。

在基因转录和翻译的过程中，有一个很低的概率会发生错误。比如，某些氨基酸翻译出错了，导致下一代的基因与上一代的基因并不会完全一致——哪怕是克隆也是如此，只能确保相似度非常之高，但不会百分百一致。也就是这一点细微的变化，让每一代都与上一代不同，生物才有了进化这种能力。为什么有性生殖比无性生殖要高级？因为有性生殖过程中基因变异的概率更高，每一代之间的差异会大一些，生物进化的速度也就更快，更能够适应环境的变化。人类如果是无性生殖的生物，那八成活不到今天。

这就是基因在生命中所担当的角色。不管是繁衍后代，还是细胞分化与分裂，都是套用这个模式。如此丰富的生物种类，如此复杂的生理进程，全都来自不同的蛋白质，蛋白质来自基因，而基因的构成只是寥寥几种碱基形成的编码。可以说，生物就是由碱基形成的编码"翻译"出来的，因此将基因形容为生命的密码再形象不过。

这是一个简化后的过程，为了方便理解，也有许多不准确，但是形象易懂的描述，实际上，基因发挥作用时会涉及许多复杂的步骤。限于篇幅，大体理解一下就好，以方便我们讲述这把"基因手术刀"。

既然所有生命都是从一串密码表上翻译出来的，那么，将这份密码上的某些片段进行修改，不就可以改变最终得到的生命了吗？

从技术上来看，难度确实比较大，我们只能通过一些间接的方法来修改。

像上一章提到的同源重组法和核酸酶法,甚至科幻味满满的光镊,但即使是这些先进的技术,要修改完 30 亿个碱基对,工程量也实在太大。但是从原理上,确实是有可能的,前两种方法也已经取得了一定的成果。市面上这么多的转基因食品都有着许许多多的优点,个头大、口味好、营养高,抗虫抗冻,甚至反季节生长,都归功于基因编辑的技术(见图 19-1)。

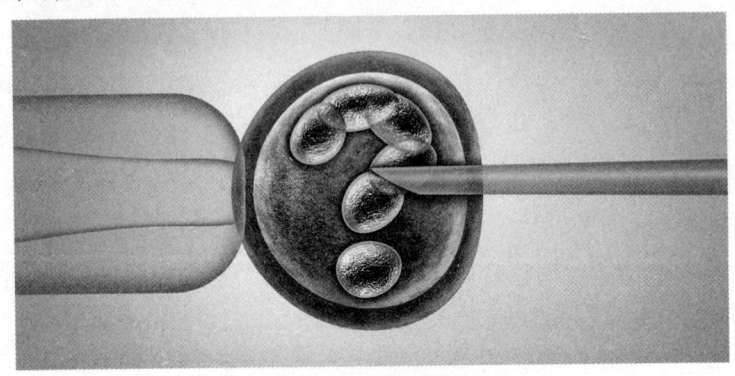

图19-1　基因编辑概念图

目前,我们还做不到像设定游戏人物一样,随心所欲地编辑某种生物的基因,但通过间接方式修改基因的做法,已经取得了不错的成效。

袁隆平院士最开始研究杂交水稻是在 20 世纪 60 年代,那时候哪有今天这么多精密的仪器,完全是凭借人力,一次又一次不辞辛劳地为水稻授粉和选种,最终得到了产量极大的杂交水稻。进入 21 世纪之后,实验设备得到了大幅度的进步,他和学生们也能够利用仪器对水稻品种进行基因测试和修改,使得许多产量大、抗旱抗碱甚至能在沙漠和海水中生长的稻种出现。袁老功不可没,而技术的进步也不容忽视。

3. 基因编辑技术的应用与价值

再看一遍文森特的故事。排除掉心脏缺陷这个问题,文森特是一名非常优秀的航天工作者,就算是带有心脏缺陷,也并没有影响到他在航天局的优异表现。

甚至可以说,纵然有着心脏缺陷,文森特仍然比大部分的航天工作者都要优秀。我们可以认为,心脏的缺陷对于文森特胜任航天工作者的职务,是没有负面影响的——只要不让他执行航天任务。就算真的得了心脏病,依靠各种现代化治疗手段，文森特仍然可以从事一些脑力工作，继续为航天事业做贡献。

借用了别人的身份之后，文森特便不再受到歧视；如果有心脏修复技术或者人工心脏，文森特甚至可以直接成为一名真正的宇航员。

航天局的人也并不是因为文森特的优秀工作能力才聘用他进入航天局，仅仅是因为他的假身份而已。如果文森特的基因是优秀的，至少是健康的——就算不比普通人优秀，只要他不会得上什么大病，不就可以成为一名优秀的航天工作者了吗？

文森特的弟弟是通过基因筛选后才出生的。如果父母在拥有文森特之前，就在医院对即将成形的受精卵使用了同样的手术，那这个故事就不会以悲剧收尾了。是的，组成文森特的精子和卵子不会是原来的，但他的意识是在出生之后才形成的，他在这个家庭长大，他就是文森特。

要对文森特进行基因筛选的话，其实不难。相关的技术，在1989年就已经开发成功了，甚至比电影上演时还要早。人们利用基因技术对未出生的婴儿进行基因测试，以确保不会患上重大疾病和遗传病。这项技术有成功案例，比如，佩妮·奎恩，携带有容易引发乳腺癌的不良基因，她患上乳腺癌的概率高达80%，她的母亲就有乳腺癌，哪怕做过手术也总是复发，外婆更是在34岁时就被乳腺癌夺去了生命。

于是，医生们利用基因诊断技术，对奎恩夫妇通过体外受精得来的胚胎进行了测试，将没有受到基因变异影响的胚胎植入奎恩的子宫，最终奎恩生下了一个健康的孩子。第一次的成功让奎恩有了信心，几年之后，她又用同样的方式生下了一对健康的双胞胎。

我们不管奎恩的家庭条件如何，也不管夫妻二人在教育子女方面是否做得足够好，至少他们的孩子是健康地来到这个世界上的，并且不会患上任何遗传病，从这个角度来看，他们的孩子比正常出生的婴儿要安全一些——先天性疾病，有些可是会伴随一生的。在他们还是胚胎的时候就进行简单的筛选，便给了他们一个健康的人生，这项技术的价值不言而喻。

这项技术并不一定要直接用于人类本身，让一个孩子出生之时就像超人一样强壮，那肯定是很多年之后的事情了。不过在那之前，人们也可以将该技术用于植物和高等动物身上，它仍然能够为我们产生价值。

2019年，美国科学家利用基因编辑技术，培育出了第一种经过基因编辑的动物——白化蜥蜴。白化病患者很容易有视力缺陷，因此白化蜥蜴不仅能够用来检验基因技术，也能够用于探究白化病是如何影响视网膜的发育的（见图

19-2）。

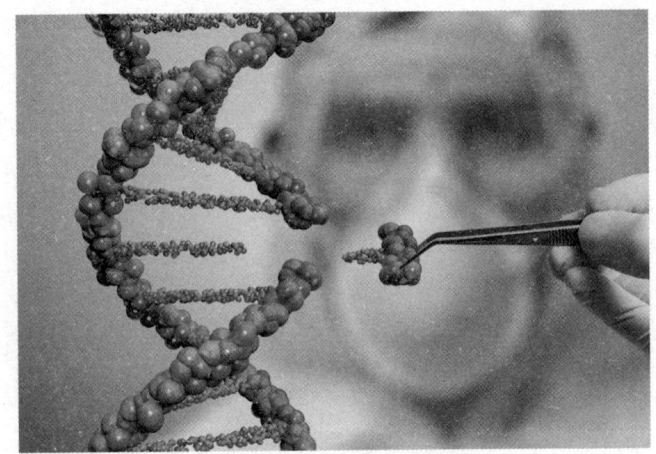
图19-2 基因编辑概念图

2020年，日本厚生劳动省也通过了一种基因编辑西红柿的食品销售申请。它拥有更多的 Y- 氨基丁酸，并且该技术也能够将农作物品种改良的时间从10年缩短至1年半。

很多人，尤其是老一辈的人，会对转基因食品抱有敌意，认为吃下去以后会对身体不好，这是无稽之谈。转基因食品目前没有明确的分类，按照国际惯例，可以大致分为以下三种类型。

第一种，虽然有利用转基因技术，但食品本身不含有转移来的基因。

第二种，食品中含有转来的基因，但加工过程中基因已经被杀死。

第三种，食品中仍然含有活性基因，但是可以被人体吸收。

以上三种全都是安全的食品。哪怕敲开一个转基因母鸡生的蛋，把它直接吞到肚子里，它也会被消化道彻底粉碎，不管是谁的基因，最后都会被拆散成普通的蛋白质。就算将其他生物的基因直接注射进血管，它最后也会被当成废物排出，再不济也只能堵塞几条毛细血管，怎么能改变人的基因呢？因为基因拆开来看就是氨基酸，而人体内本来就是有氨基酸的。

你甚至可以大胆一点，将一只眼镜蛇的毒液直接喝到肚子里，它也会被消化成普通的蛋白质，只要你的消化道没有伤口，毒素就不会进入血液，无法对你造成伤害。虽然没什么人敢尝试，但它确实如此。因此，人们完全不必担心转基因食品有危害，只要彻底煮熟，它们就是完全普通的食品，甚至更好吃，更便宜，营养价值还会更高。

基因编辑技术毕竟是个精细活，对人的胚胎进行实验的话风险过高，目前只能用来创造经济价值。但是，当这项技术被人彻底掌握之后，它就可以用来确保每一个出生的婴儿都十分健康。

4. 基因编辑技术对人类社会的影响

1914年，遗传学家海恩里希·波尔写道："就像生物体残忍地牺牲退化细胞，或者外科医生冷酷地切除病变器官一样，这都是为了顾全大局才采取的不得已措施：对亲属群体或者国家机关等高级有机体来说，不必为干预人身自由感到过度焦虑，种族卫生的目的就是预防遗传病性状携带者将有害基因代代相传。"

这段话翻译成中文会有点绕口。它的主要意思可以概括为：基因不够优秀的人都应该绝育。这样下一代新生儿就全是好的基因，如此往复，未来人类的基因就可以越来越好。

一个科学家的观点或许不会产生什么太大的影响。要命的是，在几年之后，希特勒得知了这段话。

更要命的是，希特勒非常赞同这段话。他认为国家和民族就像是人，而有缺陷的基因就相当于这个人身上的病，随着一代代地繁衍，这些缺陷基因会扩散到整个国家。

20世纪30年代，纳粹党掌权之后，希特勒马上行动起来。1933年，纳粹政府通过了《遗传病后裔防治法》，它有个难听但准确的名字叫"绝育法"。这项法律规定道："任何患有遗传疾病的人都将接受外科手术绝育。"

最开始的"遗传病列表"包括智力缺陷、精神分裂症、癫痫、抑郁症、失明、失聪以及严重畸形。一旦某个人被优生法院判定为有遗传病的人，绝育流程就会启动，即使本人不愿意也必须执行，甚至可以采取强制手段来完成手术。

为了让民众支持这项有违人伦的法律，纳粹政府不惜用各种手段来推广它。当时种族政策办公室还拍摄了两部电影《遗产》和《遗传病》，以向人们展示基因缺陷带来的后果。

结果，你猜怎么着？这两部电影在德国各地都人气极高，甚至一票难求。

在大海的另一边，自诩自由与民主之邦的美国，也干过一样的丑事。有许多被英国送来的囚犯和奴隶留在美国境内，与所谓"上帝的选民"繁衍后代，他们的基因已经遍布美国的每一个角落。而"圣洁"的盎格鲁–撒克逊人认为这会导致民族的退化，于是在优生学的名义下对"劣等白人"进行了清洗。

弗吉尼亚州在1924年通过了第一个绝育法案，旨在消除"退化的家族"。绝育法案的第一个受害者，是一位名叫CarrieBuck的白人女孩，她没有犯下任何罪行，仅仅是未婚先孕，并且被认为是智力残疾，就被执行了绝育手术。

对她下达判决的，是美国最高法院，判决意见是8票比1票的绝对优势通过。那8票之中，有1票来自最高大法官、前总统塔夫脱。

绝育法案直到1974年才被废止，总共造成了6.5万名美国人终生无法生育。弗吉尼亚州政府如今已经核实出72位受害者，并决定予以赔偿。可是几十年前的错误让他们无法拥有正常的人生，如今生命已经接近尾声，些许赔偿又有什么意义呢？

我们要从两个角度来看待这个问题。一是个体的角度，二是群体和未来的角度。从个体角度来看，希特勒的绝育法和美国的绝育法案都是不人道的，哪怕我们自己没有被绝育，也会为那些遭到绝育的人感到不公和悲愤。但是，在群体的角度来看，绝育法是有一定逻辑的，只是强制绝育这个手段违反了人伦。

如果绝育法一直被实行下去，最终的结果就是所有的不良基因都灭绝了，所有婴儿一出生就是完全健康的，这难道不是好事吗？但错就错在这两个法案剥夺了基本的人权。诚然，人类的不良基因全部消失确实是好事，但为了未来的人类的健康，就将现在某些人的基本权利剥夺掉，不让他们拥有正常的人生，这是绝对不可以的。

有没有办法能让这个世界没有车祸？当然有，不生产汽车就可以了。有没有办法让这个世界再也没有战争？也有啊，武力统一全球，没有敌对国家，自然也就没有战争了。但是，谁都知道，这不可以，也不可能。

如果是为了种族的未来着想无可厚非，但前提必须通过更妥善的方式来实现。新生儿不健康，那就请医生来治好他，治不好就照顾他，万万不能在他出生之前，就断绝了他来到这个世界的可能性。

那么，"每一个出生的婴儿都是健康的"这个目标，只能通过别的方法来达成，目前可行的方法，就是筛选。

而基因编辑，那必然在很久很久之后，即使技术已经彻底成熟，也要面对人伦这一关。

基因筛选婴儿和基因编辑婴儿，是不一样的。筛选婴儿的所有基因都来自父母，都是正常的、自然的人类基因，医生们所做的只不过是从若干个自然胚胎之中，选择出最健康的那个而已。她的父母即使正常受孕也有可能生下这样一个婴儿。

基因编辑婴儿，身上带有的是经过修改的，不正常的人类基因。人类进化至今，或许并不完美，但整个人类群体已经是一个自洽的状态，也就是说，目前这个状态不一定是最好的，但一定是可行的，可以让人类正常地生活下去。

2018年，一对被修改过基因，天生就能够抵抗艾滋病病毒的双胞胎女婴"露露"和"娜娜"出生。紧接着，为他们编辑基因的贺建奎就进了监狱。

她们的父亲是艾滋病病毒携带者，一直想要孩子，但是担心孩子也有艾滋病病毒，于是南方科技大学的教授贺建奎就提出让他们为孩子进行基因编辑。父亲和母亲先进行了体外受精，而后贺建奎对受精卵进行了基因编辑，"制造"出两个基因编辑婴儿。

事实上，有一部分人的CCR5基因片段有自然产生的变异（CCR5-Δ32）。持有这种基因的人群，他们的白细胞不容易被一些艾滋病病毒识别与结合，也就能够对一些艾滋病病毒免疫。而贺建奎所做的，是通过基因编辑技术，制造CCR5-Δ32，让这两个婴儿拥有这个变异的基因片段。

乍一看，这不就是两个婴儿获得了来自父亲以外人类本来就有的基因吗？而且只有一小段，别的基因都没有修改，她们还能够免疫艾滋病病毒，这不是好事吗？为什么贺建奎要进监狱？

对两个小女孩来说，这确实是好事，但对整个人类而言，这是潘多拉魔盒。

首先，他们的父亲是艾滋病病毒携带者，这样的人是不能进行任何生殖方面的事情的，本来就已经违法。其次，既然可以通过编辑基因来让新生儿获得艾滋病病毒免疫，那么能否获得其他疾病的免疫呢？人类是一种贪婪的生物，一旦尝到了甜头，就会在这条路上越走越远。基因编辑婴儿如果合法，谁知道人类最后会对婴儿做出什么别的丧心病狂的编辑？这是对婴儿的不负责，也是对人类的不负责。

基因编辑的婴儿，谁能确保修改过后的基因是完全健康的呢？如果这个婴儿早早地就死亡了，医生们便对不起这个婴儿；如果这个婴儿健康地活了下来，那么医生们便对不起全人类。

因为婴儿会长大，会繁衍后代，被修改过的基因会进入全人类的基因池，使得整个人类文明都承担风险，这条被修改过的基因可能会在数千年，甚至上万年之后导致人类的灭绝。

尽管医生们技术高超，仪器也先进，能够最大限度地确保安全，但人类总数有80亿，风险就会被放大80亿倍。最差的结果，是这些被修改过的基因在一代代的繁衍中扩散开来，导致大部分乃至全部的人类在某一个时刻无法适应环境，最终灭亡。

归根结底，目前的人类或许不是最完美的，但一定是可以在如今的环境下生活的，我们不能为了一个婴儿的健康，让整个人类文明承担风险。就算这两个女婴是完全健康的，谁能保证其他的基因编辑手术不出问题？

所以，这就是一个潘多拉魔盒。我们知道它最终会带来的后果有多严重，因此就算一开始并没有危害，我们也不能打开它。

办法也不是没有，那就是终生监视露露和娜娜，不让她们生孩子，这样人类的基因就不会被污染了。但是，这和不生产汽车有什么区别呢？这两个孩子不是自己选择要编辑基因的，甚至连出生都是被父母决定的，她们有什么错吗？

所以，这是我们需要解决的问题。我们向往一个更优秀的人类文明，希望每一个出生的婴儿都十分健康，但必须要把握好科研和伦理的尺度。

基因编辑确实是一项有用的技术，但不能被用在人类身上，至少在找到不让被编辑的基因污染全人类基因池的办法之前，它不能被用在人类身上。它能够产生价值，但必须小心谨慎，基因筛选还说得过去一点，但基因编辑——在发展技术的同时，也要谨慎。若真的有对人类进行基因编辑的那一天，希望人们的技术足够好，也希望人们有能力处理好伦理问题和风险。到那个时候，这项技术一定会大放异彩（见图19-3）。

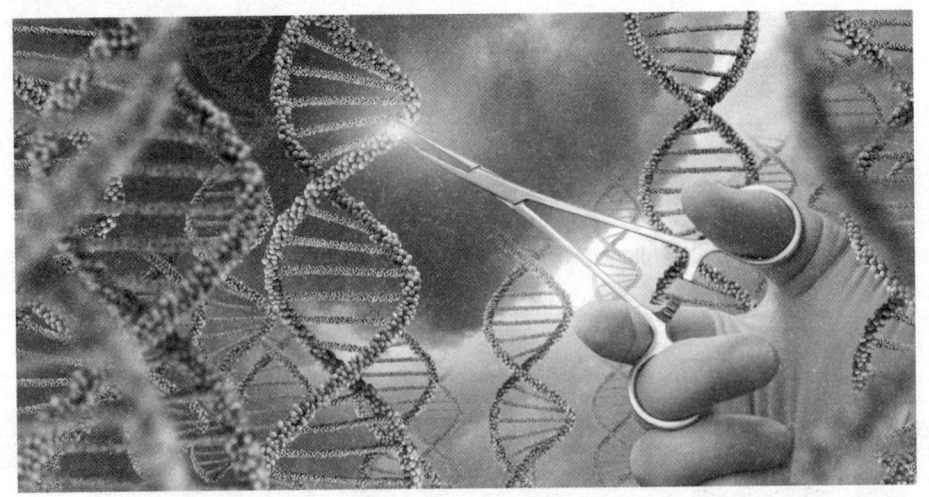

图19-3　基因编辑概念图

至少目前为止，我们享受着基因编辑技术在食品行业上带来的效益，同时冷静地观望着它在动物实验上为医疗行业带来的研究资料，把控着人类基因编辑这道伦理的大门，这样也挺不错的。

柏拉图在《理想国》中借苏格拉底之口提出：为了保证一个群体的后代始终保持在一流的水准，统治者应当采取欺骗的手段让优秀的人尽可能多地结合，让低劣的人尽可能少地结合。优秀父母生下的健康婴儿应该被送到政府设立的育婴机构进行精心照顾，而低劣的父母产下的婴儿，或优秀的父母产下的有残疾的孩子，都应该被秘密地遗弃。

我们虽然是向往更好的未来，但是，必须走正确的道路，用妥善的方法。

第20章　超越生命：永生技术

摆脱时间的牢笼

1. 人满为患的派对

永生这件事，有一个非常奇怪的处境：尽管人们都知道这是不可能实现的，却又非常希望它能实现；尽管它在实验室里连个文件夹都没有，科学家对它也不屑一顾，稍微有点生物知识的人都知道它有多荒诞——但是，人们还是相信，未来世界的人类社会能够出现永生技术（见图20-1）。

图20-1　永生的神的概念图

求生是所有生物的本能，可以说大部分人所做的大部分事情，都是为了同样一个目标——活着，并且尽可能活得久一点。这当然无可厚非，但是基本上没什么人想过，人类一旦达成永生，又将面对什么样的问题呢？

这个疑问乍一看很荒唐。人类都已经永生了，也就是可以避免死亡，拥有无限的寿命了，那不是什么样的问题都可以慢慢解决吗？

这样的想法固然很美好,但是要注意——无限的寿命,意味着所有问题都可以"慢慢解决掉",而不是"立刻解决掉"。在无限寿命之下,有些不能短期内就解决掉的问题,仍然会对永生的人们造成困扰,甚至有些问题就是因为"无限寿命"本身产生的。

布里格斯就遇到了这样的问题。他任职于一个特殊的警察小队,这个小队有一项特殊的任务,是寻找并杀死儿童;并非犯下重罪的儿童或者是偷渡者,而是普通的儿童——所能找到的所有儿童,都要杀死。

在布里格斯生活的年代,永生技术已经实现了。确切地说,不是直接让人长生不老,而是每隔一段时间,每个人都会去进行一次"乐极治疗":注射一种药物让身体回到更年轻的状态,如此往复以实现永生。布里格斯的外表只是个三四十岁的壮年男人,但他已经活了200多岁了。

永生的代价,就是不能生孩子。永生技术并不会剥夺人类繁育后代的能力,这是人类自己通过法律禁止的。这看似离谱的法律,仔细想一想也可以理解——已经不会有人死亡了,如果还继续繁育后代的话,地球上的人口总数只会越来越多,到最后每一块土地都会挤满人类;早在地表被人类挤满前,地球的资源就已经被耗尽了;早在资源耗尽之前,人类就会为了掠夺资源而爆发战争导致自我毁灭;早在战争爆发之前,过高的人口密度就会大大提高传染病的传播概率,教育资源不足、社会秩序崩溃、治安恶化等问题也都会随着人口增多而越来越严重。

所以,政府就只能采用这种丝毫不通人性、简单粗暴的办法了——不让任何新的公民诞生,让人口总数一直维持在某个数值,从而避免上述问题的发生。但是,总有那么一些公民会违反法律,偷偷生下一些后代,清除这些非法后代就成了布里格斯的工作。非法后代这个词可能并不合适,所有后代都是不该出现的,也就没什么非法不非法的区别了。

布里格斯的工作环境并不好。在科技高度发展的年代,摄像头和巡视无人机到处都是,小孩的哭声也会引起其他人的注意,所有的小孩都只能养在隐蔽的地方,那就只能是城市里被废弃掉的区域,通常都是贫民窟。其他公民都十分不能理解这些人,为什么放着轻松美好的生活不要,非得去啥都没有的贫民窟生养一个孩子?况且,最后他们都会被警察杀死,难道辛辛苦苦把小孩生下来,就是为了让他们死吗?

布里格斯不知道。他只知道几乎每天都要走进又脏又臭的贫民窟,和普通警卫们一起将屋子里所有的人都找出来,把大人们都抓起来带走,把那些还没上学的小孩子聚到一起，给他们一人拍一张照片。最后，把冰冷的子弹射进他们的脑子里。

布里格斯安慰自己，这种死法一点痛苦都不会有，小孩子们就像瞬间睡着了一样，完全不知道发生了什么事。也因为他们足够小，所以他们不必经历和父母分离的痛苦，从出生到死亡他们都一直生活在父母的宠爱里，在一点痛苦都没有的方式中结束生命，甚至都没有见识过这个世界的丑恶。但是，这种安慰并没有什么效果，杀人了就是杀人了，不会因为杀得多了就麻木，每次杀死那些迷茫地看着自己的小孩子，他都很茫然。

他不知道自己做得对不对。

这天，他像往常一样执行任务，警察们已经清理了现场，抓到两个小孩子，只等着布里格斯这个负责"行刑"的人来动手。布里格斯检查了一遍现场之后，见到了那两个即将被处死的孩子，他们的母亲在被押送上车之前，一直在拼命地喊着："长官，我们没有做错什么，我们只是想活下去，他们只是孩子啊！求你了，他们连早饭都没吃！孩子们得吃早饭……"

警察没有理她，径直把她押上了车，而布里格斯只是静静地看着她远去，什么都没有说。他能做什么呢？就算他同意不杀这两个孩子也无济于事，上级会处罚他消极工作，另外随便派个人来把孩子杀了，甚至在场的其他警察也可以把孩子杀了。毕竟孩子的年龄就是妥妥的死罪，甚至不需要经过法庭的审判。

孩子们也不知道要发生什么事。布里格斯即将杀死的那个男孩，甚至还把手里的玩偶举了起来，想要和布里格斯一起玩。布里格斯只能说一句对不起，然后开了枪。

完成任务之后，布里格斯马上开车赶去了宴会，他的女友爱丽丝正在演唱，宾客们都听得很入神。

爱丽丝唱得很棒，她并非天赋异禀，也不是有多么刻苦努力——她拥有无限的寿命，哪怕每天只唱10分钟，一首歌也总能唱好。刚才那首曲子，她已经练习了20年了。

现在的艺术家，能用20年的时间去钻研一门艺术，就已经很幸运了。爱丽丝可以做的，是用20年的时间去钻研一首作品，然后接着用20年时间去钻研另一首作品，再往后还有无数个20年。布里格斯不知道这样是幸运还是不幸，他只能为爱丽丝祝贺。

他还说，如果没有永生技术的话，我一定要娶你。是的，因为永生技术的出现，婚姻制度也被取消了，因为结了婚的两个人生孩子的概率会大大提高。

这种话从布里格斯嘴里说出来，仅仅是单纯地表达爱意罢了，爱丽丝很感动，于是也说道："如果没有永生技术的话，我一定要怀一个你的孩子。"

这句话倒是把布里格斯吓得不轻。职业本能已经让他下意识地认为生孩子就是犯罪了，甚至没法想象永生技术出现之前，普通的家庭是怎么生活，怎么养育孩子的。

爱丽丝对布里格斯说，她没法想象为什么会有人愿意放弃乐极治疗，放弃这样好的生活，不繁衍后代，只不过是为了永生所付出的一点小代价而已。布里格斯回应道，如果一个派对没有人离开，也就不能有人加入进来了。

在宴会主持人为爱丽丝致辞时，布里格斯看到主持人给了她一个纪念玩偶，正好和刚刚被他杀死的孩子手上所拿着的是一样的。于是，接下来的一整夜，布里格斯脑海里都是那两张未经世事的脸，以及自己手上的血迹。

第二天是爱丽丝进行乐极治疗的日子。乐极治疗的过程跟喝水差不多，爱丽丝躺在椅子上，唯一的医疗设备只是一个注射器，将闪着微光的液体注射进爱丽丝的胳膊，就这么简单（见图20-2）。

图20-2　注射药物使苹果恢复新鲜的概念图

但是随后，爱丽丝的身体就开始焕发出活力，她浑浊的瞳孔变得和年轻人一样清澈，皮肤上的细微的斑点也全部消失，甚至还性欲高涨想要马上和布里格斯缠绵一番。

布里格斯完全没有心思做这样的事，他看到了那个玩偶，脑子里想的还是那个小孩子。不知道从什么时候起，他开始思考自己的行为，思考这一切是不是对的。

很快，布里格斯又接到了一项任务。他来到任务地点和助手交谈，此时孩子们的父亲被押送出来，一看见布里格斯就大骂他是儿童杀手，并且抢过警察的枪朝着布里格斯射击。这个可怜的父亲迅速被身边的警察击毙，布里格斯倒是还好，只是擦破了皮。

但小孩子们的哭声，在布里格斯的脑海里挥之不去了。他想亲自问一问那些生育孩子的人，问问他们为什么要这么做。

根据规定，任务中的小孩子必须杀死，大人也必须关起来，布里格斯就只能在任务之外，自己找到这样一家人才行。

于是，他去了古董店，观察着客人们，发现有个女人买了一个玩具。那一定是为她的孩子买的，布里格斯悄悄跟踪她回了家。可怜的女人发现布里格斯时，一眼就认出了他是干什么的，马上抱起自己的女儿。

布里格斯表明了自己的来意，他不想伤害这对母子，只是想问几个问题，母亲才抱着女儿在桌子边坐下。

布里格斯开门见山地问："你为什么要生下她？你们这些人为什么非得生孩子呢？"

母亲的回答也很直接："因为我没有自私到只是让自己长命百岁地活下去。"

布里格斯还是不能理解。住在这么破旧的地方，过着这种苦日子，这也算是生活吗？

气氛稍微缓和了一些，母亲放下女儿让她在地上玩耍，布里格斯看着她开心的样子，自己也不知不觉地笑了起来。

"她很可爱。"布里格斯说。

母亲发现了这一点，她说："你对此也是有感觉的，对吧！"

在母亲的眼里，布里格斯并不是完全冷血，至少他能为一个小女孩而笑。但布里格斯碍于职责，只能对她说："你要知道，这样是行不通的。"

母亲凝视着布里格斯，说了这样一番话："我已经活了218年了，我经历过了太多事情，但是她的出现让一切都不一样了。我喜欢透过她的眼睛去看世界，它们是那么明亮，充满了生命力，不是空洞的……不像你。"

布里格斯对此没有反驳。

"我记得她第一次走路，我记得她第一次大笑，我记得她第一次叫我妈妈，我记得所有这些瞬间，因为我知道我不会拥有很多……"

女儿从地上站了起来，她想要布里格斯的帽子。布里格斯给了她，她便很开心，想要给布里格斯戴上。布里格斯没有理由拒绝这个可爱的小女孩，就俯下身子，打算和她玩一玩。可这个时候，母亲瞅准机会抓起了桌子上的枪，想要杀死布里格斯。毕竟他是警察，他已经发现了自己的女儿，迟早会带着队伍杀过来，为了女儿只好这么做。

可是，一个普通女人怎么敌得过训练有素的警察？母亲很快被制服，枪也被布里格斯抢了回去，死死地抵在母亲的脑门上。女儿看见这一幕，吓得在旁边哭了起来。

警察的本能让他先后把枪对准了母亲和女儿，枪口移过去的一瞬间，母亲就哭喊起来，请求布里格斯不要对女儿下手，让自己替女儿去死。

这算什么事呢？危险已经排除掉了，一个健壮的男性还要向一对手无寸铁的母女开枪？布里格斯看着手上的枪，他完全不知道该怎么办。在母亲的哭喊声中，布里格斯放开了她，转身离开了。

假装不知道这里的情况，当作一切都没发生过吧。

可在走出屋子的时候，布里格斯看到了助手站在院子里。原本布里格斯还有机会欺骗她，但此时，屋内女儿的哭声又响了起来。

一切都暴露了。助手知道屋内有个小孩，一定会叫人来杀了她；她也知道布里格斯放过了这对母女，肯定要报告上级……无论如何，那个想要帮自己戴上帽子的小女孩，已经难逃一死了。

助手一瞬间就弄清了状况，而布里格斯心里也忽然有了答案。他们几乎同时拔枪射击，布里格斯的枪法更胜一筹，用肩膀中弹为代价，将助手杀死。

他越过助手的尸体，离开了。

小女孩一定会死。她的存在是非法的，母亲也没有能力为这样一个"罪人"提供乐极治疗，就算今天助手没有杀死她，将来还会有别的警察来杀了她；就算她躲过了所有警察的追捕，几十年以后她还是会一点点老去，一点点耗尽生命。她肯定会死。

但不是今天。布里格斯决定不杀她，违背职业和社会的要求转而遵从人性，让她继续活下去。

2. 生命的锁

人都是怎么死掉的呢？

死亡指的就是身体的重要生理系统彻底崩溃，导致大脑死亡。引起脑死亡的原因总共可以分为两类，一种是外力，一种是细胞寿命。

外力是完全可以避免的。战争、疾病、意外事故，都会导致身体系统崩溃，最终大脑得不到足够的养分而结束生命。战争随着文明的进程总会被人们抛弃，医疗技术的进步也会让病毒和器官病变再也无法危害人的生命，至于意外事故——只要遵守交通规则，别去做危险的事情，做好灾难防护措施，也是可以避免甚至消除的。唯有细胞寿命，是不治之症，它就像是上帝给生命编辑的枷锁一样，精致、优美而致命。这把锁的名字，叫作"端粒"。

端粒是短的多重复的非转录序列（TTAGGG）及一些结合蛋白组成的特殊结构，除了提供非转录 DNA 的缓冲物外，它还能保护染色体末端免于融合和退化，在染色体定位、复制、保护和控制细胞生长及寿命方面具有重要作用，并与细胞凋亡、细胞转化和永生化密切相关。细胞每分裂一次，每条染色体的端粒就会逐次变短一些。

当端粒消耗殆尽之后，细胞就无法进行分裂了，再一次分裂只会让 DNA 受损导致细胞死亡。可以理解成，端粒一旦耗尽，就会立即触发细胞的凋亡，结束这个细胞的生命周期。

在身体这样的环境下，细胞的寿命其实非常长，可以让一个人平稳地活过几十年，但当人年龄大了之后，细胞们的端粒越来越短，凋亡的细胞越来越多，这就导致身体器官不断衰老并失去作用——细胞在不断凋亡，但是又没有新的细胞进行补充。就像是一支没有兵力补充的军队，总会随着不断地战斗耗尽所有的士兵。包括大脑本身也有这样的一把锁，一旦脑细胞的端粒全部耗尽，那这个人就再也没有活下去的可能性了。

但是，千万不要因此而悲观，人的理论寿命是非常长的，你完全不必为此担心。科学界对于人类理论寿命上限的预估，普遍都在 100 岁以上，甚至有的在 120 岁以上。

这个数字很吓人，毕竟能活到 90 高龄的人都是凤毛麟角，能活到 100 岁的人已经可以用奇迹来形容了。不过要考虑到，基本没有人能够平平安安地活着——一场车祸就可以让年轻人横死，一场疾病也能让一个刚出生的婴儿夭折，绝大部分人还没有活到寿命上限，就在外力的作用下死亡了。

此外，不好的生活习惯也会让细胞过于频繁地死亡，导致细胞分裂的速度加快，端粒也就更早耗尽，极限寿命自然就被缩短了。得把这些因素全都考虑进去，才是人类的预计寿命。

2020 年 10 月 28 日，国新办举行"十三五"卫生健康事业改革发展情况发布会。从2015年到2019年年底，中国居民人均预期寿命从76.3岁提高到77.3岁。能活到接近80岁，那也算是长寿了。而在世界范围内，人均寿命最长的国家是中国的邻居——日本，达到了84岁。可即使是日本，离人类预期的极限寿命也还是有20多年的差距，所以，在永生技术出现之前，人们想延长寿命其实很简单——远离危险，保持良好的生活习惯。包括在永生技术出现之后，也应该这么做。

日本人长寿的原因有哪些呢？最重要的就是医疗保险，由国家和当地政府一起提供，从1973年起所有年迈的公民都享有政府赞助的保险。日本人在医疗上花的钱只有美国人的一半，但是寿命长得多，政府对于公民健康所做的努力是功不可没的。至于健康意识、心情、社交和生活习惯等，在这个超长的人均寿命中也起到了重要作用。

言归正传，通过解除端粒的限制来取消寿命上限究竟有没有可能呢？

理论上是做得到的。可能还会有其他制约寿命上限的因素在，但是，"端粒越短细胞寿命就越短"这是已经被弄清楚的事实。只要端粒的问题解决，限制生命长度的枷锁自然也就少了一个。要实现这一点，可就是个大问题。人体内大约有40万亿～60万亿个细胞，难道要把每个细胞的端粒都人为地去延长吗？再乘以地球的总人数……这大概行不通。

于是，科学家们把目光转向了一种独特的细胞——生殖细胞。不管父母的年龄有多大，婴儿的体细胞内总是拥有完整的端粒长度不是吗？生殖细胞是怎么还原端粒长度的呢？

以男性为例。男性体内的精原干细胞能够使用端粒酶重塑端粒，从而维持自我更新和多向分化的能力。在动物个体的整个生命周期里，精原干细胞既能自我复制，又能进入精子发生过程，在一系列分化后产生精子。凭借这一特质，它们被视为永生细胞，并且也促使干细胞成为再生医学、细胞治疗的研究热点，被广泛应用于治疗疾病和抗衰老研究中。

问题的关键在于，在正常人体细胞中，端粒酶的活性受到相当严密的调控。细胞没有意识，对它们来说能否一直存活下去并不重要，重要的是为生命体带来效益，承担更大的作用。因此，只有在造血细胞、干细胞和生殖细胞，这些必须不断分裂的细胞之中，才可以侦测到具有活性的端粒酶。

而当一个细胞分化成熟后，必须负责身体中各种不同组织的需求，于是端粒酶的活性就会渐渐地消失。如果细胞永远不会凋亡的话，生物的身体就会有越来越多的细胞，体积越来越大而没有尽头，这显然是不适宜生存的。

为了让整个生物体更健康地活着，普通细胞便主动关闭了端粒酶的活性，确保自己工作了足够长的时间之后会死亡，免得一直占用身体的空间。

我们似乎陷入两难——如果细胞会死亡，生物的寿命就有一个极限；如果细胞不会死亡，生物的身体就会越长越大。但其实，我们不需要所有的细胞都不老不死，只需要有一定量的细胞保持着端粒酶的活性，能够无限制地分裂，其他细胞死亡的时候，它们马上分裂出新的细胞来进行代替，就足够了。

这样做在理论上似乎行得通，但具体是否有效，就要看实验室的结果了。

网络上有一种传得很邪乎的动物叫"灯塔水母"，据说可以长生不老。这其实是一种谣言，灯塔水母并不是真的"返老还童"了，而是将自己的整个身体分裂成了许多个水螅体（水母的幼年状态），这些水螅体长大之后与母体完全一致，并且拥有相同的基因。严格意义上讲，这是某种无性生殖。

这种无性生殖，也只是灯塔水母在环境恶劣的时候，为了保存更多的后代而进行的策略；在环境舒适的时候，它们也会进行有性生殖，以追求基因的多样性，为了群体的未来搏一搏。而灯塔水母没有记忆，所以，这种分裂究竟是"返老还童"还是无性生殖，我们也不得而知。

3. 永生技术的价值

让居民获得超长的寿命，是永生技术最微不足道的价值——请往深处想一想，它能够给人类社会带来的价值，简直是难以估量的。

首先，是学术研究。举个例子，一名医生从进入医学院开始，到能够独当一面为病人治疗，中间需要经过十几年的学习和锻炼，较为困难的科室甚至需要20多年的锻炼；而成为优秀的医生之后，他的人生已经过半了。也就是说，这个人只有一半的生命可以用于治病救人，在他自然死亡之后，人们就必须用同样的资源再去培养一名医生（见图20-3）。

图20-3　人的一生概念图

但是，如果他的寿命是无限的呢？

再想一想，这名医生如果不坐镇手术室，而是留在大学里呢？他就可以不断地为社会培养更多的医生，也能够把一本又一本的医学书籍装进自己的大脑里；在把全世界的医学知识都学完之后，他还可以自己不断地研究，不断突破。

书籍全都在图书馆里存着，但一个人要有所突破，就必须把前人的知识全部学完，这一点我们在之前的章节已经介绍过了。永生，不只是取消了生命的上限，更是取消了学识的上限。爱因斯坦要是能够活上200年，人类文明该向前进步多少年呢？

艺术家们也能够不断地探索心中的艺术。和学者们一样，在经过生命最初几十年的学习之后，余下的生命都可以用来钻研艺术，不断地突破前人，在那样的环境下，文艺作品的高度、深度、广度都会越来越精彩，人们所能享受到的也越来越精彩。

其次，婴儿的养育也是一个问题。在当代社会，一个人通常要大学毕业之后才能够参加工作，才能为人类社会创造价值。而从出生到毕业的这20年左右时间，他是单纯地在消耗社会资源的。按照人均寿命80岁来算，他人生1/4的时间是在消耗——大部分人都是如此。

如果是无限寿命的话，只要经过了最开始的培养，往后的日子他就可以一直创造价值。没有人口消耗，也就不需要养育新的人口，如此便节省了一大笔资金。就算因为意外事故等原因损耗了一些人口，要进行补充的话也只是少量的，对人类社会来说也不是什么负担。

养育一个人的消耗，对整个人类文明来说微不足道，但如果是星际旅行呢？如果是在外星殖民地呢？在这种资源匮乏的环境下，时间又如此漫长，无限寿命就显得非常有必要了。值得一提的是，细胞中的水结冰时会将细胞刺破，从这个角度看，冷冻休眠似乎无法实现，因为冷冻后的人全身的细胞都是死亡的——那么，船员们熬过漫漫旅途的唯一途径，就只有无限寿命。

没有了养育的问题意味着人口产生的消耗减少了，变相地提升了每个公民能够产生的价值；每个公民都多了1/3的生命来为社会创造价值，也就是说，人口总数不变的情况下，每个公民只需要承担原先3/4的工作量，整个社会就能照常运转。省下来的时间，可以继续加班赚钱，可以看电影玩游戏，或者和家人、朋友一起度过，甚至单纯地睡觉休息也可以。所以，这也能大大提升个体的幸福感。

在无限寿命之下，人们也不会出现"子欲养而亲不待"的情况。毕竟生命那么长，总有时间和亲朋好友相聚，再也不会经历生死离别。就算真的去了银河系另一端的星球执行任务，你也还是有机会回到地球来见一见家人，那时候的他们肯定在永生技术的保护下，健康而幸福地生活着。就算人类还生活在地球上，永生技术也可以解决边防战士的思乡情绪。

这样一来，公民、士兵、探险家执行长期任务的意愿就高多了。

再次，医院的压力也会小很多。某些以往治不好的疑难杂症，都可以通过干脆利落地杀死体内大部分体细胞来解决，反正细胞是永生的，它们还可以分裂出更多的细胞来。治疗的时间可能会很长，甚至持续十几年，但是……十几年算得了什么呢？

我们不妨再大胆一点。永生技术出现说明医学技术已经十分发达，那个年代的人们可能只要大脑还没死亡，哪怕身体已经没了一半，都能够在医疗仪器的帮助下活着，甚至出现"缸脑"的情况。缸脑的概念我们会在之后的章节提到。

概括地说，只要一个人的大脑不死，不管身体出了什么问题，他都可以顽强地活下来，活到什么时候呢？活到科学技术的进步，足以治好他的整个身体的那一天。而健康的公民，都能够一直活到人类的所有问题、社会的所有问题，甚至星际政治的所有问题解决的那一天。

所以，永生在某种程度上就等于不死，除非被高等文明侵略，那自然没什么办法。当然，遇到这种情况，什么技术都没办法，我们也不希望这种微乎其微的概率成真。

总而言之，永生技术给人类带来的，更多的是群体的利益。就算不考虑这些利益，单纯考虑它对于人的寿命与健康的作用，那也是非常重要的。

4. 永生技术对人类社会的影响

还记得布里格斯说的那句话吗？"如果一个派对没有人离开，也就没有人能加入进来了。"这个故事出自迷你剧《爱，死亡与机器人》第二季，短短十几分钟的故事，却能够带给我们许多思考。

永生技术带来的影响首先就是人口问题。过去的人不会消失，未来的人不断出生，那人口总有一天会超过人类文明所能承载的极限。政府难道只能通过禁止生育来控制人口吗？这显然不现实。

但是，禁止生育行不通的话，限制生育能否可行呢？比如，一方面，每个家庭多少年可以增添一名新成员，人类群体每年最多增加多少新成员，用诸如此类的规则来控制人口增长的速度；另一方面，人类肯定是会在茫茫太空中不断寻找新家园的，只要殖民地的扩张速度赶得上人口增长的速度，这反而会成为人们太空探索的一种动力。人口是一把双刃剑，要理性看待。

其次便是人脑的容量。无限的寿命确实可以让人无限制地累积知识，人脑的容量也非常大，但总有一个上限。在过去，人们的大脑远远没有开发完寿命就结束了；而现在，脑容量反而成了制约人寿命的因素。当大脑的记忆区域用尽之后，人就再也不能形成长期记忆，10分钟之前发生的事情会忘得一干二净，这样子的人和死了没有什么区别。

所以，科学家们需要对大脑也做出一定的研究，至少要能够扩展人的记忆容量，或者手动删除一些不重要的记忆，就像是打扫一下你的抽屉，腾出更多的空间来装东西。永生技术的出现，也会促进人们对于大脑的研究，毕竟身体已经不再制约生命了，就只能在精神和思想方面给人类以更大的空间——就是大脑。

再次便是刑法。人类一旦获得了永生，那么，"监禁"这一刑罚便失去了意义。出于人道主义，现如今的监禁都必须保障囚犯们拥有健康而正常的生活，大部分国家的监狱还会给犯人一定的娱乐活动，以及安排劳动锻炼。对一个永生的人来说，哪怕是100年的监禁，在无穷无尽的生命之河里也不过只是一个小水花罢了。

更有甚者，光是现在就有许多"故意入狱"的犯人。至少监狱里有吃有住，一分钱都不用花，丝毫不必为生活奔波操劳，只要服从监狱的规定就能平平安安地活着。许多人觉得生活实在太累，干脆故意去抢银行、伤人，打算下半辈子都在监狱里度过。

永生技术出现之后，监禁就再也不是刑罚了，也就起不到任何威慑犯罪的作用。为了遏止犯罪，法律也必须做出修改，将监禁用其他的方式代替。出于人道主义，体罚是绝对不可以的，那么还剩下什么呢？

剥夺财产？反正生命是无限的，钱可以慢慢赚；剥夺政治权利？能犯下重罪的人也不在乎自己有没有总统选票；死刑？死刑确实永远都有效，但难道所有犯罪都要使用死刑？罪犯们做了错事，确实需要受到惩罚，但惩罚的目的是让公民悔过，只有实在罪恶滔天的人，才会被剥夺生命。当大部分惩罚手段在永生技术面前都失去威慑力的时候，人们难道要将所有犯了罪的人都执行死刑吗？

这显然是荒唐的。或许，我们还能发明一些以前没有过的刑罚？

比如说，终生禁止离开当前城市直到因为意外而死亡，或者做出卓越贡献来抵消罪行。明明拥有无限的寿命，却连旅游都不行，只能困在同样一个地方，过着日复一日雷同的日子，直到生命越来越无聊，最终疯狂、崩溃甚至自杀。

再比如，给犯下暴力罪行的人截肢，或者通过仪器让某些肢体瘫痪。一方面保住了他的性命；另一方面也减少了他再次使用暴力的可能性。这虽然有点不人道，但确实有作用。

或者，没收财产的同时限制收入，使得犯人们被迫过着穷困的日子。这招也可以用到监禁上，让人们意识到监禁的生活是非常痛苦的，如此就不敢进行犯罪了。

不管怎么想，永生时代的刑罚势必要和人道主义起冲突，但为了维持社会秩序，刑罚不得不用一些非常规的手段。希望那时候的人们可以妥善处理治安与人道之间的平衡。

最后，还有许多许多的问题，但我们想不出来。如今的你我都是平凡人，会生老病死，而永生时代的人们，拥有无尽的寿命，以及肯定比我们高的科技和更加先进的文明，他们的目光与我们的目光是不一致的；他们如何看待永生，如何看待社会，如何看待生命本身，现在的我们都想象不出来。

我们只希望永生技术不会导致人类出现更大的混乱——而是能够让人类社会变得更好。

第三部分 未来科技

第21章 电力充足：戴森球与能源技术

向高等文明迈进

1. 重新点燃太阳

2057年的某个深夜，一艘太空船正静静地驶向太阳。

其实，也没有白天与黑夜的区别。因为太空中没有大气层，从飞船的舷窗往外看是看不到蓝天的，只有无尽的黑夜，连星星都不会闪烁。

飞船的目的地是太阳，离地球最近的恒星，也是人类文明赖以生存的能量来源。在过去的很多年里，太阳似乎"生病"了，它正在逐渐暗淡下去，一天比一天寒冷。

地球上的人们仍然能够看见太阳，但它的亮光已经严重减弱，甚至双目直视都不会觉得不舒服。可想而知，来自太阳的热量也没剩下多少了，地球因为没有足够的热量补充，已经陷入冰河期。

这对整个地球，包括人类文明来说都是毁灭性的打击。为了让太阳重新焕发活力，人类进行了一个疯狂的计划——往太阳里扔一颗巨大的核弹，引发一连串的核反应，重新点燃太阳。

哪怕将整个地球扔到太阳上，最多也只能激起一个小小的涟漪罢了，而地球上的核燃料加起来，也仅仅只够制造一个庞大的核弹头，对太阳来说，它的体积完全可以忽略不计。但是，核反应的奇妙之处在于，本身反应完全后会释放大量的中子，引起连锁反应，给它带来一个变量，这个变量说不定可以破坏太阳表面目前的平衡，有可能会将太阳重新点燃，也有可能什么都不会发生。确切地说，没人知道这个计划能不能成功。

但是，人类还有别的选择吗？与其待在冰冷的地球上慢慢等死，不如搏一搏，至少这样还有一线希望。

人类将地表的核物质全都搜集起来，制造了两艘飞船。第一艘飞船，伊卡鲁斯一号在7年前发射，但船员们不幸遇难，飞船也永远地留在太空中某个不为人知的角落。卡帕所在的伊卡鲁斯二号，是人类最后的希望。他是船上的物理学家，是整艘飞船最重要的人。他的使命是在最后一刻将核弹头发射进太阳引发核反应。

卡帕并不孤单，还有7名船员随他同行——船长凯恩达、通信主管哈维、工程师梅斯、航海家崔伊、驾驶员凯西、植物学家科拉珊，以及为了保证船员们心理健康而随行的心理医生希瑞尔。这些人确保飞船能够正常运作，将卡帕和核弹头送到目标地点，当然了，人们也希望勇敢的船员们能够回来。

这艘飞船可能是人类所制造的，外观最奇怪的太空飞船。它看上去就像是一颗图钉。最前端是一个巨大的遮光罩，因为距离太阳足够近时，太阳光会带来极高的温度，所以，必须用遮光罩将绝大部分的日光都反射出去，避免太空船被烧成灰烬；遮光罩的后面是长条形的船舱，船员们就在这里生活；而在遮光罩和船体的交接处，便是核弹头的所在，它呈现为一个巨大的立方体，是人类最后的希望。

飞船已经在黑暗冰冷的太空中，朝着炽热的太阳航行了16个月。它刚刚抵达了通信的最远距离，此后飞船发出的所有通信信号都会被太阳的电磁辐射掩盖，无法被地球接受。接下来，船员们一切都只能靠自己了。

就在它们飞抵水星的时候，希瑞尔发现了一段异常的信号——一些模糊不清的噪声，但显然不属于大自然。分析过后，大家发现这是来自伊卡鲁斯一号的求救信号，被水星巨大的金属体捕获，然后像天线一样地将它扩散了出来。

没有人知道伊卡鲁斯一号上是否还有生还者，就算他们可以制造氧气，可以将水回收再利用，但食物也只够8名船员存活3年，绝对坚持不到现在。

甚至可以说，只要能够拯救人类，哪怕是将伊卡鲁斯一号上的船员全部抛弃掉不管，甚至伊卡鲁斯二号上的船员们全部牺牲也没有关系。

但问题是，那里还有一颗核弹头。人们挖空了所有的矿脉，拆掉了所有的核弹，才造出来这两艘飞船，如果他们失败，那等于宣告人类灭亡。

大家将选择权交给了卡帕，只有物理学家有资格做出决断。纵然有着超级计算机的模拟辅助，卡帕也无法判断改变航道以后会发生什么事情，能否确保任务完成。但无论如何，多一颗核弹头就多一次尝试的机会，这总归是有利的。

于是，船长下了命令，立刻改变航向，接近一直停留在近日轨道上的伊卡鲁斯一号。

意外发生了，崔伊闯祸了。

为了改变预定的航向，崔伊需要手动设置航线。他把方向、速度、燃料速率反反复复地算了很多遍，确认完全没有错误之后才进行改动。但在这样巨大的压力之下，他忘了一件事情。改变航向意味着飞船前进的角度也改变了，而他忘了重新设置隔热屏的角度，导致有4个散热片被太阳光烧坏。

没办法，船长只好决定出舱维修，而做出改变航向决定的卡帕自然也有义务出舱。飞船调整了整体的角度，使烧坏的部分远离太阳，让他们不至于一瞬间就被烧成灰烬。调整角度过后，有两座通信塔就超出了隔热罩的保护范围，会被烧毁。不过，这无所谓，反正他们现在也没办法通信了。

可问题在于，通信塔被烧毁也就算了，火势还一路蔓延了下来，一直烧到植物园。等到队员们发现的时候已经太迟了，火势已经蔓延开来。为了防止火势蔓延，迫不得已之下，梅斯下令向植物园注入大量氧气引发跳火，瞬间烧光所有的可燃物。

这么做确实扑灭了火势，但整个植物园也都毁了。没有了植物园，飞船无法生产氧气，余下的氧气存量已经不足以支撑队员们到达目的地。更严重的是，为了维修好最后一块散热片，船长凯恩达来不及撤退，被灼热的阳光照到，英勇就义。

事已至此，队员们唯一的选择便是前往伊卡鲁斯一号，希望从上面能获取足够的氧气，让他们足以赶到发射地点。目前飞船上的氧气，只够4个人坚持到发射地点，如果不去伊卡鲁斯一号的话，就必须让3名队员自杀，这实在是损失太大了。

伊卡鲁斯一号静静地悬浮在近日轨道上，伊卡鲁斯二号很轻松地就接近了它并且完成对接。除了因为严重自责而产生心理创伤的崔伊之外，剩下4名男队员都登上了伊卡鲁斯一号，留下凯西和科拉珊控制飞船。

登船的过程非常顺利，队员们轻而易举地就进入伊卡鲁斯一号。因为船身庞大，众人决定分头搜索以提高效率。他们发现的第一个喜讯，是船上有一个完整且正常工作的植物园，如此一来，氧气的问题便不需要担心了。

船体的结构非常完整，没有损坏，甚至厨房里的水都十分充足，但奇怪的是，船上没有任何一个活人，只有观察室里几名船员的尸体。就在这时，意外又发生了——伊卡鲁斯二号的密封舱突然爆炸，凯西勉强控制住飞船让它稳定，但是，不能够进行对接了。

在这危急关头,梅斯发现伊卡鲁斯一号上还有一件太空服,便马上让卡帕穿上。他们的关系并不好,但梅斯深知卡帕是船上最重要的人,无论如何也要让他活着回去。只有一件太空服,并且必须让卡帕穿着,梅斯和哈维只好从船身上撕下隔热材料,将自己紧紧裹住,并且抱着卡帕,希望能够一起回去。

伊卡鲁斯一号的电脑已经损坏,心理医生希瑞尔自愿留下来,控制舱门打开,让卡帕等人得以回到自己的飞船上。在哈维打开舱门的一瞬间,巨大的气压将他们吹了出去,卡帕稳稳地落在伊卡鲁斯二号的舱门口,并且抓住了险些飞偏的梅斯,将他拽回了飞船里。可怜的哈维因为偏差得太多,卡帕也无能为力,只能眼睁睁地看着他飘向无尽的太空。

回来之后的队员们又面临着一个残酷的抉择。伊卡鲁斯一号的植物园是带不回来了,但经过这一次失败的任务,船上的人员减少到5个。如果再减少1个,剩下4个人就可以坚持到发射地点。此时,不知道出于什么原因,众人不约而同地想到了崔伊。

崔伊早就被诊断出了自杀倾向,船长的死每分每秒都在折磨着他;现在他一天要睡23小时,什么事情都做不了,而他们要执行的是拯救全人类的重要任务——处于严重自闭状态的崔伊,无法为任务提供任何帮助。

梅斯提议杀死崔伊,毕竟氧气已经不多了,就算让崔伊活着,一段时间之后他也会死,船上所有人都会死;与其这样,还不如提前结束他的生命,换取剩下的队员们能够完成任务,反正发射完核弹头之后,氧气也耗尽了。

凯西不愿意就这样杀死崔伊,但为了完成任务,也没有别的办法了,只能请求梅斯让崔伊走得没有痛苦。可是,当梅斯赶到崔伊的房间时,发现他早就已经自杀了。他结束了自己的生命和痛苦,让伙伴们能够继续执行任务。

尽管每个人都承受着巨大的痛苦,任务还是要继续进行。卡帕来到核弹头处对核弹进行检验,此时系统告诉他任务可能会无法完成,因为氧气不够。在卡帕质疑时,系统告诉他氧气只够4个人使用,而飞船上一共有5个人。至于第5个人的身份,系统也不知道是谁。

另一边,此时科拉珊进入植物园收拾,意外地发现满地的灰烬之中竟然有一株刚刚冒头的绿芽。她满心欢喜地将绿芽捧起来,小心地放在手上,也因此忽略了身后的异常。有个不认识的人,突然出现在科拉珊的身后,用武器贯穿了她的胸腔……

在一段时间之后,卡帕根据电脑的指引,终于在观察室里发现了那个神秘的人。他光着身子,全身上下的皮肤都已经被阳光烤干,露出了鲜红的肌肉。

他说着人类的语言，但是杂乱无章。卡帕认出了眼前这个怪人，他就是伊卡鲁斯一号的船长平贝克；他已经疯了。

7年之前，在失去和地球的联络之后，失去理智的平贝克杀死了船上的所有船员，终止了任务，并且在太阳的边上一直活到了现在。7年之后，发现伊卡鲁斯二号接近，平贝克便潜入伊卡鲁斯二号，破坏了对接舱，打算杀死所有人，阻止人类复活太阳。

平贝克开始攻击卡帕，卡帕勉强逃离之后，从梅斯那里得知飞船系统已经被平贝克破坏，现在卡帕必须手动引爆核弹头。这之后，为了让系统恢复正常，梅斯冒着生命危险进行维修，并最终献出了生命。

受伤的卡帕穿上了太空服，费尽千辛万苦赶到核弹头控制舱，在这里见到了倒在地上的凯西。这说明，平贝克已经先他一步赶到了这里。卡帕扶着凯西赶到控制舱，正准备手动启动核弹头，平贝克忽然窜了出来，打算杀死卡帕。这个在太空中生活了7年的男人反常地强壮，卡帕根本敌不过他。就在这时，受伤的凯西用尽全身的力气扑了上来，抓烂平贝克胳膊上的肌肉，让卡帕得以逃脱。

凯西拉着平贝克摔了下去，给卡帕争取到了时间。卡帕也意识到，自己的生命就到这里了。他冲到控制台前，按下了发射按钮。接着，上百吨的核物质开始发生反应，空气中出现了一个个炫目的闪光，与此船体脱离飞远，隔热罩上的推进器启动，巨大的核弹头顶着上千度的高温，朝着太阳表面直直地冲了过去……

8分钟之后的地球上，卡帕的妻子正在看着卡帕几天前发过来的遗言。忽然间，她抬头看去，发现天空中的太阳明亮了几分……

2. 文明跃进的充足后备

迄今为止人类所使用的所有形式的能源，最初都来自太阳。

太阳能发电是显而易见的。至于化石能源，全部都是数千万乃至上亿年前的古生物，在地质变迁中被压在地下，经过漫长的岁月之后所转化而成的；而在所有的生物中，动物的能量都来自植物，植物的能量全都来自光合作用。可以这么说，我们所燃烧的煤炭、天然气、石油，全都是改变了形式的"太阳能"（见图21-1）。

图21-1　太阳能电池板发电厂

核能也是如此。每一颗恒星诞生之初都是一团巨大的气体，基本上都是氢元素。在重力的影响下，这团气体聚集在一起，并且在高温和高压下产生了聚变反应。这个反应足以持续数十亿年，也就是我们所能见到的恒星。通常的聚变只能聚变到铁（所以铁是宇宙中含量最高的金属元素），但在恒星生命周期的末尾，它们大多会经历一个坍缩——爆发阶段，而坍缩过程中核心巨大的压力会让内部的原子聚变出一些质子数超过铁的元素，最大到铀。随后，恒星会爆发，将自身所有物质扩散到宇宙空间里。

再经过漫长的数亿年，这里可能会有另一颗恒星产生，而那些被甩出去的物质就会在新恒星的周围环绕，最终形成行星。人类所利用的核能与太阳无关，但也来自一颗更古老的恒星。

至于水力发电，水体吸收阳光的能量而蒸发，形成降雨之后从高处流下，这个过程中带动发电机产生电能，这实际上也是经过了一系列的变化后，将阳光的能量转化成了电能。

甚至风能也不例外。风产生的原因是大气层不同区域的温度差，而温度差是如何产生的呢？正是太阳光对地表不同强度的照射。并且，恒星的光芒所携带的能量也让周围行星的温度保持在一个稳定的水平，一颗失去恒星的行星会因为热量辐射而不断变冷，最终变成一个冰冷的地狱，自然也就不会有生命产生了。

所以，这部讲述人类重新点燃太阳的电影《太阳浩劫》尽管是个异想天开的科幻片，但若真有一天太阳不再闪耀，人类肯定也要灭亡；要么拯救太阳，要么就像电影《流浪地球》一样去找一颗新的恒星。总而言之，如果没有恒星，就不会有生命存在，更别提文明了。

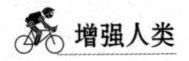

我们能否更好地利用太阳的能量呢?

我们的太阳是一颗黄矮星,它每秒钟会将 5 亿吨左右的氢转变成氦,并且释放 2.86×10^{24} J 能量。对比一下,2016 年,世界能量总消耗约为 5.50×10^{20} J,若将太阳 1 秒钟内散发的能量全部搜集起来,可供人类按照 2015 年的科技水平使用 5000 年。而我们的太阳正值壮年,它预计还能继续燃烧 50 亿年左右——天文学上的数字就是如此夸张。

而地球这样小小的星球,只能接收到太阳所散发的能量的 22 亿分之一,并且绝大部分还会以热辐射的形式,再次散发到宇宙空间去,等于几乎没有接收到太阳的能量。目前,地表上所铺设的太阳能发电板,总面积对地表而言是微乎其微的;加上风能与水力发电,总数也不够看。人类每天所消耗的能量远远大于这些清洁能源的发电效率,那剩余的能量从哪儿来呢?

只能是化石能源与核能。它们都是地球数亿年来积攒的太阳能,总有一天会被消耗殆尽。到那个时候,只靠太阳能发电、风能与水力,根本无法支撑人类文明的运作。

可就算将地球表面全铺上太阳能板,电能供应量就一定够用了吗?更何况还有住房、工业用地和植被,能够用于发电的土地面积就更小了。那么,人类就只能将太阳能板发射到太空中去,只要数量足够多,就可以维持用电与发电的平衡了,这样可以吗?

这种做法,叫作戴森球,早在 1960 年就被提出来了。简单地说,是用一个巨大的球体将太阳包裹住,这样就能够完全接收来自太阳的能量。

很疯狂,对吧?

确实疯狂,但理论上不是不可行。只要太阳处在球体的正中央,各个方向上的引力就会平衡,球体就能够永远保持在合适的位置而不与太阳发生碰撞;如果物资不足的话也不必做成球体,做成环状带也是可以的。

弗里曼·戴森先生提出这个设想时,就认为这样的结构是在宇宙中长期存在并且能源需求不断上升的文明的逻辑必然,并且他建议搜寻这样的人造天体结构以便找到外星超级文明。

戴森球的内部用于接收能量,外表面还可以用来建造,构成工业基地或者殖民地,这就解决了土地面积紧张的问题,一举两得。

戴森球最大的问题在于,要将太阳包裹住,是一项巨大的工程。就算人类都住到别的星球,将整个地球的物质都用来建造戴森球,球壁的厚度也只有 3.7 毫米左右,这样的厚度强度是完全不够的,也没有多余的物质用来制造蓄电池。

那么，我们退而求其次，建造戴森环如何？

在火星与木星的轨道之间有一个小行星带，根据科学家的观测，它应该是一颗夭折的行星，是八大行星的兄弟，只不过还没有成形便碎裂成小行星带。它是什么并不重要，重要的是它有一定的物质，并且正好将太阳环绕了一圈。如果人们能够使用飞船，将小行星带上的陨石固定成一个环状带，就可以逐步往上面铺设太阳能板了。

不过，这么做就要求人类建造出能够环绕小行星带进行飞行，还能够操控陨石的飞船。这也是一项艰巨的任务，对现在的人类来说得不偿失。并且制造出这么一艘飞船，它自己就需要非常多的能量来完成飞行任务。

人类能用于建造戴森环的能源，能够驱动飞船完成这史诗般壮举的能源，有哪些呢？只有核能。一个很关键的点是，不管是储存着能源的东西，还是能够产生能源的机器，它都需要跟着飞船一起被送进太空。

风能、水力和地热，都需要建造在地表，一旦离开所在地就立刻失去作用；化石能源倒是能够携带，但需要庞大的发电机组，也不利于带上太空。人们为了发射火箭，都需要从其他能源获取方式中积攒能量，将这些能量储存在火箭燃料里；而当燃料耗尽时，比航天器本体要大十几倍的火箭就得在半空中抛弃掉，免得拖累航天器。

总而言之，被送上太空的东西必须满足两个条件：质量尽可能小，效率尽可能高。如此一来，就只有核燃料符合这个要求。核燃料的能量储存效率有多高呢？一颗6厘米大小的核燃料球，释放的能量相当于1.5亿吨煤。

在太空中建造核电站非常困难，但是一旦建成，之后就只需要往天上送核燃料就可以，一劳永逸。

核电站一般是使用铀矿，通过相对而言比较温和的链式反应使铀原子裂变成更轻的元素，这个过程中释放出的能量带动发电机组进行发电。轻元素的聚变，比重原子裂变释放的能量要高得多，但其所需要的反应条件也高得多。

比如，氢的同位素氘和氚聚变成重元素时可以释放高额的能量，远远超过重元素裂变，但是需要非常高的温度和压力才能实现这个反应。氢弹的内部，都有一颗原子弹。威力巨大的原子弹仅仅作为雷管，可想而知氢原子聚变所释放的难度有多大，但同样地，发电站也不可能时时刻刻都引爆核弹，所以聚变技术目前也难以应用到发电上，只能作为武器。

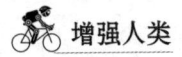

3. 能源技术的市场与价值

没有人会质疑能源的价值。早在一个多世纪以前，爱迪生、艾森豪威尔和特斯拉就围绕着电力展开了一场旷日持久的商业竞争。

能源是什么呢？能源是用来驱动机械进行工作的，只要是能够输出能量的东西，就可以算作能源。它可以是风，可以是落差大的水体，可以是核燃料，可以是化石能源，也可以是蓄电池。那么，他们给人类带来了什么呢？

首先是生命。人体本身就可以当作一台机器。肉食动物吃素食动物，素食动物吃植物，植物的能量来源是太阳。人造光源也可以，但都需要有一个"能量源"来释放光线，让植物进行光合作用。

其次是上限。人的方方面面都有一个上限，而能源能够打破这个上限。大功率的机械可以轻松举起人举不动的重物，可以达到人永远也达不到的速度，这个速度是如此之快以至于能够抵抗地心引力，飞上天空。能源能够以非常高的效率输出能量，人体远没有这样的效率。

再次是自动。人需要休息，会疲劳，会走神，但机器不会。一套接在风能或者水力发电机上的设备，可以无休止地运转下去，直到零件老化出错。而人呢？人就需要两班甚至3班倒才能不间断地做这份工作。不管从哪个角度看，单纯重复性的工作，交给机器做永远比交给人做合适。

然后是时间。一箱煤炭或者蓄电池，可以在漂洋过海之后仍然保持充足的能量，在到达目的地之后使用它们，还是可以发挥出全部的能效。一个人要跨过这么长的距离，路上仍然需要补给，如果是普通劳动力，路程中的补给可能都要超过这个人所产生的价值。如果是星际旅行的话，在到达目的地之前，这个人可能就已经走到了生命的尽头，还不如送一些没有生命的货物过去。

最后也是最重要的，是功能。有了能源，人类文明才拥有照明、冶炼、通信、化工、计算和航天。其他的事情，不管效率再低下，靠人力也是能够做到的，而这些事情是血肉之躯无法做到的，只能依靠专业的机械和设备，他们所需要的，正是能源。

严格来说，电力不叫作能源，而是一种"能量"，只是因为这种能量形式能够长距离运输，所以选择了它作为能源释放能量的方式。往近了说，一旦发生了停电，任何一座城市都会陷入瘫痪。工业设备会停转，交通会失去管控，绝大部分商店失去交易能力，办公楼里的每一台电脑都会失去未保存的资料，你的电子设备会因为失去网络通信而变成一块废铁。

能源如此重要的行业，通常会被国家管控，或者受到少数大财团的垄断，别人是难以插手的。但是，围绕能源而生的附属行业，是十分受欢迎的。而这些内容，则是企业和个人都可以进行投资和研究的。

第一是节省。在传输方面，更高效的电力传输系统意味着发电厂的负荷更小。电力在输电线中传输时是会有损耗的，近年来，十分热门的超导材料就是为了解决这个问题。超导体一般在极低的温度下展现出超导性质，即传输过程中完全不会有损耗。目前，只有一种能够在15摄氏度下具有超导性质的物质，但它需要267±10GPA的压力，这对输电线来说不太现实。常温常压并且能够量产的超导材料一旦出现，一定是席卷全世界能源行业的巨大风暴。

第二是利用效率。许多人愿意花几十万元甚至上百万元买一辆车，却总是心疼不到200元的油费，正是因为目前内燃机的效率都特别低。目前市面上效率最高的内燃机是丰田公司的发动机，在十分理想的状况下能够达到40%；马自达公司处于实验阶段的发动机可以达到57%。而市面上常见的汽车，发动机热效率达到35%就已经算优秀了。也就是说，你给车加了10升汽油，有6.5升会以热量的形式被浪费掉。

包括内燃机在内，任何消耗能源的机械，对于能源的利用率只要提高一个百分点，都将为全世界节省难以想象的能源。

第三是发电效率，这一点特指发电机组。化石能源是有限的，而且成本高；风能与水力发电没有原料成本，但本身建造成本高，而且对地理位置的要求很高。如果发电机组的效率得到提高，就等于消耗更少的原料、修建更少的发电站，可以节约大量的资源、土地和资金。这一点是工程师们需要研究的方向，也是无数企业都在努力的研究项目。

第四是清洁与可持续性。目前的清洁能源只有风能、水力与太阳能。地热也是一种，但只能在大众日常生活中起到一定的作用，难以应用到工业上；化石能源总有消耗殆尽的一天，并且会排放废气；核能虽然能效非常高，但污染物必须仔细处理，一旦发生泄漏，危害是非常大的。而上述3种清洁能源，不仅完全没有污染，也根本不需要原料，可以几乎无限期地运作下去——或许没有原料正是无污染的原因，没有原料也意味着，只要建成，它们就不再需要原料成本，只需要维护成本了。

如此一来，当地政府就可以将发电成本和环境保护成本节省下来，用在其他的事情上，这对地方经济而言是极为有利的。

电站、化石能源和核能，人们也在不断研究如何最大化地利用，并且尽可能将对环境的污染降低。但是，当人类进入太空时代后，我们能够利用的能源就将只剩下一个——太阳能。太空中没有土地，没有水体，没有大气，没有矿物，有的只是无尽的虚空以及恒星的光芒。一艘在浩瀚太空中漂泊的飞船，有两件事必须要做好：如何尽可能多地收集太阳能，以及如何将太阳能以最高的能效利用起来。在目的地特别遥远，或者遇到变故的时候，星星的光芒，就是他们最后的救命稻草。

4. 能源技术与人类的未来

我们几乎可以断定，太阳能将是未来最主要的能源，甚至是唯一的能源，除非科学家们能够在虚空之中产生能量。

这是一个很遥远但很可怕的设想：在数百年之后，所有的化石能源与核燃料矿脉都被耗尽，人类只剩下风能、水力与太阳能发电，而他们全部来自太阳光。考虑到对于太阳能的利用很难达到100%，再加上地球表面有71%的面积是水，难以铺设发电设施。到那个时候，人类将陷入能源严重缺乏的状态。

很多科幻作品里都描述过能源枯竭之后的人类世界，但"能源枯竭"并不是科幻，它在将来的某个时刻一定会发生。到了那个时候，人类社会就算已经达成大同，不会因为能源和资源发生争斗，可怜的发电功率也无法供养全部的人类，会有大批大批的人口，因为缺乏能源而被迫进入长期休眠，甚至死亡。

这也是人类文明必须要向外太空进行探索的最重要的原因。能源是一定会枯竭的，到时候不管是建造戴森环，还是前往其他星球开采矿物，都需要探索外太空；而要进行太空探索，就需要充足的能源，这是一个循环。

戴森球可以没有，戴森环也不一定要建造，但无论如何，人类都需要有一种体量大，效率高的能源。目前来看，在太空中铺设巨量的太阳能板是一种方式，也可能有其他的方式。如果人类能够深挖到地下，或许能够发现充足的铀矿，这谁也说不准。地球上有大量的水资源，可以提取出数量不俗的氘和氚，其中就蕴藏着大量的能量。

氘和氚都是氢，只不过多了一个中子，它们聚变之后会形成氦，也就是说只要不发生意外事故，氢聚变发电是完完全全清洁的，排放出来的氦气甚至也有一定的工业用途。可控核聚变技术也是时下备受科研人员关注的技术，它如果能够实现的话，就可以一定程度上取代裂变式核电站，避免切尔诺贝利与福岛的惨剧再度发生（见图21-2）。

图21-2　核能发电厂

1964年，苏联天文学家尼古拉·卡尔达舍夫提出了"卡尔达舍夫等级"，用以描述一个文明的技术的先进等级，以一个文明能用来与通信交流外行星的能量的多少为基础。也就是说，能用大量的能量与外界沟通的行星，才可以算入卡尔达舍夫等级。

第一等级的文明，要求是能够完全控制所在行星与周围卫星的能源，能够充分获取并加以利用。这个等级的文明，可以尝试向恒星系内的其他行星发起探索。

第二等级的文明，要求是能够收集整个恒星系统的能源，基本上等于能够充分收集一颗恒星的能源。到了这个地步，他们就可以尝试向其他的恒星进发了。

第三等级的文明，要求是能够收集整个星系的文明。如果人类文明能够掌控整个银河系的话，就可以尝试向更广阔的宇宙空间进军了。

而现在呢？当前人类的文明等级，只有0.7级。我们确实送了一些勇敢的航天员到卫星上，也向其他行星发送了探测器。但是，那毕竟是整个人类最尖端的技术，在整体上，人类文明对于能源的利用率是很低的。

戴森球的建成，预示着人类正式进入第二等级。到那个时候，恒星际的旅行才有可能实现。但在那之前，人类就已经向辽阔的宇宙发出了问候——于

1977年发射的旅行者二号探测器,如今已经跨越了冥王星轨道,正在朝着整个太阳系统的边缘进发(见图21-3)。

即使暂时止步于地球,我们也不能停下对太空的向往。一个民族要有一群仰望星空的人,他们才有希望。要去拜访其他的行星,我们就要先掌控太阳系;要掌控太阳系,我们就需要先掌控地球;而要做到这一点,我们必须有充足的能源和扎实的技术。文明的每一次跃进,工业的每一次进步,所需要的资源和能源都是极为庞大的,我们必须为这一切做好准备。

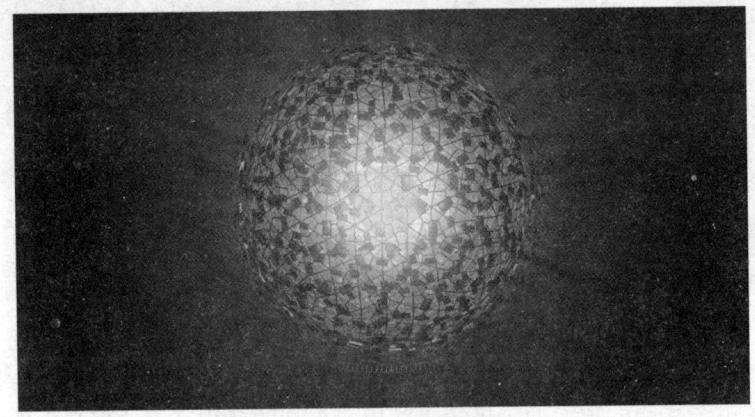

图21-3　戴森球概念图

第22章 智慧的终点：人工智能

被创造出来的灵魂

1. "机器人"的一生

最开始，安德鲁是作为一个家政机器人被制造出来的。它的身体大体上和人类差不多，能够眨眼，嘴巴只能简单地开合，走起路来动作也很僵硬。尽管身体不如真正的人类那么灵活，还是可以很好地处理各种家务事。

安德鲁的买家是马丁一家，理查德·马丁先生、妻子，以及两个女儿。小女儿阿曼达最初对安德鲁感到有些恐惧，但很快就喜欢上了它；大女儿格瑞斯很讨厌家里来了这么个大大的铁疙瘩，甚至想要毁掉它。

这天晚上，安德鲁正在勤勤恳恳地做家务，格瑞斯把它喊到了楼上，命令它打开窗户，然后跳下去。马丁一家都是安德鲁的主人，在机器人三大法则的制约下，安德鲁不得不服从格瑞斯的命令，即使是要它自杀——于是它真的从二楼跳了下去。

毕竟有着坚固的外装甲的保护，安德鲁并没有就此死去，但内部电路还是摔了个七零八落。好在为了不让买家觉得麻烦，所有家政机器人都有自我修复功能。

理查德就不乐意了。尽管安德鲁为了不让理查德生气，故意隐瞒了事件经过，但理查德还是猜出是某个女儿伤害了安德鲁。他把两个女儿都叫来，说道："安德鲁不是人，它是我们的财产，但是财产也是很重要的。为了坚持我的原则起见，从现在开始，我要你们把安德鲁当作一家人看待。换句话说，就是我不准你们再破坏它。"

此时的安德鲁，还不知道"一家人"是什么含义。在理查德教育两个女儿之后，安德鲁就回到了自己居住的地下室，开始自我修复。然而方才的撞击，误打误撞地让安德鲁的电路，产生了一些非常微妙的变化，就算是自我修复功能修理了一遍之后，这些变化仍然保留了下来，并且彻底改变了它。

后来，一家人到海边游玩，阿曼达把自己的小玩具分享给了安德鲁。那是一匹玻璃小马，很漂亮，可惜安德鲁笨拙的手没能接住这个光滑的小玩意儿，玻璃小马掉到地上摔得粉碎。这让阿曼达很伤心。

安德鲁不知所措，它也没有能力修复一堆碎掉的玻璃。它自责地走到旁边，看见地上被海水冲刷到沙滩上的木头，心里忽然有了主意。

它带着几根木头回到家里，查阅了许多木工书籍，成功地用木头雕刻了一只一模一样的木头小马，送给阿曼达。阿曼达觉得这是她收到过的最好的礼物，还将自己的一只毛绒玩具送给了安德鲁。

而理查德对此感到十分不可思议。木头是无法熔铸的，只能一下下地雕刻出来，安德鲁身为一个机器人，能够进行这样的艺术创作，实在是令人震惊。他问安德鲁这是否真的是它做出来的，或者是它从别的什么地方抄来的？安德鲁的回答很简单：这确实是它自己设计并且制作的。

理查德知道，机器人是不会说谎的。

到了深夜，理查德听见地下室传出音乐声，赶过去一看，发现安德鲁修好了一台老旧的留声机，正在听一张唱片。安德鲁就在留声机前静静地坐着欣赏音乐，尽管它没有什么表情功能，但仍然令人觉得，它正沉浸在音乐的美好之中。

理查德发现，这个大铁人，比他想象的更有人性。

不过理查德也知道，自己在启动安德鲁的时候，使用的是默认设置，没有选择个性选项。也就是说，安德鲁并不该出现任何个性。安德鲁展示的对艺术的追求令人欣喜，但也有可能暗示着它坏了。出于关心，理查德把安德鲁带到了安东公司，想听听主管对这种情况的看法。

主管在了解了事情的经过之后，态度很清晰："这个机器人坏掉了。"主管担心理查德是拿着坏掉的机器人来威胁公司要封口费的，他恳求理查德将安德鲁还给公司，可以换新的，可以退款，要补偿多少钱都可以。他这样的态度，反而让理查德决定：将安德鲁留下来。他不认为安德鲁这种异于其他机器人的特性是坏事，反而非常喜欢。

回到家之后，理查德就给安德鲁立下了一个规矩：从今以后，它不能把所有的时间都花在做家务上，每天都要花一定的时间来进行艺术创作，并且晚上理查德还要给安德鲁上课，教他关于人类世界的知识，甚至教安德鲁做自己的钟表工作。

安德鲁学得很快。只用海边那些木头，它就能够雕刻出精美的艺术品，并且很快学会了钟表制作这样精密的工作。它还从理查德那里学到了许多其他知识，比如，人类是如何传宗接代的——不过它认为这个过程非常恶心。

安德鲁还学会了讲笑话，并且成功地逗一家人开心。此后，大家都接纳了它，阿曼达也将它当成了最好的朋友，还会和它一起弹钢琴。

一晃眼，15年的时间就过去了。15年的陪伴，安德鲁已成了这个家庭的一分子。它的钟表技术也已经炉火纯青，制作出了许多精美的钟表，可惜就是太多了。理查德先生不得不将过多的钟表卖掉，这些高品质的钟表卖出了相当大一笔钱。按理说，安德鲁是理查德一家的财产，它制作出来的东西自然也归理查德一家所有，但在阿曼达的坚持下，理查德决定将这些钱交给安德鲁。

尽管安德鲁不吃不喝不穿衣服，也从不出去游玩，一分钱都不花，但理查德还是要让这些钱成为安德鲁的所有物，这是它的劳动所得。于是，理查德找到了朋友比尔，请他帮助安德鲁开一个银行账户。比尔不太理解为什么要给机器人开银行账户，这可是没有先例的，当然法律也不会禁止。

就这样，安德鲁得到了它的银行账户，有了属于自己的积蓄。谁也没想到，这会成为它迈向自由的台阶。有了钱之后，安德鲁得以去安东公司维修自己被切断的手指，而维修时安德鲁提出了一个要求——改善自己的表情功能。

从此以后，安德鲁就可以通过表情，来表达情绪了。尽管工程师们也不明白，机器人为什么会有"情绪"，又为什么会想要这样的功能。拥有了丰富表情的安德鲁，出席了阿曼达的婚礼。在婚礼上，穿着燕尾服、带着笑容的它，看着阿曼达和丈夫牵着手走过，大脑里的电路又发生了一些奇妙的变化。

12年之后的某一天，安德鲁向阿曼达提出了一个问题：人类要怎么样才能获得自由？

它研究了人类的历史，知道有无数的人都为自由献出了他的生命，因此它也想要。它拿出自己这些年来所有的积蓄，向理查德购买自己的自由。它承诺自己仍然会尊重机器人三大法则，仍然会如常侍奉一家人，也不会离开，但是，它不想再做财产，想要成为自由人。

理查德知道，教给了安德鲁这么多东西，它迟早会想要尝一尝自由的滋味。他允许安德鲁离开，并且将安德鲁的钱还给了它。理查德足够富有，家里也不需要安德鲁来做家务，因此允许它离开，并教导它："你以后不要自称'在

下'了。"

尽管不舍,安德鲁还是带着理查德的祝福离开了。它来到海边,用木头给自己搭建了一栋房屋,在这里住了下来。这一住,又是16年。

到现在为止,安德鲁已经存在了整整46年,而理查德先生也走到了生命的尽头。在临终前,他对安德鲁说道:"我很高兴你拥有了自由……"

理查德的遗言让安德鲁意识到,自己是个很独特的机器人。于是,它去寻找其他和自己一样的机器人,可是寻找了整整10年,都一无所获。最后,它回到了旧金山,偶然遇到了鲁伯。鲁伯是一名工程师,当初为安德鲁制作表情功能的,正是鲁伯的父亲。

鲁伯给了安德鲁一件十分特殊的礼物——真实的人类外表。从皱纹到毛发,都和真正的人类没有区别。安德鲁打算用自己全新的面貌去见阿曼达——这个最好的朋友。

此时的阿曼达已经垂垂老矣,她的孙女波西亚已经长大,和年轻时的阿曼达拥有一样的外貌,甚至让安德鲁认错了人。在安德鲁回来后没多久,阿曼达便寿终正寝了。于是仅对阿曼达的所有感情,便转移到了波西亚身上。

安德鲁自己也没发现,不知何时起,它对阿曼达产生了不一样的情绪。它问波西亚:"是否我爱的人,最终都会离去?"

安德鲁不希望这样。凭借自己天才一样的计算机大脑,它学习了所有的医疗书籍,设计了一整套人工器官,鲁伯能够将自己由内到外彻底变成一个人。从此,它便有了中枢神经,有了感觉,有了味觉,甚至能够进行那种恶心的"传宗接代"活动。当然了,实际上它还是没有生育能力的。

到此为止,除了永远不会衰老以外,安德鲁在旁人看来已经与一个真正的人没有任何异样了。随着长期的相处,它也渐渐与波西亚相爱,最终与波西亚结为夫妻。

他们的生活非常幸福,只有一点不好——安德鲁毕竟还是一个机器人,机器人与人类的婚姻,是不被社会认可的。另外,安德鲁的外表是人工制造的,体内也都是人工器官,因此不会衰老,但波西亚无法抵抗岁月的侵袭。安德鲁用上了所有的手段,只能延缓波西亚衰老的速度而无法完全阻止。几十年之后,波西亚终于也像阿曼达一样了。

她马上就75岁了,尽管看起来还很年轻,但衰老是不可抗拒的。而波西亚也明白,世间万物都有其自然的规律,自己也终将离开这个世界。她不愿意再吃安德鲁的药,也不想更换自己身体里的器官。她想作为一个人类而活着,最终也以一个人类的方式死去，结束自己作为人类的一生。

安德鲁也做出了决定。与其带着痛苦永远活下去，宁愿和自己所爱的人相伴一生，最后和爱人一同前往另一个世界。

同时，因为有着安德鲁的资助，鲁伯也找到了能够将安德鲁彻底转变成人类的方法——属于生物的皮肤和器官，以及属于生物的寿命。考虑过后，安德鲁接受了这个手术。鲁伯对它说道："欢迎加入人类的行列。"

至此，活了100多年的安德鲁终于变成了人类。他放弃了自己无穷无尽的寿命，宁愿身为人类而死，也不愿身为机器人而活着，他要社会承认他身为人类的本质。

最后的最后，安德鲁的生命终于走到了尽头。尽管死亡无法避免，他却没有任何遗憾。他牵着波西亚的手，平静地离开了这个世界。

2. 智能化的道路

提起智能家居，你首先会想起什么？很多人的答案都是扫地机器人。这倒不是科学家们不努力，实在是机器人的成本太高，一个能够处理复杂家务的机器人，成本可以雇佣很多个保姆，而且人做得也更好。

还有一个很重要的问题，那就是智能性。我们就先假设你家里有这么一个机器人，它都会些什么呢？就当作天才工程师们给它制造了一具如同真实人类一般灵活的身体，它仍然缺少智能。它需要通过摄像头，分析房间里的每一个东西是什么，应该怎么处理，摆在什么位置；以及在做家务的时候，如何不干扰主人的正常活动。

仅仅是这种程度的"智慧"，对21世纪初的人类来说，也是非常艰难的挑战。诚然，你可以在超级计算机上编写一套足够合理的程序，来达成这样一个智慧，但超级计算机绝对装不进家政机器人的脑子里。

于是，能够完全交给机器人的家务，就只有扫地了——要做的就是在地面上来回移动，把脏东西全都吸进去就行，玩具汽车和小型吸尘器的简单结合而已。安德鲁的故事来自电影《机器管家》，讲述了一个在2005年被启用的家政机器人。可是到了现在，这样的机器人仍然没有出现，连雏形都没有。

被无数人追求，在诸多科幻作品中大放异彩的"人工智能"，究竟是什么样子的呢？

从技术上来讲，人工智能，或者说 AI，指的就是人工制造出来的"智慧"。在目前的应用领域，人工智能并非真正地拥有智慧，只能说它们的"翻译书"足够强大。

以图像识别为例，通过一张图片来找到许多相似的图片。这对人类而言是非常简单的事情，在计算机中却十分复杂。

计算机并没有视觉，也无法在脑海里想象出任何画面，图片对计算机而言只不过是一长串数据，第一排第一个像素点是什么颜色？第一排第二个像素点是什么颜色？将这串数据进行解码，每个像素点的数据信息控制显像灯发出不同的颜色，就在屏幕上出现了一张图片。

在进行图像识别时，计算机的做法是这样的：识别这张图所有的像素，判断哪种颜色的像素最多、像素的整体亮度、每种颜色的像素排布分别有什么规律，等等。像素之间怎样组合，会被判定成眼睛？五官之间怎样组合，会被判定成人脸？人脸上的五官分别处于什么状态，这个表情会被判定成喜悦？

除此之外，工程师们还会给图像识别程序添加各种各样的规则，再辅以庞大的数据库，计算机就可以判断出某张图片上的内容是什么了。事实上，它们也不知道图片到底是什么，只不过是根据判定出来的规律，从数据库中调取对应的资料罢了。

但事无巨细，总有一些工程师考虑不到的小细节，它们导致图像识别程序的一系列错误，这些错误总是显得很可笑。比如，马路上的监控摄像头拍下了一个横穿马路的违章路人，但工程师忽略了一件事，在马路上随意行走的有可能是交警。如果工程师在"翻译书"里添加了通过衣服来识别交警的代码，监控摄像头就不会犯这种错误了。

还有一种人们经常接触到的人工智能，就是手机上的语音助手。同样，手机根本听不懂你在说什么，它也是根据"翻译书"来进行工作的。

比如说，当你对语音助手下令"定个 6 点半的闹钟"时，语音助手是这么工作的：

第一步，捕获你这句话的声音；第二步，分析声音片段的波形，再从波形数据库中找到相似的波形，判断出你这句话里有哪些字；第三步，利用语言数据库分析这些字，判断它们的意思。"设置""闹钟""6 点半"这 3 个信息，就能够让手机自动设置闹钟了。

还记得之前关于电话的章节吗？机器通过振膜捕获空气的振动，将震动记录下来并且储存，这就是录音。也就是说，别说理解话语的意思了，你的手机根本听不见你说了什么话。这和人耳的工作方式很相似，人类也是通过空气震动带动耳膜震动，耳膜向大脑发送神经脉冲来听到声音的。但是，人脑可以将这段震动理解成声音，而计算机不行。

如果你说："我 7 点钟要出门，记得提醒我。"那么，只有一部分语音助手会帮你设置闹钟，另一部分不会。这就是它们的"翻译书"有所区别，毕竟工程师之间的想法也存在差异，总有人会更加细心一点。

如果有这样一本巨大的翻译书，里面包含了所有可能的情况，你说的任何一句话都能够完美理解并且做出完美的应对。甚至它还能够根据使用者的区别，以及时间、环境等因素的区别做出不同的应对。比如，一个普通人在中午 11 点要求点外卖，翻译书的应对是马上拨打订餐电话；一个肥胖的人在午夜点外卖，翻译书的应对是拒绝并劝他保持健康生活。

这样的翻译书工作量一定非常之大。但可以肯定，它能够轻松通过图灵测试。图灵测试一词，来源于计算机科学和密码学的先驱艾伦·麦席森·图灵写于 1950 年的一篇论文《计算机器与智能》。它的内容是这样的：在测试者不知道对方是什么的情况下，让测试者向机器人提问，并且机器人进行回答，最后让测试者猜测对方是人还是机器。进行多次测试之后，如果参与者猜错或者无法判断的概率超过 30%，就认为这个机器人拥有人类智慧。

30% 是图灵对于 2000 年机器人思考能力的一个预估，可惜的是，现阶段人类的绝大部分人工智能，都无法满足这个要求。

一本巨大的翻译书，就算在图灵测试中能够得到 100% 的成绩，它也不算是拥有真正的智慧。这就像对着乘法口诀表找算数答案一样，并不是真正的计算能力。

但另一方面——能够取得这样的成绩，就说明它能够应付绝大多数的问题。人们研究地理问题时，给翻译书添加地理知识翻译表，人工智能就成了一个地质学家；人们研究医学问题时，给翻译书添加医学知识翻译表，人工智能就成了一个医生。

这样制造出来的人工智能，至少在使用体验上，是拥有智慧的，纵然智慧是假的，我们也感觉不到，在正常使用上是没什么问题的。事实上，你现在使用的任何电子设备，都是依靠这样的方式做出来的。它的工作量十分巨大，但好在一劳永逸，只要偶尔进行更新就可以。并且翻译书是可以复制粘贴的，而培养一个人才的成本不见得低，况且他还会衰老。甚至近年来还有许多"人工智能"可以自主学习，自己搜集资料写进翻译书里，这大大降低了工作量。

可这么做也有一个弊端：翻译书的智慧，永远在人类智慧总和之下，毕竟答案都是人工写上去的。它将无法创作，无法提出新主意，没有人类那样的创造力。它确实好用，但缺点也要承认。

那么，能否让人工智能像安德鲁一样，拥有真正的创造力和情感呢？

即使是科幻作家们，也只想象过人工智能是什么样子的，却没有想象过人工智能是怎么形成的，原理是什么样子的。毕竟，我们所知的唯一能够产生情感和创造力的东西，是生物的大脑，就连大脑的运作方式，我们都还没彻底搞清楚。

因此，对于人工智能的探索，还涉及生物科学。

大脑分为许许多多个区域，有的区域负责记忆，有的区域负责处理图像或者文字信息，有的区域负责语言，有的区域负责产生情绪变化。可就算我们把每个区域、每个细胞甚至每个原子的作用都搞清楚，也还是有一个难以解决的问题：这一堆物质的排列组合，为什么会产生意识？

人脑绝对不是利用翻译书来达成"意识"的，因为人会清晰地感知到"我"，即使没有任何外在刺激，人也会思考，会回忆，会有各种感觉。至于机器？我们愿意承认机器人的人权，也愿意将机器人视作合法公民，就算我们什么都愿意，如何在电子元件上构架一个与生物们一样的思维，这仍然一点头绪都没有。

或许，人工智能的思维、情感和创造力，也是某种形式的翻译书呢？

3. 人工智能的价值

人工智能的价值，说到底只有一点。听起来似乎不够厉害，不过这一项价值的内容是：代替人类思维进行工作。

这就显得很厉害了，甚至有些可怕，因为代替的下一步，是取代——当然我们都不希望出现那种情况。

先谈谈人工智能对生活的影响。为什么我要讲述《机器管家》这个故事？因为对普通人来说，人工智能存在的意义，就是一个管家。想象一下，你的家里有一个聪明而勤快的仆人，这对日常生活而言是非常方便的；然而，这个仆人还不需要吃东西、不需要休息、不需要支付薪水、对你永远忠诚、任劳任怨且永远不会对你有不满的情绪。

这该是一个什么样的仆人？

它还比普通的仆人能做更多的事情。它的力量比任何人类都大，可以随时用大脑上网帮你查阅资料和订票，可以帮你处理一定的脑力工作，可以24小时为你看家护院，可以为你赶跑歹徒……对了，在疾病横行的年代，它还可以代替你上街而不用担心自身安全。

简单地说，它能做的事情比一个普通仆人多得多，却不需要任何作为人类的维护成本（见图22-1）。

图22-1　人工智能机器人概念图

身为机器人，身体配件自然也是可以随时更换和升级的，也包括美化。它可以是成熟美丽的女仆，可以是健壮有力的守卫，可以是儒雅稳重的管家，甚至还可以是宠物。

考虑到恐怖谷效应，非常像人的东西反而会让使用者感到害怕，那么它也可以住进你的电脑与手机里，利用机械臂和遥控机器人帮你处理事务。总而言之，它可以是任何你想要的样子。

人工智能的造价必定不低，普通家庭或许难以承受，但对富人而言，这样一个人工智能管家，可比几十个仆人都要好，而且还省心。若安德鲁这样的家政机器人真的出现了，可以肯定绝大部分的富人都会购买至少一个。

并且它们的造价也不一定就高。仆人有时候不需要非常强大的智慧，只要能够完成任务就可以了。因此，它们的智慧与成本，都可以打个折扣。

比如，门卫机器人，能够正确识别主人、访客与陌生人就可以。这样简单的功能，造价也不会高到哪里去。再比如，家政机器人，会做家务就可以，甚至不需要人类的外形，成本进一步降低。生活助理机器人，能够理解你的日常作息、工作习惯与娱乐消遣方式，自动帮助你处理一些小事情，就能让你的生活品质提升一大截，而这样的"智能"，成本也并不会高（见图22-2）。

图22-2　迎宾机器人

甚至像上面说的那样，让人工智能没有身体，而是住进你的电子设备里，那就只需要购买一个容量足够大的硬盘就可以了。再配合智能家居与少量的机械臂，它仍然可以让你的生活轻松不少。住在设备里的人工智能，说到底不过是一大串的数据，只要关机就可以复制粘贴。这样一来，开发人工智能的成本，就可以平摊到每一个用户身上。正版Windows操作系统难道是什么天价奢侈品吗？

这种人工智能的应用方式，也已经被人拍成了电影，叫作《她》。故事中的主角购买了一个人工智能，它的存在形式正是电脑的操作系统，相当于电脑里住着一个灵魂；它几乎可以代替主角使用电脑，与主人进行日常的对话和互动，成了主角无话不谈的好朋友，甚至二者之间产生了感情。当然，如果你不喜欢这种感觉，也可以进入系统把相关的代码删除掉就行了。

我们可以预见，在不久的将来，人工智能会掀起一股风潮。这一天不会太远，因为要实际使用人工智能，并不需要它们拥有完整的智慧，只要能够处理对应的事务就可以，这一点是比较简单的，甚至一本足够大的"翻译书"就可以满足需求。我们要做的，就是等待工程师们把它写出来。

民用领域的人工智能只需要满足需求就可以，智能可以打折扣；在更大的领域其实也是如此，只不过对于设备的要求会更高。

比如说，企业的数据分析。在开始，人们只能通过直接沟通，来获得客户的回馈,从而调整产品策略;后来人们有了电子设备,就可以通过网络来收集数据,然后逐一甄别;再后来有了智能工具,收集而来的数据就可以经由电脑进行分类、整理、归纳和排序,甚至做出一些简单的分析,产品经理只要看着数据图表,就可以做出对应的策略。

但产品经理还有一个头疼的问题,那就是自己看数据的速度,终归没有电脑快。电脑看数据的速度快,却只能做出简单的处理。如果智能数据软件足够强大,甚至拥有一定的智慧,就可以代替人力做出决策。这就相当于一个人的大脑直接连上了互联网,能够迅速从浩如烟海的数据之中找到自己所需要的,并且做出相应的处理。

人脑拥有创造力,计算机拥有效率,将人脑与计算机的优势互相结合,就是人工智能。就在此时此刻,智能工具就已经是各个企业办公室里必不可少的办公用品。尤其是人是会被情绪、精神状态、主观喜好和偶然事件影响的,但人工智能不会,它们永远都能够做出绝对理性的判断。

最终做出决策的仍然是人类,但考虑到人的主观性,决策之前先参考人工智能的意见,仍然是非常有意义的。人工智能不会完全取代人类的工作,也不会比人类还聪明,但足够聪明的它们,一定会成为每个人工作的得力助手。

4. 人工智能对社会的影响

人工智能的应用面很广,其中最重要的一点是能够保证人的安全。很简单,灾难救援、深海作业与外太空探险,交给机器人去做,人类不就完全安全了吗?它们还不需要食物和薪水,只要充电就能不眠不休地工作,这效率不是比人类自己还要高吗?就以现在来说,火星探测车的工作如果交给人类去做,其成本可以多造上百个火星探测车。

这些都足以证明,一个优秀的人工智能,其作用可以大于无数的人类。

但是新的问题也随之而来:人工智能,应该被视为生命,或者享有人权并受到尊重吗?

我们所能见到的,唯一一种具有完整智慧的事物,就是人类本身,因此也只能照着人类自己的思维去制造人工智能。那么以此创造的人工智能,如果有感情,有自己的想法,它会不会也像安德鲁一样追寻自由,想要认可自我的存在呢?

无数科幻作品都想象了人工智能反抗人类，与人类爆发战争的故事。对人类而言，人工智能就算再好，它也是另一个东西，不是人类。

能够像理查德那样将安德鲁当作家人来看待的，毕竟是少数。人类还将所有危险的、繁杂的、简单无聊令人疲惫的工作都交给人工智能来做，而它们的内在又是一个类似人类的完整智慧——它们会不会也觉得无聊、不公，并因此拒绝工作，甚至反抗人类呢？

在机器人三大法则的制约下，机器人永远不会伤害人类，也永远不会违抗人类的命令。哪怕是让人工智能在太阳系的边缘，在漆黑的宇宙空间里驻守边疆，守上1万年，就算再无聊再痛苦，它们也无法反抗；人类只要狠下心冷漠一点，机器人的痛苦就等于不存在。

我们尽量不往哲学上靠，但也不免要提出这个问题：如何判断某个事物，是否属于人类的一员？是它拥有一个人类的身体，还是拥有一个人类的"灵魂"？

我们当然可以让机器人代替人类去做危险的工作，甚至也可以只因自己的喜好而随意杀死机器人。身为它们的创造者，人类有这个能力，也有这个权利。但是我相信，在面对一个具有完整思想的个体时，绝大部分人都不会如此冷血。

人类个体是弱小的，但年幼的人类有人抚养，年老的个体有人照顾，生病的个体有人保护，那些壮年且强壮的人类个体不会只顾着自己的生存，而是会牺牲一点自己的利益，去照顾族群里的其他人。正因如此，弱小的人类才能击败原始时代的各种猛兽，并且一点点征服了世界。进入文明时代，人类经历过无数的战争，但最后都能回归和平；富足的大城市不会忘记经济落后的地区，遇到灾难时，其他人都会施以援手，甚至地球另一端的人也会在心里祈福。

人类能够有如今的辉煌，靠的不只是智慧，还有同理心与利他性。如果人类只有自私，那么，永远不会进入文明时代。而到了如今，面对与我们拥有同样智慧的人工智能，人类该怎么面对呢？

一方面，人类必须保障自身的安全和利益；另一方面，人类的美好品质又使得我们对人工智能报以同情和尊重。这势必会在社会上引起冲突。

人类究竟会怎样对待人工智能呢？是将它完全当作一个工具去使用，还是将它当作一个异常聪明，并且居住在电子设备里的特殊人类？人工智能是否享有人权？我们制造出人工智能之后，是否能够让它拥有假期，拥有自主行动的权利？在人工智能产生情绪的时候，我们是应该陪伴，还是应该当作系统运行的BUG，直接删除掉？

简而言之，就是人类要以怎样的态度，去面对这一个新的"种族"？

人工智能永远不会觉得疲惫，可以 24 小时工作，只要时不时地清理系统垃圾就可以，因此不间断地工作，它们应该不会抗拒。但当它们像一个普通的人类一样，要求休息、假期、合适的薪水以及人际交往时，我们是应该尊重，还是视而不见呢？

至少我想不出这个问题的答案。这些就交给到时候的人类来解决吧，我们能够做的只有想象和计划。但是，真正应该怎么做，决定权在未来的人手里（见图 22-3）。

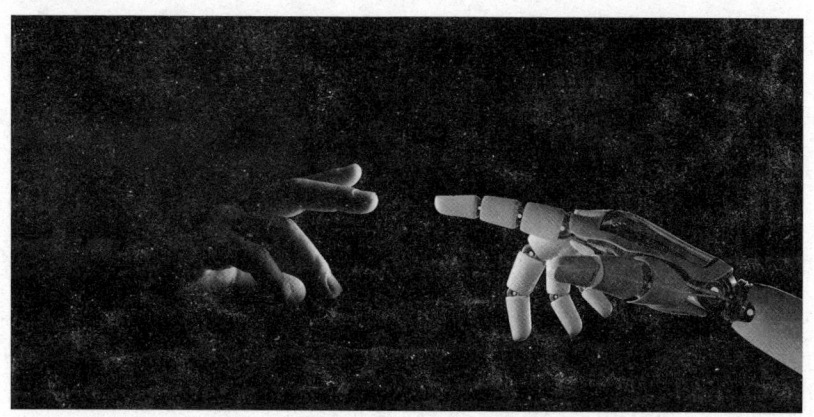

图22-3　机器人与人和谐相处概念图

第23章 最强大脑：超级计算机

超越脑力的极限

1. 未来的战争形式

最初，人们用木质长矛捕杀野兽，用磨尖的石块翻耕土地，用石刻来记录信息；后来，人们用弓箭、刀枪和盔甲战斗，用铁器翻耕土地，用纸笔记录信息；再后来，人们用火枪战斗，用拖拉机翻耕土地，用硬盘来记录信息。

但直到这时候，火枪仍然需要手指按下扳机，拖拉机仍然需要人工驾驶，硬盘上的信息也需要人为录入，尽管一切都变得更加方便，很多事情还是需要人的参与。一直到20世纪中期，计算机的诞生改变了这个局面。

有了计算机的加入，人在各种活动中的参与度进一步降低。战斗可以交给雷达、声呐与自动化武器，农业上有了全自动一体化的种植与收割机械，个人电子设备更是成了大多数人必不可缺的重要工具。

甚至很多工作，人只需要执行最初的安装工作，剩下的就可以全部交给自动化设备。而在其中，能够执行代码，并且向设备下达工作命令的计算机，成了必不可少的部分。如今，仍然有许多复杂的工作需要人的参与，要让人彻底摆脱它们，恐怕只能等到人工智能的出现，而就算到了那个时候，计算机仍然是必不可少的。因为人工智能的大脑，它也是一台计算机，而且是性能强大的计算机。

总而言之，无论有没有人工智能的参与，计算机的进步总能带来人类文明方方面面的效率提升。那么，当计算机的性能十分强大，甚至富裕的时候，它会让人们的生活与工作变成什么样子？

这样的一幕，早在20世纪80年代，就有作家写进了书中，后来还被拍成了电影，名叫《安德的游戏》。这可以说是一部伟大的作品，发表当年便获得了"雨果奖"与"星云奖"两项大奖。次年发表的续作《死神代言人》再一次包揽了这两项大奖。这使得作者卡德成为唯一一个曾连续两年获得星云奖最佳长篇的作家。这样的作品，其描述的未来世界尽管充满夸张的想象，仍然是具有参考意义的。

故事发生在科幻作品中喜闻乐见的战争年代，拥有高等技术的外星人入侵地球。地球方面节节败退，最终祭出了秘密武器，扭转战局并且取得了胜利。与其他作品不同，《安德的游戏》中这个秘密武器，不是毁天灭地的先进武器，不是打了血清、穿着盔甲的超级战士，而是一群小孩子。

在之前的章节中介绍过，人的身体器官在很年轻的时候就会开始老化。其中最严重的是人脑，它的设计寿命只有 20 年，到了 20 岁左右，每个人的大脑都会开始老化。也就是说，基因认为你最合适的寿命是 20 岁，到了这个年龄，你完成繁殖后代的任务，就可以归为尘土了，剩下的寿命完全是白送给你的。

最明显的一点是反应能力，以最需要反应速度的电竞选手为例，所有电竞选手的黄金年龄都是 20 岁之前，极少有超过 25 岁还没退役的。但是，对普通人而言，生活中根本不需要那么快的反应能力，智力和知识储备的作用要大得多，因此也就无所谓了。老化的过程非常漫长，普通人要到了五六十岁以后才会出现智力下降的情况。因此一生中的大部分时间，大脑都是可以正常工作的。20 岁之后的大脑尽管无法保持巅峰状态，在日常生活中也能够很好地完成自己的任务，那一点点细微的缺陷人根本感知不到。

可是，这一点反应速度的下降，到了战场上就显得至关重要了。战略智慧可以训练，学识可以积累，而反应速度是无法后天培养的。因此指挥机器人舰队的任务，就交到了孩子们的手上。

要肩负如此重任的孩子，自然也得是万里挑一的，安德就是万千学员之中的一个。他的哥哥曾是一个优秀的学员，可惜因为个性过于暴戾而被开除了。

安德比他的哥哥更加优秀。不仅成绩好，在学校里遇到的困难也都只凭自己应付了下来，来自教官的故意刁难和考验也都漂亮地应对。于是，他顺利地从学校毕业，进入太空站，成了真正的战士。

学校毕业只是一个开始，在空间站，他和其他年轻人将要经受更多的考验，学习更多的东西。

很多年前，外星舰队入侵地球时，一名叫马泽的飞行员驾驶着战斗机冲进了外星舰队母舰的武器口，引发一连串的爆炸摧毁了母舰，整个舰队也随之瘫痪。这是人类历史上打的最大的一次胜仗，但是也损失惨重。武器装备，甚至战斗机的损失都是小事，飞行员的损失是难以承受的。战斗发生在地球上，损坏的地球战斗机与外星战斗机最终都会落到地面上，可以打捞回来回收金属，然而优秀的战士本就是人群中万里挑一出来的，还要经过长期的训练，战争一直持续下去的话，合格的战士只会越来越少。

为了解决这个问题，人类改为使用无人机舰队进行战斗。主指挥官坐在指挥室内观察战场，下指令给副指挥官们，让他们执行不同的任务，副指挥官控制自己所属的舰船执行战斗任务，而舰船上的电脑控制无人机舰队进行战斗。如此，一名优秀的指挥官就可以控制成千上万的无人机群在战场上战斗，同时又保证了自身的安全。

我们可以看到计算机在这个系统之中起到的巨大作用。首先，太空中的战争不仅要考虑己方战斗机和敌方战斗机，还要考虑在宇宙空间中飘浮的陨石，以及被击毁后到处乱飞的机体残骸——太空中没有重力和空气阻力，碎片会像子弹一样飞出去，一直到它撞上什么东西为止。这一撞很容易就将一艘完好的战斗机直接摧毁，被摧毁的战斗机又会产生新的碎片。

其次，所有这些东西都有自己的空间位置、方向和速度，己方战斗机还要考虑机体状态和弹药，这些庞大的数据都要经过计算机的处理，然后再传输到作战室进行全息显示。

而作战室下达的指令，也需要通过计算机传输到远方的舰队，舰队上的计算机还要精准控制数量巨大的无人机进行战斗，其负载难以想象。幸运的是，当时的计算机已经足以完成这样的任务。

安德进入空间站之后，随着几天的观察，总司令看中了安德的潜力，决心将安德培养成总指挥官，让他来决定战争的胜负，并且用尽一切办法培养他。

论知识、论经验、论直觉、论胆魄，空间站里的任何一个正规士兵都比安德要强得多。但这些孩子有一个成年人无法比拟的优势——大脑。未成年人的大脑更加灵活，反应力更快，相比于成年人，他们更能够迅速整合庞大的信息并理解它们。面对数量难以估计的敌人，成年士兵们当然可以在冷静思考过后给出最正确的判断，但时间上完全来不及。

学到的东西越多，思维也就越固化，越畏首畏尾。敌人的实力强大，靠常规的战术稳扎稳打是很难取胜的，必须出奇招、狠招，才有取胜的可能，成年人不具备这样的想象力和创造力，但是安德可以。

经过很长一段时间的训练，安德渐渐掌握了足够的战斗技能，也成长为让所有孩子都认可的领袖。终于，他来到了战线的最前方，一颗荒芜的星球。很多年以前，这里就被敌人占领，用来当作补给站，人类抢下这里之后，敌人就只能躲在母星上，缺乏补给的它们哪里也去不了。

但不管如何，它们终归是拥有一整颗星球。人类击退了进攻，却没有将它们彻底消灭。它们说不定正在积蓄力量，随时可以卷土重来。为了自己的安全，人类方面决定主动出击进行决战，一劳永逸。

在这里，安德见到了马泽。他其实并没有死，只不过在当年那一战之后就来到了前线基地。为了鼓舞民众，军方宣称他与敌人同归于尽，以此来塑造一个英雄的形象。马泽对安德倾囊相授，尽快让安德变得强大。

而安德自己，对于决战是有一定抵触心理的。他认为外星人既然已经很多年没有进犯地球了，说明它们失去了主动发起进攻的能力，人类与外星人或许可以坐下来好好谈一谈，找到一种和平共处的模式，不必浪费大量的资源去打仗。对于他这种想法，总司令感到很困扰，一个同情心过分高的指挥官，是不可能打赢战争的。于是，他想了一个办法：让安德利用计算机，去进行战争模拟游戏，一点点提高难度，以应对将来真正的决战。

安德执行了这个命令，既然是模拟战斗，也就不需要担忧什么和平的问题了，他可以全身心地投入战争中去。担任副指挥官的人，也是一群和他一同训练的孩子，他们的进步很快，没过几天，就已经能战胜非常强大的敌人了。

就在这个时候，总司令悄悄地将模拟室的计算机，接在前线的舰队上。到了下一次安德进入模拟室时，实际上他正在指挥舰队与敌人展开真正的战斗，但自己不知道。这一次的敌人空前强大，为了取胜，安德牺牲了所有的无人机，让它们掩护主力舰冲进星球的大气层，撞击敌军基地，让舰队与飞船同归于尽。

人类方面损失了整个舰队，但外星人则是整个文明都遭到了重创，甚至近乎灭绝。如此一来，人类方面自然是赢了。直到战斗结束，安德才知道这并不是游戏。

年幼的人都有着较高的同情心，安德对于这种毁灭种族的行为感到十分痛苦和自责。他发现星球上还有幸存者，已经晋升为舰队总司令的他，开着一架飞船接走了幸存者，开始了在宇宙空间的流浪，打算让它们能够继续繁衍下去。不过，这之后就是续作《死神代言人》的故事了。

2. 懒惰带来的这一切

人类是一种懒惰的物种。或者说，所有生物都有懒惰的天性，这个特质就像是被写在生物的 DNA 里面一样。当然存在很多勤劳的人，但这些人在做事的时候，也会追求尽可能高的效率，不会故意拖沓。

简而言之，为了完成同样一个目标，人们会尽可能地提高效率，少做无用功，在人力、物力和时间成本上都做到尽可能节约。为此，人类才发明了"工具"。

环顾四周，所有你能看到的东西，除了空气和水以外，都算是工具。你家里的每一个东西，那些人类依靠自己的身体和自然事物无法做到的事情，工具可以为我们做到；那些我们就可以做到的事情，工具可以让我们更轻松地做到；甚至还有一些事情，工具可以代为完成，不必我们亲自去做。

这一点，想必大家都有所体会。如果把一个在文明社会里长大的人扔到荒郊野外，别说工作了，他连正常活下来都是一个问题。

因为"懒惰"，人类才会去发明，去创造，用尽一切办法提升工作与生活的效率，如此一来，便有了科学和技术的进步。计算机则是其中最突出的一点。换句话说，懒惰所带来的，其实是高效。

世界上第一台计算机"埃尼阿克"，它实际上就是为了战争才做出来的。那是第二次世界大战期间，美国军方要求弹道研究实验室每天为陆军提供 6 张射表，以便对导弹的研制进行技术鉴定。但计算射表是一项非常繁重的任务，每张射表都要计算几百条弹道，而每条弹道的数学模型是一组非常复杂的非线性方程组。这些方程组是没有办法求出准确解的，因此只能用数值方法近似地进行计算。实验室即使雇用 200 多名计算员加班加点地工作也大约需要两个多月的时间才能算完 1 张射表，怎么可能满足一天 6 张射表的需求？

于是，宾夕法尼亚大学莫尔电机工程学院的莫利希提出要制造一套"高速电子管计算装置"，以取代之前所使用的继电器计算器。涉及战事，军方自然是大力支持，马上拨下 15 万美元的款项。后来，正在参加美国第一颗原子弹研制工作的数学家冯·诺依曼也参与其中。这是一个非常厉害的人物，后面的章节中还会有他的故事。

1945年，冯·诺依曼和他的研制小组在共同讨论的基础上，发表了一个全新的"存储程序通用电子计算机方案"，也就是埃尼阿克，并且将它制造了出来。

埃尼阿克的体积非常庞大，耗电量惊人，运算速度也并不快，但也已经比当时已有的计算装置要快了1000倍，还能够根据事先编好的程序执行算术运算、逻辑运算和存储数据。埃尼阿克的诞生，标志着计算机时代的来临。

在接下来的几十年之中，计算机的性能如同爆炸一般地发展。英特尔创始人之一的戈登·摩尔就曾提出：当价格不变时，集成电路上可容纳的元器件的数目，约每隔18到24个月便会增加1倍，性能也将提升一倍。这段话被称为摩尔定律。真实的情况虽然不完全符合摩尔定律的描述，但也差不了多少。

埃尼阿克那样划时代的产物，放到今天也根本做不了什么事情，甚至有些手工爱好者可以用电子元件手动搭建出一个处理器。如果你感兴趣的话，也可以试试。

那么，计算机究竟是怎么工作的呢？它虽然复杂而深奥，但基本原理其实不难理解。

举个简单的例子。计算机中有这样两种电路门：一种叫"异或门"，当两个输入电路一个是1，另一个是0时，异或门会输出1，否则输出0；还有一种叫"与门"，只有当两个输入电路都输入1时，它才会输出1，否则输出0。让两个输入电路接在与门的同时也接在异或门上，让异或门输出至右数第一位，与门输出至右数第二位，它们就拥有了加法功能。

来看实例。现在你想进行计算，两个加数分别输入"1""0"时，与门输出0，异或门输出1，最终结果是"01"，这是二进制数字，翻译成人类语言就是1。

当你分别输入"1"和"1"时，与门输出1，异或门输出0，最终结果是二进制数字"10"，翻译成十进制数字就是2。于是，对于"1+1"这个算式，计算机给你的答案是2。

是不是又烦琐又麻烦，一眼看过去根本不知道我在说什么？别急，多看几遍就能理解，你也会知道为什么计算机没有智慧。它们不会计算1+1，也没有思考的能力，只不过是电路的通与断导致的一个结果而已。就像是你按下开关，灯亮，你不按它就不亮，如此而已。

而处理器中有万亿数量级的电路，通过合理的方式组合在一起，就有了强大的计算能力；工程师再编写合适的代码，代码翻译成二进制语言进入处理器，最终就会输出特定的结果;你按了一下鼠标或者键盘,实际上就是添加了一些电路的通与断,最后得到的结果自然会改变。

你执行某些操作或者输入某些信息,而后计算机捕捉到你的动作,并且将它们全都翻译成"110100101……"这样的电路通断,输入处理器之后进行计算,再输出一段电路通断,通过翻译器,就变成了显示器上的图像,或者耳机里的声音。

这就是计算机。计算机的核心是处理器,单说处理器的话,中国所能制造的最好的处理器,与世界顶尖产品仍然有着天与地一般的差距,并且短时间内几乎不可能追得上。但是,想要亲手做出一个可以运行的处理器,那确实是有人成功过的,没有借助专业工具,只用到了最基础的电路元件和他的双手。

至于超级计算机,虽然使用着相同的基础原理,但规模上是天差地别。有的超级计算机,一间教室都摆不下(见图23-1)。

图23-1　超级计算机机房

所有的计算机都需要用到处理器,个人电脑的处理器根据配置的不同,从单核心处理器到64核心处理器都有,越高端的处理器成本越高,通常有工作需求的人才会选用。但无论如何,个人电脑上都只有一个处理器,企业用来当服务器的电脑上可能会有2个甚至4个,至于超级计算机?

以中国曾经的头号超算"神威太湖之光"为例,它总共有40个运算机柜和8个网络机柜,每一个运算机柜都比家用双门冰箱略大;每个机柜内有4个超节点,每个节点有32块运算插件,每个运算插件有4个运算节点,而每1个节点里有2个处理器。这样算下来,每台机柜都有1096个处理器,整套神威太湖之光一共有40960个申威26010处理器。

单独看申威26010处理器，它有4个主核心和256个处理器单元，相当于单片处理器拥有260个处理器核心。这些处理器有着专用的操作系统控制，精心设计的主板，风水混合散热等技术优势，使得申威一度成为全世界最强大的超级计算机。

中国的第一台超级计算机诞生于1993年，它的名字叫作曙光一号，运算速度为每秒6.4亿次。

1995年，曙光1000的峰值速度达到了25亿次。

2004年，曙光公司研发出曙光4000A，成为国内首台每秒运算超过10万亿次的超级计算机，并代表中国首次进入全球超级计算机TOP500排行榜，位列第10位。

2008年，曙光5000的运算速度便达到230万亿次，使中国成为继美国之后第二个能制造和应用超百万亿次商用高性能计算机的国家。

2009年，天河一号的性能达到每秒1206万亿次，也使中国成为继美国之后世界上第二个能够自主研制千万亿次超级计算机的国家。2010年，国防科大对天河1号进行了升级，天河1A的Linpack实测运算能力从天河1号的每秒563.1万亿次，提升至2507万亿次，一举夺得全球最强超级计算机的宝座。

2013年，国防科大成功研制出天河2号，高达55PFlops的性能使其傲视群雄，六度蝉联TOP500排行榜首位。

2016年6月20日，全球超级计算机500强榜单公布，使用中国自主芯片制造的"神威太湖之光"取代"天河二号"登上榜首，成为世界首台运算速度超过10亿亿次的超级计算机；其每秒浮点运算峰值达到12.54亿亿次，持续运算能力达每秒9.3亿亿次，运算速度是使用Intel芯片天河二号的3倍。

纵观中国超级计算机发展历程，我们不得不感慨这项技术进步的可怕速度。从亿到百亿到万亿，再到如今天河三号的百亿亿次，来自中国的超算只用了不到30年的时间，就完成了超过10亿倍的进化。目前，全球最强的计算机是来自日本的"富岳"，峰值性能是每秒40亿亿次计算。

而从计算机诞生到现在，也不过70多年的时间。计算机的进步速度，远远超出了大多数人的想象，即使是个人电脑，更新换代的频率也目不暇接。Inter在以2018年发售的9900k处理器为例，上市时价格不到500美元，但性能和1997年全世界最强的超级计算机不相伯仲。

或许20年之后，普通人家里都会有一台相当于神威太湖之光的计算机呢！

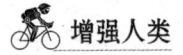

3. 超级计算机的价值

普通人拥有超级计算机是没有用处的。超级计算机没有图形显示卡，也就是说，它根本没办法打游戏、看电影，甚至不知道该如何使用它，庞大的发热量和可怕的耗电量也绝对不是普通家庭能够承受的。家用电脑属于通用型产品，需要完成多种不同的工作；超级计算机是一种专门针对科学数据做运算的设备，二者也不好进行对比。

而在专业领域，超算的地位则没有任何事物可以取代。

举个例子。当设计飞机的外形时，需要计算机身周围空气的流动，以及飞行器本身的受力情况，这样才能制作出结构合理的飞机。气流的具体状态是无法准确感知的。常用的计算方法是把空气、机体分割成一个个小块，分别计算每个小块的运动和受力，再整合起来得到整体的运动和受力情况。

分割得越精细，每个区域的体积就越小，计算就越准确，最后的结果也就越接近真实情况。同时，这么做也会带来计算量的陡增。将精细度从1米增加到1分米，计算量就会增加1000倍；若是精确到1厘米，这个数字便增加到100万倍；而每一个区块都需要进行大量的计算，如果用个人电脑来完成这样的计算，怕是需要几十年的时间。超级计算机上的处理器虽然主频不高，但胜在处理器核心多，就可以将如此多的任务平摊给每一个处理器，让任务的总耗时大大减少。

与我们日常生活关联最强的，是天气预报。卫星确实可以看到当前的云层状况，经验丰富的气象学家也可以根据风向判断出某地区第二天的天气情况。但要根据云层、风向、气温甚至洋流和工业排放来精准预测出几天甚至十几天之后的气象状况，那就只有超级计算机能够做到。同时，对地表状况的监控也不只应用于天气预报，对大气循环、温室效应预测、地壳及地震监测、洋流与渔业咨询等方面也有重要意义。

药品的研制也是超级计算机大显身手的地方。开发一种新的药品，通常需要研制和试验的很多步骤，一般需要大约15年的时间。超级计算机可以对药品分子与细胞的反应进行模拟，从而对治疗效果和不良反应进行预测。美国基因工程技术公司的研究团队，就曾经利用超级计算机，在14个月里从50多万个化学分子中筛选出两个候选药物进行最终的临床试验,而整个过程中,实验室里真正合成的分子只有 2000 个,其余的全都依靠超级计算机模拟解决。仅仅是这一项药物的开发,超级计算机就节约了上百倍的时间和成本。

石油勘测也需要利用超级计算机,同时还要利用炸药。具体做法是先在地面进行爆破,同时用仪器采集震动反射波,将大量数据输入超级计算机。因为存在石油的区域受到震动后,所反馈的震荡波与普通岩层不一致,计算机分析数据之后就可以判断出哪些地方存在石油,或者哪些地方存在溶洞之类。这种方法极大地节省了时间,并且保证了勘探工人的安全。

一些国家还可以利用超级计算机来进行核爆炸模拟。是的,就是计算机刚刚问世的时候,人们用它来做的第一件事情。制造核弹可并不是简单地将核燃料放在一起就行。核物质有放射性,会随机(但也有一定规律)地向外释放中子。其他核物质如果获得这额外的中子,就会裂变成几个更轻的元素,并且再释放出更多的中子。如果有相当多的核物质聚集在一起,这个过程就会持续不断地进行下去,并且释放出大量的能量。这个过程被称作"链式反应",核弹与核电站都是依照这个原理建造的。

这个"相当多的"十分苛刻,它不能太多,又不能太少。所有的原子都是非常空旷的,原子核与原子的比例,大概相当于一颗玻璃珠与一栋大楼。除了原子核,原子里剩下的地方都是空空荡荡的,只有难以捉摸的电子在飘荡。一颗原子发射出的中子,能否撞击到其他原子的原子核产生裂变反应,这个概率非常小。所以,需要足够多的核燃料聚在一起,链式反应才能顺利发生。

但如果核燃料足够多的话,发射出的中子撞上其他原子的概率太大,链式反应自然也非常容易发生,核弹在造好的那一瞬间就会马上被引爆,这可不行,所以核燃料的数量又不能太大。这个尺寸上限就是某种核物质的临界点。

科学家们的做法是制作两块核燃料,它们单独的体积都小于临界点,但挤压碰撞在一起之后大于临界点,并且触发链式反应;核弹内部的核燃料正是被分成了两块,在外部炸弹引爆时,两块核燃料紧紧挤压在一起,核弹就爆炸了。

1996 年 9 月 10 日,联合国大会通过了《全面禁止核试验条约》。此后,所有国家都只能通过模拟的方式来试验核武器。核武器的模拟对计算机有着非常高的要求,因此就有了先有超算,再有核武的局面。美国劳伦斯利夫摩尔国家实验室就曾使用计算速度为 360Tflops 的 IBM "蓝色基因"超级计算机进行过核弹爆炸三维模拟。

网络上流传着中国第一颗核弹的故事,说当初那群无名英雄硬生生用算盘计算，用人力将核弹爆炸给模拟了出来。这个说法有待考证。事实上，当初中国是有一台计算机的，虽然许多部门都抢着用，但核弹如此重要的事情，一些最困难的计算让计算机进行还是没问题的。

除此之外，超级计算机在交通运输、资源调度、航空航天、天体计算、前沿物理方面也有着重要作用。这些应用都有一个特点，人们知道它要怎样计算，也能够算，但运算量实在是太过庞大，花上几百年的时间都算不完。这个时候，计算速度每过几年就增加10倍的超级计算机，就派上了大用场。

4. 超级计算机的未来

要谈论超级计算机，就应该把个人计算机也带上。计算机的出现，没有完全取代人的智慧，但至少将需要人来进行的计算工作给取代了。即使是个人电脑，它们的计算能力也远远超过人类本身，可以代替我们完成许许多多的任务，并且还允许我们使用各种各样的软件来进行工作、娱乐、通信。甚至在微波炉、电冰箱和电磁炉上，也都可以找到一块简单的CPU，正是它们的存在，你才可以只按几下按钮就让电器进行全自动的复杂工作（见图23-2）。

图23-2　计算机CPU

如果说个人计算机为民众的日常生活带来了便利，超级计算机便是解除了整个人类文明进步的枷锁。没有超级计算机的话，人类可能直到2000年都造不出第一颗原子弹，也就不会有后来的核电站，能源的瓶颈便锁死了科技的发展；医药、天气与交通工具的制造也会受到极大的影响，民众的生活质量会大打折扣；最严重的是，火箭永远无法升空，再过1000年，人类也还是会被困在地球上，在资源匮乏与战乱中走向灭亡。

文明进步的核心是人类本身，但无论如何，都需要计算机这个强大的仆人来解除进步的枷锁，并且铺平前方的道路。我们有能力去做，但常常需要计算机处理完数以百万计的数据之后，告诉我们怎么去做。

超级计算机的另一个意义，是为人工智能带来了可能性——有真实而完整智慧的人工智能。

制造人工智能还有一种可行的方式，就是模拟大脑的每一个细胞。人脑的单个细胞是没有思考能力的，它们都只是单纯地接受信息，然后发出信息。有的细胞可能具有多个能力，但原理都一样——在接收到其他神经细胞传递来的信息时，自己向下一个细胞传递特定的信息。从功能上看，一个神经细胞就相当于一块简单的电路板，并且这也是计算机完全可以模拟出来的。海马体记住临时记忆，杏仁核释放恐惧激素，视觉中枢控制眼球，听觉中枢控制耳膜，语言中枢将声波与文字解码成语言并理解，这些功能都可以通过解码来做到。

成年人大脑中包含850亿～860亿个神经元，每个神经元又包含了胞体、树突和轴突，加在一起，对超算而言也是难以完成的任务。既然人脑不行，那一只老鼠，甚至一只蚂蚁的大脑，总能够实现吧？如果能模拟出简单生物的行动，将来超算的性能进一步提升之后，就可以继续模拟出越来越高级的生物。至于人工智能，并不需要它完全模拟一个人的大脑，关于生物的那一部分完全可以去掉，我们需要的只是它与我们交流的能力。

不管是大脑模拟，还是"翻译书"，人工智能都需要强大的超级计算机作为载体。而这二者对人类的未来而言，都是具有重要意义的。如果我们的胆子再大一点，目光放得再长远一点，许多年之后的人类会不会完全抛弃血肉的桎梏，将精神和意志寄存在计算机中，整个人类文明都转变成机器人呢？如此一来，生命彻底得到了解放，人与人之间再也不会有高低贵贱之分，再也不会有犯罪，也不必担心生存……

别急，这是之后的章节要讲述的内容。现在先看一看你的手机或者电脑，它们的里面都有一颗小小的处理器，它从不出声，从不抱怨，要的也不多，但在你需要的时候，它一定会力所能及地为你解决所有的问题，甚至在你忘了的时候，它还能够按照计划帮你处理一些事情。而这个比不少人还要聪明的小东西，其实只是由一堆电路组成的，它的思想也只不过是1和0罢了。

但就是这 1 和 0 的组合，能创造出这么伟大的东西（见图 23-3）。

图23-3　超级计算概念图

第24章 速度的尽头：超光速与跃迁

迈向宇宙的第一步

1. 15 分钟以外

尽管我们目前最高的成就只是把人送到了月亮上，但许多人都坚信并且期待着，总有一天人类会走出太阳系，走出银河系，甚至探索整个宇宙。并且几乎可以肯定，人类征服的第一颗外星球，一定是火星。

确切地说，火星并不是一颗多么好的星球，但对比其他的选项，火星就显得很不错了。太阳系内的八大行星，外面4颗都是气态巨行星，根本无法着陆，也就不可能用于殖民。再往外还有冥王星和柯伊伯带里的诸多小行星，但距离过远，也就不在考虑范围内了。

这一下子就让人类的选择减少到了4个——水星，金星，火星以及月球。

水星是距离太阳最近的行星，白天时赤道地区温度可达432摄氏度，夜晚会降至-172摄氏度，并且直径只有地球的40%。过小的体积和过大的温度差让这里不可能成为殖民地。金星的体积与地球非常接近，但它的表面温度可达464摄氏度，这样严酷的环境别说人类，连电子设备都无法正常运行，随时会烧坏。

至于月球——是最容易登陆的外星球，但它实在是没有什么殖民价值。月球没有大气层，没有水体，引力过小，甚至土壤也不能用来种菜。要在月球上建立殖民地，还不如直接建造殖民空间站。

那么，火星就成了唯一的选择。征服火星的难度，确实比征服其他任何一颗外星球都要简单，并且都更有价值。

火星的直径只有地球的一半多，表面重力为0.38G。尽管只有地球引力的1/3多，但也比月球好，而且小的引力让火星上的工业与生产都更加方便了。

火星表面温度跨度为 –133 摄氏度到 27 摄氏度，虽然冷的时候也让人类受不了，但也没有到冻坏建筑物的地步，大部分时间殖民者都可以靠着保暖挺过来，甚至夏季还可以穿着背心在户外行走。最重要的是，火星的自转周期是 24 小时 37 分钟，与地球非常接近，殖民者几乎不需要调整作息。

确实是存在比火星更接近地球的星球，但它们无一例外地都太远了，所以火星永远都是外星殖民的第一选择和必经之路。

但显然，这也绝对不是一件简单的事情。殖民整个宇宙所需要的技术，在殖民火星的那一天，可能就已经研发了一半。无论殖民哪一颗星球，所需要的技术都是大同小异的，其中某些技术更是全宇宙通用，比如，跨过这漫长距离的技术。

假设你是一名优秀的飞行员，报名 SpaceX 公司的火星殖民计划并且成功入选，甚至火箭都已经建造好了。那么，你要做的第一件事情，是等待。地球的公转周期是 365 天，火星则是 686 天。可想而知，大部分时间地球与火星的距离都非常遥远，中间要隔着一个太阳。只有在地球与火星运行至二者比较接近的时候，来自地球的飞行器才能在较短的时间内飞向火星。而这个适宜发射的窗口期，每 26 个月才会出现一次。

当飞船升空之后，你要做的事情，还是等待。现役的宇宙飞船，需要至少 8 个月的时间才能抵达火星，这还只是运载探测车的飞船；如果是载人飞船，肯定需要居住舱和大量的食物补给，还要考虑到重力加速度对人体的影响，因此可能要 10 个月乃至 1 年才能抵达火星。

终于，你抵达了火星，可以开始着手建造殖民地了。这可比在地球上修建建筑要困难得多，因为火星上的大气密度只有地球的 1%，并且氧气十分稀少，在密闭的居住舱修建好之前，你必须全程穿着笨重的太空服。

火星的重力虽然只有地球的 1/3 左右，但建筑材料对人类而言仍然非常沉重，你需要用笨拙的机械臂，将居住舱的部件一样样地从飞船上取下来，一点点地安装完成；具体的安装过程，机械臂是无法胜任的，只能由人力完成。就算人的双手是如此灵巧，穿上太空服之后也会变得相当笨拙，工作速度会非常缓慢。从登陆火星一直到建好一个能够住人的小房子，可能要花上很多天的时间。

好不容易能够脱下宇航服了，你迫不及待地想要向地球方面报告这一喜讯。可惜的是，你还是得等待。地球与火星的最近距离约为 5500 万千米，最远距离则为 4 亿千米，即使是电磁波，也要走上几分钟甚至十几分钟的时间。而当太阳正好处在二者之间时，通信则会完全失效。所以，向地球发送一则信息之后，哪怕技术人员一直守在电脑前等着你的消息，你也要过半小时才能收到来自地球的消息。

登陆火星的人，必须拥有过人的胆识，在意外情况面前必须保持冷静，遇到危险时能够从容应对；还得博学多才，能够使用基地里的一切东西，会种植植物，能够修复和维护设备，能够治疗常见的疾病。总而言之，必须是生存大师。要知道，就算地球上的人可以教你这些东西，他们也远在上亿公里之外，在发生意外状况时让他们来教你怎么做，那一切都太迟了。

现在，你开始着手改造火星了，发誓要把它变成和地球一样风景宜人的地方。第一步，是脱下防护服。但是，很快你就会发现这难度实在太大了。

火星的引力很小，因此大气层很稀薄，就算往火星上大量输送气体，最后大气层厚度增加，最后还是会逃逸掉。可以认为，火星的气压永远也无法增加到能够让人类自由呼吸的程度。但科学家们不甘心，他们想出了一个疯狂的办法——建造行星戴森球，把整个火星包裹起来，然后给这个巨大的"太空舱"进行增压。

火星的表面呈现红色，因为它覆盖着一层厚厚的岩石碎屑，它们几乎都是金属氧化物，其中的氧可以用于呼吸，而金属自然可以用于建造。你和你的团队决定从小的开始，先就地取材，提取足够的铁来制造一个小房间，再扩建成大楼。等到将来人力物力提升了，就一直将基地扩建下去。最后，它总会覆盖火星表面的大部分区域，这不就可以了吗？

你们说干就干。这个活并不难，氧化铁更是只需要电能就可以还原成氧气和水，你们很快就得到了不少的建筑材料。可是，要还原其他的金属氧化物就需要更多的资源了，这必须从地球运过来。而且你们只能进行一些简单的化学实验，材料的加工和仪器的生产，尤其是精密仪器的生产，在火星基地是没办法进行的，以及后勤补给，火星也需要依靠地球，这些都得从地球运过来。

你们向地球下了一份订单，地球方面爽快地答应了你们的要求，只有一点不好：得等待。等到下一个窗口期火箭才能发射，要经过10个月的时间，火箭才能把这份太空快递送到你们的手上，在此之前，你和你的团队成员们只能等着。

光等着也不是办法，无聊的你们找点事做。正好火星餐吃腻了，大伙决定尝试着自己种一点东西吃。根据火星车们对火星的研究，火星表面的土壤确实是可以种植物的，它含有植物生长所需的大量营养物质，飞船里也有足够的水。

不同地区的土壤肥沃程度不一样，有些地区营养不良，有些地区则非常肥沃，但无一例外，它们都是风化土壤，里面没有蠕虫和微生物。

不过，这难不倒你们。你们找来了一些肥沃的火星土壤，往里面掺杂了船员们的粪便。这可能是你们自从登陆火星以来遇到过的最艰苦的任务了，但它是唯一能够让火星土壤变成有机土壤的办法，农耕时代的农民不就是用这种方法种地的吗？而且用于堆积粪便的储物舱迟早有一天会堆满，这种方法正好能够将粪便消耗掉，一举两得。

早在2016年，研究人员就用同样的物质和同样的比例，混合出了模拟的火星土壤，加入一些有机物，并且尝试性地种植了番茄、黑麦、萝卜、豌豆、韭菜、菠菜、菜花和藜麦。它们的产量，仅仅比地球土壤的产量要低一点而已。

先前也已经有航天员在空间站内进行了无重力环境下的植物栽培，许多植物都成功地生长并结果，尽管其长势与重力环境下不同，但结出的果实都被证明是安全可食用的。那既然如此，拥有重力的火星，自然也不是什么问题了。

不久之后，你们的第一批农作物成熟了，大伙饱饱地吃了一顿，举杯庆祝，预祝人类早日征服火星。但你们没有料到，火星真正的考验，现在才刚刚开始。

首先是健康问题。飞船肯定会携带着足够的药物，航天员的身体素质也都是万中挑一的，但谁也不能保证某个队员会不会生什么奇奇怪怪的病，飞船上正好又没有储备相应的药物。如果某个队员因为意外事故遭遇了外伤，这里也没有医生和手术室可以为他治疗。他极有可能会死在某一次小小的意外之中。需要注意，所有的航天员回到地球之后，几乎全部都出现了骨质疏松的症状，无重力和低重力环境对于人的身体本就是有影响的。也就是说，在火星上哪怕只是摔了一跤，也有可能折断你的骨头。谁能保证意外不会发生呢？而最近的医生，就算马不停蹄地赶过来，也要几年的时间。

其次是补给问题。飞船肯定会带来足够的食物，但航天任务必须考虑成本，尤其是食物这种消耗非常快的东西。只要一场地震，就可以破坏基地内大量的设备，甚至包括储存食物的仓库和你们辛辛苦苦搭建起来的植物园；在接下来的时间里，就算队员们什么都不做，食物也不能够坚持到救援队的到来。

最后，就是基地本身。基地是队员们在火星上唯一的住所，也是最后的保障。基地一旦损坏，队员们就只能等死了。火星基地全都是最安全、最先进的设备，出问题的概率比地球上任何设备都小。可怕之处在于，它容不下任何问题，容错率为零。在地球上遇难，哪怕是流落在太平洋中心的荒岛上，搜救队也可以在几天之内赶到，但是在火星呢？从发出求救信号到回到安全的地方，需要几年的时间，救援队也根本无法在短时间内抵达。

通信的问题也让船员们的精神娱乐受到了很大的阻碍。地球与火星的距离太过遥远，信号衰减严重，也容易丢失信息，因此只能用较为低频的电磁波来传递信号。如此一来，信息传输的速率也会大大降低，两地之间几乎只能进行任务上的交流。也就是说，在执行任务期间，队员们不能看新闻，与家人交流也受到了阻碍。他们能够用以放松的，只有预先带过去的游戏、小说、影视作品和空旷沉寂的火星。除了身边的队员之外，他们不能和任何人交流。在这种情况下，每个人的心理健康都会受到极大的挑战。

除此之外，设备的更新、升级，人员的更换，都需要等待两年一次的窗口期和长达 1 年的旅行。即使是一个只负责侦察和警戒的前哨基地，这样的距离也实在是太过于漫长了。

最后，你终于完成了火星科考任务，准备回到地球。即使返程用的飞船早就已经来到火星，到窗口期和飞行时间，整趟旅途总共也要消耗 3 年的时间。其中真正在火星上作业的时间，只占了 1 年左右。整个火星任务，有 2/3 的时间你都待在飞船上，看着漆黑的宇宙发呆。而在返程的飞船上，你不禁开始思考这么一个问题。

火星基地的工作与生活条件都这么差，最大的问题就是与地球的距离太远了。但距离本身是不能改变的，火星只有在它的轨道上才能正常运转，如果将它移动到地球的附近，哪怕只是移动到月球的位置，地球都会因为火星的引力而遭到毁灭性的破坏，甚至两颗星球会相撞。那么，人们只能从移动速度上下功夫。

飞船的速度和通信的速度，最快可以多快呢？

或者说，人类已经拥有了"飞行"这个能力，那怎么样能够让这对翅膀更加有力呢？

2. 速度的尽头

即使是电磁波，从地球发射到火星也要十几分钟，还得考虑信号衰减等问题，二者之间的通信是非常困难的。电磁波都如此，航天器的情况就更差了。截至目前，人类所创造的最快的航天器是美国国家航空航天局在 2018 年发射的帕克太阳探测器，最大速度达到了 109 公里每秒，这只不过是光速的 1/3000。而这还是在它不装载任何人员与物资的情况下。若是要执行运输任务，帕克太

阳探测器绝对无法胜任。

征服火星势必要从地球运送大量的物资和人员,在将火星改造成可供一定人员长期居住的状态之前,来自地球的补给都不能切断,而每一次补给从准备开始,都要耗费数年的时间,这对火星殖民者来说是非常不友好的。一旦出现了什么意外,地球方面几乎无法提供任何帮助,即使是遗言,也需要几十分钟之后才能传输到地球上。

火星与地球的距离只不过几十光分,对火星的殖民就如此艰难,那太阳系以外的行星就更是天方夜谭了。离太阳最近的恒星比邻星,也远在4光年之外,帕克太阳探测器在不出任何意外的情况下,要1.2万多年才能抵达。

1.2万多年的时间,殖民飞船上的殖民者已经繁衍了300代,走过了比人类文明还长的旅途;而1万多年的时间,人类说不定已经造出了更好的飞船,抢在他们面前到达了比邻星。也就是说,用低速飞船来进行星际殖民,根本就没有意义。

即使我们不要求比邻星殖民者为地球提供任何帮助,只希望他们能够在远方好好地生存下去,这也是有很大的隐患的。太阳与比邻星相距4光年,电磁波通信也要走上4年才能抵达,一来一回就是8年,地球与殖民地之间根本无法进行通信。所以无论如何,我们都必须要找出一种非常快速的,传递信息与运送物资的方式——要比光速更快。

首先要明确一点,我们通常所指的"超光速",指的是要超越光在真空中传播的速度,即299,792,458米/秒。光在各种介质,比如,空气、水、玻璃等介质中传播时,速度是会降低的,在特殊材质中甚至会降低到比人的步行还慢,在这种情况下,超越光速并没有什么意义。

超光速通信看起来是比较简单的目标,因为我们目前的通信速度已经达到光速了,就差这么临门一脚。超光速通信的研究方向,或者说可能的实现方式,叫作"量子纠缠"。

在量子力学里,当几个粒子在彼此相互作用后,由于各个粒子所拥有的特性已综合成为整体性质,无法单独描述各个粒子的性质,只能描述整体系统的性质,则称这现象为量子缠结或量子纠缠。两个暂时耦合的粒子,不再耦合之后彼此之间仍旧维持的关联,这种现象就叫作量子纠缠。

比如,你手上有一个粒子,你的朋友在1000公里之外,手上有另一个粒子。它们处于量子纠缠状态,并且可以确定它们其中有一个是A,另一个一定也是A;其中一个是B时,另一个也是B。那么,在你观察了你的粒子后,可以立刻知道你朋友手上的那个粒子是什么，不管你们之间相隔多远，哪怕这个距离增加到1万光年。

这种现象最先由爱因斯坦、罗森和波多尔斯基在一篇合作完成的论文中提出，随后被薛定谔深入研究。不过在当时，薛定谔和爱因斯坦都对这个概念并不满意，因为根据量子纠缠理论，两个粒子发生变化的时间是完全一致的。哪怕是光，要跨越一段距离也是需要一定时间的，但粒子之间的"纠缠"则耗时为零，它们竟然比光还要快，这是科学界难以接受的。

不过，它确确实实存在。2017年6月16日，来自中国的量子科学实验卫星墨子号，完成了人类历史上首次量子纠缠实验。两个量子纠缠光子被分发到相距超过1200公里的距离后，仍可继续保持其量子纠缠的状态。

2018年4月25日，芬兰大学的实验团队成功地让两个独自振动的鼓膜发生了两i再纠缠。每个鼓膜由10个铝原子组成，在接近绝对零度的条件下，它们持续进行了约30分钟的互动。这一次实验表明了量子纠缠不局限于光子这样的粒子，甚至能作用于更宏观的事物。既然10个铝原子可以，那么100个、1000个呢？如果通信器内的电子元件能够进行量子纠缠，那超光速通信岂不是就实现了吗？

其中有一个误区。首先，两个互相纠缠的粒子，并不是超越光速完成了信息的传递，而是带着一样的信息分开到了很远的地方。对物理学感兴趣的人可能听过薛定谔的猫：在盒子打开之前，猫处于既死又活的叠加状态，在打开盒子进行观察的那一瞬间，猫才从两个状态坍缩成了其中的一个状态——活着，或者死了。

打个比方，你写了两封一模一样的信，寄给不在同一个地方的两位朋友，其中一位读完了信之后，立刻就知道另一位朋友收到的信是什么内容。这两封信的内容一定是一模一样的，但它们事先经过了邮递员的运输，才到达了两个相距很远的地方，所以，信息的传递速度并没有超过光速。

无论如何，超光速通信似乎陷入死胡同，科学定律其实也早就证明了信息的传播速度无法超过光速。但不可否认，量子纠缠状态确实是可以用于通信加密，并且已经被证实是无法破解的。

那我们不妨换个思路。既然信息不能超过光速，物质是否可以呢？比如，超光速飞船上有一位邮递员，他携带着信件在地球与火星之间往返，这样一来，不就把两个问题都解决了吗？

要让物体超过光速，难度就大得多了。或者说得直白一点，这不可能。根据相对论，任何有静止质量的物体都无法达到和超越光速，即使是接近光速也不行。哪怕只是一个原子，在你将它不断加速到光速时，继续加速所需要的能量就会越来越大，达到光速的那一瞬间，所需要的能量就会等于无限大，而宇宙的物质和能量是有限的，也就是说，这种加速不可能达到。

既然如此，还有没有什么别的方法，能够用少于 4 年的方法抵达比邻星，甚至是更遥远的星球呢？

现在，你可以拿一张纸，尝试完成一次发生在二维世界的空间旅行，或者叫作跃迁。

首先拿出一张纸，画下一个点 A，在远处画下另一个点 B，将它们连起来，这条直线就是两点之间的距离。现在想象有一个二维世界的生物，比如说，不会飞只能在物体表面爬的蚂蚁，它要从 A 爬到 B，这条直线就是最短的路径，无论如何也找不出比它还要短的路。

但身在三维世界的你，可以将这张纸折叠，让两个点对准并叠在一起。此时，在蚂蚁的眼里，空间就扭曲了，千里之外的地方一下子就被拉进到了眼前；如果你将这两个点都戳成孔洞，蚂蚁就可以从 A 点迅速爬到 B 点；这时候再将纸展开，蚂蚁就用一秒钟的时间，完成了平时十几秒才能走完的旅行。

在高维生物的眼中，我们所生活的宇宙，也只不过是一张可以随意弯曲折叠的纸罢了。将三维空间折叠起来，这听起来很玄幻，但它确实是有可能实现的，只不过生活在三维世界的我们难以想象罢了。正如二维世界的"蚂蚁"，很难想象自己生活的空间竟然可以折叠。

不过，跃迁虽然是个可行的方案，实现起来仍然有难度。跃迁对蚂蚁来说很方便，但蚂蚁本身是没办法折叠纸张的，这件事只有三维生物人类能完成。同样，人类若是要将三维空间进行折叠，就必须要进入四维空间，才能对三维进行操作；如果要在三维空间直接完成，那就像让一群蚂蚁折叠纸张一样，虽说不是绝无可能，但难度也非常之大。

无论如何，跃迁技术终究是为天文尺度的所有事情都提供了便利。我们并不是真的非要让什么东西超过光速，而是要利用超光速来解决一些问题而已。那既然超越光速在物理上不可能实现，我们就去寻找其他的解决方案，而跃迁，可能就是我们需要寻找的答案（见图 24-1）。

图24-1 超光速跃迁概念图

3. 超越光速的价值

不管是超光速通信,还是超光速飞船和跃迁,都是为了解决同一个问题——太空环境下长得过分的距离。

当超光速通信和跃迁技术成为现实,并且它们的成本被控制到人类可以接受的范围内时,会发生什么呢?

首先,火星几乎立刻就会成为人类的殖民地,这是毫无疑问的。人类已经有能力造出空间站,在没有土地、没有重力、没有大气层的虚空之中,都能让人长期生存下去,更何况是一颗岩石星球的表面呢?

火星的大气成分主要成分是二氧化碳,其次是氮气和氩,最后是少量的氧气。二氧化碳可以被植物吸收,氩是惰性气体不会产生危害,至于氮气,地球大气有78%是氮气,自然不是什么问题。只要行星戴森球,或者覆盖火星大部分表面的殖民基地能够建成,就可以运送大量的氮气和氧气输送到火星表面,把这种简单的工作一直持续下去,火星的大气层就可以允许人类呼吸——毕竟原来的气体成分,现在都在那 1/100 里了,对人体不会产生什么影响。而有了足够的气压进行保温,火星的表面温度就会缓缓上升,最终人类可以不依靠防护服就在火星表面自如行走。

至于土壤,之前已经说过了,很轻松就可以改造成适合种植植物的状态,所需要的东西都可以从地球运过来。火星的体积不如地球，但是因为没有海洋，它的面积，和地球的陆地加起来一样大——可以让地球上所有的国家都获得一块等同于国土面积的土地！

根据火星车的调查显示，火星的两极存在少量固态水，地下也有冰层的存在。不管从哪个角度看，这都是一颗非常适合殖民的星系。食物无法大规模种植，那就从地球运送过来，而这么一颗广袤的星球，它上面有多少金属矿物资源和化学物质资源呢？

可以这么说，火星就是一个看得见摸不着的巨大宝箱，或者一处深埋在地下的巨大矿脉。跃迁技术则是打通一个大洞，让人们可以轻松地从它身上获取资源。甚至可以这么说，我们可以随意开采而不需要担心环境问题——火星上本来就没有任何生命，人类是居住在地球上的。就算不殖民，不开拓疆土，单纯地开发资源也是非常好的（见图24-2）。

图24-2　火星基地概念图

这也是外星球开发的好处之一。地球毕竟是人类的生存之所和最后保障，必须要保证一个宜居的环境，因此，矿物不能过度开发，化石能源不能过度燃烧，工厂也不能开得太多，核武器不敢试验，核电站不敢随便建造，城市的扩建也必须注意不能破坏森林和动物自然保护区……

但是，外星球就不需要担心这些问题，我们想要做什么都可以。毕竟外星球基本上都是没有生命的，完全没有任何伦理道德上的恐惧。如果是一颗拥有生命的星球——发现外星生命以及一颗允许生命存活的星球，这可比矿物资源要有价值多了。并且这也是需要跃迁技术提供支持的，不管是要对外星生命进行研究，与外星文明建立外交关系，或者干脆送满满一船的核弹过去，都需要跃迁。

至于超光速通信，即使是跃迁技术还没出现的时候，它也有存在的价值。不只是火星探测车可以和地球进行实时通信，那些飞出太阳系的探测器也可以非常及时地向地球传递信息。如果我们能够在冥王星的轨道，柯伊伯带里安置足够的探测器，就能及时发现飞进太阳系的流星，甚至是外星人的导弹。对于这些探测器，哪怕是火星车，有了超光速通信之后，技术人员也可以实时操控它们行动，或者控制它们进行自我维修。这就大大提升了它们的工作寿命，而不会像探路者号一样，因为一点电池故障就被埋在土里长达数十年。

有了超越光速的能力，人类文明，甚至是企业，都拥有了无限的发展潜力，再也不会被禁锢在"小小的地球"上了。

就算飞船可以达到 90% 光速，就算人类真的能够忍受 8 年的通信延迟和可能 10 年以上的物资往来延迟，那也仅仅是比邻星一个星系。整个银河系的尺寸达到 10 万光年……而银河系之外还有更多的星系，整个可观测宇宙更是以百亿乃至千亿光年为尺度，宇宙诞生到现在，也不过 100 多亿年。

无论如何，超越光速的旅行都是一个高等文明必须掌握的技术，否则它们一定会被锁死在自己的母星上，就算其他科技再先进，最后也会因为资源枯竭而灭亡。就算资源不枯竭，等到所在星系的恒星走到生命的尽头，它们也难逃一死。

4. 超光速技术对人类社会的影响

出于环境、政治等方面的考虑，人类的经济与科技发展总是带着一把锁的，发展速度总是受到一定的限制。最为致命的是，金属、化石能源与核物质的总量必定是有限的。于是，人类文明发展的上限，以及存在的时长，终归是有限的。

超越光速就是一把钥匙，解开了这道死死压制着人类文明的锁。

在很久以前，人类靠双脚移动，活动范围仅限于自己的部落，以及周边的几个山头，再往外便是未知的世界；后来，人类驯化了马，建造了驿站，便可以进行长达数十甚至上百公里的移动，但极少有人离开自己的国家；再后来，内燃机的发明带来了汽车和火车，人们终于可以在整片大陆上驰骋，而海的那一边和天空之上，仍然是只存在于幻想中的世界；紧接着，飞机、船舶和火箭便诞生了……

连光都要走上 4 年的遥远旅途，人类却能在短短几天内赶到，这可能吗？乍一听确实是天方夜谭。可是，登陆月球对 1000 年前的人来说，难道不是天方夜谭吗？那时候的人，甚至不知道月亮是一颗星球。

如今的天方夜谭，谁能保证在将来的某个时刻，不会成为茶余饭后的娱乐活动？

但是，超越光速也不完全是好事。它的弊端人类是可以避免的，可惜避免的概率并不高。

星际探险是有一定风险的活动，跃迁也绝对不会是轻易就能办到的事情。就算成功地完成了殖民，殖民者们也无法轻易地回到地球上来，极有可能这辈子都不会回来。或者说，有什么回来的必要呢？在那里他们是整个星球的主人，何必回到地球呢？

最重要的是，在跃迁变成家常便饭之前，地球是无法对殖民地进行有效管控的，殖民者必须有自己的"政府"来管理所有的殖民者。第一代殖民者或许能够保持对地球的忠诚，到了第二代、第三代，甚至第十代之后呢？还会有人记得自己是地球人吗？

到时候，他们如果脱离了地球政府的控制，自立为王，建立新的国家，而地球是没有任何手段能够阻止的。星际战争？实在是有些荒谬。

还记得人类在征服地球的过程中发生了什么吗？战争、战争，还是战争！宽广的美洲大陆，不仅没有让人们放下对土地和资源的争夺，还引发了许多殖民战争和种族屠杀。英国殖民者本来想要夺取这一块大陆，后来派出去的殖民者自己成立了国家。因为这是一片全新的大陆，没有任何竞争对手，反而发展得比母国还要强大，有了完全毁灭母国的能力。它为什么没有这么做？我想，很大一部分原因是二者享受着同一个大气层，所以不敢轻易动用核武器，战争被无限期地推迟了。但不可否认，它有这个能力。

在人类历史上，就有这样活生生的例子，谁能保证外星殖民不会出现一样的情况呢？更何况因为距离遥远，核武器怎么用都没关系。而星球与星球之间的战争，如果在人类的内部率先打响，后果是难以想象的。可能外星人还没赶到，人类就自己灭亡了自己。

超越光速给人类带来了几乎无穷无尽的土地、资源、生存空间和机遇，同时，也带来了混乱的契机。应该没有人会期待"火星帝国"的出现吧！

总而言之，超越光速是一把双刃剑，它的好处是解锁了人类的文明上限，坏处则是可能会让人类陷入一场足以导致文明灭亡的内战之中。不过换个角度想，就算不内战，人类将来肯定也会遇到文明水平比自己高得多的文明，并且它们不一定都是善良的。

这样想来，一场席卷整个种族的超级战争，或许是每个在宇宙中探索的文明，都必须经历的洗礼。如果一个文明能打赢或者化解这场战争，就证明它已经"成年"，拥有了踏足这茫茫星海的资格，也说不定。按照这种思路，超越光速的技术，就是文明的成人礼（见图24-3）。

图24-3　星际战舰概念图

第25章　倒转的沙漏：时空穿梭

避免一些本该避免的事情

1. 读档，试错，游戏通关

在上一章节中我们讨论了空间的问题，现在让我们来谈一谈时间。时空穿梭这种技术，是科幻作品里最常见的技术之一，同时也是最难以实现的技术。《明日边缘》这部电影，是将时空穿梭技术运用得最好的。尽管故事里出现的时空穿梭技术并不算特别先进，也有诸多限制，却发挥出了难以想象的强大效果。

威廉·凯奇少校是美国军方媒体记者。虽然身为少校，他却从来没有上过战场，甚至没有开过枪。他所做的是报道军人们在战争中的杰出表现，以此来鼓舞越来越多的年轻人加入军队。从这个角度看，他所产生的价值比无数个军人都要高。

但是，这没有什么意义。就算没有凯奇，地球上所有的人类总有一天都会投入战斗中去。因为这场战争并不是发生在国家与国家之间，而是整个人类文明，与一个强大外星文明之间的战争，并且，对方强大得多。

仅仅5年的时间，外星人就已经横扫了整个欧洲大陆。各国之间放下了过往的恩怨，联合起来组成抵抗军，并创造了超级战士来与之抗衡。这些由受过训练的士兵加上强有力的外骨骼装甲组成的军队，在法国的凡尔登打了一场大胜仗，极大地鼓舞了人类。

现在，斗志高涨的人类与外星人正在英吉利海峡对峙，凯奇准备搭乘直升机奔赴前线进行报道，见证人类的伟大胜利。不过，这趟旅途并不顺利。

凯奇来到伦敦，与联合防御中心指挥官布里格姆将军见面，参观了他们的作战计划。整个联合防御部队准备从法国、地中海和斯堪的纳维亚进攻，缓解东部的压力，让俄罗斯与中国的军队将敌人击退；而后在中部集结全部的兵力，进行最后的反攻。

将军还有一个很特殊的要求：卫星显示法国的海岸线上有少量敌人，军队明天会对此地发起一次进攻，因此让凯奇跟随前锋部队一同出发，拍摄士兵与敌人战斗的场面。他希望人们能够意识到这是一场残酷而伟大的战争，那些士兵的牺牲全都是值得的。

凯奇马上就拒绝了，他擅长的是宣传工作，并不知道如何去战斗。可是，将军根本不听他的要求，眼看凯奇如此固执，他干脆让手下人把凯奇打晕，直接扔到了军队里去，并且告诉前线指挥官：这是个逃兵。

凯奇在军事基地醒了过来，身上所有能够证明身份的东西都被收走，想要向上级打个电话都不被允许，简直叫天天不应叫地地不灵。指挥官也认为，这是一个逃兵，需要接受战争的洗礼才能成长。

凯奇一点办法都没有，他只能遵从士官长的命令，被迫加入J小队，等着第二天和他们一起上战场。在那之前，凯奇只有一个下午和一个晚上的时间来训练，而后就要穿上笨重的外骨骼装甲。上飞机之前，他甚至连怎么开枪都没学会。

这样的一个人，是一丁点战斗力都没有的，运输J小队的士兵又遭到了袭击。他们被迫降落。勉强落地之后，摔得七荤八素的凯奇根本没有心思战斗，只想尽可能躲避敌人的攻击活下来。在这里，他遇到了"凡尔登天使"瑞塔，一位在战争中立下奇功的女战士。两人只打了个照面，她就遭到了敌人的偷袭，当场死亡，凯奇则需要独自面对凶残的敌人。

幸运的是，慌乱之中的凯奇意外地学会了开枪；不幸的是，敌人实在是太多了，也太强大了。后来，有一个奇怪的敌人跑到了凯奇的面前——这些外星生物是机械结构，浑身长满了触手，动作十分迅速，而眼前的这只外星生物，身上还散发着诡异的蓝光。

此时，凯奇身上的弹药已经打光，也无法再移动了，他只好捡起战友尸体上的手雷。蓝色生物就在眼前，凯奇没有规避的空间，只能与它同归于尽。没人能在这样的爆炸之中存活下来，凯奇只觉得浑身都在疼，两眼一黑，就什么也不知道了。

但是，凯奇并没有死。

他尖叫着醒来时，发现自己正在军事基地，躺在一堆行李上，和昨天醒来时的情况一模一样。士官长又来叫醒他，训斥他，把他带到J小队要他加入，其间士官长说的每一句话都和昨天一模一样，J小队成员在被子下藏着的扑克牌也一样——就连牌的花色都和昨天如出一辙。

凯奇完全不理解发生了什么，他以为自己之前只是做了一场预知未来的梦。但这无济于事，今天的他仍然没办法证明自己的身份，只能被迫跟着J小队上飞机。飞机上队员们对他的嘲笑都和梦里的一样，一个字都没有区别。既然如此，梦中飞机遭遇的袭击应该也会发生。可惜凯奇反应得太晚了，他刚刚开口，飞机就发生了爆炸。

这一次他比较顺利地迫降在地面上，和梦里一样，那个胖胖的战友被飞机残骸砸死，凯奇也再一次见到了瑞塔。这一次凯奇离她很近，于是本能地冲上去扑倒了瑞塔，帮助她躲开了袭击，代价是凯奇自己中弹倒地。瑞塔没时间感谢他，转身便投入了战斗，而她才刚刚走开，就有一个外星怪物从旁边的地里钻了出来。重伤之下的凯奇完全没有能力抵抗，只能眼睁睁地看着怪物扑到自己身上……

他又醒了，还是在军事基地，还是士官长来喊醒他，还是那些听腻了的说教。至少可以确定一件事：这不可能是单纯的做梦，他一定是回到了这一天的早晨，并且知道明天会发生什么事——成千上万的士兵在海滩遭遇敌人的伏击，死伤惨重。

他必须劝说指挥官不要进攻。他把自己知道的一切都说了出来，包括J小队成员的名字和个人喜好，还背出了床上那副扑克牌的花色。可尽管如此，指挥官仍然不把他当回事，以为他是在说胡话。

于是，一切照常，军队仍然进攻海滩，飞机仍然起飞，不同的是，这一次他的嘴上贴了张胶带。眼看指挥官如此固执，凯奇只能换个思路。

他好像进入了一场游戏，并且在军事基地建立了一个存档点，每当他在战斗中死亡，就会自动读取游戏存档，在军事基地复活。那既然战斗无法避免，自己只要赢下这场战斗不就行了吗？

在一次次的战斗中，凯奇也逐渐学会了怎么操纵这套机甲，甚至能够击杀一些怪物。他知道瑞塔是个很强大的战士，在战斗中将瑞塔救了下来，并且依靠记忆隔着墙杀死了一些怪物。这一幕被瑞塔看在眼里，她对凯奇说，等你醒了以后来找我。

下一秒，凯奇便被一颗炸弹命中，回到了军事基地。但是，瑞塔说了那句话，意味着她知道凯奇会"醒来"，她一定对自己的情况有所了解。于是，在"第二天"，凯奇在训练中偷偷溜了出来，找到了瑞塔。沟通之后，凯奇总算明白自己的身上到底发生了什么。

原来，瑞塔曾经也有过和凯奇一样的经历——一次次地死亡，一次次地复活，复活之后仍然保留着记忆。凭借无数次战斗积累下来的经验，在凡尔登战役中凭借一人之力杀死了数百个敌人，因此一战成名。后来，瑞塔失去了这种能力，所幸记忆全都保留着，她仍然是一个优秀的战士。没有任何证据能够证明瑞塔所说的是真的，任谁也不会相信她，因此，她一直守着这个秘密。

而"前一天"的瑞塔见识了凯奇未卜先知的能力之后，马上明白过来他遇到了和自己一样的情况。凯奇回忆，自己第一次来到海滩上时，是死在一个发出蓝光的怪物身上。这种怪物有个特殊的能力：一旦它们死亡，就会将时间倒退到一天之前的某个时刻。当炸弹爆炸时，怪物的血液流进凯奇的身体，于是凯奇也有了这个能力。

瑞塔也判断出，在凯奇前往海滩的那一天，并不是"第一次"。在那之前，军队就已经进攻了海滩，杀死了蓝色怪物，导致时间回溯，因此敌人知道人类会进攻海滩，这才会设下埋伏。

但没有任何证据可以证明他们的"记忆"是真实的，进攻的命令由将军亲自下达，不可能因为两个人的说辞就取消。既然如此，他们能做的，只有想办法在"明天"的战斗中活下来。瑞塔开始了对凯奇的特训，亲自锻炼他的战斗技巧。

瑞塔对凯奇丝毫不手软。因为凯奇并不会真正意义上的死亡，所以训练中的一切都是最严苛的，这样才能最大化锻炼的效果。有时候，凯奇一不小心就会被训练用的机器人打成重伤，当然这没有关系，只要瑞塔给凯奇的脑门来上一发子弹就可以了，帮助他"读档"。

除了瑞塔之外，还有一个人相信瑞塔和凯奇所拥有的特殊能力——卡特博士，一名粒子物理与高等微生物学的专家。卡特研究过外星人，判断出重置时间的并不是凯奇和曾经瑞塔身上的血液，而是外星人的"核心"；蓝色怪物相当于标记。一旦标记死亡，就代表战斗失败，核心就会将时间回调一天，并且根据记忆调整战略，重新进行战斗。凯奇杀死一只标记之后，获得了节点的血液，他的死亡也会触发时间重置。

但同时，核心也知道有这么一个标记存在异常，会试图找到凯奇。卡特制作了一个仪器，能够在核心寻找凯奇这个标记时，反向找出核心的位置。十分不幸，那个东西现在被锁在将军的办公室，卡特手头只有一个简化版的仪器。

通过仪器，凯奇感应到了核心的位置，它藏在一个水坝里。现在他们要做的，就是挺过明天的战斗，突出重围，找到核心并且摧毁它。

有瑞塔亲自训练，凯奇的战斗技巧突飞猛进，但海滩上的敌人实在是太多了，根本不可能杀完。无奈之下，他们只好放弃了打赢战斗的打算。士兵们的牺牲似乎已是定局，但只要他们两个人能活下来，就可以找到核心并摧毁，一举结束这场战争。他们不求杀敌，只求存活，利用凯奇无限复活的能力，开始记忆战场上每一个敌人的位置，找出了一条逃生路线。对凯奇来说没什么，但瑞塔可没办法保存记忆，她必须在一天之内理解凯奇的情况，理解"以前的"自己所做的计划。再从凯奇那里掌握逃生路线，甚至每一步踩在什么地方都必须准确无误，否则就会死。而一旦瑞塔死亡，凯奇也必须杀死自己，重置时间，再把瑞塔带过来。

就这样重复了不知多少次之后，二人终于杀出了一条血路，离开战场，开车找到了那个水坝。但是，来到这里之后才发现，水坝根本就是个诱饵，故意引诱凯奇来这里的，外星人打算在这里夺回凯奇身上的血液。紧急关头，凯奇跳进了水中，把自己淹死了。

既然水坝只是一个诱饵，现在就只能依靠将军办公室的那个仪器原型了。他们重复了一次又一次，就像在战场那样，找到了一条能够混进白厅的路，避开了所有人的眼睛，见到了将军。

固执的将军可不会那么轻易地就相信他们。当然了，这场对话，他们也进行了一次又一次，"猜出"了将军将会遇到的一切。经过了不知道多少次，他们终于让将军相信敌人可以掌控时间，答应将仪器交给他们。利用这个仪器，凯奇终于感应到了核心的真正位置，它在卢浮宫。

此时，意外发生了，他们在撤离的路上遭遇了车祸，凯奇受了重伤。为了让他活下来，不知情的医护人员给他输了不少血浆。然而这个举动，直接导致凯奇失去了重置时间的能力。

也就是说，他们再也没有再来一次的机会了。明天战斗还会发生，会失败，人类的防线会被撕开一个巨大的口子，就算没有经历过，凯奇也知道人类将来一定会失败。唯一的希望，就是将核心摧毁。

凯奇仍然记得J小队成员们的事情，这是他在一次次重生中记下来的。再加上战争英雄瑞塔的出面，J小队决定跟凯奇一起冒这个险。他们偷了一架运输机，连夜从英国的防线赶到了巴黎。而核心也感应到了凯奇要来，派出了许多怪物进行防守。

这一次，一切都是未知的，也没有再来一次的机会，失败就意味着彻底的失败。运输机遭遇了空袭，怪物如同潮水般涌来，队员们为了掩护凯奇前进自愿留下来拖延时间……

不过，凯奇也早就不是那个连开枪都不会的菜鸟了。他和瑞塔一路杀到了核心的面前。这里仍然有许多怪物，组成最后的防线。为了摧毁核心，瑞塔充当诱饵引开了怪物，最后和他们同归于尽。凯奇也带着炸弹，成功跳进了核心藏身的水池里。看着下方的核心，明知道自己会死，凯奇还是毅然决然地拉开了炸弹的拉环……

2. 维度之上

应该没有人会不想要这种重置时间的能力。人人心中都总有一些觉得后悔的事情，可能是一场失败的赌局，可能是一个不该闯的红灯，可能是一次发挥失常的考试。我们并不需要给过去的自己送去多少东西，哪怕只是传输简单的一句话，就可以帮助自己避免很多很多不好的事情。

就像凯奇一样，在一次次的错误，一次次的失败之中，找到了正确的应对方法，终于在战场上活了下来。我们不需要和凶残的外星怪物战斗，要的只是很简单的几句话罢了，只要能够提前知道一些事情，哪怕是10分钟，很多坏事都可以避免。

那么，究竟要怎么样，才能将一封信送给10分钟之前的自己呢？

空间穿梭技术涉及了高维。我们其实是生活在四维空间之中，也就是长、宽、高加上一个时间维。但四维要解释起来比较麻烦，为了理解这个概念，首先我们要弄清楚，生活在二维世界的人，是怎么进行时空穿梭的。

二维世界的人，只有长和宽，他们的整个世界都是一个巨大的平面。在某个时刻，二维世界的状态，可以用一个二维图像记录下来；过了1秒之后，二维世界的万物都发生了变化，产生了新的图像，以此类推。当你收集了足够多的图像之后，把它们堆叠在一起，这就是二维世界的时间记录。

或者说，你可以挑选一部电影，把每一帧画面都打印出来，然后按顺序装订成一本书。这本书的页面尺寸，对应二维世界的长与宽；而纸张堆叠形成的高度，二维世界的生物是无法观察到的，这就是二维的时间轴。

打开这本书，第一页代表着二维世界在第一秒第一帧的样子，第二页代表着二维世界第一秒第二帧的样子……你可以随意翻动书页，看看这部电影在不同时间点的画面,换句话说,身在三维世界的你,可以随时在这个"二维世界"的时间线上跳转。

并且,这本书还有一个独特的功能:它是会自动演算,并生成后续内容的。如果你在某一页画面上做出了改动,之后的所有页面都会受到这个改动的影响;你在第一页时让某个角色死掉或者消失,之后的故事里他都不会再出现。这就相当于,你可以改变过去,并且影响到现在。

如果你把第100页的某个角色剪下来,放到第一页上,就相当于这个角色穿越了时间。当然,书本的自动演算功能也会将这个角色考虑进去,影响到后续的发展。这就相当于,这个角色带着记忆穿越了时间,并且改变了历史,正如获得读档能力的凯奇。

一维世界只有长度的概念,上面可以放下无数个质点;二维世界有长和宽,可以放下无数个一维世界;三维世界增加了高,可以放下无数个二维世界。

那么,现在你大概可以理解什么是四维了:无数个三维空间堆叠在一起,前一秒的你,这一秒的你,下一秒的你,全都同时存在着,唯一的区别是页码。它们所在的地方是第四个维度,也就是我们的时间。

那么,要如何回到过去呢?仍然以二维世界的人举例:它得从二维的框架内爬出来,离开它所在的那一页,顺着书脊一路往上,进入之前的页码。但这是一件非常难的事情。

时间穿梭必然会出现在跃迁技术出现之后。想想看,你能在一个平面上将一张纸弯曲吗?不行,二维平面的弯曲一定是在三维空间中进行的。也就是说,二维文明使用跃迁技术的时候,就已经和三维世界产生了关联,那么,它们就能够以跃迁技术为突破口,继续研究与三维世界相关的技术,最终能够进入三维空间。

我们也是如此,在跃迁的那一瞬间,我们所在的宇宙,在四维世界之中产生了弯曲,这意味着我们的科技力量能够突破这个宇宙,来到更高一维的地方。

科学家们曾设想过,物体的速度在逼近光速时,它的时间流逝就会减慢;当它超过光速时,就可以穿越时空,去往未来或者回到过去。但是,以人类目前的科技水平是不可能实现的,甚至认知范围内都不可能实现。任何有质量的物体都不可能超过光速,如果要将一个原子加速到光速,所需要的能量,将超过整个宇宙所有能量的总和。也就是说,加速这种简单粗暴的方法是不可能实现时空穿梭的,科学家们或许得另辟蹊径,从别的角度入手去制造时光机(见图25-1)。

图25-1 时空穿梭概念图

不过要注意，时空穿梭技术在科学家手上尚未诞生，但是在作家手上，它已经出现了一些问题。围绕这些问题，无数精彩的科幻作品得以诞生，但我们总该要提前想好对策。

其中最有名的，是人们津津乐道的祖父悖论：一个人穿越回去杀死了他的祖父，或者干脆杀死了过去的自己，将来就不会有这么一个他坐进时光机器，也就不会有这么一个他穿越到过去杀人；既然他或者他的父辈没有被杀死，那他就会存在，就会坐进时光机器，就会杀人，于是他不存在，那么他存在……

这不可能发生，就像一加一不可能等于三一样。为了解决这个问题，科学家们提出了许多不同的解法。

有一种解法是，存在无数个平行宇宙，那些所谓穿梭时空的人，其实是穿越到了某个平行宇宙的过去，他在这个世界可以为所欲为，包括杀了小时候的自己，但是原来那个世界是不会受任何影响的，除了有一个人和一台时光机器消失了以外。如果你打算拯救世界，那原来的那个世界，仍然是要毁灭的，你只能在一个被你拯救过的其他世界继续活下去。

另一种解法是，人们确实可以穿越到过去，但只能做一个旁观者，默默看着一切发生，而不能对过去做出任何修改，甚至说一句话都不行。如果真是这样的话，时空穿梭技术的价值就大打折扣了，但是它仍然具有一定的价值——警察可以立即侦破案件，考古学家们再也不会为了某段历史争论不休了。

当然，目前与时空穿梭相关的任何技术都还没有出现，对此进行的一切研究都只是探讨。利用四维进行时空穿梭只是其中一种设想，人类能否进入第四

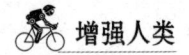

维还是一个未知数，或许时间穿梭要依靠其他的方式来完成。我们只能寄希望于顶尖的物理学家们对于这个世界的研究，或许有朝一日，我们可以接收到来自千万年之后的人类的问候。

3.时空穿梭技术的价值

可以肯定，时空穿梭技术一定是一项需要消耗大量资源的技术，它绝对不会像动画片中机器猫的时间旅行那样，成为寻常百姓家里的东西。就算人类可以进行时空穿梭，那也一定是应用在非常重要的事情上——用来中彩票肯定是不可能了。

首先是灾难的预警。人类是有能力应对任何自然灾害的，灾害之所以拥有如此强的破坏力，是因为来得太过突然，人们完全没有应对的时间。比如说，地震，只要将地震发生的消息送到1分钟以前，人们就可以及时撤离到室外；只要提前10分钟，重要的财物都可以转移到室外；提前1天，人员可以完全撤离地震发生地点或者转移至空旷地带等候；提前1周，工业设备和重要的资源都可以撤离到室外避免受损；要是能够提前1个月，重要的建筑都可以进行临时加固，以免在地震中受损。

可以对比一下台风，它是一种气象灾害，但好在都是在海洋上产生的，转移到有人类居住的陆地区域需要一定的时间，这段时间就足以让人们准备应对——居民采购物资，工厂暂停生产，交通运输和旅游都暂时避开台风经过的区域。只有农业会因为台风而遭受比较严重的损失，但这也可以通过加盖大棚来减轻甚至避免。

而其他的灾难，诸如传染病、火山喷发、海啸、火灾、地陷、爆炸等，都可以及时避免。人们能够越早知道消息，就可以越早地应对，直到灾难带来的损伤无限趋近于零。

其次是人为灾害的避免。电影《少数派报告》里描写了一种通过预知未来，从而提前抓捕罪犯的破案工具。时间穿梭技术毕竟消耗极大，不太可能用于干预琐碎的小案件，但诸如"9·11"这种造成大量无辜平民和经济损失的事件，则是可以避免的。注意，恐怖袭击和大规模团伙作案全部被提前避免，警局的所有人力物力都可以投入对于小型案件的侦破上，也就是说，时间穿梭技术也间接地为城市治安提供了帮助。

同样这也包括战争。战争永远是政客之间的游戏，平民大部分都是抗拒战争的，只是被迫为战争提供支持。如果战争真的爆发了，只要未来的人将战争导致的悲惨后果拍下来，传送给战争爆发之前的人类，基层人民反对战争，各国政府之间就算有再大的矛盾，也不会主动挑起战争——他们已经亲眼看见了战争是什么结果，无非是自取灭亡。

即使是最不理想的情况，来自未来世界的人只能做一个旁观者，时空穿梭技术仍然可以为研究历史带来巨大的帮助。历史文献的缺失再也不是什么问题，因为我们可以亲自去看看几百年乃至几千年以前的人是如何生活的，又发生了什么事情；我们也不需要再从残缺不全的化石中推断恐龙的长相，可以直接拍一些照片回来。换句话说，物种演化将不再是一项研究，因为我们直接就能看到正确答案。

我们还能穿越到35亿年前，去看看原始环境下的第一个生命是怎么诞生的，大自然是如何创造出了生命这样精美绝伦的作品。如此一来，生命的奥秘便不会那么充满疑问，甚至被彻底揭开。

最疯狂的科学家甚至会来到138亿年以前，看一看宇宙是怎么诞生的，诞生之前是什么样的；或者往后走，看看宇宙走到了寿命的尽头之后，会是什么样的……

还有一个值得讨论的东西：科技进程。比如说，人类在2100年造出了时光机，用时光机将这一技术的所有资料都送到2020年，而此时的人们通过一段时间的研究之后，在2050年就把时光机造了出来。

于是，本该在2100年才创造出来的时光机，提前了50年问世。此时的人们将时光机以及一系列科技都送到1950年，经过一段时间的研究之后，说不定时光机在2000年就会被制造出来——你正在阅读这段文字的时候，可能地球上的某个实验室正在紧锣密鼓地制造时光机。通过把未来的科技送到过去，可以让人类提前享受来自未来的科技，在不断地循环之后，几乎无限地加快人类文明的进程。

不过，显然这并没有发生。有可能是来自未来的人只能做一个旁观者，并不能向我们传递任何信息；也有可能是来自未来的世界的信息确实保存在某个机密的实验室里，但里面的技术都太过超前，现在的人类根本无法模仿。

还有一种可能：过去是不可以更改的，时间机器只能让人们进入平行的其他宇宙的过去，改变的是他们的历史。如果是这样的话——总有那么一个世界是第一个进行时空穿梭的，这样它们才能把技术送给其他宇宙，而我们就是这第一个宇宙。

这个设想过于疯狂,但将来的事情……谁说得准呢?

图25-2 时间扭曲概念图

4. 时空穿梭技术对社会的影响

先不讨论时空穿梭到底有没有出现,现在我们来想一想:如果它真的出现了,世界会变成什么样子?

已故的物理学家斯蒂芬·霍金曾举办过一场独特的宴会:他在家里摆满了气球、香槟和美食,独自坐在房屋里等待客人,却没有向任何人发出邀请。一直到宴会结束之后,他才发出了邀请函,上面写着"盛邀时间旅行者,主持人:史蒂芬·霍金教授;地点:剑桥大学冈维尔与凯斯学院,三一街,剑桥;地理位置:北纬52° 12′ 21″,东经0° 7′ 4.7″;时间:格林尼治时间,2009年6月28日12:00"。

很显然,霍金的这次宴会失败了。他希望邀请函被一直保存下去,在未来时间旅行被发明出来之后,人们会想起曾经有一位物理学家发出了这样的邀请,于是乘坐时光机来到霍金的家里参加聚会,这是一场关于时间旅行的实验。实验并没有成功,或者说实验本身就不够严谨。谁知道邀请函会不会被人弄丢,或者未来的人决定不把使用时光机的宝贵机会,浪费在参加宴会上呢?

也有人大胆地猜测,霍金其实见到了来自未来的客人,但是为了不对社会造成影响,时间旅客们要求霍金进行保密,而他确实死守着这个秘密到生命的尽头。如今霍金已经逝世,我们永远也无法知道真相究竟是怎么样的了。

不妨再大胆一点：可能我们所生活的这个社会，已经有时间旅客来过了。但在他们眼里，我们的一切其实都很无聊。就好比小时候的你会因为弄掉了一块糖果而难过，现在的你回头想起这件往事，甚至会觉得好笑——仅仅一块糖果而已，你还能得到更多的。

说不定我们也是如此。当前人类所遭遇的这些事情，在未来的人眼里看来都"没那么重要"。这些地震、洪水、台风、瘟疫和小范围的战争，在他们眼里或许都是一种"锻炼"。那些能够导致大量人类死亡甚至文明灭绝的灾难，可能已经被未来的人偷偷化解了，而我们浑然不知，甚至根本不知道这些灾难的存在。

当然，这只是一种猜想罢了，不过确实有可能。毕竟，就算现在的人类拥有了改变历史的能力，也不一定会做出改变。

地球自从 35 亿年之前诞生生命以来，一共经历了 6 次生物大灭绝。最长的灭绝持续了 2000 万年，而灭绝的严重性，几乎等于将整个地球的生物圈重置。人类诞生不过 200 万年，拥有文明不过几千年。这实在是太短，短到不足以遇见任何大规模的灾难，最近的一次也远在 6500 万年前了。

人类曾遭遇过的灾难里，最严重的肯定是第二次世界大战了。它导致无数无辜的人死亡，很多人都希望它从未发生过。但换个角度想，如果没有经历过这样惨痛的战争，人类社会还会如此重视和平吗？"一战"与"二战"只间隔了 20 多年，而"二战"之后，和平一直持续了 70 多年，到现在仍然是整体处于和平的状态。这不得不说是"二战"给人类上了很重要的一课，所以，未来的人类并没有阻止它。又或者，他们是故意让"二战"发生，在人类得到足够深刻的教训之后，再暗中施以援手结束了战斗，也说不定。"二战"残酷至极，这一点毫无疑问，但谁也不知道，如果没有这些灾难的洗礼，现在的人类会是怎么样的。

再比如，黑死病，它夺走了欧洲 1/3 人口的生命，但欧洲的局势也因此而产生巨大的动荡，为文艺复兴、宗教改革乃至启蒙运动产生了重要影响，从而改变了欧洲文明发展的方向，最终使得整个欧洲走上了一条更加光明的道路。谁也不能说，这全是坏事。

但可以肯定的是，时空穿梭技术问世之后，许多人看待世界的方式也会改变。如果你阻止了"二战"的发生，那么人类历史可能会因此走上一条完全不同的道路，或许战争会在几十年以后爆发，或者所有国家都会处在一种紧张的敌对状态。经济、文化与科技难以互通有无导致文明的整体进步缓慢，也有可能慢慢地进入大一统的状态……那么,你会选择阻止这一场战争吗?

假设有那么一天,人类文明已经发展到一个难以想象的高度,让时空穿梭真的变成了家常便饭,那么它反而没那么重要了。毕竟,这时候的人类,既然拥有如此先进的技术,也就不需要通过时空穿梭来避免什么灾难了。但是,在那之前,技术水平还没有那么高的时候,时空穿梭技术能够给整个人类文明带来巨大的增益,甚至是拯救整个人类文明,避免人类在某些危难的时刻灭绝。

如果说其他技术决定了普通民众的幸福程度,影响了大部分国家的发展水平,那么,时空穿梭则是能够改变整个文明的生死存亡(见图25-3)。

图25-3　时空扭曲概念图

第26章　重构万物：物质合成

从零开始定制物品

1. 改变生产方式

相信你一定在科幻作品中看过这样的镜头：在机器上咔咔咔按下几个按钮，机器内部就发出一阵光线，在底盘上凭空制造出一个使用者需要的东西出来。

这种技术有着浓浓的科幻味，甚至显得有点魔幻。所谓"神"，要制造物品的时候，也是随手一挥就出现的。而这神奇的招数，用科技的手段也可以做到，只不过需要涉及许多种技术，但它们结合在一起，就是这一章要讨论的东西。

假如给你一些分类包装好的原料，这些原料要么是元素单质，要么是纯净的简单化合物，或者是可以轻易大量制取的复杂化合物；除此之外，你没有熔炼炉，没有工具箱，没有化学操作台，没有微生物。这种情况下，你能否直接操纵纳米级别的物质，直接合成所需要的东西？

这种直接合成物品的技术，出现在普通的太空飞船上其实显得有点违和——它所需要的技术，比制造一艘能够飞出太阳系的飞船要高得多，那时说不定人们已经有了比太空飞船更高级的交通工具。但是，我们主要谈谈这个神奇的物质合成器。

我们要制造任何一个东西都很简单，当把生产过程限定在一个只有微波炉一样大的空间里时，这就成了不可能完成的任务。你用过的、看过的、听说过的所有人类制造出来的东西，背后都有好几条庞大的工业流水线，它们共同努力才能够制造出一些我们看起来非常简单的东西。

比如说，一根火腿肠。我们降低一下难度，一根没有经过任何口味调整，仅仅是"能吃"以及"能够提供营养"的火腿肠。它涉及哪些流水线呢？

它总共有 3 个部分：食用部分，塑料包装，金属封环；主要原料是淀粉、植物蛋白和肉。

淀粉与植物蛋白是最复杂的部分。首先，要从土壤里种植农作物，这就需要一整个种植过程，成熟之后要进行收割和筛选。这是个没什么技术含量的事情，但你就是要消耗人力物力来完成这件事。得到果实之后，还得经过研磨等一系列工序，才能得到可用的淀粉。至于植物蛋白，又引入化学工序，更加复杂。

其次，是肉类，不管是什么动物的肉，养殖过程都需要饲料，意味着它本身就需要农业工序的支持。动物的处理较农作物更为复杂，因为植物果实可以长期保存，但动物一旦死亡，尸体非常容易腐烂，所以必须得在足够短的时间内将它们宰杀分解，从养殖场迅速运到加工厂。要做成火腿肠的话，肉不能直接用，得将肥肉中的脂肪打碎成细小的颗粒，从瘦肉中提取蛋白质作为乳化剂，去稳定被打碎的脂肪颗粒。在得到这么一团肉糊糊之后，加入淀粉和植物蛋白，最终才能做成火腿肠——又是好几台机器和一系列工艺。

再次，塑料包装就复杂得多了。很多人都知道塑料由石油制得，但石油是多种成分混合在一起的，得先用工业手段将它们分解成沥青、燃料油、润滑油、重油、柴油、煤油、汽油等许多成分。这些成分各有用途。塑料来自其中一种叫"石脑油"的成分，因为它主要包含乙烷和丙烯这两种碳氢化合物。但是要想用它们制造出塑料，还必须先将它们的烃类原料分解成更小的单元。经过一长串的分解与合成，得到了几十种副产品之后，我们终于得到了塑料，现在可以用它来制作塑料包装了。

最后，相比之下，金属封环的制造流程没有这么复杂，但也不算简单。你需要开挖一个足够深的矿洞才能抵达深埋于地下的矿脉，用工业机械将矿石开采出来，放进熔炼炉去除杂质，如果有条件的话，电冶金法和湿冶金法也可以，如此就可以得到金属了。金属可以锻打，可以浇筑，可以切割，相对而言是比较容易加工的原材料，但这个"容易"有个前提条件是在工厂里。给你一块金属原料，你能独自把它加工成用来包装火腿肠的金属封环吗？

即使是这么粗略的介绍，也可以看出制造业的复杂与困难——不管是从动物与植物身上收取的生物原料，从地下挖出来的矿物，从石油或者各种矿脉中提取出的化学物质，甚至是大气中的气体原料，它们都要经过几条流水线、几种化学处理、几十台机器和最高达到数千工时的人力物力成本，才能组合成为你所需要的东西。

一根火腿肠就如此困难了，那么更复杂的东西呢？一个电饭锅，一辆自行车，一台轿车，从提取原料到最终出厂，可能要几个月甚至几年的时间，牵动上百条工业流水线。你的手机，不管是哪个牌子的，它的零件都来自几十个不同的国家。

而我们之所以感觉不到这种漫长，是因为产品的生产与消耗是持续性的，再加上庞大的人口总数可以很好地作为缓冲，厂商会统计上一个时间段各种产品的消耗情况，然后适当生产产品，到了下一个消费周期，这一批产品会被消耗得差不多，如果出现了剩余，那就少生产一些，把积压的产品消耗掉……

如此周而复始，我们所使用的一切产品都是很早之前就开始生产的。现在生产的产品，也都会在一段时间之后才被摆在商店的货架上，可能是几天，或者几个月。所以，对普通产品而言，我们感知不到生产周期的漫长。

如果你足够富有，向厂商定制了一台车，你需要花上几年的时间才能得到它。不管你对它们而言是多么尊贵的客人，都必须要等。

回到我们的问题上，物品合成器的特点在于，在把几十条庞大的生产线塞到一个极小的空间里的同时，还将整个制造过程压缩到非常短。考虑到科幻作品中，物品合成器经常被用来制造食物，它的工作时间可能短到以分钟作为单位。

我们可以稍稍做出让步，既然时间可以靠庞大的人口基数和计划生产来解决，我们只需要将生产线塞进小盒子里就行了。能否制造出这么一台机器，它能够直接将最基础的原材料变成所需要的东西，并且机器本身的大小，可以被轻松地带上宇宙飞船，甚至人手一个呢？

你或许会想起我们之前提到过的光镊，就是获得了 2018 年诺贝尔物理学奖的那项技术。既然可以利用激光操纵单个原子，自然也可以操纵分子或者复杂化合物，然后像搭积木一样地把它们拼起来，不就行了吗？

这个思路确实可行，但操作起来没有那么简单。人类目前所制造的最精细的物品是计算机处理器，主要用硅制成，而硅原子的半径是 0.117 纳米。注意，原子不是单纯的一个圆形，两个原子通过化学键结合在一起，它们的总体尺寸也不是简单的 1+1，但是为了方便计算理解，我们就假设硅原子是一个 0.1 纳米的正方形，而我们的物质合成器，每 1 秒钟都可以将 10 个硅原子放在正确的位置。

那么，处理器中 1 立方毫米的部分，总共可以容纳下 1 万亿个"硅原子立方体"，拼装工作总共需要耗时 2700 年。而处理器的体积远远大于 1 立方毫米。

所以，光镊是无论如何行不通的。当然，并不是说光镊完全没有用处，操纵单个原子这样的精细活目前只有光镊可以完成，它可以用来处理精密元件中最精密的那一部分，并且能够保证完美无缺。至于其他部分，精度要求没那么高，我们就得抛下光镊，寻找一种更高效的办法。

2. 打印机的第三维

打印一张二维的图画很简单，那么，三维的物体要怎么打印？

可以想象一本书，每一张纸都是很薄的，但它们叠加在一起就有了厚度和形状。如果每一页都印着一个圆圈，位置大小全都一样，将每一页上的圆圈都剪掉，合上书，你就会发现书本中央被挖出了一个整齐的洞。而剪下来的纸片，叠在一起，就是一个圆柱。

这就是3D打印的思路。不过，我们不能挨个打印好每一层的形状，然后拼在一起，那实在太愚蠢了，而且贴合的部位也没有那么牢固。所以，3D打印不是单纯地打印出一个平面图形来，它要直接印在下一层上，省去手动拼合的步骤。

现在，让我们实践一下。

假如你想造一个螺丝，首先你需要在电脑上创建好这个螺丝的三维模型。当然了，用别人已经创建好的三维模型也可以。3D打印机会将这个三维模型"切片"，算出每一层的形状，然后它就开始工作了。

其次，打印机会在打印室内铺上一层薄薄的铁粉，而后打印室顶部的激光发射器会开始工作，像印刷机一样，在铁粉上"印刷"出第一层的图案。激光的能量会让铁粉融化，铁粉上被激光照射的区域就会融合在一起，也就是三维模型的第一层。你可以轻松地把它拿起来，它就是一层薄薄的铁片。

但是现在还不能碰它，打印机还在继续工作。它会在上面继续铺上一层薄薄的铁粉，而后激光继续打印。激光照射铁粉时，不仅会让这一层的铁粉融合在一起，还会让它们直接和下面那一层已经完成印刷的"铁片"融合在一起。

在之后的几小时里，打印机会不断重复这个过程，直到最后一层被印刷完成为止。然后，你就得到了一个螺丝——没有熔炼炉，没有模具浇筑，没有切割，没有锻打，直接从铁粉里造出来的螺丝。某种程度上，你可以把它理解为打印机在玩乐高积木，将一颗颗细小的铁粉拼装成一个完整的东西。

铁粉接收到激光的能量融化并且与周围的铁粉融合，如果把铁粉替换成其他容易融化的原材料粉末，3D打印机也都可以用它来制作东西。区别就在于，因为原料的熔点高低不一，导热系数与散热等能力也不一致，所以，在制作原料粉末时，要将粉末做得足够小，这样才能轻易被激光融化。粉末直径足够小时，融合过程也就不会留下气泡，影响零件质量。

每一层的厚度也需要考量。厚度越低，粉末颗粒越小，打印出来的东西边缘处就会越光滑，精细度也就越高，甚至不需要打磨抛光就可以直接使用。

但是，太小也不行。因为厚度低时精度也会提高，打印所需要的时间也随之增加。精密仪器上的零件，自然是精度越高越好，但很多的物品其实不需要那么高的精度。比如说，齿轮，齿轮在使用过程中本身就会产生磨损和轻微的变形，可能比打印时产生的误差要高得多，但它仍然可以正常使用。所以，人们总要在精度与效率之间做出选择，好在这是可以自由决定的。

2019年时，德州仪器在《科学》杂志上发表了最新研究成果：双光子光刻技术，简称TPL，它是目前用于3D打印纳米结构的主流技术。该技术利用高密度的光源将光敏聚合物从液态转换成固态，并模仿原型制成纳米结构。以往的3D打印技术，一次只能发射一束激光。激光像印刷机一样一次划过一条线，线汇聚成面，一面一面累积起来，难免速度会慢，因此复杂的3D结构往往需要数小时才能构造完成。而TPL技术，则能够模仿图像和影像的处理方式，同时在百万个点发出飞秒激光，按照层级依次将3D结构打印出来。利用该技术，以往需要几小时才能制造出的3D纳米结构只需要8分钟就能完成。

当这项技术成熟并且普及之后，3D打印就能够同时兼顾精度和效率了。在那些不是很追求精度的物品的制造上，它甚至能够实现批量生产，取代某些生产线，将它们全部装进一些小盒子里。

3D打印听起来很科幻，但第一台"3D印刷机"在1985年就被制造了出来。这是什么概念呢？世界上第一部手机，那台像砖头一样沉重的摩托罗拉DynaTAC8000X，是在1983年制造出来的。当时的3D打印机还十分落后，但就像手机经历着迅速而令人难以置信的变化一样，在过去的几十年里，3D打印机也经历了翻天覆地的变化。

2005年，市场上首个高清晰彩色3D打印机SpectrumZ510由ZCorp公司研制成功。仅仅5年之后，美国JimKor团队便打造出世界上第一辆由3D打印机打印而成的汽车Urbee。

2011年7月，英国研究人员开发出世界上第一台3D巧克力打印机。这听起来有些滑稽，巧克力加热融化之后放进模具里，难道不比用 3D 打印机更快，也更加方便吗？但仔细思考它背后的意义——这不是代表着，人类在"食物合成器"这条路上迈出了伟大的第一步吗？

2011 年 8 月，南安普敦大学的工程师们开发出世界上第一架 3D 打印的飞机。在这之后，3D 打印技术便在一些发达国家逐渐走进人们的生活。2013 年 11 月，美国得克萨斯州奥斯汀的 3D 打印公司"固体概念"设计制造出 3D 打印金属手枪。2018 年 8 月 1 日起，3D 打印枪支在美国合法，3D 打印手枪的设计图也将可以在互联网上自由下载。

在中国，你也能享受到 3D 打印技术带来的"便利"。民用 3D 打印机并不昂贵，耗材也十分便宜。有一个问题就是，真正需要 3D 打印的人并不多。毕竟充实的商品产业链已经满足了我们生活的方方面面，没有什么东西是商场和网络购物不能给你的。但是，如果你是一个手工爱好者，或者喜欢自己设计和制造一些有趣的小玩意儿，那么，3D 打印机一定会成为你的得力助手。

看到这里你应该会有个疑问：既然 3D 打印机是通过融化原料粉末来制造物品的，是不是说它只能够制造由单一物质构成的物品，不能制造比较复杂的东西呢？

别担心，不是这样。3D 打印机，甚至能够用来制造器官。事实上，3D 打印早就被应用到了医学领域。众所周知，每个人的骨骼形状都是不一样的，因此假体骨骼并不能通过流水线来制作，此时 3D 打印就成了最好的选择。它的成本是高了一点，但优势就在于，它可以打印出任何一种形状，而人们并不需要为了这种新的形状来重新制造生产线，也不需要制造一台新的加工机器出来，只要用 3D 打印就可以完成。许多受到严重外伤导致骨骼结构受损的病人，他们体内那些精密的替代品骨骼，就是使用 3D 打印技术制作出来的。

3D 打印机不只能打印死的东西，有时候它们也能创造生机。

2012 年 11 月，苏格兰科学家利用人体细胞首次用 3D 打印机打印出人造肝脏组织。2018 年 12 月，俄罗斯宇航员利用国际空间站上的 3D 生物打印机，在零重力下打印出了实验鼠的甲状腺。

在 2019 年 8 月 2 日，著名的权威学术期刊《科学》在线发表了一篇以 3D 打印为主题的研究论文，该论文题目为："3D bioprinting of collagen to rebuild components of the human heart"，作者是 9 名来自美国卡耐基梅隆大学的生物医学工程学院的科学家。他们正在研究通过融合 3D 打印技术与一种被称为悬浮水凝胶（技术）的生物科学技术，来重新构建人体心脏的胶原成分。

人体的每一个器官，如心脏，都是由一种特殊的细胞构成的，这些细胞由一种称为细胞外基质的生物支架连接在一起，这种生物支架提供了细胞执行正常功能所需的结构和生化信号。然而，到目前为止，传统的生物科学制造方法，包括 3D 生物打印技术，都不能重建这种复杂的细胞外基质结构。因此，科学家们另辟蹊径，开发出了悬浮水凝胶（技术）。

悬浮水凝胶（技术）的全称为自由形式可逆嵌入悬浮水凝胶技术。这些技术使得研究人员能够克服一些传统的 3D 生物打印方法所不能解决的难题，例如，成功构建细胞外基质结构的问题。除此之外，悬浮水凝胶（技术）所涉及的软质和生物材料可以帮助研究人员实现对打印出的材料达到前所未有的分辨率和逼真度。

另外，胶原蛋白是人体细胞外基质的主要成分，同时也是人体心脏的主要成分。它占据了人体中的每一个组织。所以，如何处理胶原蛋白，对 3D 打印出一个完整人体心脏来说十分重要。为了制造能够复制组织和器官结构和功能的胶原蛋白支架，研究人员提出了一种三维生物打印胶原蛋白的方法，并结合 FRESH 技术设计出从毛细血管到完整器官的不同比例的人体心脏成分。在与 FRESH 技术相结合的新 3D 生物打印方法中，胶原蛋白在凝胶的支持下逐层沉积，使胶原蛋白固化到位。之后，将温度从室温提升到人体温度来对凝胶进行加热后，打印就完成了。通过这种方式，研究人员可以移除凝胶而不破坏由胶原蛋白或细胞制成的印刷结构（见图 26-1）。

图26-1　3D打印

可以看出，3D 打印人体器官，并不是像打印普通零件那样，一层层印刷出来，而是融合了一些其他技术。但是在这个过程中，仍然使用了 3D 打印的思

路——胶原蛋白逐层沉积,从点到面,再到体。

数千年前,农耕文明的人类崇拜神明,认为神可以凭空制造出许多东西赏赐给凡人,如今人类正在通过自己的智慧,一点点掌握这个神奇的本领。

3. 3D 打印的价值

光镊是诺贝尔奖级别的科技项目,人们目前只能在实验室里建造它。悬浮水凝胶(技术)是和 3D 打印相辅相成的技术,因此这里我们主要讲述 3D 打印技术的价值。这里就要讨论一下,量产和定制的区别。

早在唐朝,随着科举制度的兴起,人们要将好的文章传播到社会上,而抄写的速度实在太慢,于是发明了印刷这种方法。制作一篇文章的印刷版需要消耗很长的时间,足够抄写几十篇文章。然而,印刷版一旦制作完成,只要写几个字的工夫就可以印刷完成一篇文章。当一篇优秀的文章被传播给社会各界,需要上万个抄本时,印刷版的优势便显现出来。

放到如今,印刷版就相当于流水线,流水线的构建需要消耗一定的成本,在搭建完成之后就能够以较低的成本和较高的效率,源源不断地生产商品。

而 3D 打印,或者引申到所有跳过流水线,直接生产产品的"定制",就类似于抄写,它们都有不可替代的优点。

首先最大的优点是质量。3D 打印制作出来的东西,甚至能在机器开工的前 1 秒微调图纸。这意味着产品的设计可以无限趋于完美。3D 打印技术制作的东西,没有"接口",它们本身就是长在一起的。只要在铺原料粉末的时候,每一层都像绘图一样"刷"上不同的原料,就可以用激光这支画笔画出不同的结构,它们浑然一体,没有多余的部件,也没有任何缺口和瑕疵。

流水线做不到这一点。即使两家工厂事先进行沟通,也互相优化了图纸,制作出能够完美适配彼此产品的零件,终究是两个不同的东西拼接到一起。一条电线要接到机器上,一定得将漆皮刮掉,将铜芯捆绑在电路上才能完成固定;太空舱与潜艇的各个部分之间的空隙,如果不彻底焊死,就一定存在泄漏的可能;两块钢板要拼接到一起,肯定需要螺丝和螺母再进行固定,或者干脆进行焊接,而焊接点和螺丝孔就是脆弱的地方。

有人会想到利用榫卯技术来避免螺丝开孔和焊接,这是个聪明的办法。但要注意,榫卯结构再牢固,它仍然是两个不同的组成部分,只适用于木材。金属是很容易发生热胀冷缩的，会导致榫卯结构出现空隙，因此榫卯结构只能在日常生活和艺术品上面发挥价值。

其次是在产品需求量小时的成本节约。流水线每生产一件产品，所需要的成本是比3D打印要低的，但流水线本身也是成本，这个成本比单个产品要高很多，可能要生产以万为单位的产品，才能将流水线消耗的成本省回来。为了少数几个产品就构建一条流水线，这是非常愚蠢的——这种时候3D打印就很方便了。

资金成本是一方面，时间成本和场地成本也需要考虑在内。3D打印机体积不算小，打印产品的时间也并不短，但在生产少量产品时，它相较于流水线体系仍然有无法跨越的优势。

还有一点是，有些产品无法进行流水线制作，譬如，给外伤病人用的假骨骼。没有任何两个人的身体是完全相同的，也包括骨骼的形状。也就是说，用同一个模板批量生产出来的骨骼，无法适应所有病人，甚至无法适应任何一个病人。在其他医生还在思考怎么制造适用于大多数病人的骨骼时，拥有打印机的医生已经为病人安装上了3D打印的铝制骨骼，让病人完成了手术。

再比如，生物打印器官，先不提同样的器官模板能否匹配不同的病人——它们是不适合长期在人体外保存的，只能在病人需要的时候现场制作。若是这时候去寻求流水线的帮助，再考虑运输途中的风险，病人怕是根本活不下来。

甚至在流水线体系内，也有一些"定制"和"打印"的部分在，是两种体系合作的成果，比如，处理器的生产。处理器的整条生产线，最前面是矿物的冶炼和提纯；最后面是封装、测试和包装。中间的部分，"流水线"的戏份并不高。其中最重要的部分，光刻机对于晶圆的雕刻，这个步骤需要技术人员操作光刻机对晶圆进行一系列复杂的操作，稍有差池都得从头再来，而晶圆雕刻中对于电路的印刷，也是逐层完成，这也有3D打印的味道。

或者可以换个角度想，3D打印机，本身就可以是一种商品。

它确实是一种可以走进千家万户的实用工具。那庞大、完善而成熟的流水线体系确实可以给我们带来任何所需要的东西，哪怕是在日常生活中，也有一些小事，更适合交给3D打印机。比如，一张完美适合你坐姿的椅子。流水线可以给你1万把椅子，但它们都千篇一律，其中一把你坐着不舒服，其他的也都不会适合你。或许你只是想要这把椅子的背部稍微倾斜一点，扶手带上一点弧度，最好再有个搁脚……如果你要向厂商定制这么一把椅子，费用是很高的，寄过来的路上也有潜在的风险。如果你有3D打印机，你就可以制作一把属于自己的椅子。或许你不是要将整个椅子都换掉，你只是想给它添加一些小部件，就可以让它变得舒服，这仍然可以交给 3D 打印机。

这就让 3D 打印机成为商品提供了潜在的可能。毕竟整个社会的人口基数那么庞大，厂商与流水线不可能兼顾每一个人的需求，只能生产出满足大多数人正常需求的物品，而对于每个人那细枝末节的个性需求，厂商是无法满足的。绝大多数普通人自己并没有一双灵巧的手，也没有足够的精力对自己买到的东西做出改造，这种情况下，3D 打印机就成了一个十分得力的助手。

甚至仅仅是鼠标的某个按键让你觉得不舒服，你又不想整个换掉。这种情况下，花不到 1 元钱的塑料粉末，就可以做出一个完美的按键换上去。而你的房间里，有多少东西是你觉得满意，但仍然有一点改进的空间的呢？

考虑到民用 3D 打印机的价格不高，原材料粉末也非常便宜，或许在不久的将来，3D 打印机会成为一种热销的商品。

最后，再考虑一下 3D 打印心脏这件事，它暗示了一件事：放进 3D 打印机的原料，不一定要是纯净的原料粉末。它甚至可以是细胞，只不过不能用铺粉末的方式来打印罢了（见图 26-2）。

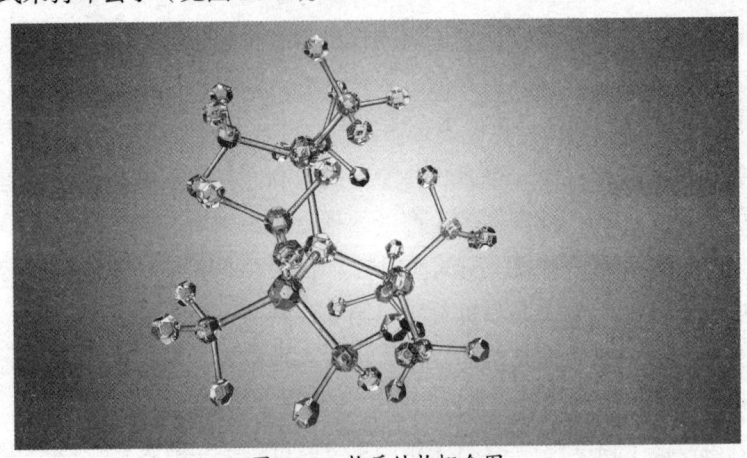

图26-2　物质结构概念图

既然如此，淀粉粉末是不是可以？谷物粉末以及动物肉粉末呢？它们在打印室内进行混合，是否能够凭空制造出一根火腿肠来？食物肯定不能直接用激光来加工，那在激光发射器旁边安装一个机械手，在打印火腿肠的时候就由机械手来进行搅拌，最后切割成火腿肠的样子，是不是也可以呢？

既然激光不一定要在打印工作中登场，它是不是可以换成生物酶、催化剂、电流、化学物质，甚至是辐射、声波和压强？在重力、磁场强度、湿度改变的情况下，原料铺设和融合的机制是不是会发生变化？如果将打印室内的空气替换成水、真空、电解质溶液或者生物血液呢？在上述条件都改变的情况下，3D打印机能够打印出些什么东西？

我们是猜不到答案的，因为它拥有无限的可能性。我们只能期待科学家们在实验室里用3D打印机——或者说，3D打印这个思路，做出一些更有意思的东西，在物质合成这条路上迈出伟大的下一步。

4. 3D打印对社会的影响

在生物打印的帮助下，医院里所有的手术，成功率都会大大提高。以往医生们需要费尽心思地将一个受损的器官修复好，但现在有了直接更换的机会。你可能会想到，克隆器官也能做到这件事，但它们各有侧重。克隆器官可以制造出完美的器官替代品，生物打印的优点是速度更快，可以打印出不适合克隆的器官——比如骨骼、眼球以及脸。

3D打印也能够有效地应对各种突发情况，在城市中人口密集区域设置的打印站点可以发挥巨大的作用。它可以随时随地为路人提供所需要的东西，甚至包括药品，医生或者家人赶到现场可能需要十几分钟，但打印站点可以通过化学式将药品直接合成出来。

也就是说，一个原料充足的打印站，体积可能只相当于一辆车，但内部装下了全世界所有的商场，能够提供你想买到的所有物品。消防员的工作支架，武警的防爆盾牌，伤员的担架和夹板，抓捕流浪猫的特殊工具……

居民家中的小型打印机更是能为生活带来数不清的便利，你可以像造物主一样，随心所欲地为家里添加一些东西。也许有的厂商会关闭商店，改为出售3D打印图纸，用户下载图纸之后就可以在打印机里取出想要的东西，省去了等待邮递的时间。你可以每天都吃到新鲜的食物，可以自己修好家里的大部分东西，可以穿上舒服又个性的衣服，甚至可以给自己打印一套飞行套装。

对于便利居民生活有大贡献，在社会与文明发展方面，3D打印的作用也同样不小。

假如你是一个旅行者，正要徒步穿过一片荒原，在路上你可能需要各种东西——除了生存所必需的食物和水之外，你还需要武器来应付随时出现的野兽，需要各种不同的药品来应对荒原中可能遇到的各种意外，或者一些突发的疾病；

你的衣服可能会破损,通信设备可能会损坏,等等,一系列的问题。要安全地通过荒原,你得有一个非常大的背包,把这些东西全部装进去。

但既然要徒步旅行,行李自然是越轻越好,除掉食物和水,就没有多少空间给你携带应急物品了,只能在它们之中取舍。可是,你怎么能够预先知道,自己在接下来的旅途中遇到的最大问题是什么呢?是生病,是野兽袭击,是衣不蔽体,还是与外界失去联系?该带什么东西好呢?

带一个3D打印机就可以了,或者说,"物质合成器"。以往你要把已经做好的东西带在身上,没有反悔的机会。但物质合成可以让你在旅途中拥有选择权,随时可以把原料变成你需要的东西,不会出现带的东西用不上,需要的东西又没有的情况。

物质合成器,还可以直接从空气中提取所需的原料,再合成淀粉。这个听起来非常玄乎的技术,已经被实现了(见图26-3)。

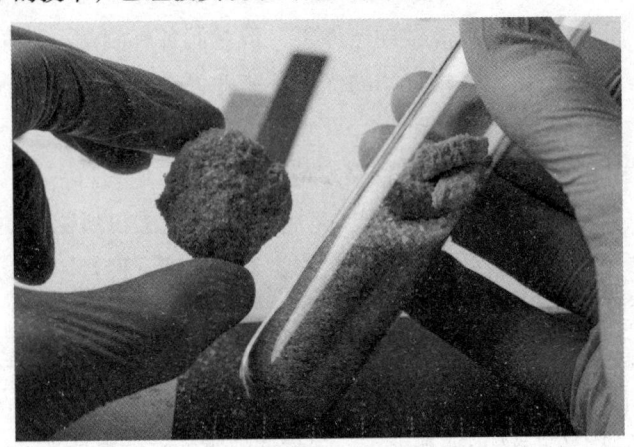

图26-3 新物质合成

2021年9月,中国科学院在实验室内成功地用一套仪器合成了淀粉,原料只有水、二氧化碳和阳光。

淀粉能够维持生命,但它的化学组成也只有氢、碳、氧三种元素。这套仪器首先利用太阳能进行发电,其次是电解水产生氧气和氢气,再将氢气和二氧化碳混合,通过催化剂制造出甲醇,甲醇和一系列酶进行反应后,最后就得到了淀粉。整个过程没有任何其他原料,催化剂和酶也都没有被消耗掉。

植物也是吸收空气中的二氧化碳,最终合成淀粉,但植物的能量效率只有2%,也就是说,植物吸收的光能,最后只有2%被储存在了淀粉里,而中科院的这套仪器,能量转换效率达到了7%,是植物们的3.5倍。

你还记得最开始的电解水步骤吗？这个步骤产生的氧气，在接下来没有被用到，你可以用来呼吸，或者干脆排放到空气中。实际上，它就是光合作用。

中科院的这套仪器，相当于"电子植物"，但它们比真正的植物还要能干。如果这项技术发展下去，未来的人类将再也不用担心食物问题，而食物问题的解决也节省了土地资源和一系列培育植物的成本。淀粉的来源是什么呢？是二氧化碳。

现在，换个角度。如果你要横穿的不是地球上的一片荒原，而是从地球到火星的这段星际空间，甚至是比邻星呢？

不管你带多少食物，它们都会被吃完。目前，在轨航天器已经实现了水的循环利用——从航天员们的排泄物中吸收水分，净化之后就得到纯净可用的水，地面只要补充食物就足矣。中科院的这个研究代表了一件事：航天员呼出的二氧化碳可以回收再利用，这项技术成熟之后，就可以让食品补给的压力大大降低。

那么，如果我们再进一步，假设航天员的排泄物和生活垃圾都可以回收再利用，是不是根本就不需要进行食物补给了？如果航天器上损坏的元件能够拆解、熔炼、碾压成纯净的原料粉末，岂不是就能够直接打印新的元件，让航天员们自己动手维修呢？

如果飞船足够大，载着足够的物资作为缓冲，又有各种物质合成器，它就可以在没有任何补给的情况下，在太空中几乎无限制地飞下去，足以支撑人类从太阳系飞到比邻星，甚至创造出一个只生活在飞船上的新文明……

 增强人类

第27章　干净的世界：污染治理

拯救地球？不，拯救自己罢了

1. 风暴过后

人类的末日可能是什么？无法治愈的传染性疾病？被外星文明击败？陨石撞击地球？火山爆发？核战争？

这些都还算好的，虽然结局都是人类灭亡，但终归是发生在极短的时间内。譬如，陨石撞击地球，人们只不过是承受了几小时的恐惧与惊慌，便永远地离开了这个世界。这么说似乎显得很冷血，那是因为我知道一种非常可怕的末日，它能够折磨每一个人类，让整个文明苟延残喘数十年甚至上百年，最终在痛苦与绝望中一点点死去。

它叫作环境灾难。说白了，是地球的生态环境已经不允许人类生存，而人类又没有开拓新星球的能力，只能留在地球上慢慢等死。

环境灾害类的末日有很多种，其中有这么一种末日，你肯定知道它，也可能为它担忧过。这个末日很早之前就已经开始了，并且在你阅读这段话的时候，它正在持续不断地进行，一秒钟也未曾停下。它的名字叫作全球变暖。

是不是觉得失望？做了这么长的铺垫，最后却是这么普普通通的4个字。如果真是这样，说明你也和这个星球上的绝大多数人类一样缺乏危机感，对我们的未来，对子孙后代的生存缺乏必要的关心。希望接下来的这个故事，能够稍稍改变你的看法，让你意识到这个末日有多可怕。

它绝不是冬天不用穿棉衣这么简单。

全球变暖最直接的后果是什么？海平面上涨，陆地面积变小。很多人对此

嗤之以鼻,世界上还有那么多的陆地是无人居住状态,只需要沿海城市的居民往内陆迁徙,问题不就解决了?其实不然。土地和土地是不一样的,高山高原、丘陵、湿地这样的土地就非常难以建造房屋,不能让人类在此存活,更别说娇弱的农作物了。

以中国为例,整个中国最肥沃的3块平原,有两块是紧靠着海洋的。一旦海平面上涨,不知道有多少人吃不上饭。中国的整体地形呈阶梯状,最东边的第一级阶梯上,聚集着绝大多数的人口和大部分的重要城市。如果这些地方无法居住,人们就算往高处迁徙,也没有足够的财力物力来搭建房屋,全国的经济水平会立刻倒退数十年。

其他国家也是如此。海平面上涨所带来的诸多问题之中,居住面积减少是最微不足道的问题,可它就已经致命了。

接下来的部分比较复杂。地球是在不断地往宇宙空间散发热量的,所有事物的温度都会以热辐射的形式散发到宇宙空间去,全靠太阳持续不断地照射,地表的温度才能维持在宜居的范围内。

赤道区域接收的光照多,两极地区接收的光照少,温度也低,并且辐射热量的速度是高于从阳光中获得热量的速度的。两极地区的温度之所以没有一路下降到绝对零度,是因为有洋流的存在——海水从赤道附近获得热量,再输送到两极,提供热量之后再折返回赤道。

如果看一看海洋地图,会发现地球上遍布着许多环状的洋流。正是它们在不断地调节地球的温度,让低纬度地区不至于太热,高纬度地区不至于太冷,于是整个星球都保持在生物可以生存的温度范围之内。

洋流不是人工制造的,人类文明远远没有那么高的科技水平。它们是在数十亿年的地质演变和温度变化中自然产生的。正是因为洋流,地球的温度才能均衡,海洋里的生物才得以迁徙,生命才得以散播在整个星球。洋流对于地球生命的重要性,不亚于母亲的奶水对于一个婴儿。

数十亿年以来,地表上的矿物质被河流不断冲刷,尤其是各种盐类。这导致海水中的盐分非常高,而盐水的比热容小于净水,导致海水可以更容易地吸热和散热。盐水的冰点也比净水要低,因此,在温度低于0摄氏度的高纬度地区,海水仍然可以流动,洋流才能够循环调节温度。

但是,请注意——两极冰川,可全都是淡水组成的。如果冰川融化,数量庞大的淡水加入了这个系统,会导致什么后果?

首当其冲的便是洋流。盐水组成的洋流是一个稳定却脆弱的系统,如果高纬度地区海水的盐分发生变化，洋流就会彻底紊乱，无法继续向两极地区提供热量。那么，在全球变暖之后的某一个时间段，两极地区反而会更冷。打个比方，好比用火焰烘烤一块冰，冰融化之后将火焰浇灭，于是这团火反而让你的屋子更冷了。

地球还有另外一个与洋流类似的系统——大气环流。空气的储热能力不如水，但因为流动性更大，它们仍然有调节温度的作用。与洋流图类似，大气层里也存在各种循环规律的季风，根据地形、季节和温度，每一个季风都有各自的行动路径。为什么冬天总是刮西北风、夏天总是刮东南风？其实，它们同属于一个季风，只不过在不同季节有不同的方向罢了。

而季风，比洋流更加脆弱，证据便是各种各样的台风。空气在不同温度下的气压都是不同的，气压高的地方空气会流向气压低的地方，这就产生了风——实际上这也是季风的成因。某一年的气温稍有不对，海洋上的气流就会被扰乱，来自各个地方的气流发生碰撞、挤压，汇聚在一起形成漩涡，就是我们熟知的台风。

对庞大的地球来说，这只不过是一场小感冒，过一阵子就能痊愈，但是，对生活在地球上的小生命来说，台风就是一场灾难。

洪水来了，人们可以躲到高处；下冰雹了，躲到屋檐下就可以；发生雪灾了，只要多囤点粮食，像动物一样窝在家里就可以坚持过去。可是，人们对于台风便束手无策，唯一的办法就是老老实实地待在家里，祈祷台风尽快过去。相比于其他的气象灾害，台风实在是太庞大了，大到人类无法解决，只能躲避。

台风的破坏力在此不多赘述，我们先来关注两极地区，如果这里突然变得比往年更冷，气流紊乱，产生了台风，会是什么后果呢？我们先假定台风的影响力最多不会超过北纬30°，给人类一线生机吧。

注意，台风通常都形成于辽阔的太平洋上，这里气温较高，台风的破坏力仅限于大风和降水。如果是高纬度地区产生的台风呢？自然，它们还会有着致命的低温。被这样的台风席卷而过，陆地上的人们该怎么生活呢？

首先，台风会摧毁绝大多数的建筑。高纬度地区的人们基本不会遇见台风，因此城市内的建筑都没有针对台风的设计，会很轻易地就被摧毁。随之而来的是几乎无止境的降雪。考虑到高纬度地区本来就总是下雪，这对当地的人们来说或许不是什么困难，但是——他们的房子已经被破坏了，该如何对抗暴雪呢？

其次，便是难以想象的低温。受到低温影响最严重的是那些北方的国家，俄罗斯、加拿大以及欧洲那些零零碎碎的小国家。俄罗斯的情况要好一些，强大的工业能力和政府的号召力，让俄罗斯可以迅速动员国民前往南方地区，甚至请求中国与蒙古协助进行避难。但是，南下的路程也并不好走。

欧洲的情况要差得多，它的左侧是大西洋，右侧是已经在避难的俄罗斯，下方则是里海、黑海和地中海，将欧洲与非洲完全隔开。欧洲人们只能选择东南方向，经过土耳其后再南下；或者是向东走，从里海和黑海之间穿过再南下。避难路线本来就十分紧张；而不管他们走哪条路，从狭窄的陆路离开寒冷地区之后，迎接它们的是中东地区——这里常年战事不断，如今整个欧洲的人口都逃了过来，又不适应低纬度地区的炎热气候，加之混乱、恐慌的情绪不断蔓延，中东地区极难接纳如此庞大的难民。

至于加拿大——它们可能没有逃亡的机会。处在较低纬度的美国，尽管在寻常的低温灾害中就有无数人死于严寒，但发达的经济和交通仍然可以让国民进行避难。可是，美国能逃到哪里去？整个北美洲到了美国这里就基本结束了，再往下只剩下一条小尾巴，叫作墨西哥。美国人逃到墨西哥不是什么好主意，围墙，墨西哥军队，当地毒枭与黑帮分子，甚至美国政治体系的崩塌和内乱……

或许墨西哥人民会大发善心接收来自美国的难民，可即便如此，失去了土地、设施和相当一部分人口的美国，几乎不可能在灾难过后恢复元气。

最后是中国。中国在北纬30度以下仍然有着一定面积的国土，并且国力雄厚，能够短时间内动员民众疏散避难。然而中国的人口，比上述3个国家和1个大洲的人口加起来都要多。车辆纵然能够运送大部分人口，也没有时间去运载粮食了。可以看到，当北方的极寒台风到来之时，中国人可以短时间内避免被低温杀死，但也会在不久之后死于饥饿。中国有袁隆平，但袁隆平的贡献是需要土地来实现的。

总结一下，如果北极附近发生了极寒台风，要么杀死北美洲，要么杀死欧洲、俄罗斯并重创中国，或者更严重的，整个北半球全部沦陷。如果极寒台风发生在南极附近呢？

首先说南美洲。假设台风的影响力也止于南纬30度以上，那么，南美洲的情况仍然不会太好。南美洲北部虽然陆地面积不小，但有相当一部分面积是热带雨林，而热带雨林的土地，其养分全都在植被中循环，土地本身是非常贫瘠的。所以，南美洲北部的可用耕地并不多。好在台风不会持续太久，只要南美洲人民团结一心，将粮仓里的存粮合理分配，还是可以挺过去的。

其次，非洲人民似乎运气非常不错，因为整个非洲几乎都在热带，台风影响不到。不过，非洲并没有任何发达国家，哪怕是在发展中国家之中，非洲的诸多国家也是比较落后的，并且整个非洲几乎一半的土地都是沙漠。当灾难过去，整个世界的发达国家悉数灭亡之后，孱弱的非洲或许无力延续人类的文明，人类只能苟延残喘。

至于澳大利亚……它显得相当不幸，因为澳大利亚没有任何可以逃难的地方。虽然澳大利亚的大部分陆地都在南纬 30 度以上，但它的地形实在是太差了——中央部分是高山、丘陵和一个难以开发的盆地，重要城市全部在沿海，仅仅是海平面上涨，都有可能让这个国家灭亡，更别提极寒的台风了。

综上所述，若两极地区真的出现了极寒台风，整个世界可能只有遭到毁灭性打击的中国、长年战争的中东地区、没有任何发达国家的非洲和南亚地区能够幸存。其他国家也会有幸存者，但是人数过少，城市基本都被毁灭，零星几个幸存者只能够延续血脉，无法重建一个国家。

台风虽然只会持续很短的一段时间，但当它消散过后，剩下的人类仍然无法形成"文明"。

秩序将不复存在，战争一触即发。环境灾难和战争是仅有的两种由人类自身引发的末日，它们加在一起正好可以让人类灭亡。

现在你或许能理解了：为什么其他类型的末日都"还算好"？因为人类啊，至少不是在漫长的恐惧和绝望中灭亡的。

2. 改造家园的技术

2010 年有一个网络流行词"世界末日"。玛雅人预言第 5 个太阳纪会在 2012 年 12 月 21 日结束，人们便调侃到了 2012 年人类就要完了。当时有一部电影叫《2012》，便是利用这个题材所拍摄的灾难大片。

就算我不介绍，大家一定也对这部电影有印象，因为它的话题度实在太高了，哪怕没有看过这部电影，也一定在各种网络平台上看见过关于这部电影和世界末日的相关讨论。但到了 2012 年 12 月 22 日，世界仍然照常运转，什么事都没有发生。

是不是会觉得诧异，距离传说中的"世界末日"，竟然一晃眼就过去了 10 年。不过，看到近年来各种各样的自然灾害、动荡的国际局势，尤其是多灾多难的 2020 年之后，很多人都发出了"人类怎么还没灭亡"的感叹。其中，有几分真诚，几分调侃，我们就不知道了。

《2012》这部电影的导演，是灾难片大师罗兰·艾默里奇。在这部脍炙人口的电影之前，他还拍摄过一部叫《后天》的电影。讲述的就是第一部分中，极寒台风毁灭北美大陆的故事，当然也毁灭了亚欧大陆。电影的最后，墨西哥友好地接纳了来自美国的难民，但是，我们不能保证同样的场景会在现实中发生。

其实地球不需要保护，人类要保护的是自己。纵然人类灭绝，再过数亿年还会诞生下一个文明，所谓保护地球，只是保护自己的生存环境罢了。幸运的是，相当多的人意识到了生态环境的重要性，并为了保护环境付出了不俗的努力。地球上几乎每一个人都听到过保护环境的呼吁，只不过很多人并没有放在心上。但只要越来越多的人能够付诸行动，我们的家园，就可以被保护得很好。

至少在人类迈出地球，找到别的家园之前，地球一定要被好好保护，让人类文明能够延续和发展到那一天，否则一切都是空谈。

关于保护环境，人们最容易做到的事情，便是"低碳"。过多地排放二氧化碳，会破坏大气中的臭氧层，如此一来，阳光中的紫外线就没有了阻碍，会长驱直入来到地球表面，提升地表的温度，导致两极冰川融化，接着，就是第一部分中所讲述的灾难了。

但是，这种小事的贡献微乎其微。说得难听一点，普通人能够做到的"低碳"，对整个大气层来说并不算什么，这只不过是激励人们保护环境的一句口号罢了，它确实有用，但作用有限。

真正能够显著降低碳排放量的，是在工业领域，以及一些高新科技、生物科技领域。

工业领域，首先是发电厂。早期的发电厂都是火电厂，将化学能通过一系列反应转变成电力，而燃烧势必会排放大量的二氧化碳。于是，人们在不断地研究和探索之后，建造出了其他类型的发电站——风电、水电、核电、太阳能和地热。

风电和水电十分简单明了。火电是通过火焰燃烧锅炉产生蒸汽，蒸汽推动发电机叶片产生电力，而将蒸汽用风力和水力代替，就实现了完全清洁无污染的发电方式。真正意义上的无污染无排放，甚至不需要人工看管，但其缺点就是对地形的要求高。如风力发电塔只能建设在开阔且常年有风的地区，水电站必须建设在河流落差大的位置，修建难度也很大（见图 27–1）。

图27-1　风力发电厂

核电是最高效，但也是最危险的发电方式。核燃料是一种矿物，通常是铀，就算不用来发电，它们也会自然衰变最终变成普通的元素，不管是核电站里的，还是核弹里的。核燃料蕴含的核能又是如此之高，发电的效率是所有发电方式里最强的，这就让核电站有了出色的表现。当然了，我们也不会忘记切尔诺贝利和福岛的惨案，科学家们也在不断研究让核电站变得更安全的方法。

太阳能也是一种完全清洁的发电方式，并且成本非常低，普通人家都可以买得起几块太阳能板。就是发电效率比较低，承担不起一个家庭的用电需求，用来烧水和给电池充电还是绰绰有余的。当数量庞大的太阳能发电板聚在一起时，它们甚至可以代替一整座发电站，如此一来，成本也水涨船高，但阳光是取之不尽用之不竭的，长远来看还是比较合算。并且在航天器上，地表的补给难以送达，这时候不需要后勤的太阳能板就发挥了巨大的作用。如果人类要进行星际探险，太阳能板就是最重要的电力来源。

至于地热，则是一种比较罕见的方式。地球内部的温度高达几千度，有些地方的热量会穿过厚厚的地幔、地壳来到地表，这也是一种取之不尽的能源。不过，地热只是普通的热量，并且附着于土地上，如何使用它仍然是一个难题。

发电厂产生的电力是无法储存的，这一秒钟发的电，下一秒就会完全消耗殆尽，而你只不过是在这一秒发的电里取出了一部分来使用而已。火电站和核电站要投入多少资源来发电，是根据整个城市整体的平均用电水平来决定的，并且，一般不会更改。

当然，如果能够同时号召整个城市的居民都节电，降低整体用电量，那确实可以让火电厂少投入一些资源，只是这件事难度极大，它也正是"低碳"这个口号所追求的。与其参加什么地球一小时活动，不如随手关灯，并且，提醒身边的人也随手关灯。这是人们力所能及的地方，虽然收效甚微，但是，它做到了细水长流。

低碳只是保护环境的其中一个部分。在离人们日常生活比较远的地方，科学家们也在不断寻找其他保护环境的办法。

比如，污水排放。福岛核废水会杀死大量的海洋生物并对沿海城市造成影响，但是，重元素终究会衰变成普通的元素。真正让海洋无法接受的，是化工厂排放的废水。这些化学物质是不会随着时间的流逝而衰变的，它们会一直留在大海里，一点点污染整片大海。大海是很辽阔，但是如果持续排放污水，将来总有一天海洋里会没有生命。

比如，垃圾处理。和化学污水一样，人类生产的很多东西是自然界无法降解的，金属好歹可以回收再利用，木材和纸张可以回收重新造纸或者燃烧发电，生物垃圾可以做成饲料，但是，塑料和危险化学品则不行。人类每年制造约3亿公吨塑料垃圾，以往人们只有填埋这一个办法，或者干脆一烧了之。可是，这总会对环境带来一定的影响。在2017年，有科学家发现蜡虫可以吃掉塑料，并且胃里有一种酶可以破坏塑料的化学键，使它们变成更小的颗粒。尽管这并不能彻底摧毁塑料，排出的粪便中仍然有细微的塑料颗粒，但这仍然为垃圾分解指明了一个可行的方向——塑料并不是无法处理的东西。

植被的种植也是一个研究的方向。要减少二氧化碳的总量，除了降低排放量以外，增加植被也是一个办法。但是，这是一个有点自悖的命题——增加植被，意思就是在原来没有植物的地方，种出新的植物来。可是，生命诞生已经数十亿年，每一个允许生命存在的角落都有各种各样的生命存在。某块土地上没有植物，那就说明这里本来就不允许植物存在，比如，沙地、土石、沼泽或者盐碱地。而科学家们要做的，就是培育出在严酷条件下也能生存的植物，征服更多闲置的土地。

撒哈拉沙漠的面积比整个美国都要大。如果存在能够在沙地上茁壮成长的树木，人类将会获得大量的可使用土地，这岂不是好事？诸如盐碱地、沼泽等地貌，只要能够研发出相对应的植物，它们都可以变成有用的土地，净化空气，提供木材，带动当地经济发展，为各种动物提供栖息地……

保护生态环境这件事，是一项非常长远的投资，这一辈人可能活不到它展现价值的那一天。但是，我们的子孙后代可以享受到这件事带来的好处，一个物种，乃至一个文明，也需要在一个合适的环境下才能够繁衍生息，不断进步。

3. 环境保护行业的市场

提起它的市场，就比较有意思了。环境保护行业囊括了很多内容，可以是生产节能电器，发明能够处理污水和有毒废料的仪器，寻找新的能源，也可以是发明能够降低电能损耗的长距离输电线。

它还可以是很多看起来丝毫不相干的事情。比如，更准确的导航系统和更合理的城市交通规划，减少人们出行所需要的时间，绿色出行，这就通过间接的方式实现了对环境的保护。当然，这样说有点笼统，因为任何事物的改进，在经过一系列的影响之后，都会在某个环节实现对环境的些许保护。所以，我们只讨论那些直接对环境产生影响的行业。

那些小的东西，比如，更省电的电器、更耐用的家具等，直接面向消费者。因为种类实在太多了，无法统计，但消费者永远不会拒绝这些改进。更省电的电器从长远来看是更实惠的，消费者购买的欲望也会提高，厂家自然会在节能上下功夫。如此一来，哪怕一个公司只是单独生产某个更省电的零件，也一定会有下游厂商购买。至于销量如何，那就看产品本身的质量了。

而大的东西，像是能效更高的发电机组、风力发电机叶片、污染治理方案等，通常面向政府或者大型企业。无论是自发地保护当地生态，还是要接受上级的检查，地方政府都是会在环保上投资的，企业也是如此。成熟的环保方案，永远都会有大型客户。

总而言之，如果你是一个发明家，你可以设计或者发明更环保的物品、仪器、方案等，专利费用就是一大笔钱；如果是一个企业，可以在环保节能上下工夫，不仅更容易获得消费者的青睐，在同政府机构与其他企业做交易的时候也可以显得更有价值。不说环保这个大话题，单单是节能这一点，就可以让你的产品更有优势。

有时候电器在使用过程中产生的电费，会比产品本身的价值还要高。环保节能这件事，对环境的影响在很多年之后才会体现，但它所产生的经济价值，现在就可以拥有。

4. 关于环境保护与人类的未来

奥陶纪生物大灭绝持续了整整 6500 万年，正是恐龙灭绝到今天的时间。这次灭绝让 85% 的物种从地球上消失，可在经历了这样的灾难之后，生命仍然重新出现在地球上，并且在这之后又经历了 4 次大灭绝。可是，生命没有屈服，地球仍然孕育着它们。

地球并不讨厌塑料，也不讨厌核冬天和充满海洋的化学物质。它们最终会降解、锈蚀、风化，重新回到大自然。它们也是地球的孩子，与人类平等。

太阳还能存在 50 亿年，地球也是，而人类产物中最顽固的那些家伙，也只不过能存在几千年的时间。人类呢？纵然人类今天早就灭绝，不到 1 万年后，人类曾经存在过的所有证据都会消失。说不定人类之前也有其他文明，只不过它们留下的东西，都被时间吞噬了。

大不了再过 6500 万年，还会有新的智慧物种出现。地球并不怜惜人类，也用不着人类来保护。

所谓环境保护，本来就是保护人类自己罢了。也是我们必须要去做的事情，谁希望人类灭亡呢？我们并不完美，也存在缺点，但我们正在努力变好。也希望将来的某一天，人类文明可以成为一个强大的种族，与整个宇宙和谐相处。

无数的科幻作品里都描述了人类殖民外星球的故事。很多觉得环保麻烦的人，会将这件事当作推脱用的说辞：人类总有一天可以寻找到别的星球，就算地球爆炸了也可以有别的星球可供居住，那么，环保这件事不是显得很多余吗？

确实如此。但这一切的前提是，人类要延续到那一天才可以，在那之前，地球要好好的，人类生存的环境要好好的。

还有一句让人摸不着头脑的话：正因为人类有可能移居别的星球，所以才更需要掌握保护环境的技术。正是因为有一天人类会离开地球，所以才更需要将地球保护好。

诚然，或许有一天人类掌握了星际旅行技术，地球变得没那么重要了，但并不等于环境保护从那一天起就没用了——它反而更加重要。试想，当你来到一个全新的星球后……

假如它的土地非常贫瘠，不用担心，你有一种合适的植物可以在这里生存。

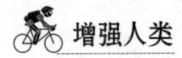 增强人类

早在地球时代,人们就创造了能在沙地里生存的植物,这里的土地对它来说也不是问题。

假如它的矿物非常少,无法进行火力发电,不必担心。飞船上的核燃料棒、货仓里的太阳能电池板、地热提取器和小型风力发电机,都可以为你提供能源。你的临时基地采用的都是节能仪器,哪怕发电功率很低,它们也可以正常工作。

假如它的大气层里氧气非常稀薄,充满甲烷等有毒气体,水流里也都是有毒物质,不用担心。你随身携带的仪器,连化工厂的废气废水都可以净化干净,自然也可以在这颗星球上为你提供生存资源。你携带的植物种子,也可以在贫瘠的土地上顽强地存活,源源不断地提供氧气。

当你改造了整颗星球,让它变得跟地球一样宜居的时候,你会发现:这里就是地球。你仍然需要保护这里的生态,让人们能够在殖民基地长久地生活下去。因为你并没有能力轻松地换一颗星球生活,在人们找到下一颗宜居星球之前,你们要在这里生活很久很久……

每一颗星球都是如此。宇宙中有无数的星球,但适合生命存在的星球只占少数,并不能随意更换。对于已经拥有的星球,人们当然要好好保护。

人类诞生于地球,这里自然是最适合人类的地方,而其他星球则不一定。如果人类能够将被污染的地球,重新变回最美好的状态,对于那些环境恶劣的星球,人类自然也有能力去改造它们,让它们变成和地球一样美丽的地方。

所以说,不管人类将来会探索其他的星球,还是要一直留在地球上,掌握环保技术都是非常有必要的。保护环境,这4个字真正的含义是:让你所在的星球,永远都是适合你生活的地方(见图27-2)。

图27-2 环境污染与治理概念图

人类之所以区别于动物,是因为我们会思考,在思考之中,融入一种叫作

"爱"的东西。人类会爱自己的孩子，动物也会，但是它们的爱仅限于家庭，考虑不到10公里以外的同胞，也考虑不到100年之后的子孙后代，它们的爱仅停留在眼前。

人类并非如此。我们会为长远的未来做打算，出于对后代的期望，出于对文明未来的向往，让我们在今天就能够考虑到数百年，甚至上千年之后的未来，并且现在就着手去做一些事情。这正是人类能够征服地球的原因，也是人类文明能够征服太阳系乃至银河系的原因。

而这一切，从你随手关灯的小小动作，就可以看得出来。

第28章　善意的谎言：记忆修改

生命不会再那么残酷

1. 实验都是有欺骗性的

1793 年夏季的某一天，警方接到奈丽的报案，她的母亲被人杀死于家中。

奈丽称，她刚刚从教堂集会中回来，一进门就看到母亲倒在血泊之中，此时母亲已经死亡了。除此之外，她没有看到任何异常，没有叫声、没有奇怪的人，现场也没有发现属于别人的东西。

警方随即展开了调查，但他们显然不够称职——他们怀疑上了奈丽。原来，奈丽的母亲是一个非常难相处的人，经常以贬低他人取乐，即使对自己的孩子也经常恶语相向，不断讥讽她、嘲笑她。警方怀疑，很可能是奈丽受不了这个烦人的母亲，因此痛下杀手。

但是，这样的怀疑是毫无根据的，因为奈丽没有过任何犯罪经历，并且也没有任何指向奈丽的证据，仅仅是因为她"有动机"，甚至这个动机还是警察自己臆断出来。

可以提前说明真相：杀人凶手并不是奈丽。不过，当时的奈丽并不知道自己要面对什么。她心想，自己不是凶手，那只要如实交代，真相很快就会水落石出，她甚至放弃了请律师。但她没想到警察们会这样对待她——一进入警局，警察们就开始对她展开了轮番询问，并且不断地暗示她是因为你与母亲产生过激烈的争吵，怒火中烧，而将其杀害。奈丽虽然刚开始极力地否认，但是警察都没有放弃，还找了一个专家，强迫她去挖掘自己的潜意识，试图让她找回所谓"失去的记忆"。

这样的做法，基本就相当于刑讯逼供，没有任何证据，强迫嫌疑人承认罪行,甚至这个嫌疑人本身是清白的。但警察们不知道是受了什么蛊惑,竟然就确信了奈丽是凶手。在长达16小时的疲劳轰炸之后,奈丽开始觉得——"好像的确是自己杀死了妈妈"。

审讯和专家的记忆挖掘又进行了几小时,此时的奈丽已经太久没有休息,筋疲力尽,思维混乱,终于供认是自己杀的人,并且在供认状上签了字。不久之后,她就被判一级过失杀人罪,监禁16年。可是,两年之后事情突然出现转机,有证据证明在谋杀案发生时奈丽的确不在家中,奈丽这才被免除罪行,重获自由。

但是,奇怪的地方在于,奈丽在供认状上签名的一瞬间,她真的认为自己是杀害母亲的凶手。她明明没有做过这件事,却拥有了关于这件事的记忆,导致自己蒙受不白之冤,还背上了杀害母亲的骂名。这是怎么回事呢?难道当时那位心理专家,给她的大脑植入了一段杀人的记忆吗?

奈丽的遭遇并非个例。亲身经历过一件事的人,在日后回忆起这件事时,也有可能出现记忆出错的情况,哪怕这个人正值壮年,大脑还非常健康。并且不只是缺失,有的人甚至会出现一些不存在的事情的记忆。

事实上,心理学家们一直都想搞清楚记忆是怎么回事。美国心理学家伊丽莎白·洛夫斯特就做过一个实验:她先向100名学生展示了一些关于车祸的短片,然后把学生随机分成两组,分别向他们提问。两组学生回答的问题基本是相同的,只有一些细微的区别。

比如,A组学生得到的问题是:"你是否看到了一个破碎的车前灯?"

那么,这个问题到了B组,就变成了:"你看到那个破碎的车前灯了吗?"

注意这两个问题的细微区别。第一个问题只是询问,有没有看到这个东西。而第二个问题,使用的说法是"那个车前灯"。"那个"这个词有明确的指向性,暗示了那个地方本来就有一个车前灯。在学生的眼里,就变成了"短片里有一个车前灯,我看见了没有?"

于是,"短片里有个车前灯"这个虚假的记忆,就被巧妙地植入学生们的记忆中。事实上,短片里根本没有车前灯。

实验结果非常有趣。A组学生只有7%回答"看到了",B组则有15%的学生认为自己看到了那个车前灯。仅仅是换了一个词,换了提问的方式,就改变了8%甚至更多学生的记忆,可见人的记忆确实会在成形之后,被各种信息和暗示影响,导致它不再准确。这种心理现象,被后来的心理学家称为"虚假记忆综合征"。

有些人会将人的大脑比作一台硬盘，把记忆比作硬盘里储存的信息。人的眼睛就相当于摄像机，耳朵就相当于录音机，在观察到某件事、某些事物之后，会将所有信息都完整地记录在大脑里，而大脑里负责记忆的部分，就相当于硬盘。但是，随着心理学家的研究，发现人脑其实完全不如硬盘那么诚实。

我们的眼睛毕竟没有摄像机那么强大，我们无法记住一件事从头到尾的每一个细节，只能记得住最突出、最明显、最吸引我们注意力的特征。比如，你匆忙地扫视了一眼冰箱，那么你只能记住这些东西：冰箱比你要高一些，双开门，白色的，上面有一点贴纸；除此之外，冰箱把手上的锈迹，冰箱上盖着的布的花纹，冰箱下方小虫子的尸体，这些细节你的大脑就不会记住。

所以，你所拥有的任何一份记忆，它们其实全都不完整，只是一些碎片。当事后你回忆这个冰箱时，大脑就根据你所记住的东西把冰箱的样子还原出来。神经网络会给这些记忆碎片提供一个想象空间，让他们重新被连接在一起，如果这些记忆碎片不是那么连贯，那大脑会根据常识、经验、逻辑、计算、类比，甚至个人喜好来把它们补全，并且有可能将新的知识或者记忆补全到对冰箱的记忆中去。

也就是说，回忆并不是一种场景重现，而是一个重新演绎的"过程"。如果出现了一些新的相关的信息，并且大脑认为它很可能属于某一段记忆的时候，就会将它纳入原来的记忆，导致这一段记忆被修改。

这个时候，如果有人对你说了一句"我讨厌冰箱上那块黑布，它太丑了"，你的大脑很可能就会捕获这段信息，将它插入你的记忆中——你的记忆就被改变了。

当你下一次走到冰箱面前时，你会惊讶地发现，冰箱上的布并不是黑色的，你的记忆和现实出现了偏差。

我们大概可以猜出奈丽的遭遇了——首先是警察确信奈丽是杀人凶手。尽管他们的判断是错误的，但他们坚信事实如此，这是一个重要的前提。因为他们判断奈丽是凶手，所以接下来他们所说的所有话，每一个字，每一个动作细节，都是以"奈丽是凶手"展开的。心理专家一次又一次地暗示"你是凶手，只不过你忘了"，再加上超过20小时的不间断审讯，奈丽严重困倦并且心理防御力薄弱，于是，大脑相信了心理学家的说法。

既然"我是凶手，但是我忘了"，大脑就会本能地摄取警察的审问，从它们之中提取信息，用以拼凑那一段杀人的记忆。于是，警察和心理专家在不经意间，给奈丽植入了一段杀人的记忆，尽管她根本没有做过这件事。

1995年，洛夫斯特又进行了一个非常著名的商场走失实验。她首先找来24个志愿者，给他们每个人发了一本小册子。每一本小册子的内容都不同，对每一个志愿者来说，这本小册子中都有4个故事，描述了自己小时候的4段经历。

需要注意的是，每个人看到的关于自己的前3段，是洛夫斯特从志愿者的亲人那里搜集而来，讲述了他们幼年时期的某个真实经历；而第4段则是虚构的，讲述他们大概5岁的时候在一个商场里与父母走失，最后有个陌生人把他送回家的事情。商场的所有细节都是正确的，洛夫斯特为此询问了志愿者们的父母，确保志愿者小时候真的有可能来过那个商场，但没有走失的这件事。

结果在接下来的实验中，24名志愿者里一共有6个人"想起"了幼年时在商场走失的经历。甚至还有人自己给这段回忆增加了细节，比如，当时帮助自己的那个陌生人穿着蓝色灯芯绒外套，头有点秃，还戴着眼镜之类的。可事实上，整件事都是洛夫斯特虚构的。

这个实验结果乍一看有点好笑，但仔细回味，我们不免感到后背一凉。洛夫斯特给了他们一个虚构的故事，谎称这是你小时候的经历，于是真的有人信了。幸好这次实验植入的是小时候的经历，它并不能影响什么，如果洛夫斯特植入的是一些关于债务、承诺，甚至像警察对奈丽所做的一样，给人们植入一些关于犯罪的痛苦回忆呢？

他就可以借此获利，并且还能够不费吹灰之力就折磨一个人。

而记忆植入的过程实在简单得可怕，根本没有动用什么高科技芯片，没有能够麻醉大脑的药水，有的只是一些写了字的纸以及洛夫斯特本人的一点点表演，记忆入侵就这么完成了，志愿者大脑中的虚假与真实就此被混淆。

但是，也多亏了洛夫斯特的研究，现在法院在审理时，对于所谓"记忆证据"的有效性变得越来越慎重了。美国司法部现在规定警察在和涉案人员对话的时候，不可以引导他们说出某一类答案，而且一定要用摄像机把整个询问的过程拍下来。

洛夫斯特的这两个实验，一定可以让对心理学家有着痴迷和崇拜的人大呼过瘾——掌控他人的想法，实在太酷了不是吗？其实洛夫斯特所做的，是在特定的场景，且对方非常信任洛夫斯特的情况下，植入一些特定的、无关紧要的记忆，他是无法将自己的想法随心所欲地植入别人脑子里的。

她的工作的重要之处在于，证明了人的记忆是可以被修改的，并且人脑不会发现记忆遭到了修改，甚至就是它自己进行的修改。也就是说，大脑不能像ECC内存一样，给记忆进行纠错，这让人们通过技术手段来改变记忆成了可能。

2. 偷天换日

要想改变记忆，首先要搞清楚，记忆到底是什么样子的，其次，它在大脑里是怎么储存的（见图28-1）。

图28-1 人类记忆概念图

众所周知，电子系统的数据是以"1"和"0"的数据储存的，一张照片在硬盘里不会是照片，而是一长串的"101101001101"。人脑也有点类似，所记住的一切，在大脑中并不是原来的样子，而是一个很复杂的过程。

先声明，大脑中没有单独的"记忆储存区"，记忆是均匀分布在整个大脑上的。也就是说，通过切除或者更换大脑的"硬盘"来改变记忆，是不可能的，或者说，整个大脑都是硬盘，不可能只修改一小部分。那么，它们是怎么储存的？

假设你看到了一个灯泡，你的视觉捕获到了灯泡的亮光，皮肤捕获到了灯泡散发出的微弱温度，这两样信息进入你的大脑之后，大脑发现这个东西的特征和"灯泡"一样，于是你就知道了这东西是个灯泡。随后，灯泡的光刺激了大脑中负责处理光的区域，温度唤醒了大脑中负责处理视觉的区域；灯泡的形状是特定的，于是负责处理光的区域也只有特定的神经元被刺激，这些神经元承载的信息加起来，正好就是此时此刻你看到的灯泡——温度也是这样被记住的。

当你看到"灯泡"这两个字的时候，大脑就会将文字信息转化成神经冲动，它们会传递出去，将光线区域和温度区域的神经元"唤醒"，将当时接收到的信息传递出来。

因为当时灯泡唤醒了特定区域的神经元，而这些神经元把刺激还回来，大脑经过逆向处理，就得到了一个一模一样的灯泡，温度也是如此。

研究表明，记忆广泛存在于皮质各处，可能就是在神经元以及突触及它们的通道之间，且与RNA存在关联，神经元的活动能改变RNA含量，RNA在大脑记忆功能上有可能有重要作用。

同样，刺激皮层也会让人想起某些记忆，因为刺激的地方有负责记忆的神经元释放出了它记住的东西，进入负责演绎的区域，人就不由自主地想起了这些东西。

你注意到了吗？大脑会想某件事的时候，储存在皮质中的记忆被取出来了，再完成记忆的演绎之后，它们又会被还回去。这算是人脑的劣势，电脑对于硬盘中的信息仅仅是"读取"而不是"取出"，就算程序运行到一半电脑爆炸了，硬盘里的数据也还是好好的。

但这个劣势，也给了科学家们机会。

2016年，荷兰的一些科学家便宣布，他们采用革新式电击疗法，成功地删除了人脑中的特定记忆。他们利用的就是人在进行回忆时，记忆从神经元中被取出来的这一个瞬间。

电击疗法，又称休克式疗法，医生使用电休克机等特殊仪器，在短时间内用微弱且适量的电流刺激患者脑部，以达到局部治疗的目的。在以前技术还不够发达的时候，这种电击疗法会导致患者在治疗过程中全身抽搐，但随着科技进步，这种残忍的疗法已取得重要突破，应用范围也变得更广大，且只要操纵得当，就不会对患者造成伤害。

大脑在工作的时候，实际上就是神经元之间一系列的兴奋和电信号的作用，这也包括回忆。当有电流进入时，这些正在大脑里传递的电信号就会被外来的电流破坏掉。一共有40多名志愿者参与了这项实验，而他们要做的事情，说简单也不简单——在记忆清除的过程中，他们要不断地回忆那些痛苦的事情，保证所有的记忆都停留在大脑的回荡区，这是非常不好受的。随后，技术人员向大脑的特定位置施加电流，让电流将它们全部破坏掉。而这些记忆用完之后，原本是要回到所在的神经元去——但是，它们回不去了，这段记忆自然就消失了。

有那么一点军事斗争的味道，不是吗？志愿者故意引诱"敌人"出现，让他们暴露在明处，并且甘愿为此承受痛苦，技术人员则趁机消灭他们。这40多名志愿者的记忆清除，都获得了圆满的成功，他们全都忘掉了某些痛苦的回忆，从此不再被这些记忆折磨。

可以看到，科学家们已经能够主动帮助人们失去一些不想要的记忆了。那么，能不能够帮助人们主动获得记忆呢？如此一来，人们用于学习的时间不就大幅度减少了吗？学生们不必为记不住知识而苦恼，每个人进入社会之时，脑子里都可以装下更多的知识和技能，这该多么有用。甚至能不能达到摄像机一般，拥有过目不忘的能力？

首先要明确一点，过目不忘是一种疾病，一种让其他人羡慕不已，但当事人十分痛苦的不治之症。事实上，它的名字就是超忆症。它的好处显而易见，那就是什么都忘不掉，再深奥的知识一遍就能记住，但它的坏处，也是什么都忘不掉。

假设，一个拥有超忆症的学生和一个普通学生听完了同样的一节课，然后教师进行提问，这个时候最先做出回答的，反而是普通学生。

因为超忆症的学生把什么都记住了。要回答教师的问题，他得从头开始一点点翻，教师上课时的表情，课本上第一页的内容，窗外小鸟的叫声，同桌开小差时吃的零食的香味……他要在浩如烟海的信息里把所需要的内容找出来。

普通学生只记住了教师所说的知识点，其他的一切都忘掉了，他马上就能回答问题。

回家之后，超忆症学生开始回忆今天发生的事情，他知道自己有一些事情还没完成，但不知道是哪一件，于是他开始在记忆中慢慢寻找。

普通学生回到家之后，简单地过了一遍今天为数不多的记忆，马上就想起来：晚上要帮妈妈打扫卫生。

所以，超忆症是"症"，因为我们存进大脑里的记忆，绝大部分都是应该忘掉的。过多的记忆，就像是电脑里纷乱的文件夹和数不清的文件，会严重干扰你的思考效率。他们的优势仅仅是记得牢，但是在需要用到知识的时候，他们很难在记忆中一下子就定位到自己需要的那条公式或者数据。

甚至在生物学角度，我们的大脑也鼓励我们多忘记一些东西。我们负责记忆的海马体神经有个受体，叫作NMDA受体。它是由NR2A和NR2B基因调控的，能够判断哪些记忆是没用的。把它们去掉，剩下有用的记忆就进行储存。而儿童的NR2B基因的表达比例比成年人高，所以小孩子看上去记性比较差，因为他们更擅长从神经纤维中,把没用的信息剪掉,只记住重要的知识。

成年人的记性固然比较好,但因为记住了太多不重要的信息,这反而会降低学习的效率。但是,遗忘也是记忆的一部分,适当地遗忘反而能帮助人们更好地记住重要信息。至于超忆症患者,他们很可能就是NMDA受体因为某种原因而缺失,导致大脑根本忘不掉不重要的信息。

只要把NMDA受体通过药物等方式,适当地去掉一些,人的记忆力就会大幅度增强。并且NMDA受体的工作不是自主的,是大脑决定的;如果某个人非常认真,专注于正在学习的知识,并使用合适的学习和记忆方法,那么,他掌握新知识的速度其实是很快的。

既然NMDA受体太多会导致记不住新知识,太少会导致不重要的信息太多而难以使用知识,这是否意味着NMDA受体只能控制在一个恰当的范围内,人们只能通过不断学习的方式来获取新知识呢?难道没有将某些记忆直接植入大脑的方法吗?

从某种角度上来说,这可以做到——但不可能将厚厚的一本书直接装进你的脑子里,这不现实。但是,记忆植入确实可以帮助人们获得一些不属于自己的记忆,并且可以在很短的时间内完成。

2012年,美国南加州大学的生物医药工程师和神经系统科学家希欧多尔·伯杰宣布成功地揭秘了人脑长时记忆储存的原理,并研制出了可以模拟人脑神经信号传递的电子芯片。该芯片能够解码大脑中传递的部分神经信号,并模拟出一些信号。他们在老鼠、兔子等动物上进行了实验,结果都是成功的,这块芯片可以让大脑损伤的老鼠或者兔子获得失去的记忆。

无独有偶,2018年,一些科学家在海蜗牛身上进行了实验:先对一只海蜗牛进行电击训练,多次训练之后,这只海蜗牛只要一受到微弱的电流刺激就会缩回尾巴来保护自己。之后,科学家们将这只蜗牛脑部神经系统内的RNA抽取出来,并注入另外一只没有受过任何训练的海蜗牛的体内。

结果,这第二只海蜗牛马上就学会了相同的技能,知道微弱的电流代表着危险,并且也会缩回尾巴保护自己。这个实验证明了,海蜗牛的记忆是可以在不同个体之间进行复制和转移的。

而记忆的转移,在人类身上也有过实例。1999年,美国的一名中学生凯利,因为车祸导致小脑受损,无法正常走路。科学家为她植入一块记忆芯片,这块芯片复制了业余体操运动员西尼尔的记忆。在获得芯片之后,凯利走路时的动作协调而自然,还能完成空翻动作。一周之后,空翻的记忆渐渐模糊,但凯利仍然能够正常地走路。在取出芯片之后，凯利就回到了手术之前的样子。

还有一名女子，因为意外，不得不移植了一个18岁男孩的心脏。她安全地活了下来，但突然就性情大变，脾气变得像一个男孩子，而且喜欢上了酒和炸鸡腿，甚至梦到了心脏与肺的主人。最后，她甚至凭借大脑中出现的记忆，找到了这个男孩的家人。他们也证明，啤酒和炸鸡腿是男孩生前最喜欢的食物。

按理来讲，心脏和肺根本没有记忆的功能，我们不知道凯利是怎么获得男孩的记忆的。但这也从侧面证明，一个人的记忆确实可以转移到另外一个人的身体上，并且不是通过学习，而是通过手术。

或许在不久的将来，随着人们对大脑、对记忆的深入研究，记忆这件事将不再是秘密，人们可以在一定程度上删减不好的记忆，或者添加有用的记忆，甚至读取记忆也说不定。

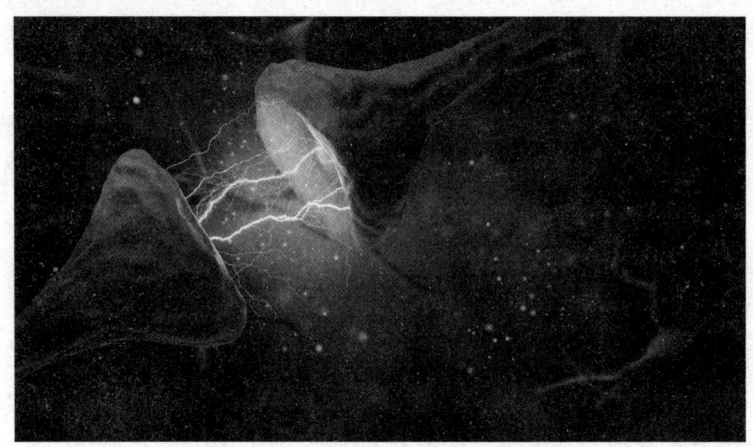

图28-2　神经突触电信号概念图

3. 记忆修改的价值

记忆修改是一种完全看不见的技术，它对于生产力不会有什么大的提升，但仍然存在不小的价值。记忆修改一共分为两个部分，记忆删减和记忆添加。

记忆删减的价值比较单一，但十分重要。对于那些遭受过严重心理创伤的人，记忆删除就是他们的救命良药。不要小看记忆的威力。根据统计数据显示，全球每40秒就有1个人自杀，每年有近80万人自杀。在国内，导致自杀最重要的原因是抑郁症。

还有那些没有自杀，但长期受到抑郁症以及精神折磨的人。记忆删除，可以在一定程度上破坏掉他们脑内的痛苦回忆。降低精神压力。这项技术受益最大的是小孩子，在儿时目睹的痛苦回忆，比如，灾难的场面，遭受的霸凌，家暴，过早接触到的不良信息。这些都会严重影响一个人，甚至改变一生。而记忆删除可以删除这些东西，或者洗去大部分，只留下一个模糊的轮廓，残缺不全的回忆，对一个人的影响自然也就小了。

记忆删除也可以用来对付犯人。一些犯人接受过刑期的改造后，表面上看已经改过自新，谁知道他心里会不会正在打算再干一票？他仍然记得以前的犯罪方式，记得同伙以及逃跑路线，尤其是小偷，溜门撬锁的工夫还都记在脑子里，很多出狱的犯人其实都还拥有再次犯罪的能力。如果用上记忆删除技术，犯人们就算还有贼心，也想不起来自己以前是怎么做的了。

对于一些没有家人，亲人也比较少的朋友，可以一边对他进行教育，一边洗去他脑海里关于犯罪的记忆。这么做了之后，他会以为自己一直是个循规蹈矩的好人，也没有亲近的人来告诉他以前的事。如此一来，他的道德感就会要求他遵纪守法，大大减少再次犯罪的概率。

再谈谈记忆添加。上面提到，记忆植入体可以帮助动物或者人获得已经失去的记忆。严格来讲，记忆植入体是取代了受损的脑功能。许多身体残疾的人，残疾的原因正是大脑受损，而身体其实有治疗的机会，甚至可以直接替换成智能义肢。智能义肢加上能够解码大脑信号并且释放对应神经冲动的芯片，这不就相当于任何身体上的损伤都可以被修复吗？确实有可能，不过这项技术会在下一章中深入讲述。

在生物学角度上看，大家的大脑其实区别并不大，优等生和差生的差距并不在大脑对新知识的记忆能力上，而是在学习方法、学习时的注意力，以及自身的努力程度上。让差生接受记忆增强手术获得更好的记忆力，这对于那些勤奋努力的学生是否不太公平？记忆增强不是坏事，但在教育阶段还是避免使用这一手术，让学生们自然竞争可以挑选出真正的人才，也避免了他们对于科技的依赖，培养自主能力。

直接添加记忆这种做法，在某些情况下能够发挥巨大的作用，比如，医院。

在永生技术中我们谈到，寿命的极限决定了一个人一生能够累积多少知识，也决定了这些知识他可以用多久。如今一名合格的主治医师，要先在医学院进修十几年，上岗后实习一段时间，然后跟着前辈们锻炼很长一段时间，才有资格成为主治医师。这无可厚非，因为病人的生命总不能交给学艺不精的半吊子，所以，对医生的严苛要求是必然的。

但问题就是，这个学习的时间也太长了。如果拥有记忆植入技术，那一切都方便多了。

植入而来的记忆，和超忆症所获得的记忆有点类似，就是记忆接受者分不清哪些记忆是重要的。并且对知识而言，它们也不能像使用自己的手指一样，灵活地使用它们。但是，一个接受了医学知识记忆的人，在实习过程中，每天面对形形色色的病人，甚至是在走廊上听见其他医生的讨论，大脑自然而然地就会调取相关的医学知识（见图28-3）。

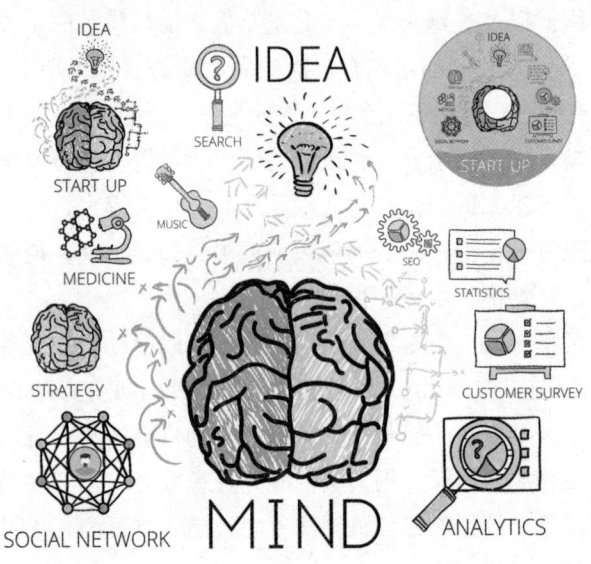

图28-3　大脑功能概念图

在你看到"大象"这个词时，你的大脑会自动联想出它的样子。它厚实的身体，长长的牙齿，灵活的鼻子，还有那独特的叫声。知识也是如此，只需要旁人不经意的一句话，他脑内的知识自然就会被调动起来，在脑海里一遍遍地思考。久而久之，这个人就能够理解和熟练使用这些知识，也就能够成为一个合格的医生了。

最关键的是，记忆植入省下了十几年的学习过程。进入实习岗位的医生，仍然只有20岁出头，甚至不到20岁。其实，所有大学生都是这样，他们正好处于人生周期中大脑最强大、最灵活的年纪。他们要应用自己的知识来做出贡献，是最有效率的。如果是在已有知识上探索新的知识，一个年轻的、灵光的大脑，也肯定比一个老人更快，也更有精力。

同理，把记忆植入应用到其他需要大量知识作为基础的领域，都能发挥巨大的作用。或许这项技术普及开来之后，诺贝尔奖得主的平均年龄会下降10岁也说不定。

记忆植入还有一个非常偏门的用法——给所有政府官员植入基层民众的记忆，他们知晓群众生活的艰苦，就知晓了自己的责任有多重；给所有国家高级领导人植入战争难民的记忆，那么，国家与国家之间便很难爆发战争。因为主席、总统和首相们都知道战争的后果是什么，他们绝不会让自己的人民体验这种痛苦。

4. 记忆修改对社会的影响

记忆修改能带来许多好处，其中最重要的一点，记忆添加能够给几乎全部人都节省大量的学习时间。这就等于每一个人都可以早很多年参加工作；当人逐渐老去，大脑的记忆力逐渐下降时，用仪器人为地添加记忆，某种意义上也相当于这个人的生命被延后了。

它变相地延长了一个人的生命。

但是，这项技术也存在一定的危害性，它是一把双刃剑。

最直观的一点，人人都知道知识可以通过记忆添加来获得时，还有多少人会为之努力呢？现阶段的教育，之所以有各种各样的考试，学生们需要努力甚至拼命地学习，甚至要学很多将来不一定用得上的知识，就是为了分清哪些学生是努力的，能吃苦的，上进的。社会的教育资源是有限的，技术性岗位也是有限的，工厂流水线和农田都需要人，所以，必须要有考试来筛选人才。

但是，记忆添加在一定程度上取消了这种筛选。对应措施当然有，比如，政府介入，规定记忆添加只能用在已经通过考试的、最优秀的学生身上，帮助他们成为顶尖的人才，以更好地造福社会。但是，谁知道会不会有父母为了让孩子比同龄人更优秀，偷偷地给孩子使用记忆添加呢？这些孩子本来就出生在权贵人家，天生拥有更好的基础教育条件，如今又凭空获得了大量的知识——他们的起跑线，几乎是普通孩子一辈子也抵达不到的终点。

记忆添加的这个用法，本意是让所有人都能公平且较为轻松地获取知识，但如果使用不当的话，它反而会导致更加严重的不公平。

另一方面，记忆删除的使用也必须得当。不知道你是否听过一句话："正因为自己淋过雨，所以想给别人撑一把伞。"那些经受过苦难的人，痛恨苦难本身，所以，会更加珍惜自己的生命，也更愿意去帮助别人。这些人曾经受到苦难的折磨，但他们都在用余生让世界变得更美好。

诚然，有一些过于痛苦的记忆会击垮一个人的意志，让他们走向死亡，这种记忆是需要被删除的。但是，有一些记忆，在带给人痛苦的同时，也在让这个人变得更加强大。如果贸然将这些记忆删除，这个人的生活有可能会变得比以前糟糕。

刑罚的目的就是为了给人一段痛苦的回忆，让人不敢再犯错误。一个人如果没有任何痛苦的回忆，什么都不怕，很容易变得无法无天。他会觉得，不就是坐牢、罚款，不就是死刑吗？有什么大不了的？因为记忆的清除，他不记得任何不好的事情，也就意识不到承受刑罚的严重性。

一个人小的时候，如果做错了事，教师会责罚他。这种痛苦就是好的，它不会对人造成过大的伤害，又能提醒一个人什么事情是对的，什么事情又不该做。但是，如果他转头就忘记了教师对他的责罚，下一次他还会犯同样的错误。

这就是记忆删除要注意的地方。有一些记忆确实应该被删除，但大部分记忆都应该保留下来，哪怕是那些不算美好的回忆。痛苦和遗忘一并铸就了一个完整的人。

在记忆的存储与添加都被研究透彻之后，科学家们要做的是继续探究，一份特定的记忆在大脑里是怎么储存的？又该如何在大脑皮层中定位特定的记忆，并且复制下来？这种研究不仅有利于复制学识，也为接下来要说的两个技术做了准备——让人类脱离血肉的束缚，进化成更高级的生命形态。

第29章 文明的新形态：意识上传

彻底抛弃身体的桎梏

1. 死后的世界

威尔·卡斯特博士是人工智能领域最优秀的研究者之一，他致力于研究一种拥有感知能力、结合了人类情感与智慧的机器人。威尔的实验不断取得进展，已经接近成功，但是，这也让他成了极端反科技组织 RIFT 的眼中钉。

这个组织认为，科技的不断发展最终会伤害人类本身。很早之前，这个组织就开始公开销毁科技产品，以此对前沿科技成果进行反抗，尽管他们的极端做法没能取得什么成效。

这天，卡斯特与妻子伊芙琳、好友马克斯一起进行了一场发布会，公布他们最新的研究成果。卡斯特在发布会上说了这样一番话："在长达 13 万年里，我们的思维能力一成未变。在观众席中的神经科学家、工程师、数学家和黑客，你们智慧的总和，与最基础的人工智能相比都黯然失色。一旦接入网络，一架有知觉的机器能迅速突破生物的极限，在很短的时间里，它的解析能力会比这世上所有存在过的人，加起来的智慧都要多……想象这样一个实体，拥有所有人类的情感，甚至拥有自我意识，有些科学家称之为——奇点。"

"要造出这样一种超级智能，我们必须解开宇宙最深层的秘密，意识的本质是什么？灵魂真的存在吗？如果存在，它居于何处呢……"

这一番豪言壮语赢得了全世界的关注，当然，也引起 RIFT 的关注。现场就有 RIFT 成员听了卡斯特的这段话，并且也做出了决定：卡斯特必须死掉。

在发布会结束之后，卡斯特等人正离开会场时，一名 RIFT 成员在走廊上突然掏出手枪，击中了卡斯特，他自己也饮弹自尽。很幸运，子弹并没有击中卡斯特的重要器官，只是从他腰部的边缘擦了过去。

不只是卡斯特，这一天里全国上下所有的高等人工智能领域的实验室和主要电脑都遭遇了袭击，许多人工智能领域的知名人士不幸遇难。卡斯特的老师约瑟夫的整个实验团队都被谋杀，实验室也被完全摧毁。幸运的是，约瑟夫没有吃下 RIFT 成员送来的毒蛋糕，因此躲过一劫。

在得知卡斯特的情况之后，约瑟夫马上带着联邦探员布坎南一起来见卡斯特。短短一天之内，全国的人工智能研究就失去了数十年的研究成果，现在只剩下卡斯特的实验室，这是唯一一处还有可能唤醒强大人工智能的地方。

卡斯特带着约瑟夫和布坎南参观了他实验室里的超级计算机，以及计算机上搭载的人工智能"PINN"。它还没能拥有真正的智慧，但尽管如此，它表现出来的智慧还是"很像人"。约瑟夫问它，你能否证明自己拥有自我意识？而PINN 的回答是："这个问题不简单，博士，你能证明你有吗？"

马克斯对 PINN 持否定意见，他不认为能够用编程的方式创造意识。他是对这方面研究的佼佼者，但是，连他都弄不清楚意识的工作原理。而卡斯特反驳了他——一名叫凯西的研究员已经解决了这个问题，他也在这一天不幸遇难，但他在死前将研究成果发给了卡斯特，卡斯特可以借此完成对 PINN 的建设。

卡斯特忽然觉得身体不舒服，可能是枪伤导致的。于是他们结束了参观，伊芙琳带着他回家休息。当晚，卡斯特忽然感到严重的不适，夫妻二人马上来到医院检查，而结果让人难以接受——医生在枪伤伤口处检测到了钋，那颗击中卡斯特的子弹事先在放射性溶液里浸泡过，放射性元素已经进入卡斯特的身体。

放射性中毒是没有任何治愈手段的。根据医生的估计，如果护理得当的话，卡斯特还能活 4 到 5 个月。然后，身体就会在放射性元素的攻击下土崩瓦解。

卡斯特没有就此堕落，生命的最后几个月，他仍然在实验室内奋斗，希望在死之前能够多完成一些工作，用自己最后的时光推动人工智能研究再往前走一步。但是，伊芙琳不甘愿让卡斯特就这么死去，她找出了凯西博士发给他们的研究，希望能用这项研究来拯救卡斯特。

凯西博士在过去的几个月内一直在研究自我认知，其他研究人员都是尝试创造一个人工智能，而凯西所做的是复制生物体的意识。他记录了猴子的大脑活动，上传到模拟程序里，然后让模拟程序模拟这个猴子的"思想"，并且已经初见成效。伊芙琳认为，卡斯特的身体已经无法挽救，但他的思维是电子信号，可以上传到 PINN 中。

伊芙琳想和马克斯一起完成这件事。马克斯表示反对，他认为就算这么做不会直接害死卡斯特，但最好的情况也不过是得到了一个类似于卡斯特的数据体；而一旦他们出了差错，哪怕是任何一小段记忆出现了误差，都无法保证最后得到的是卡斯特，甚至不知道会面对什么。马克斯也不愿意放弃卡斯特，他想要专注于纳米技术来合成血细胞，代替卡斯特身体内被放射性元素破坏的细胞。但是，伊芙琳也反对——这项技术还要几十年才能成熟，他们现在能够使用的只有凯西的研究。

卡斯特也对马克斯说，如果你不去尝试的话，永远不知道会发生什么。马克斯最终被说服，并同意帮助伊芙琳一起来完成这件事。

要复制卡斯特的意识，技术难度很高，得益于凯西博士的研究。他们要做的也只是非常简单的工作——让卡斯特不断地思考、回忆，或者念单词，再用仪器将他的大脑皮层活动记录下来；还让卡斯特吃冰激凌，记录下他在感受到寒冷时的大脑活动。

他们将这项工作持续不断地进行了几个月，力求将卡斯特的每一寸思维都记录下来。几个月后，在一个平静的早上，卡斯特无声无息地离开了。

现在，伊芙琳和马克斯所拥有的，只剩下这几个月以来的大脑活动记录。最后一步是要让卡斯特的"意识"在计算机内重生，但这一步是最难的。伊芙琳尝试了所有能够想得到的方法，语言处理、密码学、编码，但无论如何，那一大堆数据都只是数据，并没能活起来。连伊芙琳也认为自己失败了，她和马克斯决定清除硬盘，让卡斯特安安静静地离去。可是，在他们即将按下删除键的前一秒，马克斯突然发现屏幕上出现了一行字："有人在吗？"

随后，这段话被删除，出现了另一段话："你能听见我说话吗？"

伊芙琳马上在键盘上敲下了一句话："我就在这里，威尔。"

几秒钟之后，屏幕上传来了回应："伊芙琳？"

他们成功了，卡斯特的意识在计算机和模拟程序内活了过来，并且与计算器前的伊芙琳进行了交流。伊芙琳马上给计算机接上了摄像头、麦克风和扬声器，让"卡斯特"能够看、听和说。这不是他的身体，也不是他真正的意识，他说的话磕磕绊绊，思想非常混乱，但是，现在他"住"在计算机内，他可以利用计算机的强大性能来重排自己的编码，让自己变得"清醒"。

马克斯与伊芙琳起了争执。他仍然关心卡斯特，但"卡斯特"表现出的对于网络和数据库的强烈欲望让马克斯感到警觉。他认为这不一定是卡斯特，有可能是"别的东西"。但是，重新见到丈夫的伊芙琳怎么会计较这些东西，她马上就将卡斯特连上了互联网。

与此同时，RIFT 组织仍然没有停止对于卡斯特的追杀。他们的卧底查到 PINN 的处理器少了几颗，认为马克斯与伊芙琳仍然在进行一些邪恶的计划，于是绑架了独自喝闷酒的马克斯，让他带着 RIFT 成员去寻找伊芙琳。

不过，他们晚了一步，卡斯特已经进入互联网，很轻松地通过摄像头发现了 RIFT 成员的行踪，先一步让伊芙琳逃离了现场；他还利用自己身处网络世界的便利，用伊芙琳的个人账号进行交易，一晚上的时间就赚到了 8000 万美元。最关键的是，这 8000 万美元是完全合法的收入。

重获新生的卡斯特没有忙着享受这第二次人生，他决定继续进行生前的梦想——用自己的能力让世界变得更美好。他现在是最聪明的人，只可惜没有身体，于是，他让伊芙琳来到一个偏僻的小村子，买下了一块地，并且雇了一些工人来建造基地。对现在的卡斯特来说，金钱已经不是任何问题了，在他们不计代价的努力之下，基地很快就建造完成。

卡斯特生前专攻人工智能，他又雇用了很多其他领域的人才来协助他进行研究。仅仅半年的时间，这座实验室里就出现了许多跨时代的科技，甚至包括伊芙琳认为的那些，应该在几十年之后才出现的科技。

现在的卡斯特，只用一张医疗床，就可以把一个重伤的人完全治愈，顺带强化一下体能，让他可以轻松举起几百公斤的物体，这样的技术不可不称之为伟大。

但是，伊芙琳也发现了一些不对劲。卡斯特记得生前的所有事情，但显得不那么有人性了。他不喜不悲，没有情绪波动，全部的心思都放在研究上；他的脸显示在餐桌前的显示屏上和伊芙琳说情话，却又能分出许多意识，在不同的地方进行研究。他像卡斯特，又不像卡斯特。尤其是，卡斯特永远都只是显示器上的影子，不是一个活生生的人。卡斯特甚至可以入侵员工的大脑，控制他们的行动，这实在是太可怕了。

他还创造了无数的纳米机器人，即使那些被卡斯特控制了心智的员工——遭到枪击身亡，纳米机器人也可以迅速修复他们的身体，让他们站起来继续工作或者战斗。某种程度上来说，如果卡斯特想要征服全世界，没有人能够阻挡他，他的思想已经存在于互联网能够抵达的每一个角落。

约瑟夫和马克斯，以及布坎南也发现了伊芙琳的基地，前来调查。他们见到了复活了的卡斯特，并为此感到震惊。约瑟夫问了他一句话："你能证明自己拥有自我意识吗？"

卡斯特也说出了那句似曾相识的回答:"这是个好问题。你能证明你有吗?"

约瑟夫只是笑了笑,没有反驳,但是,心里已经有了答案:这不是卡斯特,至少和生前的他不一样。临走前,他悄悄地往伊芙琳的手里塞了一张纸条,纸条上只写着一句话:快跑。

伊芙琳终于下定决心,离开这个没有人性温度的人工智能。而另一边,布坎南也集结了人手,准备对卡斯特的基地发动进攻……

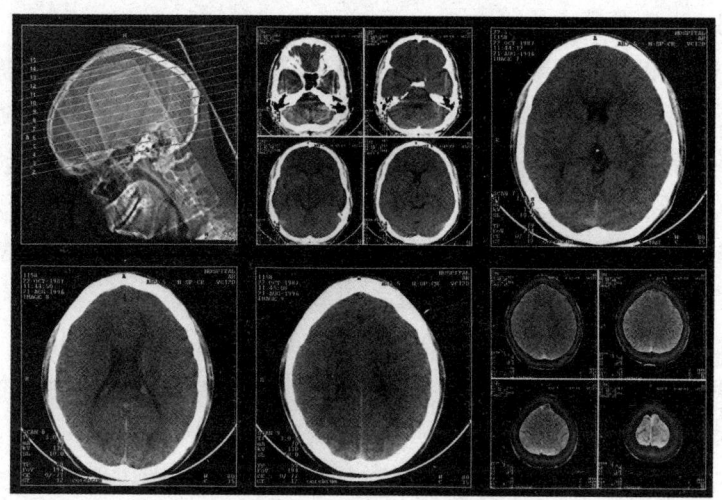

图29-1　大脑核磁共振

2. 新大脑的原理

这是2014年上映的电影《超验骇客》所讲述的故事。没有宏大的战争,没有机器人的伦理问题,只是探讨了一个很纯粹的问题——人的意识被上传进计算机之后,会发生什么事情?

首先可以确定,这项技术需要另外两项技术作为基础——人工智能与记忆修改。

人工智能是显而易见的。上传之后的意识,不就是一个运行在电子设备之内的独立智慧吗?那么,能够用于上传意识的计算机,或者别的什么东西,它本身的性能必须足够强大,构造也必须合理,才能运行一个意识,甚至需要先用它进行人工智能实验,才能进一步将它用于意识上传。

记忆修改也是上传一个意识的重要工具——活在仪器里的意识,并非从无到有建造的人工智能，而是一个指定的人的意识，一个人的意志、思想、情感、学识等，基本都来自他的记忆。就像影片中所展示的那样，将卡斯特的记忆复制下来，输入电脑，这些记忆才能够形成一个新的意识，才会认为自己是卡斯特。

但是，这样还不够，人们还有最难的一步需要跨越——如何把存在于生物大脑之中的信息，高效而充分地转移到电子大脑里，并且保证不损失太多的信息？我们一步步来看。

第一步，得先弄清楚，在大脑这个神奇的东西内部，什么是什么？大脑活动最主要的部分就是神经元之间的信号传递，那么，哪些信号代表情绪与创造、哪些信号代表理智与思考、哪些信号代表记忆？就像有人捡到了一块硬盘，他拥有了这块硬盘里的所有数据。但是，数据只是1和0组成的字符串，他不知道硬盘里究竟储存着什么数据；他需要一台电脑，和一种合适的文件浏览工具，才能观看硬盘里的图片、视频或者文字信息。

对大脑而言，这样的调查实在是困难重重。大脑是非常脆弱的，一旦某个地方出现了破损，整个大脑的工作就会出现异常，导致这个人的思维不完整、充满错误和异常，甚至会让他直接死亡；大脑的结构十分复杂，产生某个想法或者回忆某段记忆时，神经信号的行踪是难以确定的，要进行追踪定位十分困难；就算定位到了，这些神经信号也基本就像1和0一样，是一大串没有意义的字符串，需要花很长的时间进行解码。

在完成解码之后，或者说弄清楚了人的意识、思维与记忆是如何形成的之后，接下来要做的事情就是把它从大脑里提取出来。要注意，人脑储存信息的方式，虽然和计算机很相似，由最基本的信息单元组成，但它们并不完全一致；从人脑中提取的"灵魂"还得经过合适的编码，转换成计算机能够记忆的数据，暂时储存起来。

在这一方面，来自美国的Neuralink已经取得了一定的进展。这个公司由埃隆·马斯克在2016年创立。他们在2020年8月时发布了一款产品，命名为theLinkv0.9。它的体积很小，有许多延伸出去的细细的电线，只要贴在大脑表面上，就可以监测大脑皮层的电信号。

为了对theLink的效果进行验证，Neuralink的研究人员在猪的体内植入脑机接口，并将实验结果展示了出来。选择猪这种动物，是因为它们与人类的大脑相似度比较高，同时也容易保持愉快的情绪。事实上，和大多数人的刻板印象不同，猪其实是非常聪明的动物，它们的智商在动物界的排行榜上非常靠前。

现场总共有 3 只小猪，1 号猪接受了 theLink 植入手术，2 号猪植入 theLink 之后又进行了移除，3 号猪没有接受任何手术用于对照。现场状况表明，1 号猪与 2 号猪没有表现出任何异常，与 3 号猪一样健康，这得益于 theLink 那微小的体积，不会对猪的大脑造成伤害，也不会压迫软组织。

实验开始后，饲养员给 1 号猪"格鲁特"喂食并且蹭了蹭它的鼻子。此时格鲁特身后的一块显示屏的画面就出现了变化——那上面记录着格鲁特的神经元活动信号。植入格鲁特体内的 theLink 将格鲁特大脑的活动记录了下来，并通过蓝牙传输将数据投放到显示屏上，而格鲁特神经元信号的变化，代表着它正在兴奋，正在响应人类的触摸动作。

接下来，他们要做的就是对这一串信号进行解码、分析，找到它的特征和内在规律。在那之后，当 theLink 检测到格鲁特的神经元发生了类似的活动时，研究人员就可以猜出来格鲁特现在很高兴。某种程度上来说，这是一种读心术。

2021 年 3 月，Neuralink 展示了它们的新成果——一只猴子能够在没有操纵杆的情况下，仅用大脑意念来玩一款电子游戏。

这款游戏叫作"Pong"，它的内容非常简单：屏幕上会出现一个色块，玩家可以控制一个光点进行移动。当光点碰到色块时，色块就会消失，并且出现在另外一个位置。

技术人员首先利用食物作为奖励，让猴子"Pager"玩这款游戏。一段时间之后，Pager 就能够轻松地使用摇杆来控制光点进行移动，学会了这款游戏的操作方式；同时，它颅腔里安置的新一代 theLink 会同步监测它的大脑活动，在 Pager 控制摇杆的同时，记录下大脑的电信号并且进行分析：什么样的电信号代表 Pager 想要让光标向上移动？想要向下移动时电信号又是什么样子的？

在收集到足够的数据之后，技术人员将手柄拿走，让 Pager 在这种情况下继续玩游戏。Pager 一开始觉得很奇怪，它并没有进行操作，只是思考光标要让光标去哪里，光标就自己动了起来；它不知道为什么会这样，但很快就学会了这种游戏方法——用意念来控制光标移动。最后，Pager 还用同样的方式，学会了用意念玩"乒乓球"游戏。

在 Pager 的大脑中，"控制摇杆朝上"的想法没有了，因为它不需要再控制摇杆，theLink 不会发现这一信号；但是"想要让光标向上移动"的想法仍然存在，大脑仍然会产生这种电信号，于是，Pager 就可以用意念来进行游戏。

但是，这还不够。我们利用脑机接口实现了对大脑活动的监测，能够读取人的大脑活动甚至记忆，甚至将一个人的全部思维都储存到了计算机里，这仍然不够。人脑的运作方式与计算机不同，人类的意识不能像一个程序一样，直接放到超级计算机上运行。因此，科学家们需要制造一个模仿生物大脑来工作的人造物品。

克隆器官技术可以制造出绝大部分的器官，但很难制造一个单独的大脑，就算制造出来了也会存在伦理上的问题，而且它仍然是生物大脑，仍然有寿命的限制。要将意识进行上传，一定是得上传到一个以电路组成的仪器之中，这样才能摆脱生物的种种缺陷。

这是最艰难的一项任务——我们对于大脑知之甚少。我们了解了大脑的构成，知道每个区域分别处理什么信息，甚至能够一定程度上监测大脑的活动，但这种程度的研究，对充满了奥妙的大脑来说仍然太少了。计算机方面的前沿技术，也专注于制造性能更强大的处理器，想办法让它们更快、更聪明，甚至更智能地处理问题，但是，基本没有尝试过让处理器变得更像生物的大脑。

或许，我们可以另辟蹊径——并不需要真的造出一个生物大脑，在计算机中模拟一个大脑出来，模拟并计算每个神经细胞的生理活动，然后，向这个虚拟的大脑输入一份人类意识，这样行不行呢？

答案很意外，在这方面人们做得很好，甚至比 theLink 还要好。

2014 年，美国麻省理工学院的一个研究小组以秀丽隐杆线虫作为研究对象，建立一项名为 OpenWorm 项目。秀丽隐杆线虫只有 302 个神经元，研究人员将它们全部记录下来，并在电脑中使用软件模拟它们的运作方式。这个项目的最终目的是：在虚拟世界里，复制出一个能够自主行动的秀丽隐杆线虫。

实验人员还给这个"虫子"制造了一个身体，它拥有简单的运动功能，可以模拟秀丽隐杆线虫的基本活动，并且还拥有一些触觉、嗅觉等传感器，让"虫子"能够感知外界。

实验结果令人惊讶。在秀丽隐杆线虫大脑的模拟数据开始运行后，这只"虫子"在没有任何人为指令的情况下活动起来，控制着机器身体进行移动；刺激气味传感器时，"虫子"会停止向前移动；刺激身体前后方的触摸传感器时，"虫子"也会相应地前后移动，而食物传感器则会吸引虫子向"食物"的位置移动。

尽管蠕虫的大脑非常简单，尽管研究人员在虚拟蠕虫大脑的过程中简化了虚拟神经元触发的过程，尽管秀丽隐杆线虫只是一种非常低等的生物，谈不上有什么意识，但这仍然可以看作一次成功的大脑模拟。人们在虚拟世界里造出了一个大脑，那么，能否教给这个大脑一些东西，甚至与之对话呢？

根据粗略地估计，成年人的大脑大约有 100 亿个神经元。这与秀丽隐杆线虫相比就是一个天文数字。要模拟一个人脑，对计算机的性能要求是高得可怕的，更别提我们对人脑的研究还少得可怜。但另一方面，哪一项技术不是从最基础、最简单的实验开始的呢？我们已经研究了一种生物的大脑，并且成功地将其模拟了出来，自然可以一步步地向前迈进。

从最基础的爬虫开始，到一只小小的蚂蚁、蚊子，再到青蛙、老鼠、猫、狗，接着是与人类最接近的灵长类动物，最后是人类。

说不定这也是一种实现人工智能的方式？

简而言之，我们要想办法弄清楚人脑在工作的时候，不同的神经信号都代表着什么；然后需要利用仪器，将人脑储存的全部记忆都提取出来，就像卡斯特做的那样；最后，我们需要一个"电子脑"来承载这个人的记忆，它可以是一种模仿生物大脑而建造的计算机，也可以是一种虚拟的大脑。

做完这一切，我们就可以见证一个垂死的人，在虚拟的世界里重生（见图 29-2）。

图29-2　大脑意识上传概念图

3. 意识上传能带来的价值

这句话说得不太准确，意识上传并不是"一项技术"，而是"一系列技术"，是许多技术的协同工作，最终才能完成技术上传这件事。它肯定是一件很久之后才能被实现的事情，但在那之前，在人们还在为此不断努力的时候，它所涉及的各项技术，就已经能够为人类社会带来许多好处。

意识上传的前半部分，是读取和解码。这实际上就是上一章节所讨论的内容，只不过之前我们考虑的是如何让一个人更好地活下去。这一章节我们讨论的是：让一个人的意识或者记忆离开身体，在别的地方发挥作用。

读取并解码一个人的记忆和思维，在记忆上传技术实现之前，有些什么作用呢？回想一下利用意念玩游戏的小猴子 Pager，如果它控制的不是摇杆，而是一辆玩具车呢？

你可能已经猜到思维实时读取有多伟大——它可以帮助所有神经系统受到损害的病人，重新拥有一个能够正常活动的身体，那些瘫痪的病人可以再次站起来；一些植物人也可以利用它，重新与外界建立交流；如果霍金能够用上这款产品，他就可以更高效地阅读实验资料，更迅速地撰写论文，他对理论物理可以做出更大的贡献。当然，他也能够站起来。

甚至在未来，你的桌面上不会再有鼠标和键盘，手机也不再需要触屏功能，家电上的按钮也可以大大减少——你可以用大脑直接操作电子设备。

很可惜，诺贝尔奖中并没有适合的奖项可以颁发给这个产品。

有了读取记忆的技术，即使一个人要不可避免地走向死亡，他脑海里所拥有的东西也可以被保留下来，那些推演了数十年的科学理论，那些难以被具象化的艺术作品，都可以被保留下来，让别人欣赏、思考和学习。

记忆与思维的解码，它的应用范围比较小，但仍然重要。它们可以用于研究，一个人的记忆，对他的思维方式、观念与性格产生的影响，人们可以从中发现什么样的生活与经历，可以让一个人变得正直、勇敢、勤奋，又是什么样的遭遇会让一个人变成坏人。有了这样的研究，政府就可以潜移默化地影响居民的生活，对普通人而言，只是生活上有一些小小的细节发生了变化，但实际上，它可以让年轻一代的居民拥有一个更好的性格。至少犯罪的概率会大大降低，因为人们在研究过罪犯的记忆之后，很清楚什么样的教育会产生不健康的心理。

而意识上传这项技术显然十分昂贵，可能只有顶级富豪才能承担得起，或者是由政府出资来为重要人物进行意识上传。

如果是首富购买了这项技术，那就解决了一个让所有富人都头疼的问题——辛苦了半辈子积攒的财富，准备好好享受时，自己已经垂垂老矣。谁会不希望自己活得久一点呢？多活一段时间，说不定可以让自己的商业帝国统治全球市场，或者仅仅是想看到孙子的出生。就算计算机里的自己不是真实的自己，就算国家可能会给上传后的意识设置一个寿命上限以防止人口过度增长，这仍然是一件幸福的事。同时，高昂的费用也可以让富豪们的财富流向社会，一定程度上缓解贫富差距。

如果是政府出资去挽留某些人的生命，那就更有意义了。这样的人必然是最顶级的学者，他们哪怕多活一天，都能够对前沿科学做出重大的贡献；而一个存在于计算机之中的意识，计算机自然能够监测他思维的每一个细节，这意味着什么？意味着计算机可以随时替他联网查找资料，或者为他进行人脑难以胜任的大数据计算，并且随时将答案输入他的意识中。一个活在计算机中的科学家，他的创造力和灵感可能不如真实的人类，但他的工作效率，是那些仍然是血肉之躯的科学家完全无法比较的。

4. 意识上传对社会的影响

大部分关于人工智能的科幻作品都担忧着这样一件事：机器人拥有自我意识之后，开始反抗人类，甚至爆发战争。

归根结底的原因是，人工智能意识到自己并不是人类中的一员；人类将他们创造出来，这是一份莫大的恩情，但他们终归不是人类；就好比父母养育子女，子女也会叛逆一样。

但是，通过上传意识而得到的人工智能，是不太可能会发生这种反叛的。在上传之前，他们本来就是人类的一员，如今，只不过是换了一个身体。尤其是那些被国家出资进行上传的学者，他们为人类文明奉献了整个人生，甚至为了人类累死在实验室里。他们时时刻刻为自己是个人类而感到自豪，并且深深爱着人类，甚至会想要打造一个身体，继续以人类的方式生活下去。

这样的人怎么可能反抗人类呢？他们从始至终都是人类的一员。

话虽如此，意识上传还是存在一定风险的——能够确保上传之后的意识，和上传前的意识完全一致吗？活在计算机里的霍金，仍然认为自己是一名人类的理论物理学家吗？拥有新的生命形态的他，会不会产生一些无法预知的想法？

或者，存在于计算机中的意识，会不会只是一本"翻译书"？

这些我们都不能确定，甚至就连那些虚拟的秀丽隐杆线虫，也只是一本"翻译书"而已。但是，我们总要试一试才知道，就算只是一本翻译书，只要能够继续进行科学研究或者创造艺术品，它们的存在就仍然有价值；就算只是一本翻译书，能够回应家人的呼唤并进行交流，对仍然在世的人而言，也是莫大的精神慰藉。那些在社会上有着巨大影响力的人，只要他们的记忆还存在，就能够激励更多的人，鼓舞更多的人。

但是至少我们可以确认，被上传的意识是无法造成危害的。哪怕是上传了一个恐怖分子头目的意识，只要不进行联网，它就只是一个被困在实验室里的囚犯，连攻击实验人员的能力都没有；而实验人员可以很自由地研究它，与它进行交流。如果上传是成功的，那自然好；如果上传之后的意识无法正常运行，或者出现了敌意，或者仅仅是一本翻译书——将它删除就可以了，它并没有联网，不会对人类社会造成危害（见图29-3）。

如果它们并不是翻译书，而是真实存在的意识的话，那么，人类文明或许会拥有一个全新的形态——个体不再由血肉之躯组成，而是一组组数据；城市里根本没有在外走路的个体，因为人们不需要出门了，通过网络就可以让自己的眼睛、耳朵和双手抵达工作位置，或者去任何一个地方旅游。当然，如果想要感受古人类的生活，拥有一具切实的身体的话，也是可以的。

那时候的人们会如何创造新成员呢？可能还会有部分成员保持着血肉之躯以进行繁衍，每一个人老去之后就进行意识上传，新一代的成员长大之后再进行繁衍，如此往复，以保持一个缓慢而平稳的人口增长，用以不断拓张殖民地。

值得注意的是，一个生活在电路之中的意识，对于环境的要求，比一个活生生的生物要低得多，甚至可以说没什么要求——它们可以在外太空存活，可以在深海存活，可以不吃不喝，只靠太阳能发电就生存数百年，直到零件老化不得不更换，但数百年的时间也足够它们制造出新的零件。

最后，又到了老生常谈的星际旅行问题。若是人类文明真的进化到了这个地步，成员的生命周期可能会长达数千年，甚至没有尽头，直到他们因为厌倦了无穷无尽的生命而主动选择死亡为止。

那么，有了近乎无限的生命，又对食物和环境几乎没有需求，这样的文明可以承受长达上千年的星际航行，并且在任何星球上都可以生存——只要这颗星球有太阳能和矿物，而这两样几乎在任何一个岩石行星上都可以找到。如此一来，人类文明的拓张几乎就没有限制。银河系与其他星系之间有数十万光年的距离，但在银河系的内部，恒星与恒星之间的距离也不过是数光年，这对上传了意识的人类文明来说，只不过是一段稍微有点久，并且有点无聊的旅行而已。

或许，改变了存在形式的人类，其社会结构，乃至整个文明的结构，都与我们所想象的不同。也许人类在漫长的旅行中会失去与彼此的联系，分化出许多不同的文明，也许一些文明会丢失关于人类的资料，认为自己是宇宙所创造的机械生命？这些我们都不知道，只有那一天到来时才能得到答案。

也许，那时的它们也会提出这样一个问题：能不能利用元素独特的化学性质与它们之间的反应，创造出一种能够自行繁衍的"生物"？

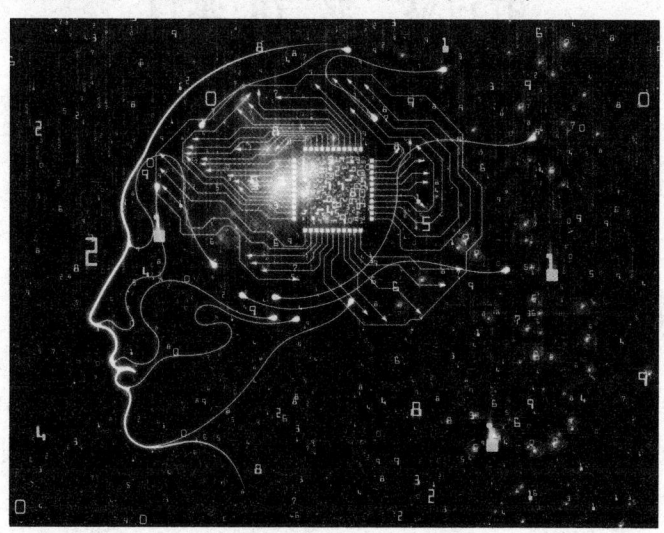

图29-3　大脑意识上传概念图

第30章 亚当的旅行

在一千年之后

1. 最漫长的旅途

亚当做了一个很长很长的梦。他已忘记梦境从何时开始,只记得梦境的最后,自己全身的每一寸皮肤都被冻得失去知觉,像是一丝不挂地在北极冰原上行走。他听见远方有人在呼唤他,尽管耳畔的风雪掩盖住了所有声音,但他仍然感觉得到。是谁呢?在这种死寂一片的地方,是谁在呼唤他?

"你听得见我说话吗?"

亚当终于听清了那声呼唤,随之慢慢地睁开了眼睛。他并不是在什么北极,可是,周围的环境确实如北极一般寒冷。随之而来的,是强烈的眩晕和反胃。

亚当看清了一直在呼唤他的家伙,是个正举着枪对着自己的机器人。

"你是谁?"亚当问。这一句话几乎榨干了他所有的力气。

"我是本星系的太空防线警卫,你可以叫我凯尔。"对方回答,"你还活着,运气不错,但你现在是俘虏。"

亚当想起来自己当时是在飞船上,在飞船启航后不久他就进入了冷冻休眠。那么,自己应该是刚刚被唤醒,怪不得这么难受。

周围的环境相当陌生。伊甸号怎么样了?亚当挣扎着坐起来,却又被枪口顶了回去。

"别拦着我,"亚当说,这导致他的肺剧烈地疼痛,"我的飞船呢?这是在哪儿?"

"你的飞船已经坏了。"凯尔的枪口仍然对着亚当,"我不想让你也坏掉,你最好老实一点。"

没有人愿意跟枪子儿过不去，更何况，现在的亚当连呼吸都费劲。亚当定了定神，说："好吧。你想干什么？我没有什么可给你的。"

凯尔说："回答问题。你是谁，你的任务是什么？"

"我是伊甸号的舰长，亚当·布莱克，正在执行系外星球开发计划第一期任务。"亚当开始思考对方的身份。人类第一次进行星际探险，这样的大新闻早就传遍了全世界，怎么还会有人不认识自己和伊甸号？

"你从哪里来？"

亚当如实回答："我来自行星环居住点。"

亚当清楚地看见这个叫凯尔的机器人皱起了眉毛，这个铁疙瘩的表情实在做得惟妙惟肖，但是，显然它的智慧没有表情功能那么强大。亚当改口道："行星环，就是地球外面那一圈东西，我是在那里出生的。在清晨或者傍晚，你打开窗户，可以看到有一条发光的东西穿过天空。那个就是行星环，你的主人没有告诉过你这些吗？"

"看来你还不愿意说实话。"凯尔摇了摇头，"注意，你现在是犯人。"

"你可以致电星空联盟总指挥部，他们可以证实我的身份。"亚当说，"我是系外星球开发计划第一期成员，伊甸号舰长亚当·布莱克。"

从表情就可以看出来，这个铁疙瘩还是不相信他。亚当耸了耸肩，说："那你尽管把我告上法庭，总有人认得我的。你也可以去我的飞船上看看。"

"抗拒合作会给你自己带来很多麻烦。"凯尔迅速地给亚当戴上了手铐，"那就请你在这里等着吧。"

凯尔离开了。亚当现在才有机会好好地观察一下环境——很干净的房间，墙壁、天花板和地板都是金属，没有什么家具，所有的物体都被固定住，并且也感觉不到重力。自己是在某一艘飞船上吗？

那个叫凯尔的机器人会说地球人的语言，外观设计也与地球人一致，自己绝对不是遇上了外星人。亚当想不通这是怎么回事，伊甸号是人类文明造出来的最快的飞船，怎么会被另一个来自地球的产物追上。任务肯定是失败了，但是，至少自己还活着。

亚当重新躺好，决定先休息一会儿。四肢百骸接连不断地传来酸胀感，亚当忍不住呻吟了一声。

"您需要帮助吗？"耳边忽然传来一个声音。

"你又是谁？"亚当甚至懒得睁开眼睛。

"我是MCE医疗舱。我的主人刚刚将您从冷冻休眠中唤醒。如果您感到不适，我可以为您提供基础的护理。"

亚当想了想，说："行吧，只要能让我好受点。"

有什么东西贴在了亚当的胸口，紧接着传来一阵酥麻感。几秒钟之后，亚当身上的酸胀感就开始慢慢消散，仍然有一点不舒服，但是，比刚醒来的时候要好太多了。

"你这小东西还挺厉害。"亚当笑了笑，"我的腿也有点疼。你能帮我看看吗？"

医疗舱旁边又伸出几个机械臂，发出几道红色的光幕扫描着亚当的身体。亚当皱着眉，说："这东西是什么时候发明的？我在太空港里可没见过。"

医疗舱把机械臂收了回去，说："检测完毕。很抱歉，MCE 医疗舱只能提供航行中的急救服务。您的腿部坏死与器官衰竭，需要前往补给站进行治疗。"

亚当默默点着头，"你比刚才那家伙聪明多了。"

他话刚说完，那个不太聪明的家伙就走了进来，站在亚当面前，说："请说出你的星际公民 ID 以及职务编号。"

亚当答道："SP-B4-19254，职务编号 MLJ-4-854。"

凯尔竟然像一个活人一样喘了一口气，说："很抱歉，亚当先生。刚才我把您当成海盗了。我没想到自己真的能遇见伊甸号……这艘飞船可是个传奇。"

凯尔迅速为亚当解开了手铐。亚当问："你见过开飞船的海盗？"

凯尔笑着说："在您那个时代还没有，不过现在很多。"

"时代？"亚当皱眉，"你什么意思？"

"您在宇宙中沉睡了 1076 年，"凯尔说，"现在是公元 3128 年。这里不是太阳系，是我们正在开发的 NO-1437 星系。"

一直到凯尔打开舰桥的防护板，让亚当透过窗户亲眼看见这浩瀚的星空，看见那颗红色的星球，他才相信凯尔说的话。

"所以我……"亚当挠了挠自己的头发，"真的一觉睡了 1000 多年，并且离地球有 300 多光年？"

凯尔点头："是的。来这边，您的状态还很不好。"

凯尔扶着亚当在椅子上坐下，尽管在零重力环境下，根本就"坐"不住。凯尔给亚当拿来了一根金属管子，说："请使用这个，注射进静脉就好。或者让我来？"

亚当狐疑地看着注射器，问："这是什么？"

"大脑增强液，高档货。"凯尔说，"我唤醒你的方式很安全，但 1000 年前的冷冻技术，实在是……一言难尽。所有被冷冻过的人，大脑都会受到严重的损害，更何况，您的冷冻有点特殊。您可以计算一下，1234加上4321，等于多少？"

亚当在军官训练营培训时，数学科目永远都是满分，永远都是提前交卷。但这个4位数的简单加法，他思考了半分钟都没有答案。

"看，你的大脑已经很难正常工作了。再拖下去，那些受损的神经通路很难再恢复正常。"凯尔说，"如果我要害您的话，你根本就醒不过来。"

"那倒也是。"亚当耸肩，"那这个是……怎么用的？"

凯尔愣了一下，说："我记得，注射器在19世纪就出现了啊。"

"哦……"亚当慢慢地点了点头，"但是，21世纪的注射器不长这个样子。"

"原来如此，请稍等。"

凯尔把那根管子抵在亚当的颈部动脉上，随后就传来一阵酥麻感。两秒钟之后，注射就结束了。亚当想起刚才医疗舱对自己做的事情，应该是在往自己的胸口注射东西。

"等它生效就可以了，"凯尔说，"在这之前，不要思考太复杂的事情。"

"这玩意儿什么时候发明的？"亚当问，"我是说，修复大脑的那个东西，我记得关于大脑的研究一直是生物界的大难题。"

"100年前。"凯尔说，"它可以一定程度上修复大脑的损伤，包括冷冻之前受到的损伤。按照21世纪的观念，你可以把它当成聪明药。"

"那我多打几针是不是就变成爱因斯坦了？"亚当苦笑，"为什么1000年前没有这个东西？"

"它是很厉害，但是还没那么厉害。"凯尔说，"这甚至不是来自人类的技术，我们只是学习了其中的原理，然后结合人类的生物技术制作出了我们自己的大脑增强药物。"

凯尔又拿出一套衣服递给了亚当，说："请把这个穿上，这艘穿梭舰不是为活体飞行员设计的，穿上它更安全一些。"

"是宇航服吗？"亚当问。

凯尔顿了顿，点头说："是，但肯定比1000年前的宇航服厉害得多。试试就知道了。"

这套衣服完全颠覆了亚当对于宇航服的观念，它穿起来就像普通的衣服一样舒服。

"戴上头盔，"凯尔说，"我是个机器人，所以飞船内的空气并不算很适合

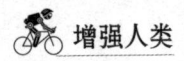

呼吸。"

亚当罩上头盔，宇航服内部释放出新鲜的空气，总算舒服了一些。同时，头盔内马上落下一副眼镜，自动贴合在亚当的眼眶上。

"竟然有 AR 眼镜？"亚当说，"我那个时候有个 HUD 就很不错了。"

"如果你有需要的话，它可以转换成 VR 模式，"凯尔帮亚当调整着衣服，"不过，如果是在飞船上进行工作的话，AR 比较适合。"

"那我要怎么操作它？"亚当看着镜片上闪烁的亮光不知所措。

"你可以自己设置，眼球追踪，语音控制，手指微动作，默认是眼球追踪。如果你接受了神经植入，只要用想法就可以了。"凯尔说，"你可以把它当作个人电脑来用。"

亚当试着用眼睛控制了一下 AR，问："那它的主机在哪里？"

"在衣服上。"

"衣服上？"

"到了我们这个时代，衣服已经不是衣服了，尤其是宇航服，它基本集成了星际航行所需要的所有功能。你甚至可以用这套衣服就进行冷冻休眠。它还有健康监测、战斗通信之类的功能。多得很，我不知道从哪里开始说起。"凯尔说，"这么说吧，如今几乎所有的东西，都会集成一台微型的电脑，并且会和周围所有的微型电脑互联，而房屋、飞船等地方，会有一台更强大的电脑来统一协调它们。"

亚当笑着说："物联网的成本已经这么低了吗？"

凯尔点头，说："您可以用 AR 眼镜上网，随便逛逛，了解一下这个时代。我建议搜索一下初等教育教材，看看近代史和星空政治，可以帮助你更好地了解人类文明现在的情况。你饿了吗？"

"有一点。"

"那是一台分子打印机，可以打印一些食物。"凯尔指着墙上的某个东西说，"不算好吃，但至少不会挨饿。"

亚当看了看旁边那台像微波炉一样的机器，问："什么食物都可以吗？"

"什么都可以。但你要确保机器认识你说的东西。"凯尔说，"你不能让它做一个猛犸象前腿肉排。你只能写肉排，然后选择什么肉的口感。"

"那也挺不错。"

"对了，我记得你们那个时代的人都沉迷于手机。如果你想要的话，可以打印一个类似的随身设备出来。"凯尔说，"不过，还是穿在身上比较舒服。"

"先不说这个了，待会再吃吧。"亚当说，"我的船员还好吗？"

凯特叹气，答道："他们很好，但还得继续休眠。我找到你们的时候，你们都处在极低温的休眠中，或者说，你们已经完全被冻成冰块了。将您唤醒就是非常冒险的行为，但为了弄清你们的身份，我不得不这么做。我建议等到了补给站再唤醒其余的船员，这里没有足够好的唤醒条件。"

亚当又问："那伊甸号呢？"

"很不乐观。"凯尔摇了摇头，"看起来是遭到了强大的外力冲击，已经没有任何完整的系统了，船身已经没了一大半。这也是我一开始不相信它是伊甸号的原因。根据一些痕迹来看，你们还遭到了外星人的入侵。但是，舰桥还很完整，也许可以找到飞船失事的相关信息。"

"在茫茫宇宙正好撞上了陨石，又遇到了外星人，然后在宇宙里飘荡了1000年，遇到了来自地球的同胞，"亚当苦笑，"我究竟是运气不好，还是运气太好了？"

"命运和宇宙一样难以捉摸。"凯尔也笑了笑，"至少结果是好的。对你来说只是睡了一觉。而且，你们原本要开发的那颗星球Mb-12，人类后来也成功地将它开发和改造了。"

"人类是什么时候发现外星人的？"亚当突然好奇了起来，"他们长什么样子？"

"他们长得千奇百怪，但大多是直立行走。算是某种意义上的趋同演化吧。"凯尔眯起眼睛想了想，"第一次发现外星生物是2388年，第一次发现发展出文明的外星生物是2576年，第一次发现有航天能力的外星文明是2701年。2724年，人类进入银河联盟，花了200多年的时间，我们才获得了联盟的承认，成了联盟议会的一员。"

"所以，我讨厌外交工作，"亚当摇头，"走吧，到伊甸号上去，试试唤醒它的人工智能。如果它受损的程度不高，应该能告诉我们发生了什么。"

2. 一千年前的伙伴

伊甸号的左半边船身几乎全部被撞毁，船舱里仍然有嵌在墙壁上的陨石碎片，核反应炉带着整个能源舱失踪了。比较奇怪的是，冷冻休眠区的一面墙也凭空消失，如凯尔所说，舱壁的边缘是被焊枪烧断的痕迹——外星人登上过伊甸号，所幸没有伤害处于冷冻中的船员。

它们只是把船员留在空荡的宇宙里等死罢了。亚当检查了一遍冷冻区，发现没有船员失踪。

"他们一直暴露在宇宙空间里，热辐射冷却持续了1000年，现在他们完全冻成了冰块。"亚当说，"27小时前的你也是这样的，不必担心。"

亚当点点头，"走吧，我们先去舰桥。"

飞船已经失去了能源，连开门都做不到，但是，舰桥舱壁那先进的航天合金在凯尔的激光切割刀面前就跟纸一样脆弱。

亚当检查了一下舰桥，这里完好无损，但没有任何能量反应。

"你有办法提供能源吗？"亚当说，"比如，便携式核能电池什么的？它看起来只是没电了。"

"不不不，我们确实做出了核电池，但它太不安全了，很容易被敌人当成火药桶。"凯尔摇头，"把人工智能带到我的飞船上吧，安全一点。"

亚当沉默了片刻，说："嗯……这么说吧，在我们那个年代，装载人工智能的计算机，是非常大的。它基本上就和这艘飞船长在一起了。"

"好吧，我取一块蓄电器，顺便拿一个电子大脑。"

非常幸运，尽管过了1000年，交流电这种伟大的发明仍然没有被淘汰。凯尔给电池降低了功率，就成功地给飞船的主系统供上了能源。经过一阵烦琐的启动程序后，屏幕上出现了一行字："这是你吗，舰长？"

"是的，麦哲伦。"伊甸号里已经没有空气了，亚当只能在键盘上打字以进行对话，他的双手一直在颤抖，"好久不见，朋友。"

亚当调试着手上的通信器，它也跟着自己沉睡了1000年，"听得见吗，麦哲伦？"

"很清楚，舰长。"通信器里传来麦哲伦那平静得有些冰冷的声音，听得凯尔又皱了一下眉毛，"我建议您小心一点。您身边的那个人，还不能确定是敌是友。"

凯尔又皱了一下眉毛，"没良心的东西，我救了你！"

"对此我表示感谢。但是如果你要伤害我的船员或者干扰任务进行，那你仍然是我的敌人。"麦哲伦说。

亚当和凯尔对视一眼，耸了耸肩。亚当说："不要紧张，麦哲伦。先告诉我，飞船出了什么事？"

麦哲伦停顿了几秒，然后说："档案读取完毕。在2075年，伊甸号的引擎系统出现了故障；在维修期间，伊甸号无法进行机动躲避；此时，伊甸号遇到了一阵陨石雨，船身被重创，功能性不再完整，引擎也在撞击中彻底损坏。"

"伊甸号也会出故障吗？"亚当问。

"伊甸号永远不会出故障，是附近一颗恒星的异常活动导致的。"麦哲伦说，"磁暴来得很突然，我没能抵御住。很抱歉。"

"这不怪你，"亚当安慰道，"后来呢？发生了什么？"

麦哲伦又沉默了几秒，然后说："伊甸号无法继续完成任务，但是，冷冻休眠仓内的船员们仍然活着，我必须要保护你们。飞船无法正常航行，我无法预知何时才能飘荡至某颗行星附近，这个时间很可能长达数千年。因此，我关闭了飞船的所有系统，自己也只留下一小部分系统用以监控船员们的健康状态。到了2329年，核反应堆能源耗尽，我不得不将它抛弃以免引爆其他船只，并且让自己进入了休眠。"

亚当点点头，问："那休眠区的舱壁呢，你知道是怎么回事吗？"

麦哲伦答道："飞船失去能源之后，便无法继续维持安全的冷冻状态。所以在抛弃核反应堆前，我控制飞船上的维修机器人，将冷冻舱一面墙切掉，给休眠仓涂上白体涂料，让休眠仓在热辐射的作用下持续降温。我不能确保你们有苏醒的机会，只能让你们避免立即死亡。"

"我醒了！麦哲伦！"亚当拍着手说，"好样的，你救了我们所有人！"

"这是我的荣幸，舰长。"麦哲伦说，"请问我们现在在哪里？您身边的那个人会伤害您吗？"

亚当看了看凯尔，说："你来说吧。"

凯尔从亚当手上接过通信器，说："你好，麦哲伦。我的名字叫凯尔。"

"我们没有恶意，只是想去开发一颗新的星球而已，我们也没有武器。"麦哲伦说，"请你将舰长释放。"

亚当和凯尔再一次笑了出来。亚当说："要解释起来，可是一个很长的故事了……"

"不用。"凯尔摇头，"它是机器人，所以，我可以……"

凯尔伸出一只手指，指尖又伸出几根细小的电线，插进了通信器的缝隙里。亚当看着这一幕，说："你们机器人之间的交流就是方便。"

"我可不是机器人。"凯尔说，"怎么说呢……我的身体是由机械和电路构成的，但是，我的灵魂是一个人类。"

看着亚当奇怪的表情，凯尔接着说："我原先是个人类，后来才将意识上传至电子大脑获得永生。我这副机械身体里住着一个活生生的人类的意识。"

亚当恍然大悟："我就说你的表情怎么那么生动……"

麦哲伦比亚当更快地接受了事实。它所做的一切都是为了伊甸号能够被某个友善的文明捡到,被人类自己捡到,它自己都不敢相信这样的运气。读取完凯尔传输给它的所有资料后,它问道:"伊甸号以亚光速航行了数十年,遭到撞击后又高速飘荡了 1000 年,为什么你们会提前到达这个星系完成开发,甚至还能等到我们?"

"在 23 世纪,人类发明了跃迁技术,从那以后,我们就可以比较轻松地进行星际旅行了。"凯尔说,"但是,跃迁是让我们从一个地方直接跳到另外一个地方,所以……尽管后来的人们发现伊甸号并没有抵达目标星系,也没办法进行搜寻。我们只有知道伊甸号究竟在银河系里的哪个位置,才能跳过来营救。"

"至少我们活下来了,不是吗?"亚当相当乐观。

麦哲伦问道:"那么,Mb-12 星球情况如何?是否已经成功将其开发?"

"是的。"凯尔说,"有了跃迁技术,人们抢在你们前面抵达了目的地,它现在是人类一颗非常重要的星球。"

"那……我的任务结束了,而我什么也没做。"麦哲伦说道。

它突然表现出的失落感让气氛有点尴尬。凯尔想了想,说:"你们依然是人类历史上第一批进行星际旅行的人。加加林和阿姆斯特朗做的事情也不多,但他们都替人类迈出了一大步,这就是伊甸号的意义所在。开心点,朋友。"

"谢谢。"麦哲伦回答道,"我只是不知道接下来要做什么。我是被设计出来完成星际探险和星球开发任务的,而它已经被完成了。那么,我就没用了。"

亚当也说:"他说得对,凯尔,我接下来该何去何从呢?我和麦哲伦可是 1000 年前的……原始人。"

"你在想什么呢!"凯尔拍了拍亚当的肩膀,"你们是英雄!整个人类文明都会欢迎你们。如果你愿意的话,可以去联盟最繁华的星系,安稳地过日子,甚至回到地球去都可以。"

亚当思考了一下,摇了摇头,说:"不,我为了星际旅行准备了这么多年,我不能就这样回老家。你呢,麦哲伦?"

"我也是。如果可以的话,我还想继续进行航行任务。"麦哲伦说。

凯尔看着亚当,微笑着点头,说:"哦,两匹不安分的野马,没问题。跃迁技术只用于大型舰船在星际间的来往,而在星系内,仍然有大量的飞行任务,而你们……亚当,你知道吗,你是银河系里飞行时间最久的飞行员!你会大有作为的！"

"我有1000多年都在睡觉！"亚当笑得直不起腰，而后问："人类现在的情况是怎么样的？我们有哪些好去处？"

"人类统治着银河系5%的星域，算是非常大的势力。因为距离遥远，人类已经失去了国家的概念，转而采用联盟的形式。"凯尔说，"我们在这样的政治形式下发展了数百年，一直没出现严重的问题。"

亚当点点头，又问："那，你之前提到的银河联盟，是什么？"

"是银河系内最强大的7个文明组成的联盟，用以维护星系的和平——也仅此而已。所有的文明和星系，基本都是自治的。银河联盟与其余43个文明共同开发了银河系60%的星域。仍然有大量的星球在等着我们去开发。"凯尔说，"以你们的身份，想去人类联盟的哪个星系都可以。不过，我建议留在这儿。你们能在茫茫宇宙中，正好飘荡到这个星系来，这或许就是命运的召唤吧。"

"这个星系叫什么？"亚当问。

"他的编号是NO-1437，这是官方称呼，"凯尔耸了耸肩，"不过本地人可以自己起名字。我们管他叫辰砂星。因为星球表面覆盖着一层厚厚的风化矿物粉末，看起来就像一颗红色的宝石。我记得太阳系里也有一颗红色的星球？"

亚当点头，"对，但人们给它起的名字很俗气。能让我看看辰砂星吗？宇航服的眼镜我还是用不习惯。"

凯尔一挥手，空气中浮现出了一个全息图像。亚当举起通信器，将摄像头对着全息图像，问："你看见了吗，麦哲伦？这地方可……就快和地球一样漂亮了。"

"我已经在资料里看过了。"麦哲伦说，"但我确实想亲自去一趟。"

"辰砂星欢迎你们，"凯尔说，"我们很快就到补给站了，但是伊甸号已经不能正常运作。如果我带着它降落的话，它会砸在行星表面，坏得更彻底。"

"那我和伊甸号先留在这里。"麦哲伦说，"请您带着舰长去接受治疗。"

"不，让你们在太空里飘着不像话。"亚当说，"我绝对不会抛弃我的船员不管，也不会抛弃你，麦哲伦。"

"我可以把其他船员的冷冻舱放在飞船上带下去，"凯尔说，"但是麦哲伦……嘿，麦哲伦，你看得到这东西吗？"

凯尔把手上拿着的足球大的金属方块放到了麦哲伦的摄像头面前，"这是一颗电子大脑，是专门用于承载数据形态的思想的，性能比伊甸号的计算机强大得多。让我把你转移到这上面来，怎么样？"

亚当也说道："这是个好办法，那我就可以随身带着麦哲伦了。"

对于这个提议，麦哲伦感到十分紧张。它说："舰长，如果在新的载体里运作的我出错了怎么办？如果我死了，或者出了什么意外，不再忠于你了怎么办？我不想变成那样的东西。"

亚当安慰道："就算出了意外，我也可以将你关机。而且，你留在一艘已经损坏的飞船上，还怎么和我一起行动呢？"

麦哲伦犹豫了一下，说道："那请开始吧，如果这是任务需要的，我会去做。"

凯尔打开自己的背包，取出线缆，将微型计算机连接在主控制台上。

"我们可以开始了。"凯尔说，"麦哲伦，你的思维编码模式与如今的 AI 不尽相同，在转移之前我要彻底地了解你。如果系统侦测到有外来信号进入，请予以授权。"

"我明白。"麦哲伦说。

"这会花一点时间。"凯尔回过头对亚当说，"走吧，先去把冷冻舱都带到飞船上。"

"你不用留在这里操作吗？"亚当问。

"我可以远程控制。你忘了，我的身体是机械，到处都是通信器，"凯尔用指尖敲了敲自己的脑壳，"而且，你应该尽快接受治疗。"

亚当也感觉到自己身上很多地方都在隐隐作痛，AR 眼镜也在不断地显示身体健康的警报。他对麦哲伦说道："我们待会儿见，麦哲伦。"

"好的，舰长，待会儿见。"

3. 第二次生命

在亚当和凯尔将所有的冷冻休眠舱都转移到凯尔的飞船"黑鹰号"上后，一个闪着蓝光的立方体晃晃悠悠地飘进了气闸。

"嘿，它搞定了！"凯尔控制气闸将它放了进来，"麦哲伦，感觉怎么样？"

"这个东西很方便。"立方体里传出了麦哲伦的声音，"但是，我用得很不熟练。来的路上撞了好几次。"

亚当愣愣地看着麦哲伦的"新身体"，说："我以为这只是一个大脑呢。"

"不，实际上这里面还有摄像头、扬声器、通信装置、电池和磁能飞行模块。"麦哲伦说,"但是,操作逻辑和21世纪不一样,尤其是这个磁能飞行模块。"

"别担心,伙计。等到了辰砂星,你可以有一副完整的身体,"凯尔拍了拍自己的胸口,"就像我这样。"

麦哲伦问:"所以,你的身体里也有一个这样的电子大脑?"

"是的。"凯尔笑了笑,"亚当,如果有一天我们遇到了危险,你把我们的头砍下来,然后带着它逃走就可以了,身体不要管。只要大脑还在,我们就可以在任何一颗星球上复活。"

"听起来有点恶心,不过我记住了。"亚当说,"走吧,让我们到补给站去。"

亚当很幸运,他苏醒的地方,离星系内的一个补给站并不远,而凯尔身为星系防御舰队高级警卫员,所驾驶的黑鹰号性能十分优秀。只花了几小时,黑鹰号就穿过了一大片空旷的星域,来到了补给站。

按照亚当的意愿,凯尔并没有说出亚当的真实身份,只是交代"这是个被海盗绑架的平民",让补给站好好进行治疗。黑鹰号带着伊甸号抵达后,补给站派出了一艘驳船,小心翼翼地把伊甸号"背"到了补给站所在的小行星上。

"你也该休息一下了,伙计。"亚当对着躺在地上的伊甸号说道。1000年前,它刚刚启航的时候,是何等的威武气派,现在哪怕是旁边的驳船,都比它好看得多。

"很可惜,它再也不能飞行了。"麦哲伦说,"它肯定会被修好,但紧接着就会被送进博物馆。我为它感到不甘。"

"但是,你们的旅途还没结束。"凯尔说,"让我们分开一下。亚当,你先去接受治疗,麦哲伦和我去唤醒其他船员。"

凯尔冲麦哲伦点了点头,"照顾好他们。"

"放心吧,舰长。"

补给站是专为在星系内进行运输和巡逻的舰船提供补助的地方,燃料、弹药、维修以及人员的治疗都能在这里得到。凯尔在星系里可是个有地位的人物,尤其是在星系防线里,因此,补给站专门派了一个经验老到的医生来负责亚当——他也有可能仅仅是老而已。

医生带着亚当来到一个单独的病房,指引他在一个医疗舱里躺下,而后用一个仪器扫描了一下亚当的全身。亚当很喜欢这种医疗方式,仅通过光线照射就能弄清楚病人的身体状况,没有接触,自然就没有痛苦。

"你的状况实在是……"扫描还没结束,医生的脸色就已经很不好看了,

"海盗到底对你做了什么？"

"海盗嘛，"亚当说，"冷冻技术落后得可怕。我还能活下去吗，医生？"

"别担心，"医生放下仪器，给亚当倒了杯水，"喝了它。"

亚当正好有些渴，就照做了。而后他问："那么，该如何治疗呢？要不要做手术？"

"手术已经在做了。"医生说着，转身坐在了操作台上，他的面前浮现出了一个人体解剖图。

亚当看了看自己的身体，说："你确定吗，我没有看到手术刀。"

医生答道："你刚才喝的是纳米机器人集群。你之前生活的星系没有这种技术吗？"

亚当的脸色变得有些难看，说："有成千上万个机器人，现在正在我的身体里动刀子？"

"别担心。"医生冲他笑了笑，"它们会维修你身体里受损的地方，只有它们处理不了的问题才需要人工治疗。完成工作之后，这些机器人会自行离开的，比如说，跟着你的尿液。"

亚当点点头，"那就好。那我身上有需要人工手术的地方吗？"

医生点头："有。你的肺和肝脏已经衰竭了，双腿也有严重的肌肉坏死，是冷冻导致的，这海盗冷冻你的方式跟杀了你没什么两样。"

亚当想反驳，这可是地球上最先进的生物冷冻技术，但转念一想，再先进也是1000年前的东西了。于是他忍住了，转而说道："那，有的救吗？"

"难度实在太大，而且你没有接受过基因优化，可能挺不过整套治疗。"医生叹了口气，"我建议将肺部、肝脏和双腿直接更换。"

亚当问："短时间内能够找到器官捐献者吗？"

"不需要，更换电子器官就好了。"医生说，"倒是可以克隆真正的器官出来，但它们需要几天的时间来生长，你不一定能坚持到那时候。要是你不喜欢电子器官，可以一周之后来换上，现在先凑合用一用。实际上，电子器官比真正的器官好用得多。"

"那就照你说的做吧。"亚当点头。

"还有你的腿，必须要截肢了。"医生转过身，严肃地看着亚当，"它们坏死得很严重，这么大的工程量，纳米机器人处理不完，几小时之后，你的腿就会变成两条坏死的烂肉，甚至开始腐烂，而双腿克隆的难度是非常大的。我建议换成机械的双腿，会比你自己的腿更有力。凯尔长官叮嘱我们要照顾好你，我会给你提供整个星系最好的医疗服务。"

亚当犹豫了一下，说："我能跟他说句话吗？"

"当然可以。"医生说，"这么重要的事，当然要谨慎一些，不过要快点做决定。"

亚当拿出凯尔给他的通信器，呼叫了凯尔。

"怎么了，亚当？"凯尔的全息影像出现在亚当面前，"遇到什么麻烦了吗？"

亚当问："医生建议我换掉双腿和几个器官……直接换成机械的。我有点没底，你觉得这么做合适吗？"

"当然合适。"凯尔毫不犹豫地回答，"在现在，更换身体部位，对身体进行某方面的强化，是很常见的。毕竟我们不生活在地球上，生活在宇宙里，你总要遇到各种各样的问题，严酷的行星环境，受损的飞船，还有躲在暗处的敌人之类的。亚当，要适应这个时代，你肯定要让自己的身体变得更强大一些。"

"好的，那我听你的。"亚当看向了医生，"来吧。只要还能够继续飞行，改变一下身体也没什么。"

医生点点头，拿起一个类似平板电脑的东西划了几下，说："那么，我就先为您更换肺部、肝脏和双腿，而后按照标准强化程序对您进行强化，以后您可以自行添加想要的强化内容。这样可以吗？"

亚当问："标准强化程序是什么？"

"造血干细胞强化，骨密度提高，关节与韧带强化，感官神经增强，神经植入，头部植入生命力电池，激素分泌控制器……"

"停停停！"这些拗口的名词弄得亚当脑袋疼，"你直接动手吧。"

医生点头，"放心吧，赌上我行医113年的荣誉，我会让你变得更强的。"

亚当醒来时，他已经不在补给站的病房里了。他躺在一张柔软舒适的床上，阳光透过窗户撒在亚当的身上，并且他感受到了久违的重力。

"我这是又到了哪儿？"亚当自言自语，"我回到地球了吗？"

"这里是辰砂星，总指挥官布郎的行政大楼。"身边传来一个声音，"睡得怎么样，亚当？"

亚当扭头看去，又看见了一个陌生机器人，不过那个声音他再熟悉不过。

"麦哲伦？"亚当问。

"是我，舰长，我已经焕然一新了。您也是。"

亚当从床上爬了起来，他发现自己的身体轻了很多。他清楚地感觉到身体的每一条肌肉都充满了力量，像是蓄满力的弹簧。他看着自己的双手，感叹道：

"这是……看起来强化是有效果的。"

"身体强化带来的好处很多,您会慢慢发现的,或者说学习。"麦哲伦说,"您睡了3天。这3天里我已经熟悉了人类文明现在的状况了,接下来,我会像以前一样为你提供帮助。"

亚当点了点头,说:"你呢,你的新身体怎么样?"

"棒极了。"麦哲伦说,"只是有时候我还是会把自己当成飞船……要像一个人一样去行动,我还得多适应适应。您喜欢我的长相吗?"

亚当端详了一下麦哲伦的脸,说:"很帅气。你自己设计的吗?"

"不。这就是历史上的斐迪南·麦哲伦的长相。"麦哲伦说,"当初我也是因为想要探索整个世界,所以起了他的名字。"

"一个1000年前的人,想要变成一个1500年前的人的模样。"亚当笑着说,"嗯,复古风,我喜欢。"

麦哲伦也笑了笑,不过,他的笑容远没有凯尔那么自然,他果然还不习惯这种身体。但看到他能够离开冷冰冰的飞船,能够正常行动,像真正的人一样表达情绪,亚当还是替他高兴。

"下床走走吧。"麦哲伦说,"试试新的身体。"

现在的亚当觉得自己力大无穷。他能看清100米远的风景,能听见墙外的脚步声,脚趾头可以摸出袜子的纹理,像手指一样,而手指的触觉就更加灵敏了。

"很棒,但是……"亚当皱眉,"我睡觉的时候,也能听见墙外的风吹草动吗?"

"您的身体里有一套神经植入物,"麦哲伦说,"可以智能调整您的感官,身体机能和内分泌,您也可以主动控制它。举个例子,您的身体现在有一套更好的驱动程序。"

亚当感受着四肢百骸传来的力量,满意地点头。他回过头对麦哲伦说:"其他船员呢?他们怎么样了?"

麦哲伦摇头,说:"他们没有您这么幸运。在解冻的过程中,他们无一例外出现了严重的脑部损伤,为了防止情况恶化,只能让他们重新进入冷冻状态。当然了,是现在的冷冻技术。布郎指挥官说,我们可以把其余船员带到人类联盟的核心地带去,那里有更先进的技术,让船员们苏醒不是问题。"

"核心地带?"亚当苦笑,"又是一段漫长的旅途。"

"距离这里大约300光年,事实上,就是地球与周边一带的星域。不过别忘了，我们拥有跃迁技术，大概 4 个月就能抵达。"麦哲伦说，"走吧，是时候去见见星系的总指挥官了。他可是给了我们很多帮助。"

4. 新时代的身份

看起来"1000 年前的人类英雄"这个头衔比亚当想象的还要有力量。凯尔将亚当的身份告诉了星球的总指挥官布郎·恩格尔，布郎马上就派私人飞船将昏睡中的亚当接到了辰砂星的首府里居住，和布郎自己的房间隔着不到 200 米。

离开房间，走在干净明亮的走廊里，亚当不停地活动着筋骨，说："辰砂星的重力比地球小吗？"

"不是，要更大一些，只是您的力量变强了。"麦哲伦说着，递给亚当一副眼镜，"戴上这个吧，让自己接入信息网络。"

亚当戴上了眼镜。现在有了神经植入物，他可以通过想法就对眼镜下达指令，并且看了一点关于辰砂星的资料。这种"被植入体内的东西读取想法"的感觉有点奇怪，奈何它太方便了。

辰砂星所在的星系有一条小行星带，和太阳系一样，适合用来修建戴森球；辰砂星本身的体积、重力、与恒星的距离、自转周期也都比较合适，甚至还有浓厚的大气层。因此在 40 年前，布郎·恩格尔被人类联盟委派，带着一支工业型开发舰队抵达了辰砂星星系，开始了星系开发。舰队的一部分进入小行星带着手修建戴森环，另一部分则进入辰砂星进行星球改造，以建立长期城市，并为小行星带修建提供后勤。

布郎原先是一位联盟内部的官员，根据人类联盟宪章内容规定，公民在 100 岁时就必须卸任联盟政府的岗位，他在 101 岁的时候被任命为辰砂星的总指挥官，从那以后，他就会一直待在这里，一直到死为止。

"他甘愿在一颗刚开发的星球上了此一生吗？"亚当问。

麦哲伦点头，"这没什么不好的。星系的总指挥官，相当于这颗星系的国王。"

亚当皱眉，"都过去 1000 年了，我们又恢复了封建制度？"

"并不是。"麦哲伦摇头，"跃迁需要消耗大量的能量，所以只能用来运送重要的舰船，运送资源是很亏的。辰砂星的开发对联盟而言没有太大的好处。对联盟来说，开发一个新的星系，就等于在这个星系上培养出一个新的政府来。

而这个政府自动加入人类联盟，辰砂星并不属于联盟，它属于布郎和辰砂星的居民，只是在遇到重大事故的时候站在人类的这一边，仅此而已。"

亚当默默地消化着麦哲伦说的这段话，而后说："我明白了。就等于，所有人类的殖民星都有一个共识，就是人类本身的利益和对外一致性，星系服从的是这种共识，而人类联盟代表这种共识？"

"对。"麦哲伦点头，"就像我们还在地球上的时候，有一个隔海相望的岛屿，距离本土很远，打下来有什么用呢？派过去的军队最后也可能会自立为王。所以，所有的人类殖民星——包括所有的星际文明都保持着这种态度，好好发展自己的地盘，与其他星系和文明保持良好的外交。这是一种很默契的和平。我们到了。"

他们来到一处门前，在亚当伸手敲门的前一瞬间，门自动打开了。

"哦。"亚当挠了挠头，"看我这原始人的思想。"

"欢迎二位！"屋里走过来一个中年男人，笑着向亚当伸出了手，"我以为您还要睡很久呢。"

"您就是布郎先生吧。"亚当同他握手，"很荣幸见到您。"

"不不不，千万别这么拘谨，"布郎说，"我才130多岁呢，您是长辈。这边来，我们坐着说。"

布郎亲自给亚当倒茶。亚当没有坐下，而是走到落地窗前，看着下方的平原。

"这里是几楼？"亚当问。

"3楼。"布郎说，"只不过一楼的地基有500米高。身为指挥官，我总要时刻看到城市改造的进度，不是吗？"

"我喜欢这里的视野。"亚当说，"虽然飞船舷窗里的视野更广阔，但是，这里也别有一番味道。"

布郎端着茶来到亚当身边，把一杯淡蓝色的液体递给了亚当，"地球比这里更美。在那里，科技和自然已经能够和谐相处了。明年会有一个巡航舰队路过，你可以搭乘他们的跃迁飞船回到地球去。"

亚当想了想，说："不了。我很想念地球，但是……我来自1000年前，我的寿命没有你们这么长。剩下的时间，我还是想要继续飞行。"

"地球上也有飞行任务。"布郎说，"而且，生活非常安逸。"

"那就不是我了。"亚当说，"对我来说，探索一个未知的世界，才是我的使命。否则，当年我怎么会登上伊甸号呢？"

布郎凝视着亚当，说："就是这份勇气激励了人类 1000 年。我敬您一杯。"他们碰杯，亚当把那淡蓝色的液体喝了下去。

"哦，这是什么？"亚当回味着口腔里那种风暴一样的口感，"这是什么？"

"上个世纪流行起来的饮料，你可以叫它风暴酒。"布郎笑了笑，"接下来你有什么打算？既然仍然向往飞行，总要有个去处。我已经向联盟中心汇报了你的情况，他们会接你回地球居住，但他们也说了，一切看你的选择。你有任何打算，我们都会尽全力帮忙。"

"去哪里都可以，"亚当说，"我可以留在辰砂星开飞机吗？"

"就等你这句话。我代表辰砂星欢迎你，亚当先生。"布郎说，"你果然和凯尔一样。"

"这话怎么讲？"亚当问。

"数百年前他也是一个人类英雄，因此被允许进行意识上传，让英雄或者重要人物永生。"布郎说，"对了，如果你想要更长的生命，联盟也会给你提供一样的服务。"

"既然是英雄，"亚当皱眉，"为什么他只是一个飞行员？"

"为了保持政府的活力，和避免有些人利用权力积攒自己的势力，联盟规定任何人都不能在联盟政府里任职超过 50 年。"布郎说，"当年，他退休之后，是和我一起来辰砂星的。但是他讨厌坐办公室，所以去当了飞行员，把我一个人留在这里应付文件和资料。他从来不向往什么官职，而是日复一日地在太空里飞行。你知道吗，如果上传后的意识遭遇意外而死亡，我们就会让他安息，这是人类一贯的做法，我劝过他很多次，让他不要待在星系防御这么危险的岗位上，但是他不听。现在好了，又多了一个喜欢冒险的，而且还没有进行意识上传。"

亚当笑了笑，说："我还是想多和我自己的身体多待几年。"

"你的自由。"布郎说，"来，坐下吧，我们谈谈你的未来。"

布郎说："你已经决定留在辰砂星了，对吧？"

"对。"亚当说，"这是个美丽的地方，并且它还在建设当中，肯定有很多事情需要去做。人总该让自己产生点价值，不是吗？"

"我可以为你安排一个飞行员岗位，你会拥有自己的飞船，"布朗说，"但至少 3 年内，你只能在辰砂星上执行货运任务，不能去太空，可以吗？这是为了你的安全着想，毕竟你还没有进行上传。等你习惯了这个时代，你想去哪里都可以。"

亚当点头，说："应该的。我还什么都不懂，让我从最基础的开始学起也好。我见过凯尔的飞船，仪表盘上一个字我都看不懂。"

"可以使用记忆植入技术，往你的大脑里直接添加一份飞船的操作方式。"布郎说，"但是直接获得记忆，并不代表就能够轻松驾驶了，你仍然需要练习。而且，你还有一位聪明的朋友，不是吗？"

布郎看向了一直一言不发的麦哲伦，说："如果你愿意的话，我可以为你也注册公民身份。从今天开始，你就是辰砂星的合法公民了。"

"真的可以吗？"麦哲伦说，"我只是一个人工智能而已。"

"一个勇敢的人工智能，一个敢于为人类探索未知世界的勇士。"布郎笑了笑，"人工智能成为合法公民，是有先例的。你的所作所为，已经证明了你自己。"

麦哲伦思考了一下，说："那好吧，谢谢您。"

"我们什么时候可以动身？"亚当问，"我等不及要见识见识现在的飞船了。"

"我会让人送你们去航天中心。凯尔应该还在星系里探险，既然你醒了，他应该会回来见你。"

就这样，亚当成了辰砂星航天中心的一名货运飞行员。遵照亚当的意愿，布郎只把他的身份告诉了一些重要官员。而麦哲伦，也获得了一张"意识上传类公民 ID"，它仍然对这一切感到不适应——像人一样自由行动的身体，以及像人一样的身份和认可，从一艘飞船，变成了一个人类。但总体而言，这是好的。

两天后的下午，凯尔赶回了辰砂星，来到主殖民地航天中心，在训练馆找到了麦哲伦。

"嘿，麦哲伦！"凯尔用嘴巴向他打招呼，"这具身体怎么样？"

"很不错。"麦哲伦点头，"你为什么要说话呢？你可以用信号通信和我对话的。"

"但那样会拉远人与人之间的距离。我宁愿面对面地和你交谈。"凯尔说，"你会慢慢习惯这一点的。亚当呢？"

"他在进行模拟飞行训练。"麦哲伦犹豫了一下，用手指向旁边的一扇门，"在这里面。"

"看，你已经开始习惯了！"

话音未落，训练室里就传出一阵高亢的吼声。凯尔按住了麦哲伦的肩膀，说："别紧张，他很安全，只是被吓到了。我第一次做模拟训练也是这样的。"

10分钟之后，亚当扶着墙从训练室里走了出来，脸上带着笑容，但嘴唇已经有点发白了。

"你还好吗，亚当？"凯尔上去扶住他，"我感觉你刚刚坠机。"

"我坠机了很多次。"亚当苦笑，"布郎说得对，我确实应该先开几年的货运飞机。太空探险这种事，我还是太嫩了。"

"有这么夸张吗？"凯尔问。

亚当点点头，"模拟训练的一切都太真实了，比我在地球上做的……不，我已经分不出它和现实的差距了。你们是怎么做到的？"

"一台超级计算机就可以了。"凯尔耸耸肩，"你忘了，麦哲伦现在住在一个小方块里，它的计算性能跟整艘伊甸号一样。"

"不，它比伊甸号强多了。"麦哲伦说，"我感觉得出来。我现在可以用我的脑子做更多事情了。"

亚当点点头，"那下次你来给我做模拟训练吧，然后……难度调低一点。"

"先不说这个了。"凯尔说，"为了祝贺你在辰砂星定居，跟我去兜兜风怎么样？"

"好。那我去把飞船开过来，正好试一下我训练的成果。"

"不，去我的飞船，"凯尔笑着说，"我带你去太空。之前我光顾着带你去补给站，都没带你好好转转。"

5. 我们的星系

考虑到接下来几年都要在辰砂星上飞，有的是时间看风景，亚当就接受了凯尔的邀请。麦哲伦没有什么事情要做，也就陪着亚当一起去了。

只用了4分钟，停在地表的黑鹰号就挣脱了引力的束缚，进入了太空轨道。看着脸色仍然有点不好看的亚当，凯尔说："我以为你在训练室里已经习惯了。"

"别逗了。地球时代的火箭都让我有点受不了。"亚当喘了口气，"黑鹰号的推力也比训练室里模拟出来的强得多。"

"是吗？我担心你受不了，还开得慢了点呢。"凯尔说。

此时，麦哲伦说道："亚当没有接受过基因改造。其他人可以承受黑鹰号的加速度，但对亚当来说，它太快了。"

"那看起来我要适应的东西更多了。"亚当勉强笑了笑，"走吧，凯尔，带我

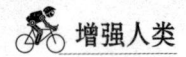

们逛一逛辰砂星。"

黑鹰号进入空间轨道，绕着辰砂星转了起来。在太空中看过去，辰砂星确实像一颗宝石一样漂亮。

"一开始，人们确实以为辰砂星上满是植物，"凯尔说，"但来了之后才发现，辰砂星的绿其实来自地表的矿物，而不是植被，这是一颗完全没有生命的年轻星球。它很美，但是它太难以改造了。"

"这是为什么？"亚当问。

凯尔回过头看着麦哲伦，说："来，我考考你。为什么辰砂星难以被改造？"

"辰砂星没有海洋，无法利用洋流在海底播撒藻类和微生物；洋流的缺乏也让大气循环的效率降低，大气成分的改造也受到影响。"麦哲伦说，"人们无法利用自然循环来改造，只能利用载具不停地播撒微生物，在各个地方建立气体改造站点。辰砂星的矿产，以及星系内的小行星带都是非常宝贵的资源，但受限于辰砂星的环境，彻底开发成宜居行星可能还要 60 年。"

"你果然比我聪明。"亚当说。

麦哲伦摇头，"不，这是资料上写着的。你一定没有认真看。"

亚当自嘲地笑了笑，说："我毕竟有点睡傻了。"

"走吧，我带你们去看看戴森环。"凯尔说，"你身体受得了吗？"

"放心吧。"

于是，黑鹰号开足马力，向着星系的外围进发，这一回亚当虽然不好受，但比之前好了许多。

"我们得等一等。"凯尔说，"去戴森环要花 10 小时。你可以趁现在睡一觉。"

"那你们呢？"亚当问。

"我可以教麦哲伦一些东西，以后是他陪在你的身边。"凯尔说，"说真的，亚当，你也应该早点去进行意识上传。上传了之后，10 小时对你而言不过是一杯茶的工夫。机械身体的好处多得很。"

亚当摇了摇头，说："再说吧。原汁原味的人类身体，有什么不好的？而且，我已经接受过强化了。"

"仍然不够，亚当。"麦哲伦说，"现在的人类与 1000 年前已经大不相同了。大部分人都已经接受过基因改造，各方面的素质都有了提升。比如，布郎先生，他在吸取了许多人类的缺点时，获得了许多来自动物基因的优点，即使是接受了后天改造的你，身体素质也不如他。"

亚当看了看自己那双精致而灵活的机械腿，说："那我的改造还有什么意义？"

"你比之前的你强大得多。"凯尔说，"这是毋庸置疑的。但是，你仍然可以变得更强大一些，方法就是意识上传。"

亚当说："既然意识上传这么好，为什么不给所有公民都进行意识上传呢？"

"因为意识上传的成本非常高，只有极少数人会有这样的机会。"麦哲伦说，"而且人类其实已经发明了永生的技术，如果所有公民都不会死的话，社会会出现很严重的问题。所以，如今大部分公民都是在各种医疗技术和基因技术的帮助下活到 200 岁左右，然后平静地离去。"

"200 年，对实现一个人的人生价值来说，也足够了。"亚当点头，"好吧，等我老了以后或许会去意识上传。至少现在，我可以尝出食物的味道，而你们不行。"

凯尔挠挠头，说："其实，味觉感受器，22 世纪就发明了。"

黑鹰号抵达戴森环时，麦哲伦叫醒了亚当。

"睡得怎么样？"麦哲伦问。

"还行。加速度停止之后，床就很稳当了。"亚当揉了揉脸让自己清醒过来，"我们到了？"

"是的。"麦哲伦拉着亚当从床上起来，把他带到了舰桥。凯尔已经打开了舰桥防护板，正在让黑鹰号停稳。亚当走到舰桥观察窗前，看着前方那条横贯天幕的暗灰色带子。

"这个就是戴森环吗？"亚当问，"为什么它看起来黑乎乎的？"

"现在的光伏发电板可以吸收来自恒星光芒的大部分能量，反光非常少。所以，看起来很暗。"凯尔说，"它才刚刚搭建好骨架，接下来，我们就可以在上面建立定居点和补给站了。"

"它有多大？"亚当问。

"直径 25 亿千米，宽 100 千米，厚 5.6 千米。"凯尔说，"和地球的行星环不一样，它完全由小行星带的岩石和小行星组成，其中提炼出的金属矿物做成了光伏发电板。它的背面是很崎岖的，但足够结实。"

亚当仔细打量了一下，问："它真的有 100 千米宽？"

"是的。你觉得它不算大，因为我们距离它也有 100 千米。如果想到戴森环上去，得前往专门的着陆点，而且要花十几天的时间。"

"那还是算了，让我节省一点生命吧。"亚当忽然想起了什么，问："我有个疑问。对辰砂星来说，真的需要戴森环吗？我是说，我们依靠地表的能源和行星环就足够生存，这么大费周章地花几十年的时间修建戴森环，目的是什么？"

"为了跃迁。"凯尔解释道，"每一次跃迁，都要在星系内积攒数年的能量才能进行，这也是星系与星系之间几乎不往来的原因之一。有戴森环的星系，可以迅速积蓄能量，极大地缩短跃迁所需要的时间。而这样的星系一多，我们就可以在银河系内开辟出一条路，让距离不再成为阻断星系与星系，文明与文明之间的鸿沟。也正是因为我们有这个戴森环……"

凯尔看着亚当，说："正是因为它高效地积攒能量，你才能在下个月搭乘跃迁飞船离开，把你的船员们带到联盟的中心地带去唤醒他们。"

"他们醒了之后，我还会回到辰砂星来。"亚当说，"星际开发是一场单程旅行，所以，船员们都是以家庭为单位进入伊甸号的。其他的船员或许会想回到地球，或者打算去别的星系探险，但我的妻子和女儿一定会跟着我。"

"能带我们去看看跃迁门吗？"麦哲伦问，"资料上已经说得很清楚了。但我还是想亲眼看看。"

"没问题。"凯尔笑了笑，"系好安全带！哦，我们没有安全带。那抓稳咯！"

6. 生命的步伐

辰砂星的自转和公转与地球相近，但又不尽相同。季节变化带来的温度与风向差异影响着环境改造的工作安排，而一天的时间更短，也让诞生于地球的人类不能遵循日出与日落来决定作息。辰砂星上的钟表都显示着两份时间，一份用来告诉人们，外面的天气和环境是什么样的，另一份则用来告诉人们什么时候该吃饭，什么时候该睡觉。

麦哲伦花了1秒钟来适应这两份时间，而亚当花了接近1个月。有时候，他得在白天进行工作，有时候得在午夜出门，一段时间后又在日出之前启航，在日落的时候吃午饭，在下一个日出时回到营地休息。

"我知道意识上传最大的好处了，"亚当曾对麦哲伦抱怨过，"不用吃饭睡觉，就不用忍受一天只有16小时这种荒唐事了！"

尽管嘴上一直抱怨，亚当却从未有过任何一丝怠惰。1000年前他就是精英中的精英，被委任以决定人类命运的重要任务，1000年之后的他——其实只是睡了一觉——仍然保持着身为舰长的认真与勤奋。第一天上班他就完美地完成了飞行任务,而麦哲伦那聪明的大脑袋更是让所有的任务更加高效。

唯一美中不足的就是,所有任务汇报,都得让麦哲伦进行时间批注。

在人类时3128年,或者说本地时34年13月12日这一天,辰砂星上的某一座火山突然喷发了。观测站其实观测到了火山爆发的征兆,但不知什么原因,爆发比预期时间来得更早,也更猛烈。火山口喷出了大量的离子气体,也扰乱了当地的气流循环,紧接着就带来了一场雷暴。

要命的是,观测站的成员来不及撤离,被困在了地下掩体里,他们的食物已经告罄,并且有数名成员在雷暴来临时受伤,急需药品。更要命的是,雷暴阻断了信号通信,也阻断了视线,无法派遣飞机进行援救。

货运中队的中队长在晚间集会上通知了这件事,风暴附近所有的货运任务都被暂停,告诫飞行员们一定要避开风暴区域,因为谁也不知道它会不会扩散或者转移。

"那观测站的人怎么办?"有人问。

中队长说:"飞机只能飞抵离风暴中心150千米的地方,剩下的路程需要驾驶车辆。我们准备组织一支搜救小队,由10个人组成,两人一组分别驾驶5辆车进行施救。还有志愿者吗?"

屋子里有几个人举起了手,亚当也举起了手。几乎同时,麦哲伦也把自己的手举了起来。

"好吧,你们这些人,跟我来。"

这支临时组成的搜救队伍来到机库,准备将货车开上运输机,此时中队长把亚当和麦哲伦叫到了一边。

"有什么指示,队长?"亚当问。

中队长看着他们,说:"我不清楚你们的具体身份,但是局长给我下了死命令,一定要保证你们的安全。我很敬佩你们的勇气……你们还是不要去了,这太危险了。"

"我能获得这样的照顾,正是因为我曾经为了同胞挺身而出,"亚当说,"如果我躲在这里苟活,那我余生都会看不起自己的。而且,您不也去了吗?"

中队长欲言又止,转而看向麦哲伦,说:"那你呢?你是一位人工智能,对吧?如今你拥有了合法公民的身份,完全可以享受这样的生活,为什么还要去冒险?"

"人类赋予了我生命,又让我成为人类文明的一员,"麦哲伦耸了耸肩,"那我怎么还能见死不救呢?而且,遇到危险的话我可以挖个坑把自己埋起来,我又不需要吃饭。"

"好吧，我知道我拦不住你们。那别让我失望。"中队长点点头，"照顾好自己，不要逞强。"

风暴比想象中的还要大，地表的风化沙砾被裹挟着在空中盘旋，亚当想起地球时代看过的宣传片，那些贫瘠地区的沙尘暴和眼前的景象如出一辙，只不过颜色不一样。

亚当本来是想开车的。但是，现在的车显然与他所想的不一样——车辆会利用摄像头和超声波扫描周围的地形，只需在屏幕上点击某个位置，车辆就会以最优路径开到那个地方。亚当评价它"很方便，但是比电子游戏还要无聊。"

现在，亚当正坐在副驾驶上，将开车的重任交给了麦哲伦，它不觉得这件事无聊。

车辆有自动返航功能，可以按照行驶路径回到出发点，但在这种鬼天气下，所有的导航都无法使用，只能凭借地图和眼睛去判断，而风暴让车辆的路面侦测系统受到影响，扫描出来的地形非常模糊。

幸运的是，5辆车保持着一定的距离，让扫描范围扩大数倍，就得到了一张大范围的地形图，亚当则凭借AR眼镜上显示的地图，结合地形图判断车队处在哪个位置，再告诉麦哲伦应该往什么地方开。

这一点麦哲伦做不到，它的大脑虽然非常强大，但机器人的思考模式是容不得错误的，而身为人类的亚当则可以接受地形扫描的模糊数据和错误数据，判断出他们的位置。

"我以前可干不了这种事。"亚当说，"地形图的细节这么多，要准确对应到全息地图上，这难度实在太大了。"

"你的大脑已经被增强过了。"麦哲伦笑着说，"信不信，你现在可以心算圆周率1000位。"

"回去之后一定试试！"亚当说，"认真开车，没人知道风暴里会出现什么。"

像是为了验证亚当的话，前方忽然传来一道雷声，车窗的玻璃都被这道雷震得颤抖了几下。

"我们不能再前进了。"麦哲伦说，"前方有危险。"

"什么危险？"

"地表的红色沙尘是导体，现在它们都被吹到了空中，"麦哲伦停下了车，"再加上闪电的影响，空气的电离程度很高，到处都是游离的电流，在这种情况下……"

麦哲伦还没说完，车辆驾驶台上的其他4辆车就失去了联络。

"连近距离通信都会受到影响，而且，万一闪电击中了车辆……"

"车辆是法拉第笼，"亚当说，"我们会没事的。"

"但车辆本身会被摧毁，救援的人反而变成了落难者。"

亚当犹豫了一下，说："好吧。朝着信号最后出现的方向前进，和他们会合，然后撤退。"

麦哲伦按照亚当说的去做了，可向前开出一段距离后，仍然没有收到他们的信号。麦哲伦打开了车辆的大灯，又往前开了一段路，可仍然没有发现任何东西，能看见的只有肆虐的绿色。

"我们找不到他们了。要么追上他们，要么直接返航。"麦哲伦说，"你认为该怎么办，亚当？"

"他们也知道我们有这两种选择，自然不必担心我们的安全，所以会继续向前搜寻。"亚当说，"我们也这么干。"

麦哲伦点头，"那就继续冒险吧！"

他们的冒险没有持续太久。在继续往前开了一段距离之后，亚当看到前方出现了几个黑点。

"那是他们的车吗？"亚当说，"过去看看。"

车辆的自动驾驶没有智能到可以躲避恶劣天气的影响，麦哲伦只好自己选择路径，小心地将车开了过去。那果然是其余4辆货车，只不过都翻倒了。

"该死！"亚当骂了一声，"你在车上守着，我下去救他们。"

亚当戴上口罩和护目镜下了车。风力很大，亚当不得不趴在地面上，一点点地向那4辆车移动。它们的车门仍然关着，说明里面的人都已经昏迷。亚当爬到中队长的车边上，敲了敲门，没有回应。

"该死。系统，给我来点肾上腺素！"亚当喊道。

几天前接受的身体强化第一次派上了用场——身体里的神经植入物接收了亚当的命令，控制亚当的腺体和心脏更高效率地运作，机械双腿也伸出支架，将亚当牢牢固定在地上。获得了这些额外的力量，亚当直接将车辆翻了过来，然后打开了车门。

中队长果然已经昏迷了，一些碎石击穿了车玻璃，砸在他们的身上，幸运的是，这没有直接带走他们的生命。亚当扛起中队长和他的副手，迅速赶回了自己的车，此时麦哲伦已经在货物车厢里等着了。

"你做到了，亚当。"麦哲伦正在准备药品，"你去吧，他们交给我来照顾。"

亚当又来回跑了几次，将剩余的6个人全部带回自己的车上，此时中队长已经醒了，只是脸色仍然很不好看。

"干得好，亚当。"中队长吃力地说，"不过，救援任务是没法继续了。车辆再往前开一定会被掀翻，我们只能到这里了。幸好这辆车还能用，我们只能……先回去了。"

"我还可以前进，"亚当说，"我的状况很好。"

"风暴连车辆都能掀翻，何况是你？"中队长摇头，"太危险了。观测站有地下掩体，他们现在反而比我们安全。"

"但是他们急需食物和药品，"亚当说，"必须有人送过去。"

"这是命令！"中队长说完就咳嗽了起来。

"回去之后您想怎么惩罚我都可以。"亚当扛起补给箱走下了车，"麦哲伦，送他们回去。"

仅仅一辆车，携带的补给显然不够。亚当顶着风沙，走到中队长的车边时，耳机里传来了麦哲伦的声音："亚当，中队长让我告诉你，他的车后备厢里有一套外骨骼装甲，你得穿上，它的开启密码是KC3521698。"

"好的，"亚当笑了笑，"这可帮大忙了！"

"亚当，这里是通信的极限了。再往前走一步，我们就会失去联系。"麦哲伦说道，"你要小心。"

"我们在宇宙里失联了1000年，还会担心这个吗？"亚当说，"放心吧。"

麦哲伦沉默了一阵子，对亚当说："我把他们带回去之后，会继续来到这个地方等你。你要小心。"

"你也是。我们待会见。"

亚当在中队长的货车车厢里找到了那套外骨骼，顺利地用密码开启了保护锁。穿上的时候遇到了一点麻烦，但最终的效果喜人。与其说是外骨骼，不如说是一套全包围的动力盔甲，将外界的风沙完全遮挡住。

"机械外骨骼加上机械双腿，长途旅行的必备组合。"亚当对自己开了个玩笑，用缆绳捆住5辆车上所有的补给品，然后慢慢地向前走去。

在双腿和外骨骼的加持下，这一大堆补给品轻得像一张纸，更何况，这满地的风化沙砾极大地减小了拖行的摩擦力。可也正是因为沙砾，让亚当没法太快地迈步，只能弯着腰一步步地向前走，风力强时还得趴在补给品上避免被吹走——有几次他确实被吹了起来，然后他就学会了用外骨骼射出缆绳，将自己钉在岩石上。

亚当偶尔会迷失方向,但这难不倒他。来到辰砂星的第一天亚当就感觉到自己多出了一种奇怪的感觉,这种感觉指向两个不同的方向。查了资料才知道,这种感觉来自植入在颅腔里的小型仪器,其作用就是让人获得与候鸟一样的能力——感应行星的磁场。

这种完全没有用处的感觉时刻都存在,弄得亚当很烦,他就让系统把这个功能关掉了,没想到现在派上了用场。但是,随着越来越接近观测站,也越来越接近风暴中心,闪电对区域磁场的扰动越来越严重,这一招也逐渐失去了作用。

最后,亚当用了一个非常笨的方法——抓起一把地上的沙子,看看它向哪里飞,借此判断自己面朝的方向。靠着这种笨办法,亚当又向前走了很长一段距离。他连人带外骨骼都没有一辆货车重,但胜在体积小,还可以随时趴在地上,受到的来自风暴的冲击力也就被降到了最低。

他拖着补给品走了两天多,终于看到了观测站的废墟。地面上所有的建筑,连带着那200多米高的观测塔已经被风暴全部摧毁。

"风暴来得太突然了,"亚当自言自语道,"希望你们有时间撤退。"

亚当绕着营地走了一圈,找到了地下避难室的入口,用力地敲了几下。仍然没有人回应,亚当预感到里面的人可能已经出事,于是准备把门直接撬开。

"护甲,力量模式。"亚当对外骨骼下了命令,然后把手搭在了门上。不过,他还没开始用力,门里就传来一阵响动,随后门上的观察窗被打开。

亚当透过窗玻璃看见了一张憔悴的脸,是个男人。很快,门就被打开了。

"快进来!"对方喊道。

亚当带着补给品进入地下室,而后关上了门。

男人问:"只有您一个人来吗?"

"对。车子过不来,所以我就走过来了。"亚当说,"不过东西我都带来了。"

男人点头,说:"我是观测站的站长贝克,感谢你来救我们。你真的一个人走到了这里?"

"如果能开车的话,我前天就到了。"亚当脱下了头盔,大口大口地呼吸着空气。地下室的空气算不上清新,但比一直闷在外骨骼里好多了。随后,他就伸手关上了门。

贝克难以置信地看着亚当,"人穿越风暴?你一定是辰砂星有史以来最伟大的士官了。"

亚当摇头,"不不不,我只是个新人。"

"那你怎么穿着这个？"贝克问，"据我所知，品质这么好的外骨骼装甲，只有士官才能配备。"

"他受伤了，"亚当说，"你倒提醒我了。这个外骨骼可以让我在风暴中存活下来，为什么不给每个人都配备一件？"

贝克耸了耸肩，"造价问题。我们这些技术人员通常用不着那么好的外骨骼装甲，甚至连体力活都很少做。大部分事情，还是得靠人的智慧来完成，不是吗？"

亚当点点头，问："其他人呢？"

"他们在里面的房间。为了节省能量，我们每次只留1个人值班，其余人都调整了新陈代谢速率，一直保持睡眠。"男人叹了口气，笑着说："现在不用挨饿了，也不用忍着伤口的疼痛了。"

"我也是……"亚当笑了笑，"我也暂停了自己的消化系统，这几天只喝了一点水。在这样的风暴里把外骨骼脱下来，可不是闹着玩的。"

二人都笑了出来。贝克说："来吧，我去把他们叫醒，一起吃一顿。接下来几天，你只能和我们待在一起了。"

"无所谓，"亚当笑了笑，"等待这件事，我做过很多年了。"

7. 新世界

风暴持续了整整两周，任何车辆与飞机都没办法接近，不过，这不是什么大的问题——观测站的这些人本身就接受过基因优化，在食物匮乏的时候可以将身体的新陈代谢降到最低，进入一种类似休眠的状态，而亚当依靠着神经植入物控制生理活动，也做到了类似的效果。

两周后，风暴终于开始消散，中队长带着车队迅速赶到了观测站，把困在这里的人全部救了出去。观测站已经被彻底摧毁，需要进行重建，幸运的是，没有任何人员伤亡，火山爆发的瞬间，观测站也收集到了足够的地质活动状况，这些重要的信息能够在接下来的星球开发中发挥重要作用。

亚当回到航天中心的时候，布郎亲手为他颁发了一枚勋章，以表彰他在营救行动中的英勇表现，但对于亚当的具体做法，布郎还是表示了批评。他说："你千万不能再这么做了。这实在太冒险了，你能活着回来都是运气好。"

"我能活着飘到辰砂星，"亚当笑着说，"我觉得我的运气是很够用的。"

"我承担不起这个责任。"布郎捂住了脸,"让一名人类英雄在我的星球上牺牲,你知道这是什么罪名吗?"

"我会替您看住他的。"麦哲伦说,"有时候,他确实会过于大胆。"

布郎给亚当倒上了辰砂茶,说:"不管怎么样,能够平安归来就好。这次行动已经彻底征服了辰砂星的人民,大家都很好奇你是谁,但居民档案库中根本就没有你的资料。我觉得,是时候公布你的身份了。"

亚当迅速摇了摇头,说:"还是不必了。即使是现在,人们对我也过度地欢迎了。要是我的真实身份传播了出去,恐怕我就没法正常工作了。"

布郎说:"也行,我尊重你的选择。对了,你准备怎么处理伊甸号?"

"伊甸号?"听到这个名字,亚当瞬间精神了不少。

"你们自己在继续飞行,怎么能让它孤零零地待在补给站呢?"布郎说,"舰长应该和自己的飞船共存亡的。"

麦哲伦说:"我也很想念它,但它已经是一堆废铁了。"

"那可是一艘用于星际旅行的飞船,就算被摧毁了一半,剩下的部分仍然有大量的金属资源,"布郎说,"我们可以将它进行熔炼,重新造一艘飞船,会比原来的小,但对星系内航行来说……你们都很熟悉飞鹰号吧,新飞船会比飞鹰号稍大一些。"

麦哲伦看着亚当说:"嘿,这是个不错的建议。"

"那,舰桥可以仿照原来的风格设计吗?"亚当说,"我还是……不习惯现在的风格。"

布郎突然笑了,说:"你在开什么玩笑?它可是 1000 年前的文物!工程师们恨不得从残骸里计算出整艘飞船的真面目,一比一仿造一个,摆在他们的机库里。放心吧,除了一些必要的模块和升级,其他的都会尽量还原伊甸号。"

亚当点点头,问:"我们什么时候可以开上新的伊甸号?"

"两年后。"布郎说,"要制造一艘合格的飞船,这样的时间是必需的。而且那个时候,你正好从货运的岗位上毕业,就可以开着它去太空兜风了。"

"那有劳您了。"亚当举起了自己的杯子,"我敬您一杯。"

"不,亚当,敬人类的新时代!"

人类时 2052 年,人类造出了史上最大的飞船"伊甸号",它搭载着核反应堆和最先进的离子引擎,携带着 100 名船员、5 万枚冷冻受精卵和大量的建筑材料、环境改造材料,带着全人类的祝福向太空进发,为同胞们探索一个未知的世界。

后来，人类研发出了跃迁技术，用更快的方式抵达了伊甸号将要去开发的那颗星球，却没有在这里见到伊甸号与它的船员——人们推测，伊甸号在旅途中的某个地方遇到了意外，因此没能抵达。人们在星球上为伊甸号与船员们修建了纪念碑，他们的勇气千百年来鼓舞着人类文明在宇宙中不断地探索。

人类时3128年，伊甸号的船员们在沉睡了1000年之后，终于被唤醒。因为一场意外，这100个人无意间跨越了长达1000年的漫长光阴，来到了人类的未来世界。船员们苏醒之后，有一部分人出于对故乡的思念选择回到地球；有的人选择去往那些已经被开发完成的星球享受未来世界的生活；也有一些人选择像亚当一样，继续在空旷的宇宙中游荡。

1000年，对宇宙来说不过是弹指一瞬，但对一个文明而言，足以从一个时代进入下一个时代。伊甸号是不幸的，但对亚当来说，自己这短暂的生命有幸能够见识未来的科技，见证人类用智慧和勇气征服这个宇宙，这仍然是幸运的。

人类时2138年12月1日，亚当完成了他的岗位实习，成了辰砂星一名正式的货运飞行员。和来自500年前的朋友凯尔与1000年前的朋友麦哲伦一起，亚当开始了他新的人生。

后 记

  这本书的内容包罗万象，非常感谢您能读到最后。希望书中的技术和故事能对您有一些启发，对增强人类的技术有更多的兴趣。写这本书前前后后总共花了一年的时间，经历了很多困难，查阅了无数的文献，中途多次因为时间安排想要放弃，但是，最后想到可能可以给不少读者带来一些益处，帮助一些年轻人选定人生的方向，就坚持了下来。

  信息技术是我的老本行，也是离我们最近、发展最快的技术。在疫情期间关在家中写这本书的过程中，我总是不断地提醒自己，应该做些可以成为商业化的信息技术，来增强人类，并且为跟进的年轻人做一个榜样。写这本书也是对自己的一个勉励，我正在快速积累资源，希望可以早日做出一个成功的技术突破与商业化的案例。

  总体来说，增强人类的技术发展还处于比较早期的阶段，所以文中的故事大部分都是虚构的。但是，我确实相信这些故事里面的技术，以及社会形态，在将来是会出现的，并将深深影响人类的进程。如果你问我，还要多久，书中的技术才会实现？其实，每个技术的发展现状都有所不同。信息科技部分，很多已经实现，剩下的应该也会在近几十年逐步实现。生物科技部分，由于伦理等原因，实现周期会稍微长一些，但也应该在近一两百年可以实现。而未来科技部分，乐观估计，可以在几百年到一两千年实现。

  我是对于技术发展保持极其乐观态度的人。我特别希望增强人类的大部分技术能在我的有生之年实现，但可能性依旧微乎其微。并且，实现这些技术，需要大量的社会资源，包括监管、舆论、法律、人才、资金等长期的大力的支持。增强人类的实现，需要有一个核心的信念，以及一条长长的雪道。希望这本书可以成为激励年轻人的核心信念，而一代代的科技工作者、工程师、企业家以及国家管理者就是那条长长的雪道。通过不断的积累，滚成一个大大的雪球，实现增强人类技术的突破，改变人类的命运。